单墫 解题研究 丛书

单墫◎著

数学竞赛研究教程

上

上海教育出版社
SHANGHAI EDUCATIONAL
PUBLISHING HOUSE

数学中充满问题,例如尺规作图的三大问题,希尔伯特(Hilbert)的 23 个问题,费马(Fermat)大定理,黎曼(Riemann)假设,庞加莱(Poincaré)猜想等等.

数学,正是在不断发现问题,不断解决问题中前进、发展的.

学数学,就要学习发现问题,解决问题.

当然,我们目前讨论的问题,只限于中学阶段可能涉及的问题.

我们希望帮助同学们提高解题能力,帮助教师们教会学生解题,帮助师范院校的教师教会未来的教师学会教解题.

说到解题,不可不说到波利亚(G. Pólya,1887—1985).

波利亚是数学家,也是教育家.他关于数学教育的文章与著作,特别是《怎样解题》,《数学的发现》(上、下),为数学解题理论奠定了坚实的基础.

波利亚有很多深刻的思想与独到的见解,真正是解题理论的大成先师.

我国有许多研究解题理论的学者,如过伯祥、张在明、罗增儒等先生.

我也写过一些关于解题的书.承蒙上海教育出版社青睐,计划将我的有关书籍集中出版发行,其中包括:

1.《解题研究》

2.《解题漫谈》

3.《我怎样解题》

4.《数学竞赛研究教程》(上、下)

5.《国际数学竞赛解题方法·数学竞赛史话》

等等.

我这几本书,阐释波利亚的解题理论,希望能对学生、教师、教师的教师有所帮助.

波利亚的理论,不是教条,而是实际解题的指南.

因此,我们采用大量实例,特别是自己做过的数学问题,与读者一同讨论如何解题,如何总结解题的经验.

我们特别着重于两类问题.

一是基础问题.这类问题中的数学技巧、方法、思想,往往被人忽视,以为不足道,其实却是至关紧要的.例如,"用字母表示数"就是如此.

很多人在数学学习中遇到困难,原因往往是没有注意打好基础,忽视细节.须知绊倒人的,多半正是那些不起眼的小石头.反过来,如果平时注意加强基础,讲究技巧,在各种考试(如中考、高考)中,一定会减少失误或赢得更多的时间.

二是竞赛问题.它需要更多的创造性,而这正是数学学习中应当特别注意培养与发扬的.波利亚的著作中,对竞赛问题讨论较少,因为在他的时代,竞赛数学远不如今天这样风靡.

关于竞赛问题的解题研究,我们做了一些工作,期待有更多的人参加,共同努力将研究做得更加广泛深入.

特别希望读者朋友参加这项工作,对我们的这几本书提出建议与批评.

感谢上海教育出版社刘祖希先生、张莹莹女士,促成这套书的出版.

单樽
解题研究
丛书

数学竞赛研究教程

第四版前言

这一版,本书由上海教育出版社出版,作为解题研究丛书的第四本.

学数学,最好的方法就是做数学.这一点,是绝大多数人的共识.不过,也有人说:"学数学不一定要做题,阿蒂亚(M·Atiyah,1929—   ,1966年获菲尔兹奖)就不做题."

阿蒂亚做不做题,我们不是很清楚.即使有一些人学数学不做题,还当了数学家,恐怕也只是很少很少的一部分人.绝大多数人学数学还是要做题的,因为你不是那少数例外的人,更不是阿蒂亚.

解题,可以巩固我们所学的知识.解题,更是一个发现、证实真理的过程.我们一步一步地前进,解决一个又一个困难,最后获得成功.每个有这种经验的人,无不享受到这种精神的乐趣.

解题,可以培养逻辑推理的能力,书面与口头表达能力,想象能力,创造能力.

解题就像骑自行车等技能,需要多实践,也就是多做题,才能提高解题能力.题目的质量,更比题目的数量重要.

参加数学奥林匹克的同学,未来当然不是非选数学专业不可(也有人选择当了和尚).但大多数还是选择与数学有较多关联的方向,其中更有一些人将来会成为数学家.发现未来的数学家正是数学奥林匹克的一个重要目的.

当然,要成为数学家,还需要进一步的专业学习,还有很长的路要走.但在参加高中竞赛时,就可以聆听一些较专业的讲座,阅读一些较专业的书籍(苏联辛钦写的《数论三珠》就是一本很好的书).竞赛的书中也可以多介绍一些有背景的问题.我们这本教程中也有这方面的例子(特别是第 49 讲例 4 的范德瓦尔登定理),帮助有志于数学的选手,缩短与数学家之间的距离.

非常希望有更多的数学家参加数学竞赛工作(老辈的如华罗庚先生、王元先生、曾肯成先生、常庚哲先生等都做了大量的工作),作讲座或报告,参加命题(张筑生教授曾经命过不少好题).也希望有一本竞赛书,能包含更多与研究工作有关的问题,不仅有一些以往的研究,最好能融入一些与当前研究有联系的问题.我们这本书当然不可能完成更多的任务,只能静待来者了.

本版订正了一些错误,没有太大的修改.

单墫

2018 年 2 月

这是本书又一次,大概也是最后一次,大幅度的修订.

修订的目的,是为了使本书更加切合实际:教学、竞赛与竞赛研究的实际.

这次修订,下册变动较大,增加了平面几何与图论的分量,减少了立体几何的内容;上册仅增加一讲"导数与不等式",减少一讲"数学归纳法".全书仍为五十讲,篇幅大致不变.

本书,对于参加数学竞赛的学生,当然是有用的.但我们的目的并不是写一本竞赛宝典,我们有更大的目标,即为了传播、普及数学,让更多的人了解、喜爱数学.

因此,那些富于数学思想、优雅而且一般的解法,我们尽量介绍.而过于冷僻的"怪招"或"独门武器",则不去搜罗.

我们还认为培养创造能力最为重要.创造能力就是"自出机杼":题目应当自己去做.自己想出解法,想出自己的解法.本书有很多题目选自各种竞赛,但解法往往与公布的标准解法不尽相同,甚至大不相同.这些解法就是我们自己做的.

感谢江苏教育出版社及各位编辑,尤其是蔡立先生与毛永生先生.他们不仅出新书,也重视已经出版多年的"老"书,如这本《数学竞赛研究教程》,一而再地修订、发行.没有他们的大力支持,这第三版是不可能问世的.

2008 年于南京师范大学

　　本书问世后,颇受欢迎,很快售罄,不少教师将它作为培训选手(尤其是准备进数学冬令营的学生)的教材.有些竞赛的试题,也常与本书的例、习题相同,如全国高中联赛 1994 年二试第二题、1999 年加试第三题,都是本书的例题(分别为第 49 讲例 1、第 13 讲例 3).这似乎在为本书作义务的广告,作者不胜感谢.

　　关心本书的读者也提出不少宝贵的意见与建议,尤其是陈计、余红兵等先生.他们仔细地阅读了全书,作了非常尖锐、中肯的批评.作者自己也感觉有许多不很满意的地方,准备进行修改,但直到最近才有时间来做这件事情.

　　这次修订的幅度比较大,叙述与例题的解答修改了多处,更换了一些过偏过难的例题.第 49、50 两讲,大部分内容都是新写的,第 49 讲的标题也换成"组合数学".这样做是为了更有针对性、实用性,更适合于数学竞赛的培训工作.

　　这次修订增加了不少习题,尤其是在书末新加了 50 道综合习题,目的是给学生以更多的练习机会.因为解题必须实践,只有通过解题才能学会解题."歪拳打一百遍成为拳师",一位先生对这句谚语不以为然,认为歪拳打得再多还是歪拳.我却认为这句谚语中含有朴素的真理:要成为拳师,必须打拳,打少了不行,必须多打,反复打.如果打拳的人有一点聪明,他会在练习的同时,注意总结.这样,打到后来,歪拳也就不一定是歪拳了.当然,歪也不要紧,或许倒是一种创新.

　　我决不是提倡"偏题""怪招",已经有人讥讽数学竞赛是"玩杂技",这种批评值得警惕. 我们应当介绍含有很好的数学思想的问题, 介绍重要的、有普遍意义的方法, 而不应当钻牛角尖, 做那些繁琐乏味、刁钻古怪、没有太大意义的偏题. 这次增加了许多问题, 正是为了介绍重要的数学方法与技巧, 特别是在例题中没有说到或说得还不够的那些方法与技巧.

读者没有必要在很短的时间内, 做完全部习题. 根据自己的时间与需要, 可以先做一部分, 其余的留到以后再做. 切切不可急于看解答, 因为重要的不是看别人解题, 而是要自己动手解题. 题目要"节省", 尽量自己做. 如果看了很多题, 那么就找不到足够的题来练习了.

本书中的例题与习题并没有完全按照方法与难度来分类或排序, 因此有人批评这本书"深一脚, 浅一脚". 这次修订, 曾考虑重新分类或排序, 但一个方面, 题目的难易不易确定, 标准往往因人而异, 而且那样大改太费时间. 何况那样写的书不少, 这本书不那样写, 倒也算自己的特点. 另一个方面, 太好的分类与排序往往会使人预先知道要用什么方法解题, 而且容易对排在前面的问题掉以轻心, 对后面的问题又产生畏难情绪. 或许, 像本书目前这样反而比较符合实际, 因为道路并不都是平坦的, 往往有些崎岖曲折, 尤其是进入陌生的地方. 不是有句歌词"生活的脚步深浅在偏僻异乡"吗?

修订时, 增加了一些谈解题方法的议论, 或许对一些读者有用. 但本书主要讲解题, 而不是讲解题方法, 所以这些议论也不能太多. 我准备另外写一本关于解题方法的书, 余红兵先生特别怂恿我做这件事. 希望本书的修订版及将要写成的那本书都能得到大家的鼓励与批评.

2001 年于南京师范大学

前言

　　中学数学竞赛始于 19 世纪末，20 世纪 60 年代起走向高潮，涌入大量新鲜内容(如组合数学与图论、初等数论、不等式、函数方程等)，令人眼花缭乱，应接不暇. 有人认为已经形成一个新的数学分支，有人称之为奥林匹克数学.

　　近年来，数学竞赛进入了一个相对稳定的阶段，可以有比较充分的时间回顾、总结，研讨一些有关问题，如奥林匹克数学的内容、竞赛的教育功能、训练的科学化、教练的培训、怎样命题等等.

　　承担这种任务，师范院校最为合适. 师范院校开设数学竞赛研究，不仅有这种需要，而且业已成为现实. 这本教程正是应运而生，供师范院校数学系选作"数学竞赛研究"课程的教材. 目的是向师范院校的学生介绍数学竞赛，提供奥林匹克数学的主要内容，使未来的教师能够胜任训练工作并进一步探索其他课题.

　　全书共 50 讲，包括数论、代数、几何、组合等方面的问题及解题、命题的讨论. 这里的代数，按照中学的习惯，含有数列、函数、多项式、不等式等内容. 有些内容，可能已在其他课程(如初等代数等)中出现过，教师可以根据情况适当省略. 本书的重点并不在于增添更多的知识，而是鼓励学生运用已有的知识去解题.

　　当代著名数学家、教育家波利亚(G. Pólya, 1887—1985)一再强调未来的中学教师应当学习解题. 实践证明，数学教学的好坏，取决于教师的素养，尤其是他的数学水平，如果数学水平较差，根本不能独立解题，那么无论怎样"改进"教法，恐怕也是无济于事的. 正是由于这种考虑，本书的重点放在解题上.

　　数学竞赛也就是解题的竞赛，只有通过问题才能学会解题. 因此，本书配备了大量的例题与习题. 为照顾各种读者的需要,其中既有较为容易、较为常见的老问题,用以说明方法;也有较为困难、较为少见的新问题,供作研究. 新问题大多取自有关杂志上的论文. 随着时间的推移,新题又会变为"陈题". 这正反映了数学的发展与普及.

要提高解题能力,必须反复练习,单纯的讲授不一定能有很好的效果. 可以采取讨论式,放手让学生练习,给予适当的提示("点拨一下");也可以尽量让学生各抒己见,介绍自己的解法或想法,然后由教师加以讲评. 没有必要讲完所有的例题,过分难的可以留给学生将来去研究,中等难度的也只需要处理一部分,其余的任由学生自己阅读,还可以补充一些好的问题或材料. 总之,内容与方法均有很大的弹性,目的是提高解题能力.

要提高解题能力,必须注意总结. 不仅要寻找各种不同的解法,更要找出最好的解法. 应当注意数学的思想与数学的美,不断提高学生的鉴赏能力,注意简洁明快,一针见血. 正是基于这种考虑,优雅的解法,我们毫不犹豫地采入本书,即使在其他地方已经出现过. 因为"好的音乐,不妨多听几遍". 同样的题也可能出现几次,目的是多给几种解法,以资比较. 我们尽力寻求完美的解法,但由于水平与精力,处理熟知的问题尚未必尽如人意,新颖的问题更不敢夸称尽善尽美.

本书接近于传统的"习题课"所用的材料. 但"习题课"是辅,是为了巩固与消化"正课"所讲授的知识. 这本书,则以问题为主,以知识为宾,这是本书的特点,也是一种尝试.

由于本书篇幅相当大,有些部分写得比较仓促,错误与不妥之处难以避免,敬请高明之士不吝指正.

1992 年于南京师范大学

目录

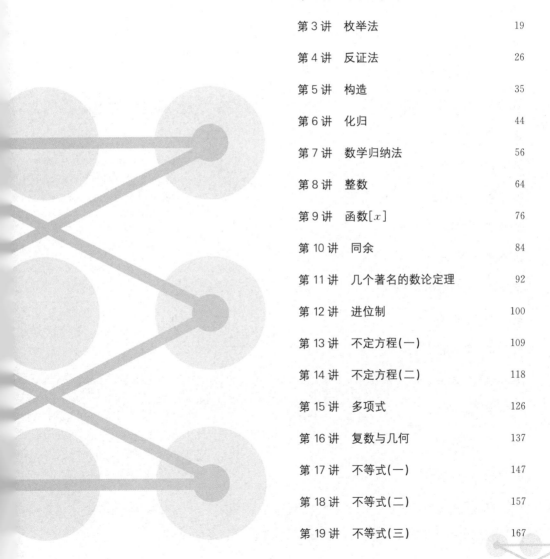

单墫
解题研究
丛书

数学竞赛研究教程

第1讲 探索法(一)

解题需要探索,解竞赛题更加需要探索.因为这些问题往往没有固定的套路可以依循,起决定性作用的不是解题者知道多少模式,而是他能否启动他的头脑,运用智力,大胆想象,发挥创造性.

从广义上说,一切解题的方法都是探索法,所以这一讲实际上是讨论解题的方法,即怎样解题.

汤姆·索亚(美国小说家马克·吐温的代表作《汤姆·索亚历险记》中的主人公)在山洞中迷了路,他不知道该走哪条道,唯一的办法就是探索:先试一试这条,再试一试那条.汤姆·索亚的方法也就是数学家、教育家波利亚所倡导的方法:"一再地去试,多次变化方法,使我们不致错过那少许的宝贵的可能性."

探索,从理解题意开始.

不论做什么事情,都必须先将这件事的有关情况弄个一清二楚.要破案,必须先研究案情,对现场进行调查.要旅行,应当知道自己现在在哪里,目的地在哪里,有什么交通工具可以利用,有什么限制等等.

解题也是如此.题目中重要的词汇、术语、字母、算式,都应弄懂.已知条件、要求与结论都应记住.如有必要,可以将问题改写成更适宜的形式.

例1 有99个筐,筐里装了苹果和桃子.但各筐装的苹果数、桃子数都不一定相同.证明可以取50个筐,筐中的苹果数不少于苹果总数的一半,桃子数也不少于桃子总数的一半.

这道题比较容易理解.应注意要求有3个:取50筐,这50筐中苹果数不少于苹果总数的一半,桃子数也不少于桃子总数的一半.

例2 某市有n所中学,第i所中学派出c_i名学生($1 \leqslant c_i \leqslant 39, 1 \leqslant i \leqslant n$)来到体育馆观看球赛,总人数$\sum\limits_{i=1}^{n} c_i = 1\,990$.看台上每一横排有199个座位,同一学校的学生必须坐在同一横排.问:至少要安排多少个横排才能保证学生全部坐下?

这道题,题意比较晦涩,需要重新改写.

题目中c_i,$\sum c_i$等符号是多余的,应当摒弃.改为:

"一些学校派出学生观看球赛,各校派出人数不超过39,学生总数为1 990.看台每排199个座位,同一学校的学生必须坐在同一排.问:至少要安排多少排才能保证学生全部坐下?"

其中"至少"、"保证"等词的意义需要琢磨.

"至少要安排 k 排才能保证学生全部坐下",这句话有两层含义:

第一,不论各校派出的人数有什么变化(当然要符合不超过 39 及总数为 1990 这两个条件),k 排总能保证学生按要求坐下.

第二,有一种情况,$k-1$ 排无法使学生按要求坐下.

理解题意,是解题的第一步.

探索,往往从简单的情形开始.

上面的例 1,不能算作难题.但也有不少人会感到难以下手,或者顾此失彼.

可以先将"99 筐中取 50 筐"的问题改为更简单的情况:"3 筐中取 2 筐"(其他要求不变).

这时在 3 筐中,取出苹果最多的一筐;再在剩下的 2 筐中,取出桃子较多的一筐.这样取出的 2 筐就满足要求:苹果数、桃子数都不少于各自总数的一半.

进一步考虑"5 筐中取 3 筐"的问题.

仍先取苹果最多的第一筐.剩下的 4 筐,应分成两组,每组 2 筐.桃子数较多的一组与第一筐,这 3 筐中桃子数肯定不少于桃子总数的一半,但如何保证苹果数也不少于苹果总数的一半呢?

为此,设所剩的 4 筐中,苹果数依次排为 $x_2 \geqslant x_3 \geqslant x_4 \geqslant x_5$.将二、四(或二、五)两筐作为一组,另两筐作为一组.无论哪一组与第一筐(苹果数 $x_1 \geqslant x_2$)合在一起,苹果数不少于苹果总数的一半.

现在,回到原来的问题,设各筐苹果数为 $x_1 \geqslant x_2 \geqslant \cdots \geqslant x_{99}$.

将第 $2,4,\cdots,98$ 筐作为一组,$3,5,\cdots,99$ 筐作为另一组.将两组中,桃子数较多的一组与第一筐合在一起,这 50 筐的桃子数 $\geqslant$ 总数的一半.又由于两组苹果数的差 $\leqslant x_2 - (x_3 - x_4) - (x_5 - x_6) - \cdots - (x_{97} - x_{98}) - x_{99} \leqslant x_1$,所以所取 50 筐的苹果数不少于苹果总数的一半.

由例 1 可以看到简单情况的解决,有助于一般情况的解决.

例 3 平面上给定 n 个点,证明可以作 $n+1$ 个同心圆,使得:

(i) 这 $n+1$ 个圆的半径都是其中最小的半径的整数倍;

(ii) 这 $n+1$ 个圆所成的 n 个圆环中,每个含有一个已知点.

解 先考虑这 n 个点在同一条直线上的简单情况.

不妨设它们是正实轴上的 n 个点,(横)坐标分别为 $0 < t_1 < t_2 < \cdots < t_n$(只需把原点选在这些点的左边,它们的坐标就均为正数).

以原点 O 为圆心,r_0 为半径作圆,这里

$$0 < r_0 < \min(t_1, t_2 - t_1, t_3 - t_2, \cdots, t_n - t_{n-1}). \tag{1}$$

单墫
解题研究
丛书

数学竞赛研究教程

显然 n 个已知点都在 $\odot(O,r_0)$ 外. 由于区间 $(t_1,t_2),(t_2,t_3),\cdots,(t_{n-1},t_n)$ 的长都大于 r_0, 所以数列

$$2r_0,3r_0,4r_0,\cdots \tag{2}$$

中, 必有一个数 $k_i r_0 \in (t_i,t_{i+1}),1\leqslant i\leqslant n-1$; 又有足够大的 k_n, 使 $k_n r_0 > t_n$.

n 个圆 $\odot(O,k_i r_0),1\leqslant i\leqslant n$, 及 $\odot(O,r_0)$ 显然满足要求 (ⅰ),(ⅱ).

现在考虑一般情形. 连接两个已知点的线段至多 C_n^2 条, 它们的垂直平分线至多 C_n^2 条. 任取一条与这些垂直平分线不同的直线为 x 轴, 在 x 轴上找一个点 O, 使它既不是已知的 n 个点中的一个, 也不是 x 轴与 C_n^2 条垂直平分线中任一条的交点, 则 O 到这些点的距离各不相同, 设它们分别为 $t_1 < t_2 < \cdots < t_n$. 则前面所作的 $n+1$ 个圆满足所有要求.

老子说:"天下大事, 必作于细. 天下难事, 必作于易."从简单的情况做起, 是探索时最常用的.

例 4 设实数 $a_1,a_2,\cdots,a_n$ 中任两个的和非负, 证明:对任意满足

$$x_1+x_2+\cdots+x_n=1 \tag{3}$$

的非负实数 $x_1,x_2,\cdots,x_n$,

$$a_1 x_1+a_2 x_2+\cdots+a_n x_n \geqslant a_1 x_1^2+a_2 x_2^2+\cdots+a_n x_n^2. \tag{4}$$

解 首先考虑 $n=2$ 的情况. 这时

$$x_1+x_2=1, \tag{5}$$

所以

$$a_1 x_1+a_2 x_2-a_1 x_1^2-a_2 x_2^2=a_1 x_1(1-x_1)+a_2 x_2(1-x_2)$$
$$=(a_1+a_2)x_1 x_2 \geqslant 0.$$

一般情况的解法与此相同:用 (4) 式左边减去右边, 差 $a_i x_i - a_i x_i^2$ 在提取公因式 $a_i x_i$ 后利用条件 (3) 化为 $a_i x_i x_j(j\neq i)$ 的和. 最后, 每两项 $a_i x_i x_j,a_j x_j x_i$ $(i\neq j)$ 的和 $(a_i+a_j)x_i x_j \geqslant 0$.

从简单情况做起的好处是:(ⅰ)熟悉问题中的条件与结论;(ⅱ)取得部分结果;(ⅲ)增强信心;(ⅳ)发现规律, 找出解决一般问题的方法.

上面所讲的好处中, 最后一点是最重要的. 如果简单的情况无助于发现规律, 不如径直从一般情况入手.

数学归纳法中很多例子都是从简单情况开始的, 请参见第 7 讲.

探索可以从粗略的估计开始.

例 5 已知 $a\geqslant 2,b\geqslant 2$, 证明:$ab\geqslant a+b$. $\tag{6}$

解 如果将左边 a,b 均用 2 代进去, 便得 $ab\geqslant 4$. 可惜的是 (6) 式右边的 $a+b$ 并不小于等于 4(恰恰相反,$a+b\geqslant 4$). 证明无法进行下去. 我们应当回到

出发点,并总结一下失败的原因.(6)的右边有变元 a,b,所以不能简单地把左边换成常数 4.

那么,只将一个变元换成 2 呢?

例如保留 b,将 a 换成 2,得到 $ab\geqslant 2b$.如果 $a\leqslant b$,那么(6)式右边 $a+b\leqslant 2b$,由此便可导出结论,可是 a 也有可能大于 b 啊!

虽然(6)仍未得到完全的证明,但已经获得部分的结果,即在 $a\leqslant b$ 时,(6)成立.

稍作点变更,保留 a,则将 b 换成 2,那么 $ab\geqslant 2a$.于是在 $a\geqslant b$ 时,$a+b\leqslant 2a\leqslant ab$,即(6)式成立.

将以上两方面结合起来,便得到完整的证明.证明可以稍加整理写成如下形式:

不妨设 $a\geqslant b$(由于对称性),我们有 $ab\geqslant 2a\geqslant a+b$.

例 5 还有其他的证法,参见本讲最后部分.

例 2 也可从最粗糙的估计开始:

1 990 个学生,每排有 199 个座位,至少要 $1\,990\div 199=10$ 排才能坐下.

但 10 排未必能保证同一学校的学生都坐在同一排.如果让学生按照学校顺次入座,第一排满了再坐第二排,第二排满了再坐第三排,……,那么全部学生都在 10 排中就座,但有些学校的学生可能分在一排的排尾或下一排的排头.

出现上述情况时,可以把不合要求的学校调整到"备用"的排.至多有 9 所学校不合要求(他们有一部分人坐在第一,二,……,九排的排尾),而

$$5 \text{ 所学校的人数} \leqslant 5\times 39=195<199, \tag{7}$$

所以只需要 2 排"备用席",就可以安排这些学校(每排备用席可以安排 5 所学校).

因此,12 排足以保证全部学生按要求坐下.

12 排能不能减少成 11 排呢(在一般情况下,10 排是不够的.这一点虽然没有证明,仅凭感觉或常识就可以相信)?

不能!为此,我们注意在各学校人数均不太少时,每排可安排 5 所学校,不能安排 6 所学校 $\left(\text{在各校人数}\geqslant\left[\dfrac{199}{6}\right]+1=34 \text{ 时即是这样}\right)$.这时,如果学校数 $\geqslant 56$,那么 11 排就不够了.

因此在总人数为

$$34\times 56=1\,904 \tag{8}$$

时,11 排就不能保证安排学生全部坐下.总人数为 1 990 时更是如此.更精确一些,如果 55 所学校各派 34 人,1 所学校派 30 人,总人数为

数学竞赛研究教程

$$34 \times 55 + 30 = 1\,900 \tag{9}$$

时,11排就不能使学生全部坐下.所以必须12排才能保证56所学校派出的学生全部坐下.

$1\,900$ 不能改成更小的数,参见习题1第2题.

所谓粗略的估计,实际上是抓住了主要部分,把握了全局.

有的解答讨论空座位的精确估计,这种讨论并非必要,不如上面的解法简洁.总之,在需要精细时,务于精细.否则,"观其大略",可矣!

探索,需注意极端情况(最大、最小等).

例6 $n(n \geqslant 3)$个人参加乒乓球循环赛(即每两人之间必须比赛一场).如果没有人全胜,证明:必有A,B,C三个人,A胜B,B胜C,C胜A.

解 考虑获胜场数最多的人A(如果有几个人获胜场数均为最多,从其中任选一个作为A).

由于A未全胜,必有C胜A.

A胜的人中必有B胜C(否则C胜的人数至少比A多1,与A的"最大性"矛盾).这样的三个人即为所求.

在需要满足较多要求时,往往暂时忽略一些要求(尤其是次要的要求),先得出"不完善的"结果,然后再加以修正.

例7 将一个圆盘分为n个扇形$A_1,A_2,\cdots,A_n$.每个扇形可涂红、黄、蓝三种颜色中的任一种,但每个相邻的扇形的颜色必须不同.问:有多少种涂法?

解 设有a_n种涂法.显然有$a_1 = 3, a_2 = 6$.

考虑$n \geqslant 3$.第一个扇形A_1有3种涂法.涂好A_1后,第二个扇形A_2有2种涂法.这样继续涂下去,如果不要求第n个扇形A_n与A_1颜色不同,每个扇形均有2种涂法.总的涂法种数为$3 \times 2^{n-1}$.

要使A_n颜色与A_1不同,我们必须从$3 \times 2^{n-1}$中减去那些不合要求的涂法,即A_n与A_1同色的那些涂法.

如果将A_n与A_1合而为一,那么上述例外的涂法的个数就是a_{n-1},所以

$$a_n = 3 \times 2^{n-1} - a_{n-1}. \tag{10}$$

由(10)式易得 $a_n = 3 \times 2^{n-1} - 3 \times 2^{n-2} + \cdots + (-1)^{n-2} \times 3 \times 2$,即

$$a_n = \begin{cases} 2^n - 2, & n\text{ 为大于1的奇数}; \\ 2^n + 2, & n\text{ 为正偶数}. \end{cases}$$

几何作图中的轨迹相交法就是放弃一部分要求,这时满足其余要求的点不是一个,通常是一条曲线(点的轨迹);而放弃另一些要求,得到的轨迹是另一条

曲线,这两条曲线的交点就满足所有要求. 这类例子过去俯拾即是(参见习题 1 第 9 题),但目前不太流行,我们宁愿举一个算术中的问题.

例 8 在 $m \times n$ 的矩形表中填入 mn 个不同的平方数,使每一行、每一列的和都是平方数.

解 我们先考虑第一行. 设填入的数为 $b_1^2, b_2^2, \cdots, b_{n-1}^2, b_n^2$,如何使它们的和为平方数呢? 这并不困难,因为每一个 $b_j (1 \leqslant j \leqslant n)$ 都可由我们挑选. 即使前 $n-1$ 个已经选定,只要和

$$b_1^2 + b_2^2 + \cdots + b_{n-1}^2 = 4k \text{ 或 } 2k+1, \tag{11}$$

还可以选择 $b_n = k-1$ 或 k,使得行和

$$b_1^2 + b_2^2 + \cdots + b_{n-1}^2 + b_n^2 = (k+1)^2. \tag{12}$$

而要实现(11),只要 $b_1, \cdots, b_{n-1}$ 全是偶数或只有一个为奇数就可以了.

其他行可以类似地处理,更简单地是利用第一行:将第一行的数乘以一个平方数即可用作其他行的数.

同样,在构造第一列时,可取 $a_1, a_2, \cdots, a_{m-1}$,它们都为偶数或只有一个为奇数,从而 $a_1^2 + a_2^2 + \cdots + a_{m-1}^2 = 4k$ 或 $2k+1$. 再取 $a_m = k-1$ 或 k,则 $a_1^2 + a_2^2 + \cdots + a_{m-1}^2 + a_m^2 = (k+1)^2$.

将第一列乘以平方数用作其他列,各列的和都是平方数.

所以为了使各行、各列的和都是平方数,只需令第 i 行、第 j 列的元素为 $a_i^2 b_j^2 (1 \leqslant i \leqslant m, 1 \leqslant j \leqslant n)$.

探索,并非完全没有目标. 有时,问题已经有明确的结论. 即使没有结论,往往可以猜出答案应当是什么."先猜,后证——这是大多数的发现之道."

猜出结论,便可以"有的放矢". 在猜结论的时候,不应当忘记那些极端情况.

例 9 $\triangle ABC$ 的底 $BC = a$ 及 BC 边上的高 h_a 均为定值. 试问什么时候,这个三角形的三条高的乘积 $h_a h_b h_c$ 取最大值.

解 顶点 A 在与 BC 平行并且距离为 h_a 的直线 l 上. 我们猜想在 $AB = AC$,即 $\triangle ABC$ 为等腰三角形时,$h_a h_b h_c$ 为最大.

当然也可能有人猜测在 $\angle BAC = 90°$,即 $\triangle ABC$ 为直角三角形时,$h_a h_b h_c$ 为最大.

究竟哪一种猜想正确,难以预先确定. 科学的态度是允许、鼓励各种各样的猜想,对各种猜想采取宽容、平等的态度,一视同仁. 如果有证据表明原来的猜想不正确或不完全正确时就应当摒弃或修正,决不顽固坚持错误(参见习题 1 第 9 题).

单墫
解题研究
丛书

数学竞赛研究教程

在我们的问题中，h_a 已知，只需要求 $h_b h_c$ 的最大值. 由于面积 $S = \dfrac{1}{2} h_a a$ 为已知，问题可以化成求 $bc\left(bc = \dfrac{4S^2}{h_b h_c}\right)$ 的最小值，而 $bc = \dfrac{2S}{\sin A}$，最后又归结为求 $\sin A$ 的最大值.

如果 $\angle BAC$ 可以为 $90°$，那么 $\angle BAC = 90°$ 时，$\sin A$ 最大，即 $h_a h_b h_c$ 最大.

当且仅当以 BC 为直径的圆与 l 有公共点时，$\angle BAC$ 可以为 $90°$，即如果 $h_a \leqslant \dfrac{a}{2}$，$h_a h_b h_c$ 在 $\angle BAC$ 为直角时最大（如图 $1-1$）.

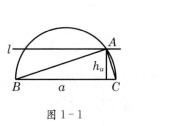
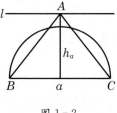

图 $1-1$ 图 $1-2$

如果 $h_a > \dfrac{a}{2}$，A 点在以 BC 为直径的圆的外面，$\angle BAC < 90°$. 这时 $\sin A$ 随 $\angle A$ 递增，当 A 在 BC 的中垂线上，即 $AB = AC$ 时，$\angle A$ 最大. 所以 $h_a h_b h_c$ 在 $AB = AC$ 时最大（如图 $1-2$）.

从最后的结果来看，两种猜测都不完全正确，只有将它们合起来才是完整的答案. 由此可见，各种不同的看法未必是对立、矛盾的，在大多数场合，恰恰是相互补充，相辅相成的.

探索，必须充分利用已有的信息.

在例 5 中，条件 $a \geqslant 2, b \geqslant 2$ 必须充分利用. 除上面的解法外，也可由已知条件出发，得出 $a - 2 \geqslant 0, b - 2 \geqslant 0$ 及 $(a-2)(b-2) \geqslant 0$. 再展开、整理得

$$ab + 4 \geqslant 2a + 2b. \tag{13}$$

又由 $a \geqslant 2, b \geqslant 2$，得 $\qquad\qquad ab \geqslant 4. \tag{14}$

从而由 (13)，(14)，得

$$ab \geqslant \frac{1}{2}(ab + 4) \geqslant a + b.$$

老练的解题者喜欢将信息重新编排（题目的复述，各种各样的解释等），变为容易记忆、便于运用的形式.

例 2 经过我们改编后，叙述比原来简单了许多，条件与要求都更加明确.

已知条件是信息,在中间过程得到的结果或引理也是信息.如果题做不出,最好再看看这些东西,或许会有新的启发."现场调查一百次",这句话是有道理的.

探索,可以从"结论"开始.

要证的结论,是重要的信息."聪明人从结果开始".从结果开始,"执果索因",一直追溯到已知,这就是分析法.在平面几何与不等式的证明中常常采用.

例5中,可由结果 $ab \geqslant a+b$ 出发:

$$ab \geqslant a+b$$
$$\Leftarrow (a-1)(b-1) \geqslant 1$$
$$\Leftarrow a-1 \geqslant 1, b-1 \geqslant 1$$
$$\Leftarrow a \geqslant 2, b \geqslant 2.$$

最后的不等式是已知中给出的条件,当然成立,所以要证的结论 $ab \geqslant a+b$ 成立.

在用分析法时,务须注意前面的不等式是由后面的不等式推出,而不是前面的不等式推出后面的不等式.因果颠倒,论证就全错了.

分析法可改用综合法写.

上面例5的证明可写成

$$a \geqslant 2, b \geqslant 2$$
$$\Rightarrow a-1 \geqslant 1, b-1 \geqslant 1$$
$$\Rightarrow (a-1)(b-1) \geqslant 1$$
$$\Rightarrow ab \geqslant a+b.$$

读者可以从解题实践中举出很多例子,充实上面的议论,提出自己的意见.

习 题 1

1. 例8中,如何能使填入的数互不相同?

2. 证明:在例2的条件与要求下,11排可以保证1 899名学生坐下.

3. $m \times n$ 个同样的立方体排成 m 行 n 列.每个立方体有一面染成黑色,黑的面不一定全朝上.立方体可以转动,但转动时必须将同一行或同一列的立方体同时转动.能否经过若干次转动,使黑的面全部朝上?

4. 求方程 $y^4+4y^2x-11y^2+4xy-8y+8x^2-40x+52=0$ 的实数解.

5. 正方形 $ABCD$ 边长为1, AB, AD 上各有一点 P, Q. 如果 $\triangle APQ$ 周长为2, 求 $\angle PCQ$.

6. 证明:任何一群人(人数 $\geqslant 2$)可以分成两组,使得每个人在同一组中熟人的个数不多于在另一组中熟人的个数.

单墫
解题研究
丛 书

数学竞赛研究教程

7. 从 $\{1, 2, \cdots, 3n\}$ 中任取 $n+1$ 个不同的数,证明:必有两个数的差大于等于 n,并且小于等于 $2n$.

8. 平面上的点集 M 由 $n(n \geqslant 3)$ 个点组成.如果 M 中任两点连线的垂直平分线上都有 M 中的点,那么 M 就称为祖冲之集.对什么样的 n,有 n 个点的祖冲之集存在?

9. 平面上有一个凸四边形 $ABCD$.

(1) 如果这平面上有一点 P,使 $\triangle ABP$,$\triangle BCP$,$\triangle CDP$ 及 $\triangle DAP$ 的面积都相等,那么四边形 $ABCD$ 应满足什么条件?

(2) 满足(1)的点 P 至多有几个?

第2讲 探索法(二)

"请你讲一讲思路."常常有人提出这样的要求.

其实,思路是可以意会,难以言传的.

更进一步,思路是说不清楚的.

这一步是如何想出来的? 为什么要这样做呢? 教师可以说得头头是道,娓娓动听,但真实的解题过程未必如此.

他可能犯了许多错误,走了不少弯路,花了大量时间,仍然一无所获. 突然,灵感出现:"我找到了!"

教师(或书本上)展示的往往是最后的结果,而不是探索的过程.

探索的过程则因人因题而异,"你不能两次走进同一条河".

探索,就意味着必须自己去找路.

"从来就没有万能的、完善的解题方法,没有能应用于一切情况的精确规则,十之八九是根本就不存在这样的规则."

"从某种程度上,从某种意义上说,解题者必须靠他的无法说清的感觉."

"跟着感觉走"——这就是探索法.

感觉,可以帮助你猜出结果(例如判断是否有解,什么是解).

例1 如图 2-1,有 $m \times n$ 个格点,求从点 $A(1,1)$ 到点 $B(m,n)$ 的一条路径,使得它所经过的每一个格点的横坐标、纵坐标的乘积之和为最大,并求出最大值(这里所谓"路径"指的是向上、向右前进时走过的折线,不允许逆着 x,y 轴的正向前进).

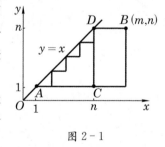

图 2-1

解 由对称性,不妨假设 $m \geqslant n$,并且整个路径在直线 $y=x$ 的下方(在上方的部分可以通过关于 $y=x$ 的对称而变到下方,不影响坐标的乘积 xy).

根据正常的感觉,所求的路径不外乎这几种可能:

(ⅰ)从 A 一直向右,再一直向上到 B;

(ⅱ)从 A 向右到 $C(n,1)$,再向上到 $D(n,n)$,最后向右到 B;

(ⅲ)从 A 开始,每向右走一步到一个格点后,就向上走一步回到直线 $y=x$ 上,这样向右、向上一直走到 D,最后向右直走到 B.

稍作分析比较,即知锯齿形的第三条路径上各格点坐标乘积之和比前两者大. 感觉告诉我们:它就是所求的路径.

这道题的完整解答将在下面给出.

解题时,可能毫无办法,也可能有很多种办法. 对于后一种情况,需要正确的选择.

"如果在你面前出现了好几条岔路,那么,在大着胆子沿着某一条路走下去之前最好先对每一条路都稍加探索,因为任何一条都可能把你引向死胡同."

谋定后动,切忌慌不择路.

不可能,也没有必要将每一条道路走到底. 只需要"稍加探索",即可作出决定.

而感觉往往可以帮助你选择正确的解法.

在例 1 中,有哪些办法可以证明所得路径的"最大性"呢? 至少有三种:

(1) 求出各格点坐标乘积之和 S,证明它大于其他路径的相应的和 S';

(2) 考虑所得路径上每个格点坐标的乘积,证明它大于或等于其他路径上相应格点坐标的乘积;

(3) 将任一条路径调整,使调整后的和 S'' 大于原来的和 S'. 说明经若干次调整后可化为上面所说的第三条锯齿形的路径.

和 S 可以求出,但要证明它大于每个 S',似难以下手,很可能要比较对应的项,这实际上是第二种方法.

如果采用(2),第一个关键是注意到每条路径上有 $m+n-1$ 个格点(第一个是 A,第 $m+n-1$ 个是 B),第 i 个格点的坐标之和为 $i+1(i=1,2,\cdots,m+n-1)$.

第二个关键是注意在 $x+y=i+1$ 并且 $x \geq y$ 时,积

$$xy = \frac{1}{4}[(x+y)^2 - (x-y)^2] = \frac{1}{4}[(i+1)^2 - (i+1-2y)^2] \quad (1)$$

随 y 的增大而增大(当然 $2y \leq x+y=i+1$).

于是,在前 $2n-1$ 个点中,当 i 为奇数时,积 xy 在 $x=y=\frac{i+1}{2}$ 时最大;当 i 为偶数时,积 xy 在 $x=\frac{i+2}{2}$,$y=\frac{i}{2}$ 时最大. 在以后的格点中,积 xy 在 $x=i+1-n$,$y=n$ 时最大. 这正好是前面所说的锯齿形路线.

方法(3)也是可行的. 任一条路径上,如果有一段是向右走一步(即横坐标 x 增加 1),再向上走一步(即纵坐标 y 增加 1),将它改为先向上走一步,再向右走一步. 这时有一个格点 $(x+1,y)$ 改成 $(x,y+1)$. 而在 $x>y$ 时,$x(y+1)-$

$(x+1)y=x-y>0.$ 所以这样的调整使乘积的总和增加.

从下面调整起,可以逐步将任一条路径变为上述的锯齿形.

至于最大值 S,不难算出

$$S=1^2+2^2+\cdots+n^2+1\cdot2+2\cdot3+\cdots+(n-1)n+n[(n+1)+\cdots+m]$$

$$=\frac{n(n+1)(2n+1)}{6}+2\cdot C_{n+1}^3+\frac{n(m-n)(m+n+1)}{2}$$

$$=\frac{n(n^2+3m^2-3m-1)}{6}.$$

"解题也许是一个思索的过程(对缺乏经验的生手来说则可能是条理不清晰的思索),也许这是一条通向解的漫长、艰辛、充满曲折的道路,每次转折都标志着一次决断,这种决断是我们对相关性和接近度的感觉、对前景增大的或衰退的期望所促成(或伴随着)的."

"事实上,任何认真考虑过他的问题的人对于解的接近程度和问题进展的步子都会有一种明确的感觉. 他或许没有用言词去表达,但是他会敏感到比如:'这样做是对的,解可能就在这附近',或者'这样太慢了,解还是离得很远',或者'我卡住了,一点没有进展',或者'我正在偏离问题的解',等等."

感觉,帮助我们判明所选择的解法是否能导致问题的解决,是否接近问题的解决,还需要作哪些努力以取得希望的结果. 尤其是帮助我们作出决断:是沿着这种解法继续走下去,还是彻底放弃? 如果计算十分繁难,圈子兜得太远,又毫无成功的希望,那就不必顽固地坚持走这条道路.

事实上,头脑灵活、感觉敏锐的人,往往会考虑到各种不同的途径,以供选择. 当一条途径行不通时,便转向其他途径."当你越来越清楚地意识到它不在那儿时却还要固执地在那儿找,那就没有什么道理了."

在例1中,我们从第1种办法转向第2种时,向问题的解决接近了一步. 接着,在找到对每条路径,第 i 个格点的坐标和均为 $i+1$ 这个"不变量"时,又前进了一步;等式(1)的出现,更是距离最终目标只有一步之遥了.

感觉的重要性还可以从著名数学家、教育家波利亚的下列论述中看出(本讲、本书中很多引语都出自于他的原话):

"一个数学的推导,在笛卡儿看来就像一条结论的链,一个相继的步骤序列. 有效的推导所需要的是在每一步上直觉的洞察力,它显示了在那一步所得到的结论明显地来自前面已得的知识(直接靠直觉,或间接靠前面的推导步骤得到)."

"相对于推理来讲,我们更应当侧重于直觉的洞察."

"决不要做违反你感觉的事,但也应当不带任何偏见地去查看那些支持或反对你的计划的种种说得清的理由."

解题者的"题感"与棋手的"棋感"一样,只有通过不断实践,认真总结才能养成.

显然,大量的练习是必要的.

"你想学会游泳,你就必须下水,你想成为解题的能手,你就必须去解题."

更重要的是题的质量,必须做各式各样的问题.对于数学竞赛,除了那些典型的问题,还要做那些富有创造性的、"野路子"的问题.

感觉,在很大程度上就是数学的美感:整齐(对称)、简单、合理.

例2 在 $1,2,\cdots,1\,990$ 中至多能选出多少个数,使得任意两个选出的数 x, y,都有和 $x+y$ 不被差 $x-y$ 整除?

解 如果选出的数依照由小到大的顺序排成一列,那么相邻两项的差越小,选出的数就越多.

但相邻两项的差不能为 1(因为 1 整除这两项的和).

相邻两项的差也不能为 2. 因为 $x-y=2$ 时,x,y 的奇偶性相同,所以 2 整除 $x+y$.

相邻两项的差至少为 3.

$1,4,7,\cdots,1\,990$ 是一个公差为 3 的等差数列,共有 664 项. 每两项 x,y 的和 $x+y$ 除以 3 余 2,因此 $x+y$ 不被 3 整除,更不被 $x-y$($x-y$ 是公差 3 的倍数)整除.

另一方面,$1+3\times664=1\,993>1\,990$,所以从 $1,2,\cdots,1\,990$ 中任选 665 个数,必有两个数 a,b 的差小于 3,$(a-b)$ 整除 $(a+b)$.

所以至多能选出 664 个数满足题中要求.

例3 设 a,b,c 满足 $\dfrac{1}{bc-a^2}+\dfrac{1}{ca-b^2}+\dfrac{1}{ab-c^2}=0$, $\qquad\qquad$ (2)

证明:

$$\frac{a}{(bc-a^2)^2}+\frac{b}{(ca-b^2)^2}+\frac{c}{(ab-c^2)^2}=0. \qquad (3)$$

解 (2)式左边第一项乘 $\dfrac{a}{bc-a^2}$ 即得(3)式左边第一项. 第二、三项的情况与此类似. 因此,为了从(2)推出(3),应当将(2)式乘以 $\dfrac{a}{bc-a^2}+\dfrac{b}{ca-b^2}+$

$\dfrac{c}{ab-c^2}$,得

$$\left(\frac{a}{bc-a^2}+\frac{b}{ca-b^2}+\frac{c}{ab-c^2}\right)\left(\frac{1}{bc-a^2}+\frac{1}{ca-b^2}+\frac{1}{ab-c^2}\right)=0. \quad (4)$$

(4)式左边展开后共有 9 项,其中 3 项是(3)式左边的 3 项. 另外 6 项呢? 它们的和应当是 0(否则(3)式不能成立). 这不难验证. 事实上,乘以分母的最小公倍数$(bc-a^2)(ca-b^2)(ab-c^2)$后,这 6 项成为

$$a(ab-c^2)+a(ca-b^2)+b(bc-a^2)+$$
$$b(ab-c^2)+c(bc-a^2)+c(ca-b^2)=0. \quad (5)$$

于是(3)成立.

当然其他的解法也可以奏效. 但上面的解法整齐对称(所有式子均是 a,b,c 的轮换式),而且可以预见到胜利就在面前,验证(5)式只不过是一种例行公事(解题的高手甚至"不屑"去做这一步,因为他有信心、有把握知道它的正确性).

例 4 n 个正数 $\qquad\qquad x_1,x_2,\cdots,x_n \qquad\qquad (6)$

满足 $\qquad\qquad \sum_{i<j}x_iy_j=1, \qquad\qquad (7)$

证明:可以从(6)中去掉一个数,使剩下的 $n-1$ 个数的和小于等于 $\sqrt{2}$.

解 去掉(6)中最大的数,剩下的 $n-1$ 个数的和最小. 这种"走极端"的做法是可供选择的一条路(参见习题 2 第 5 题).

更为整齐的做法是不区分 $x_1,x_2,\cdots,x_n$ 的大小,假定其中每 $n-1$ 个数的和都大于 $\sqrt{2}$(反证法).(7)可改成等价的

$$2=x_1(x_2+x_3+\cdots+x_n)+x_2(x_1+x_3+\cdots+x_n)$$
$$+\cdots+x_n(x_1+\cdots+x_{n-1}), \quad (8)$$

从而

$$2>\sqrt{2}(x_1+x_2+\cdots+x_n)>\sqrt{2}\cdot\sqrt{2}=2. \quad (9)$$

矛盾!

注 $x_1=x_2=\cdots=x_n=\dfrac{\sqrt{2}}{n(n-1)}$ 表明例 4 中的 $\sqrt{2}$ 为最佳(不能换成更小的与 n 无关的常数).

例 5 若干块多边形用三种颜色的丝线缝成一个多面体,每一顶点处恰好有三条棱,每条棱一种颜色,各不相同. 证明可以在每个顶点处放一个不等于 1 的复数,使得每个面上(的顶点处)放置的复数乘积为 1.

解 先考虑简单情况:四面体. 设四个顶点处放置的复数为 a,b,c,d,则 $abc=bcd=cda=dab=1$. 从而 $a=b=c=d=\omega$ 或 ω^2,这里 $\omega=\mathrm{e}^{\frac{2\pi i}{3}}$.

对于一般情况,由于面可能是四边形、五边形、……,各个顶点处的数未必

全部相等,但我们希望上面的结果能够发挥作用,而且相信问题不应该非常复杂(在数学的美中,首先要推崇的是简单性).因此,最好只用两个数 ω,ω^2(既然一个不行).问题是在哪些顶点放 ω,哪些顶点放 ω^2?

这是一个分类问题:如何将顶点分为两类?考虑三种颜色,这一已知条件正好发挥作用.设颜色为 1,2,3,如果人站在顶点处,1,2,3 构成顺时针方向,就放 ω,否则放 ω^2(如图 2-2).

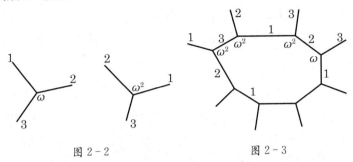

图 2-2   图 2-3

主要的困难业已克服,我们采用简单合理(而且与已知条件有关)的方法放好数,深信(此时此刻的正常感觉)它一定能使结论成立.事实上,对任一个面,在沿边缘依逆时针前进时,如果颜色是良序的(1→2,2→3 或 3→1),所标数为 ω,如果颜色是逆序的(2→1,3→2 或 1→3),所标数为 ω^2(如图 2-3),所以各数的乘积为 ω^{n+j},其中 n 是边数,j 是逆序个数.现在只需证明 $3\,|\,(n+j)$.

对于每个逆序,在中间插一条边:在 2→1 之间插入 3,3→2 之间插入 1,1→3 之间插入 2(也就是把拖在外面的"辫子"收到里面来),这时原来的 n 边形变成 $n+j$ 边形,各边的颜色依次为 1,2,3,1,2,3,$\cdots$,1,2,3,因此 $3\,|\,(n+j)$,结论成立.

例1、例2、例5都是所谓"开放式的问题".这类问题或未给出结论,或未给出结构,需要我们上下求索,与科学研究非常接近,两者的差别仅仅在于如果前者需要 5 个小时,后者差不多就需要 5 000 小时.

要提高解题能力,还必须注意总结.

总结,是解题的第四步(前三步是弄清问题、拟定计划、实施计划).这不是可有可无,而是必不可缺的一步.

解题,如同在黑暗中走进一间陌生的房间.总结,则好像打开了电灯,这时一切都清楚了:在以前的探索中,哪几步走错了?哪几步不必要?应当怎样走?等等.

正如波利亚所说,这是"领会方法的最佳时机","当读者完成了任务,而且他的体验在头脑中还是新鲜的时候,去回顾他所做的一切,可能有利于探究他刚才克服困难的实质. 他可以对自己提出许多有用的问题:'关键在哪里? 重要的困难是什么? 什么地方我可以完成得更好些? 我为什么没有觉察到这一点? 要看出这一点我必须具备哪些知识? 应该从什么角度去考虑? 这里有没有值得学习的诀窍可供下次遇到类似问题时应用?'所有这些问题都提得不错,而且还有许多别的问题——但最好的问题是自然而然地浮现在你脑海里的问题".

总结,首先是将解法化简(或称为简化).

例 6 定义在实数集 **R** 上的函数 $f(x)$ 关于 x 是不减的,且满足 $f(x+1)=f(x)+1$. 记 $f_n(x)=\underbrace{f(f(\cdots(f(x))\cdots))}_{n\text{个}f}-x\,(n=1,2,\cdots)$,证明:对一切 x, $y\in\mathbf{R}$,$|f_n(x)-f_n(y)|<1$.

解 首先证明 $f_n(x)$ 是以 1 为周期的周期函数,即 $f_n(x+1)=f_n(x)$.

因为 $f_1(x+1)=f(x+1)-(x+1)$,而 $f(x+1)=f(x)+1$,故 $f_1(x+1)=f(x)+1-(x+1)=f(x)-x=f_1(x)$.

假设 $n=k$ 时,$f_k(x+1)=f_k(x)$ 成立. 因为

$$f_k(x+1)=\underbrace{f(f(\cdots(f(x+1))\cdots))}_{k\text{个}f}-(x+1),$$

$$f_k(x)=\underbrace{f(f(\cdots(f(x))\cdots))}_{k\text{个}f}-x,$$

于是 $\quad\underbrace{f(f(\cdots(f(x+1))\cdots))}_{k\text{个}f}=\underbrace{f(f(\cdots(f(x))\cdots))}_{k\text{个}f}+1,$

从而 $\quad\underbrace{f(f(f(\cdots(f(x+1))\cdots)))}_{k\text{个}f}=f(\underbrace{f(f(\cdots(f(x))\cdots))}_{k\text{个}f}+1),$

即 $\quad\underbrace{f(f(f(\cdots(f(x+1))\cdots)))}_{k+1\text{个}f}=\underbrace{f(f(f(\cdots(f(x))\cdots)))}_{k+1\text{个}f}+1.$

因而 $f(f(\cdots(f(x+1))\cdots))-(x+1)=f(f(\cdots(f(x))\cdots))+1-(x+1),$

即 $\qquad\qquad\qquad\qquad f_{k+1}(x+1)=f_{k+1}(x).$

于是我们只需在区间 $[0,1]$ 上考虑结论即可. 以下用反证法证明之.

假设结论不真,则存在 $x_0,y_0\in[0,1]$,使得

$$f_n(x_0)-f_n(y_0)\geqslant 1 \qquad\qquad\qquad (10)$$

(若 $f_n(x_0)-f_n(y_0)\leqslant-1$,则交换 x_0,y_0 的地位可同样证明). 因为 $f(x)$ 是不减的,所以 $f_n(x)+x=f(f(\cdots(f(x))\cdots))$ 也是不减的,从而

$$f_n(1)+1\geqslant f_n(x_0)+x_0,\ f_n(y_0)+y_0\geqslant f_n(0)=f_n(1).$$

于是 $\qquad x_0-1\leqslant f_n(1)-f_n(x_0)\leqslant y_0+f_n(y_0)-f_n(x_0).$

由(10)有 $\qquad\qquad\qquad f_n(y_0)-f_n(x_0)\leqslant-1,$

数学竞赛研究教程

结合上式得 $\qquad x_0-1\leqslant y_0-1,$

即 $x_0\leqslant y_0$. 从而有 $x_0+f_n(x_0)\leqslant y_0+f_n(y_0)$, 即

$$f_n(x_0)-f_n(y_0)\leqslant y_0-x_0\leqslant 1. \tag{11}$$

由(10),(11)有 $y_0-x_0=1$, 这只能是 $x_0=0,y_0=1$. 但是 $f_n(x_0)-f_n(y_0)=f_n(0)-f_n(1)=0$, 这与(10)是矛盾的. 至此, 命题完全获证.

上面的解答毛病甚多(虽然它不是错误的):

(ⅰ) 叙述冗长. 初学者希望解答尽可能详细, 但如果因为琐碎的解答"淹没"了思路, 弊多益少. 要取得长足的进步, 就应当从解答中提炼出主要步骤(关键步骤). 因此, 写解答概要是一种很好的练习. 并且随着水平的提高, 概要会越写越精练, 几十个字的可以压缩为十几个字, 甚至一句话的提示.

(ⅱ) 主次不分. 前面写得过长, 似乎"将问题限制于$[0,1]$内考虑是解本例的关键". 其实这一步只是一种化简, 对比较有经验的读者, 应当是显而易见的. 打蛇应当打七寸, 不要对着尾巴打个不停.

(ⅲ) 迂回曲折. 后一部分可以不用反证法, 步骤也可以大大减少.

建议读者改写例6的解.

总结有助于弄清问题的实质.

例7 在有限项的实数数列

$$a_1,a_2,\cdots,a_n \tag{12}$$

中, 如果一段数 $a_k,a_{k+1},\cdots,a_{k+q-1}$ 的算术平均数大于 $1\,988$, 那么我们把这段数叫做一条"龙", 并把 a_k 称为这条龙的"龙头"(如果某一项 $a_k>1\,988$, 这单独一项也算作龙).

假定(12)中至少存在一条龙, 证明(12)中全体可以作为龙头的项的算术平均数也必定大于 $1\,988$.

解 这是第三届全国中学生数学冬令营的试题, 至少有三种解法. 公布的标准解答考虑龙的长度, 颇为麻烦. 另两种解法是用归纳法.

$n=1$ 时结论显然. 设结论对项数小于 n 的数列成立. 考虑数列(12), 若 a_1 不是龙头, 则(12)中的龙头与 $a_2,a_3,\cdots,a_n$ 中的龙头完全一致, 由归纳假设可证得结论成立.

若 a_1 是龙头, 设

$$a_1,a_2,\cdots,a_m \tag{13}$$

是一条龙, 则这 m 个数的平均值大于 $1\,988$. 其中(在(12)中)不是龙头的数小于等于 $1\,988$, 将它们删去后平均值仍然大于 $1\,988$. 另一方面, 数列

$$a_{m+1},a_{m+2},\cdots,a_n \tag{14}$$

或者没有龙头,或者其中的龙头与(12)中这部分的龙头完全一致. 由归纳假设,它们的平均值大于 1 988. 将对(13),(14)的讨论综合起来便得结论.

另一种归纳法是讨论 a_n,比上面讨论 a_1 的解法稍长一点.

例 7 中,"龙头"才是关键,龙的长度是非本质的.

总结,可以提高鉴赏能力,知道什么是好的解法.

总结,可以养成抓住关键,直接剖析问题核心的好习惯.

良好的题感正是通过总结培养起来的.

解题,切莫忘记总结!

习 题 2

1. 改写例 6.

2. b,c 为实数,并且二次方程 $x^2+bx+c=0$ 有两个实根. 证明:必有整数 n,使得

$$|n^2+bn+c| \leqslant \max\left(\frac{1}{4}, \sqrt{\frac{b^2}{4}-c}\right).$$

3. A 为自然数的有限集,$m \in \mathbf{N}$(自然数集). 若对任意自然数 a,在 $a,a+m,\cdots,a+1\,990m$ 这 1 991 个数中至少有一个不属于 A. 证明:方程 $x-y=m$ 的解 $x \in A, y \in A$ 的个数 $\leqslant \frac{1\,989}{1\,990}|A|$.

4. 平面一凸多边形内部有一点 O,过 O 的任一条直线将多边形分为面积相等的两块. 问:这个多边形是怎样的多边形?

5. 用"走极端"的方法解例 4.

6. 在例 4 的条件下,求 $x_1+x_2+\cdots+x_n$ 的最小值.

7. 如图,每个顶点处的数等于三个相邻顶点处所标数的和的 $\frac{1}{3}$. 求 $a+b+c+d-e-f-g-h$.

(第 7 题)

8. 一个等差数列的第二、三、六项成等比数列. 求这个等比数列的公比.

9. 证明:平面上的有理点 (x,y),$x,y \in \mathbf{Q}$(有理数集),可以分为两个点集 A,B,A 与任一条平行于 y 轴的直线仅有有限多个公共点,B 与任一条平行于 x 轴的直线仅有有限多个公共点.

10. 对每一正整数 n,证明五个数 $17^n,17^{n+1},17^{n+2},17^{n+3}$ 与 17^{n+4} 中至少有一个的首位数字为 1.

数学竞赛研究教程

第3讲 枚举法

枚举法,也称为穷举法,是一种极简单、极基本的证明方法.

根据情况逐一讨论,这就是枚举法.

在面临几种不同的情况,无法统一处理时,常常采用枚举法.

即使可以统一处理,为了降低问题的难度,也常常采用枚举法,分成几种情况去讨论. 因为采用这种方法时,每一种情况都增加了一个前提条件,为问题的解决提供了便利.

例 1 a,b 均为正无理数, a^b 是否一定是无理数? 是否一定是有理数?

解 a^b 不一定是无理数. 我们考虑 $(\sqrt{2})^{\sqrt{2}}$,可能有两种情况:

(ⅰ) $(\sqrt{2})^{\sqrt{2}}$ 是无理数,而 $((\sqrt{2})^{\sqrt{2}})^{\sqrt{2}}=(\sqrt{2})^2=2\in\mathbf{Q}$ (有理数集).

(ⅱ) $(\sqrt{2})^{\sqrt{2}}$ 是有理数,显然 $(\sqrt{2})^{\sqrt{2}}>1$,所以对这有理数,存在 $n\in\mathbf{N}$ (自然数集),使它 $((\sqrt{2})^{\sqrt{2}})$ 不是有理数的 n 次幂(取 n 大于这数的分子或分母中质因数的最高次幂即可). 这时 $(\sqrt{2})^{\frac{1}{n}\sqrt{2}}$ 是无理数.

于是在每一种情况中,均给出一个 a^b 为有理数(在(ⅰ)中 $a=(\sqrt{2})^{\sqrt{2}}$,在(ⅱ)中 $a=\sqrt{2}$. 在(ⅰ),(ⅱ)中, b 均为 $\sqrt{2}$)和 a^b 为无理数(在(ⅰ)中 $b=\sqrt{2}$,在(ⅱ)中 $b=\dfrac{1}{n}\sqrt{2}$. 在(ⅰ),(ⅱ)中 a 均为 $\sqrt{2}$)的例子.

当然,也可举 $(\sqrt{2})^{2\log_2 3}=3,(\sqrt{2})^{\log_2 3}=\sqrt{3}$ 作为例子.

有趣的是,上面的讨论不需要知道 $(\sqrt{2})^{\sqrt{2}}$ 是有理数还是无理数(虽然利用超越数的理论可以知道 $(\sqrt{2})^{\sqrt{2}}$ 是无理数). 将两种可能情况均列举出来,既绕过了难点(证明 $(\sqrt{2})^{\sqrt{2}}$ 为无理数),又增加了有利的前提条件(在(ⅰ)中, $(\sqrt{2})^{\sqrt{2}}$ 为无理数. 在(ⅱ)中, $(\sqrt{2})^{\sqrt{2}}$ 为有理数). 实属巧妙之至,值得细细玩味.

在研究工作中也有类似的例子. 高斯(C. F. Gauss,1777—1855)猜测虚二次域 $Q(\sqrt{d})$ 的类数 $h(d)$ 随 $|d|$ 趋于无穷. 1918 年,人们先在广义黎曼(G. F. B. Riemann,1826—1866)假设成立的前提条件下,证明了高斯猜测. 然后(1934 年)又在广义黎曼假设不成立的前提条件下,证明了高斯猜测,于是,完全解决了高斯猜测. 但广义黎曼假设是否成立,至今仍未解决(这是更为困难的问题),它在证明高斯猜测中只是一个被利用的工具.

由此可见,**枚举法的积极意义在于创造一些前提条件,先求得(在这些条件**

之下的)部分结果,逐步走向问题的最终解决.

很多数学问题可以用枚举法解决,因为出现的情况只有有穷种.

例 2 一个三位数除以 11 所得的余数等于它的三个数字的平方和,试求出所有满足这样条件的三位数.

解 三位数只有 900 个,如果有计算机可资利用,编上程序逐个检查便可找出答案.但是,不用计算机也可以解决问题.

设这三位数的百位、十位、个位数字分别为 x,y,z,则由于任何数除以 11 所得余数小于等于 10,所以 $x^2+y^2+z^2\leqslant 10$,   (1)

从而 $1\leqslant x\leqslant 3,0\leqslant y\leqslant 3,0\leqslant z\leqslant 3$.   (2)

于是所求的三位数必在以下数中:

100,101,102,103,110,111,112,120,121,122,130,

200,201,202,210,211,212,220,221,300,301,310.

不难验证只有 100,101 两个数符合要求.

注 我们没有利用更多的知识(如 $100x+10y+z$ 除以 11 的余数为 $x-y+z$ 或 $x-y+z+11$).知识用得越多,枚举的情况越少.但知识用得过多,就失去了枚举的意义.通常是在知识、枚举之间作适当的平衡.

例 3 任意 4 个不全相等的数字可以组成若干个四位数(允许 0 为千位数字),用其中最大的减去最小的,称为一次操作.对所得差的 4 个数字继续施行同样的操作.证明经过有限多次操作后,得到的结果为 6 174.

解 四位数(包括首位为 0 的)共 10^4 个,个数有限,因而枚举能够解决问题.但在没有计算机帮助的情况下,逐一列举也是够麻烦的.我们可以稍加分析,分两种情况来讨论.

设 4 个数字为 $a\geqslant b\geqslant c\geqslant d$.

(ⅰ) 如果 $b=c$,一次操作后,出现的 4 个数字中有两个 9,另两个数字 $(10+d-a$ 与 $a-1-d)$ 的和为 9.由于 9 990→9 981→8 820→8 532→6 174(箭头表示操作,中间出现的数只列出同样数字中最大的一个),9 972→7 731→9 765→8 640→8 721→7 443→9 963→6 642→7 641→6 174,9 954→5 553→9 981,所以最后均产生差 6 174.

(ⅱ) 如果 $b>c$,一次操作后,出现的 4 个数字中有两个($10+d-a$ 与 $a-d$)的和为 10,另两个($10+c-1-b$ 与 $b-1-c$)的和为 8.因此,应从(9,1),(8,2),(7,3),(6,4),(5,5)中取一组与(8,0),(7,1),(6,2),(5,3),(4,4)中的一组搭配.含数字 4,4 或 5,5 的情况已在(ⅰ)中讨论过,只剩下 4×4＝16 种情况.由于

9 810→9 621→8 532→6174,9 711→8 532,9 531→8 721,8 622→6 543→

$9\,882, 8\,730 \rightarrow 8\,532, 7\,632 \rightarrow 6\,552, 7\,533 \rightarrow 6\,174$,均可化为（ⅰ）中已讨论过的情况,所以这时结论也成立.

使用枚举法,应注意不要遗漏某种情况. 如果遗漏了,必须补充. 另一方面,应尽量减少重复,尽量将待处理的情况化为已处理的情况. 在几种情况基本相同时,可采取"不妨设"、"同样可得"等说法.

关于自然数的问题,如果能定出一个上界,即与问题有关的自然数均不超过某一正数 M,那么便可采取枚举法.

例 4 是否有自然数 m, n,使

$$5m^2 - 6mn + 7n^2 = 1\,976? \tag{3}$$

解 （3）可化为

$$(5m - 3n)^2 + 26n^2 = 9\,880, \tag{4}$$

从而

$$n \leqslant \sqrt{\frac{9\,880}{26}} < 20.$$

因此,$n \in \{1, 2, \cdots, 19\}$. 由于 $9\,880 - 26n^2 = 2 \times (4 \times 1\,235 - 13n^2) = (5m - 3n)^2$ 是平方数,所以 $4 \times 1\,235 - 13n^2$ 是偶数. 从而 $n = 2k, k \in \{1, 2, 3, 4, 5, 6, 7, 8, 9\}$,

并且

$$2 \times 4 \times (1\,235 - 13k^2) \tag{5}$$

为平方数. 所以 $1\,235 - 13k^2$ 为偶数,k 为奇数,即 $k \in \{1, 3, 5, 7, 9\}$.

将 k 逐一代入（5）或 $\frac{1\,235 - 13k^2}{2}$ 中,所得结果均不是平方数,因此没有自然数 m, n 适合（3）.

（3）是所谓"椭圆型"的方程. 估计出上界后,往往结合同余等方法讨论,请参看第 14 讲.

例 5 给定一个整数 $n_0 > 1$ 后,两名选手 A, B 按以下规则轮流取整数 $n_1, n_2, n_3, \cdots$:

在已知 n_{2k} 时,选手 A 可以取任一整数 n_{2k+1},使得 $n_{2k} \leqslant n_{2k+1} \leqslant n_{2k}^2$;

在已知 n_{2k+1} 时,选手 B 可以取任一整数 n_{2k+2},使得 $\frac{n_{2k+1}}{n_{2k+2}}$ 是一个质数的正整数幂.

若 A 取到 $1\,990$,则 A 胜;若 B 取到 1,则 B 胜.

对怎样的初始值 n_0:（ⅰ）A 有必胜的策略? （ⅱ）B 有必胜的策略? （ⅲ）双方均无必胜的策略?

解 $n_0 = 2$ 时,A 只能取 $2, 3, 4, B$ 可取 $1, B$ 胜.

$n_0 = 3$ 时,A 只能取 3 至 9,均为形如 p^k 或 $2p^k$（p 为质数）的数,从而 B 可取 1 或 $2, B$ 胜.

$n_0=4$ 时,A 只能取 4 至 16,均为形如 p^k,$2p^k$ 或 $3p^k$ 的数,从而 B 可取 1,2,3,B 胜.

$n_0=5$ 时,A 只能取 5 至 25,均为形如 p^k,$2p^k$,$3p^k$ 或 $4p^k$ 的数,B 可取 1,2,3,4,B 胜.

若 $45 \leqslant n_0 \leqslant 1\,990$,则 A 可取 1 990,A 胜.

若 $21 \leqslant n_0 \leqslant 44$,则 A 可取 $420 = 2^2 \times 3 \times 5 \times 7$,$B$ 取的数在 45 与 1 990 之间,由上一种情况,A 胜.

若 $13 \leqslant n_0 \leqslant 20$,则 A 取 $n_1 = 2^3 \times 3 \times 7 = 168$,$n_2$ 在 21 与 1 990 之间,A 胜.

若 $11 \leqslant n_0 \leqslant 12$,则 A 取 $n_1 = 3 \times 5 \times 7 = 105$,$n_2$ 在 15 与 1 990 之间,A 胜.

若 $8 \leqslant n_0 \leqslant 10$,则 A 取 $n_1 = 2^2 \times 3 \times 5 = 60$,$n_2$ 在 12 与 1 990 之间,A 胜.

若 $n_0 > 1\,990$,取 $n_1 = 2^{r+1} \times 3^2$ 满足 $2^r \times 3^2 < n_0 \leqslant 2^{r+1} \times 3^2 < n_0^2$,则 n_2 满足 $8 \leqslant n_2 < n_0$. 用 n_2 代替 n_0,继续采取上面的方法,经过有限多步后得到 $8 \leqslant n_{2k} < 1\,990$,于是 A 胜.

最后,在 $n_0 = 6$ 或 7 时,A 取 $n_1 = 30$,则 B 只能取 6(B 取 10 或 15,A 均胜),A 再取 30,这样 A 立于不败之地.

另一方面,在小于等于 49 的数中,A 只有取 30 与 42 才能保证 $n_2 \geqslant 6$,而这时 B 总可以取 $n_2 = 6$. 因此,B 可立于不败之地.

所以在 $n_0 = 6$ 或 7 时,两人均无必胜策略.

例 5 中,虽有无穷多个自然数需要讨论,但 $n_0 > 1\,990$ 的情况均可化为 $n_0 \leqslant 1\,990$ 的情况,枚举仍能奏效.

维诺格拉朵夫(И. М. Виноградов,1891—1983)证明了每个充分大的奇数可表示成三个奇质数的和,基本上解决了哥德巴赫(C. Goldbach,1690—1764)提出的问题. 这里的充分大,有人算出是大于 $e^{e^{10.038}}$(e 为自然对数的底 2.718 28…),即 400 万位以上. 要逐一检验小于 $e^{e^{10.038}}$ 的奇数都是三个奇质数的和,目前的超高速电子计算机也力所未逮. 但从理论上说,维诺格拉朵夫已完成了决定性的一步(但"每一个大于 4 的偶数都是两个奇质数的和",这一哥德巴赫-欧拉(L. Euler,1707—1783)猜测仍未得到解决).

善于区分情况,逐段解决问题,是枚举法的要点.

例 6 $f(x)$ 定义在 $[0,1]$ 上,非负,$f(1) = 1$,并且对于任意的 $x_1, x_2, x_1 + x_2 \in [0,1]$,均有 $\quad\quad f(x_1 + x_2) \geqslant f(x_1) + f(x_2)$. $\quad\quad\quad\quad$ (6)

证明 $f(x) \leqslant 2x$. 这一不等式能否改为 $f(x) \leqslant 1.9x$?

解 由(6)式及 $f(x)$ 非负,立即得出 $f(x_1 + x_2) \geqslant f(x_1)$,即 $f(x)$ 是增函数.

当 $\dfrac{1}{2}<x\leqslant 1$ 时，$f(x)\leqslant f(1)=1<2x$.

在(6)中令 $x_1=x_2=x$，得

$$f(x)\leqslant\dfrac{1}{2}f(2x). \tag{7}$$

利用(7)，当 $\dfrac{1}{4}<x\leqslant\dfrac{1}{2}$ 时，$\dfrac{1}{2}<2x$，所以

$$f(x)\leqslant\dfrac{1}{2}f(2x)\leqslant\dfrac{1}{2}f(1)<2x;$$

$$\cdots\cdots$$

当 $\dfrac{1}{2^{n+1}}<x\leqslant\dfrac{1}{2^{n}}$ 时，

$$f(x)\leqslant\dfrac{1}{2}f(2x)\leqslant\dfrac{1}{4}f(4x)\leqslant\cdots\leqslant\dfrac{1}{2^{n}}f(2^{n}x)\leqslant\dfrac{1}{2^{n}}f(1)<2x;$$

$$\cdots\cdots$$

因此，当 $x\neq 0$ 时，恒有

$$f(x)<2x. \tag{8}$$

而当 $x=0$ 时，在(6)中令 $x_1=x_2=0$，即得

$$f(x)=f(0)=0=2x. \tag{9}$$

(8)虽是严格的不等式，但 2 不能改为较小的数(例如 1.9). 事实上，令

$$f(x)=\begin{cases}1,\dfrac{1}{2}<x\leqslant 1,\\[2mm]0,\text{其他},\end{cases} \tag{10}$$

则对任意小正数 ε，$(2-\varepsilon)\cdot\left(\dfrac{1}{2}+\dfrac{\varepsilon}{4}\right)=1-\dfrac{1}{4}\varepsilon^2<1=f\left(\dfrac{1}{2}+\dfrac{\varepsilon}{4}\right)$，所以当 $x=\dfrac{1}{2}+\dfrac{\varepsilon}{4}$ 时，$f(x)\leqslant(2-\varepsilon)x$ 不能成立.

枚举法可以是递进的，即在每一种情况中再分情况，逐层深入.

例7 将圆内接正十三边形的顶点染上红、黄、蓝三种颜色中的任一种，证明必有三个同色的顶点组成等腰三角形.

解 13 个顶点染三种颜色，其中必有一种颜色染的点数超过 4. 不妨设有 5 个红色的点. 这 5 个点中，相距最近的两个点之间的弧长 $\leqslant\left[\dfrac{13}{5}\right]\times\overset{\frown}{A_1A_2}=2\overset{\frown}{A_1A_2}$.

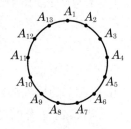

图 3-1

如果相距最近的两个点之间的弧长为 $2\overset{\frown}{A_1A_2}$，那么可设这 5 个点中有 A_1 与 A_3（如图 3-1）.

（i）如果 A_5 或 A_{12} 染红，那么结论显然成立.

（ii）如果 A_5，A_{12} 都不是红点，那么在 A_6，A_7，A_8，A_9，A_{10}，A_{11} 这 6 个点中有 3 个红点.

① 如果 A_6 是红点，那么 A_7，A_8，A_9 中至多 1 个红点（否则将有相邻点间的弧长为 $\overset{\frown}{A_1A_2}$），从而 A_{10} 或 A_{11} 为红点. 于是 $\triangle A_{10}A_6A_1$ 或 $\triangle A_{11}A_6A_3$ 是所求的等腰三角形.

② 如果 A_6 不是红点，那么 A_7，A_9，A_{11} 一定是红点，它们构成所求的等腰三角形.

如果相距最近的两个点之间的弧长为 $\overset{\frown}{A_1A_2}$，那么可设这 5 个点中有 A_1 与 A_2，并假设没有红色的点构成等腰三角形. 这时 A_3，A_{13}，A_8 显然都不是红色的点.

（i）如果 A_4 是红点，那么 A_6，A_7，A_9，A_{11} 都不是红点.

① 如果 A_5 是红点，那么由于 $\triangle A_{10}A_5A_2$，$\triangle A_{12}A_2A_5$ 都是等腰三角形，所以 A_{10}，A_{12} 都不是红点. 一共只有 4 个红点，矛盾！

② 如果 A_5 不是红点，那么 A_{10}，A_{12} 都是红点，而 $\triangle A_{10}A_{12}A_1$ 是等腰三角形，矛盾！

（ii）如果 A_{12} 是红点，情况与上一种相同.

因此设 A_4，A_{12} 都不是红点.

（iii）如果 A_5 是红点，那么 A_9，A_{10} 都不是红点. A_6，A_7，A_{11} 中有 2 个点为红点，但 $\triangle A_1A_6A_{11}$，$\triangle A_5A_6A_7$，$\triangle A_7A_{11}A_2$ 都是等腰三角形，因而也产生矛盾.

（iv）如果 A_{11} 是红点，情况与（iii）相同.

因此设 A_5，A_{11} 都不是红点，这时 A_6，A_7，A_9，A_{10} 中有 3 个红点，不妨设 A_6，A_7 为红点，由于 $\triangle A_2A_6A_{10}$，$\triangle A_7A_{11}A_2$ 都是等腰三角形，因而产生矛盾.

综上所述，必有 3 个红色的点构成等腰三角形.

在情况太多时，枚举法容易使人感到厌烦. 一方面，解题者应当有足够的耐心，不厌其烦. 另一方面，应当尽量使解法简练，省去一些不必要的情况与叙述. 在例 7 的后半部采用反证法也正是为了说得方便一些.

当然，命题者也应少出过于繁琐的题目. 我们看到近几年确实有一些过繁的试题，这往往反映命题者并未将问题组织好，或者对所出的问题缺乏深刻的了解.

习 题 3

1. 在六条棱长为 $2,3,3,4,5,5$ 的所有四面体中,最大的体积是多少?

2. $x \in [0,1]$,证明 $x^2,(1-x)^2,1-x^2-(1-x)^2$ 中必有一个不小于 $\dfrac{4}{9}$.

3. p_0,q_0 为实数,不全为 0. 若方程 $x^2+p_0x+q_0=0$ 有实根 $p_1 \leqslant q_1$,作方程 $x^2+p_1x+q_1=0$. 如此继续进行. 证明经过有限多步后得到一个没有实根的二次方程.

4. 如果一个质数,无论其数字怎样排列均为质数,就称为绝对质数. 证明绝对质数至多有三个不同数字(每个数字可以重复出现).

5. 设 $1=d_1<d_2<\cdots<d_k=n$ 为 n 的全部因数,$k \geqslant 4$ 并且 $d_1^2+d_2^2+d_3^2+d_4^2=n$,求 n.

6. 2 000 枚硬币中有两枚假币. 真币重量相同,一枚假币比真币重,另一枚假币比真币轻. 能否用不带砝码的天平称四次确定出两枚假币与两枚真币哪一个重?

7. 求出所有满足 $n=d_6^2+d_7^2-1$ 的正整数 n,其中 $1=d_1<d_2<\cdots<d_k=n$ 是 n 的全部正因数.

8. 对自然数 n,求 n 的数字的平方和 n_1,再求 n_1 的数字的平方和. 如此继续下去. 证明最后结果为 1 或 4.

反证法

对于结论为否定的那些命题,常用反证法证明,所谓否定,就是含有"不"的叙述. 如"不存在……","不是……","不等于……","不能……"等.

有些表面上为肯定的叙述,实质上是否定的. 如"既约"即"不能分解","无理数"即"无限不循环小数","超越数"即"非(不是)代数数","互质"即"没有大于 1 的公因数",等等.

关于个数的命题(如至多或至少、有限或无穷、唯一),也是反证法可以用武的地方.

有些问题,从正面证相当困难,采用反证法却易于奏效. 原因很简单,要证命题"若 A 则 B",已知条件只有 A;采用反证法时,增添了一个条件 $\bar{B}$(非 B),事情当然好办一些. 从理论上说,$\bar{B}$(更确切地说是 $A \cap \bar{B}$)是假的,由它出发可以导出任何结论. 特别地,可以导出 B. 通常的做法是导出一个荒谬的结果,产生矛盾(从而 $\bar{B}$ 一定是错的). 所以,反证法也称为归谬法.

本讲的第一道例题是数学界名宿汀汲湘先生编的.

例 1 今有男女各 $2n$ 人,围成内外两圈跳交谊舞. 每圈各 $2n$ 人,有男有女,外圈的人面向内,内圈的人面向外. 跳舞规则如下:每当音乐一起,如果面对面者为一男一女,则男的邀请女的跳舞;如果均为男的或均为女的,则鼓掌助兴. 曲终时,外圈的人均向前走一步,如此继续下去,直至外圈的人移动一周.

证明:在整个跳舞过程中至少有一次跳舞的人不少于 n 对.

解 将男性记为 $+1$,女性记为 -1,外圈的 $2n$ 个数 $a_1, a_2, \cdots, a_{2n}$ 与内圈的 $2n$ 个数 $b_1, b_2, \cdots, b_{2n}$ 中有 $2n$ 个 $+1$,$2n$ 个 -1. 因此外圈与内圈的和 $a_1 + a_2 + \cdots + a_{2n} + b_1 + b_2 + \cdots + b_{2n} = 0$,从而

$$(a_1 + a_2 + \cdots + a_{2n})(b_1 + b_2 + \cdots + b_{2n})$$
$$= -(b_1 + b_2 + \cdots + b_{2n})^2 \leqslant 0. \tag{1}$$

另一方面,当 a_1 与 b_i 面对面时,$a_1 b_i, a_2 b_{i+1}, \cdots, a_{2n} b_{i-1}$ 中的负数表示这时跳舞的人数. 如果在整个跳舞过程中,每次跳舞的人均少于 n 对,那么

$$a_1 b_i + a_2 b_{i+1} + \cdots + a_{2n} b_{i-1} > 0 (i = 1, 2, \cdots, 2n), \tag{2}$$

从而总和

$$\sum_{i=1}^{2n} (a_1 b_i + a_2 b_{i+1} + \cdots + a_{2n} b_{i-1})$$

单墫
解题研究
丛书

数学竞赛研究教程

$$=(a_1+a_2+\cdots+a_{2n})(b_1+b_2+\cdots+b_{2n})>0. \qquad (3)$$

(3)与(1)矛盾,这表明至少有一次跳舞的人不少于 n 对.

例 2 将 $m\times n$ 的矩形表中每个小方格涂上黑色或白色,两种颜色的方格个数相等.问能否使表中每一行、每一列中都有一种颜色的方格超过 $\dfrac{3}{4}$?

解 不可能.设每行、每列中都有一种颜色的方格超过 $\dfrac{3}{4}$,其中前 p 行白色占优势,后 q 行黑色占优势;前 r 列白色占优势,后 s 列黑色占优势. $p+q=m$,$r+s=n$(如图 4-1).

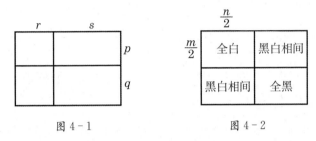

图 4-1　　　　　　　　图 4-2

考虑 $p\times s$ 及 $q\times r$ 的矩形中的 $ps+qr$ 个方格,其中的白格可看成 s 列或 q 行中的"少数派",而黑格可看成 p 行或 r 列中的"少数派".由于在每行、每列中"少数派"少于 $\dfrac{n}{4}$ 或 $\dfrac{m}{4}$ 个,所以前一个矩形中的白格与后一个矩形中的黑格的个数之和 $<\dfrac{m}{4}\cdot(s+r)=\dfrac{mn}{4}$.同样,前一个矩形中的黑格与后一个中白格的个数之和 $<\dfrac{n}{4}(p+q)=\dfrac{mn}{4}$.所以这两个矩形中的方格数 $ps+qr<\dfrac{mn}{4}+\dfrac{mn}{4}=\dfrac{mn}{2}$,即少于方格总数的一半.

因此
$$ps+qr<pr+qs,$$
$$(p-q)(s-r)<0,$$

从而 $p\leqslant q,r\leqslant s$ 或 $q\leqslant p,s\leqslant r$.不妨设为前者,这时 $p\leqslant\dfrac{m}{2},r\leqslant\dfrac{n}{2}$,

$$白色方格总数<pr+q\times\dfrac{n}{4}+s\times\dfrac{m}{4}=pr+(m-p)\times\dfrac{n}{4}+(n-r)\times\dfrac{m}{4}$$

$$=\dfrac{mn}{2}-p\left(\dfrac{n}{4}-\dfrac{r}{2}\right)-r\left(\dfrac{m}{4}-\dfrac{p}{2}\right)\leqslant\dfrac{mn}{2},$$

与两种颜色的方格个数相等矛盾.

注 每行、每列中都有一种颜色的方格恰好占 $\dfrac{3}{4}$ 是可能的(这时 m,n 当然都被 4 整除),图 4-2$\left(\text{其中 } p=q=\dfrac{m}{2},r=s=\dfrac{n}{2}\right)$ 即满足要求.

例 3 设 S 是关于加法及乘法封闭的有理数集合(即 $a\in S,b\in S$ 时,$a+b\in S,ab\in S$),并且对每个有理数 r,$r\in S$,$-r\in S$,$r=0$ 这三种情况恰有一种成立. 试确定 S.

解 如果 $-1\in S$,那么 $(-1)\cdot(-1)=1\in S$. 这与 $-1\in S,1\in S$ 恰有一个成立矛盾,所以 $-1\notin S,1\in S$.

自 1 开始,每次加上 1,所得的数均在 S 中,所以一切正整数属于 S.

如果负有理数 $-\dfrac{p}{q}\in S$,这里 p,q 为正整数,那么 $\left(-\dfrac{p}{q}\right)\cdot q=-p\in S$,这与 $p\in S$ 矛盾,所以 $-\dfrac{p}{q}\notin S$,从而 $\dfrac{p}{q}\in S$. 即一切正有理数属于 S,负有理数不属于 S.

最后,如果 $0\in S$,那么与 $0\in S$,$-0\in S$,$0=0$ 恰有一个成立矛盾. 所以 $0\notin S$.

综上所述,S 是一切正有理数的集合.

采用反证法时,假设结论 B 不成立,即 $\overline{B}$ 成立. 如果 B 的陈述比较复杂,需要注意 $\overline{B}$ 的陈述,切勿弄错. 这里的要点是将 B 中的全称(任何、任意、所有、全、都)改为特称(一个、一对、……),特称改为全称,肯定改为否定,否定改为肯定. 在高等数学中这类例子甚多.

例 4 函数 $f(x)$ 在 $[0,1]$ 上有意义,且
$$f(0)=f(1). \tag{4}$$
如果对于任意一对不同的 $x_1,x_2\in[0,1]$,都有
$$|f(x_1)-f(x_2)|<|x_1-x_2|, \tag{5}$$
证明:对于任意一对不同的 $x_1,x_2\in[0,1]$,
$$|f(x_1)-f(x_2)|<\dfrac{1}{2}. \tag{6}$$

解 采用反证法时,应设有一对不同的 $x_1,x_2\in[0,1]$,使
$$|f(x_1)-f(x_2)|\geqslant\dfrac{1}{2}. \tag{7}$$
不妨设 $x_1<x_2$,由已知条件得
$$|f(x_2)-f(x_1)|=|f(x_2)-f(x_1)+f(0)-f(1)|$$
$$\leqslant|f(x_2)-f(1)|+|f(0)-f(x_1)|$$

单墫
解题研究
丛书

数学竞赛研究教程

$$< |x_2-1|+|0-x_1|=1-x_2+x_1$$
$$< 1-|f(x_2)-f(x_1)|,$$

即
$$|f(x_2)-f(x_1)|<\frac{1}{2}.$$

这与(7)式矛盾,因此原命题成立.

反证法是一种重要方法,但并非每一道题都必须用反证法.滥用反证法,是应当反对的,因为它不利于提高推理能力.有些学生在解题中,多次应用反证法,其实整理一下,可以"负负得正",取消几次反证法或根本不用反证法.如果不用反证法就能解决问题,应提倡直接从正面入手.仔细研究上面的例4,其实就不必用反证法,开头所作的假设以及最后一段均可删去.我们故意抄在这里,目的是作为"反面材料"批判.

当然,反证法的假设如果能提供较多的信息,便于利用,就应该用反证法.

例5 五条线段的长度分别为$a_1,a_2,a_3,a_4,a_5,a_1\leqslant a_2\leqslant a_3\leqslant a_4\leqslant a_5$,其中任何三条都可以组成三角形.证明这样组成的三角形中必有锐角三角形.

解 $a_i,a_{i+1},a_{i+2}(i=1,2,3)$组成的三个三角形中必有锐角三角形,但正面攻击这个猜测却比较困难,因为条件(信息)不够多.

采用反证法.设任意三条线段组成钝角三角形或直角三角形,则由余弦定理可得
$$a_3^2\geqslant a_2^2+a_1^2,a_4^2\geqslant a_3^2+a_2^2,a_5^2\geqslant a_4^2+a_3^2, \tag{8}$$
三式相加得
$$a_5^2\geqslant 2a_2^2+a_1^2+a_3^2\geqslant (a_1+a_2)^2,$$
从而
$$a_5\geqslant a_1+a_2,$$
这与a_1,a_2,a_5可以组成三角形矛盾.

例6 平面上给定$n(n\geqslant 3)$个点.已知过其中任意两点的直线都经过(这些点中的)另一个点.证明这n个点在同一条直线上.

解 如果这n个点不在同一条直线上,那么过其中任意两点的直线外,均有已知点,它们到这条直线的距离为正.

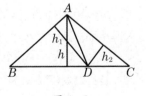

图4-3

如图4-3,设在这种距离中以A点到直线l的距离h为最小,这里A是已知点,l上有三个已知点B,$C,D,h>0$.

不妨设D在B,C之间,D到AB,AC的距离分别为h_1,h_2,由h的最小性,得$h_1\cdot AB+h_2\cdot AC\geqslant h(AB+AC)>h\cdot BC$.但这个不等式的两端均表示$\triangle ABC$的面积,矛盾.

从这两个例子可以看出反证法的假设提供了很多条件(如(8)),借助这些条件可以推出不少结果,但所有结果都是"镜花水月",最终全要丢弃.正像欧拉所说,反证法不仅是"丢卒保车",而且还"丢掉整整一盘棋".在这方面,最典型的例子是 Szemerédi 在 1975 年采用反证法解决了厄迪斯(P. Erdös,1913—1996)猜测:如果自然数集 **N** 的一个子集中不含 l(给定自然数)项的等差数列,那么这个子集的密率为零.他利用相反的假设,建造了庞大的"空中楼阁",直至导出矛盾.

如果走了很远,依然导不出矛盾,那么也有可能原来的命题未必正确.最有意义的例子是平行公设,非欧几何的创始人最初都企图用反证法来证明平行公设,但始终不能获得预期的矛盾.原来,可以有几种不同的平行公设,而在证明中获得的结果都是非欧几何的定理.20 世纪关于连续统假设的讨论,情况与之类似.

在正面处理,情况较多、较复杂时,用反证法可以"直捣黄龙",尽快解决问题.

例 7 设凸五边形 $ABCDE$ 的各边相等,并且 $\angle A \geqslant \angle B \geqslant \angle C \geqslant \angle D \geqslant \angle E$,证明这个五边形是正五边形.

解 需要证明 $\angle A = \angle B = \angle C = \angle D = \angle E.$ (9)

正面处理这一串等式不太容易.采用反证法,假设

$$\angle A > \angle E. \qquad (10)$$

在图 4-4 中,$\triangle ABE$ 与 $\triangle EAD$ 均为等腰三角形,并且腰 $AB = AE = ED$,所以由(10)得

$$BE > AD. \qquad (11)$$

再由 $\triangle ABD$ 与 $\triangle EBD$ 及(11)得

$$\angle BDE > \angle ABD. \qquad (12)$$

而由 $CB = CD$ 得

$$\angle CDB = \angle CBD. \qquad (13)$$

(12),(13)相加得 $\angle CDE > \angle CBA$,与已知 $\angle B \geqslant \angle D$ 矛盾,因此,(10)不成立.从而 $\angle A = \angle E$,(9)式随之成立.

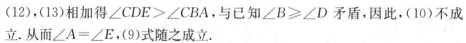

图 4-4

在证明有一个"个别"满足某种要求时,常利用反证法,通过"整体"来处理.

例 8 在 $\triangle ABC$ 的三边上各任取一点,如图 4-5.证明:$\triangle AEF,\triangle BDF,\triangle CDE$ 中至少有一个的面积不大于 $\triangle ABC$ 面积的 $\dfrac{1}{4}$.

解 不妨设 $\triangle ABC$ 的面积为 1.又设

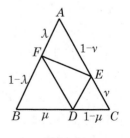

图 4-5

单墫
解题研究
丛书

数学竞赛研究教程

$$AF = \lambda \cdot AB, BD = \mu \cdot BC,$$
$$CE = \nu \cdot CA, 0 \leqslant \lambda, \mu, \nu \leqslant 1.$$

如果 $\triangle AEF, \triangle BDF, \triangle CDE$ 的面积均大于 $\frac{1}{4}$,那么

$$\lambda(1-\nu) > \frac{1}{4}, \tag{14}$$

$$\mu(1-\lambda) > \frac{1}{4}, \tag{15}$$

$$\nu(1-\mu) > \frac{1}{4}. \tag{16}$$

将以上三式相乘得

$$\lambda(1-\lambda)\mu(1-\mu)\nu(1-\nu) > \left(\frac{1}{4}\right)^3. \tag{17}$$

另一方面,不难证得 $\lambda(1-\lambda) \leqslant \frac{1}{4}, \mu(1-\mu) \leqslant \frac{1}{4}, \nu(1-\nu) \leqslant \frac{1}{4}$,所以

$$\lambda(1-\lambda)\mu(1-\mu)\nu(1-\nu) \leqslant \left(\frac{1}{4}\right)^3. \tag{18}$$

(18)与(17)矛盾,从而(14),(15),(16)中至少有一个不成立,即 $\triangle AEF$, $\triangle BFD, \triangle CDE$ 中至少有一个的面积不大于 $\triangle ABC$ 面积的 $\frac{1}{4}$.

这种通过整体来处理个别的方法,前面已经用过. 如例 1,在那里我们求出各个个别的和,而例 8 则是求出各个个别的积(例 8 也可以不用反证法. 即由(18)导出 $\lambda(1-\nu) \leqslant \frac{1}{4}, \mu(1-\lambda) \leqslant \frac{1}{4}, \nu(1-\mu) \leqslant \frac{1}{4}$ 中至少有一个成立. 但事先不易预见到这一点,所以大多数人还是用反证法. 例 1 也是如此).

例 9 设 a, d 均为自然数,证明和

$$S = \frac{1}{a} + \frac{1}{a+d} + \frac{1}{a+2d} + \cdots + \frac{1}{a+nd} \tag{19}$$

不是整数.

解 首先假定 $(a, d) = 1$. 分几种情况来讨论.

(ⅰ) d 为奇数. 考虑

$$a, a+d, a+2d, \cdots, a+nd \tag{20}$$

中各数的质因数分解式里 2 的最高次幂,设为 2^k(由于 $a, a+d$ 至少有一个为偶数,所以 $k > 0$),并且

$$a + id = b \cdot 2^k, b \text{ 为奇数}, 0 \leqslant i \leqslant n. \tag{21}$$

如果(20)中只有这一项是 2^k 的倍数,那么令

$$M = [a, a+d, \cdots, a+nd] \qquad (22)$$

(即 M 为 $a, a+d, \cdots, a+nd$ 的最小公倍数),则有 $\frac{M}{2} \cdot S = $ 整数 $+ \frac{1}{2}$,因而 S 不是整数.

现在证明(20)中确实只有一项是 2^k 的倍数. 不然的话,假设又有

$$a + jd = c \cdot 2^k, c \text{ 为奇数}, i < j \leqslant n. \qquad (23)$$

与(21)相减得 $(j-i)d = (c-b) \cdot 2^k$. 于是 $j-i$ 被 2^k 整除,$j \geqslant i + 2^k$.

由于 $b+d$ 为偶数,$a + (i + 2^k)d = (a + id) + 2^k \cdot d = (b+d) \cdot 2^k$ $(\leqslant c \cdot 2^k)$ 被 2^{k+1} 整除,与 2^k 为(20)中各数的质因数分解式里的最高次幂矛盾.

（ⅱ）$d = 2$. 这时 a 为奇数,(20)中的所有数都是奇数.

在 $a > n$ 时,$S = \frac{1}{a} + \frac{1}{a+d} + \cdots + \frac{1}{a+nd} < \frac{n+1}{n+1} = 1$,所以 S 不是整数.

设 $a \leqslant n$,考虑(20)中各数的质因数分解式里 3 的最高次幂 3^k,和情况（ⅰ）相同,只要证明(20)中只有一项是 3^k 的倍数. 假设(20)中有

$$a + 2i = b \cdot 3^k, a + 2(i + 3^k) = (b+2) \cdot 3^k, 2 \nmid b, \qquad (24)$$

那么由于 $b, b+2, b+4$ 中必有一个被 3 整除,所以

$$(b+4) \cdot 3^k > a + 2n. \qquad (25)$$

同理

$$(b-2) \cdot 3^k < a. \qquad (26)$$

由于 $a \leqslant n$,由(25),(26)导出 $3(b-2) \cdot 3^k < 3a \leqslant a + 2n < (b+4) \cdot 3^k$. 从而 $b < 5$,即 $b = 1$ 或 3. 但这时(24)中有一个数被 3^{k+1} 整除,矛盾!

（ⅲ）$d \geqslant 4$. 设质数 $p \mid M$ (M 见(22)),则 $p \nmid d$ (否则 $p \mid (a, d)$). 设 p 在 (20)中各数的质因数分解式里的最高次幂为 p^k,与前面相同,当(20)中仅有一个数被 p^k 整除时结论成立. 假定 p^k 至少整除(20)中两个数 $a + id$ 与 $a + jd$ $(0 \leqslant i < j \leqslant n)$,那么 $p^k \mid (j-i)d$. 由于 $p \nmid d$,所以 $p^k \mid (j-i)$. 更有 $p^k \mid f(n)$,这里 $f(n)$ 是 $1, 2, \cdots, n$ 的最小公倍数,我们有(参见习题 9 第 11 题)

$$f(n) < 4^n. \qquad (27)$$

由于(20)中每两个被 p^k 整除的数,项数之差 $j-i$ 必须被 p^k 整除,所以 (20)中至多有 $\left[\frac{n}{p^k} \right] + 1$ 个数被 p^k 整除(它们的项数为 $i, i + p^k, i + 2p^k$, $\cdots$). 同理,(20)中被 $p, p^2, \cdots, p^{k-1}$ 整除的数分别小于等于 $\left[\frac{n}{p} \right] + 1$,$\left[\frac{n}{p^2} \right] + 1, \cdots, \left[\frac{n}{p^{k-1}} \right] + 1$.

数学竞赛研究教程

这样，p 在 $\prod\limits_{i=1}^{n}(a+id)$ 中的次数 $\leqslant\left[\dfrac{n}{p}\right]+\left[\dfrac{n}{p^2}\right]+\cdots+\left[\dfrac{n}{p^k}\right]+k$. 同样的

推理可导出 $n!$ 中 p 的次数为 $\left[\dfrac{n}{p}\right]+\left[\dfrac{n}{p^2}\right]+\cdots+\left[\dfrac{n}{p^k}\right]$，所以 $\prod\limits_{i=1}^{n}(a+id)\leqslant$

$\prod\limits_{p\mid M}p^{\left[\frac{n}{p}\right]+\cdots+\left[\frac{n}{p^k}\right]+k}\leqslant n!\ f(n)$. 结合 (27) 得

$$\prod_{i=1}^{n}(id)<\prod_{i=1}^{n}(a+id)\leqslant n!\ \cdot 4^n. \tag{28}$$

由于 $d\geqslant 4$，(28) 的左边 $\prod\limits_{i=1}^{n}(id)=n!\ \cdot d^n>n!\ \cdot 4^n$，矛盾！

因此 S 不是整数.

最后，在 $(a,d)>1$ 时，令 $a=a'\cdot(a,d)$，$d=d'\cdot(a,d)$，则 $(a',d')=1$. 根据

上面所证，$(a,d)\cdot S=\dfrac{1}{a'}+\dfrac{1}{a'+d'}+\cdots+\dfrac{1}{a'+nd'}$ 不是整数，所以 S 也不是

整数.

习 题 4

1. 已知整系数二次方程 $ax^2+bx+c=0$ 有有理根，证明 a,b,c 中至少有一个是偶数.

2. 正数 $u_1,u_2,u_3,\cdots$ 满足 $u_1=1,u_n=\dfrac{1}{(u_1+\cdots+u_{n-1})^2}(n=2,3,\cdots)$. 证明存在正整数 m，使 $u_1+u_2+\cdots+u_m>1\,991$.

3. 证明在两个连续平方数之间不存在四个自然数 $a<b<c<d$ 满足 $ad=bc$.

4. 设实数数列 $\{b_n\}$ 有界，且满足

$$b_n<\sum_{k=n}^{2n-1}\dfrac{b_k}{k+1}\ (n=1,2,\cdots).$$

证明 $b_n<0(n=1,2,\cdots)$.

5. 设 $X=\{1,2,3,\cdots,2\,001\}$. 求最小的正整数 m，适合要求：对 X 的任何一个 m 元子集 W，都存在 $u,v\in W(u$ 和 v 允许相同)，使得 $u+v$ 是 2 的方幂.

6. 整系数多项式 $P(x)$ 在某些整数处取值 $1,2,3$. 证明 $P(x)$ 至多在一个整数处的值等于 5.

7. 平面上四个点之间的最小距离为 1，最大距离小于 $\sqrt{3}$. 证明这四点组成凸四边形.

8. S 是一些实数组成的集合，对于乘法封闭（即对于任意 $a\in S,b\in S$，积 $ab\in$

S). T,M 都是 S 的子集,并且 $T \cup M = S$,$T \cap M \neq \varnothing$. 如果 T 中任意三个元素(可以相同)的积在 T 中,M 中任意三个元素的积在 M 中,证明 T 与 M 中至少有一个对于乘法封闭.

9. R 为实数集,是否存在函数 $f: \mathbf{R} \to \mathbf{R}$,同时满足下列条件?

（ⅰ）有一正数 M,使得对所有 x,$-M \leqslant f(x) \leqslant M$；

（ⅱ）$f(1) = 1$；

（ⅲ）若 $x \neq 0$,则 $f\left(x + \dfrac{1}{x^2}\right) = f(x) + \left(f\left(\dfrac{1}{x}\right)\right)^2$.

单墫
解题研究
丛书

数学竞赛研究教程

第5讲 构造

直观的图形有助于我们思考. 有一些问题, 在作出适当的图形之后, 繁化为简, 难化为易. 请看下面的例子.

例1 证明： $$\cot 10° - 4\cos 10° = \sqrt{3}. \tag{1}$$

解 如图 5-1, 作直角三角形 ABC, 其中 $\angle ABC = 30°$, $AC = 1$. 延长直角边 CB 到 D, 使 $\angle ADC = 10°$, 这时, $\angle DAB = \angle ABC - \angle ADC = 30° - 10° = 20°$, $DC = \cot 10°$, $AB = 2$, $BC = \sqrt{3}$.

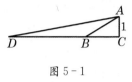

图 5-1

又在 $\triangle ABD$ 中, 由正弦定理, $DB = AB \times \dfrac{\sin 20°}{\sin 10°} = 2 \times 2\cos 10° = 4\cos 10°$, 因此 $\cot 10° - 4\cos 10° = DC - DB = BC = \sqrt{3}$.

例2 a, b, c, d 都是正数, 试证明存在一个三角形, 它的边长分别为

$$\sqrt{b^2+c^2}, \sqrt{a^2+c^2+d^2+2cd}, \sqrt{a^2+b^2+d^2+2ab}, \tag{2}$$

并且计算这个三角形的面积.

解 如图 5-2, 矩形 $ABCD$ 的边长为 $a+b$, $c+d$. 在 AB 上取点 E, 使 $AE=b$. 在 AD 上取点 F, 使 $AF=c$. 易知

$$EF = \sqrt{b^2+c^2}, EC = \sqrt{a^2+(c+d)^2},$$
$$FC = \sqrt{d^2+(a+b)^2},$$

从而 $\triangle EFC$ 就是以(2)为边长的三角形, 它的面积为

$$(a+b)(c+d) - \frac{1}{2}bc - \frac{1}{2}a(c+d) - \frac{1}{2}d(a+b) = \frac{1}{2}(ac+bc+bd).$$

注 （ⅰ）如果用(2)中最大数小于其他两数的和来证明三角形的存在, 比较麻烦. 而用海伦(Heron)公式求面积就更麻烦了.

（ⅱ）我们顺便证明了不等式 $\sqrt{b^2+c^2} + \sqrt{a^2+(c+d)^2} > \sqrt{d^2+(a+b)^2}$. 这是习题5第3题的特殊情况.

例3 100 个正数 $a_1 \geqslant a_2 \geqslant \cdots \geqslant a_{100}$ 满足

$$a_1 + a_2 + \cdots + a_{100} = 300 \tag{3}$$

及

$$a_1^2 + a_2^2 + \cdots + a_{100}^2 \geqslant 10\,000. \tag{4}$$

求证

$$a_1 + a_2 + a_3 > 100. \tag{5}$$

解 这是苏联的一道竞赛题,原来的证明很复杂,借助图形的优雅解法是张景中先生首先给出的.

将 a_i^2 看作边长为 a_i 的正方形的面积 $(1\leqslant i\leqslant 100)$. 由于(3),这些正方形可以一个接一个地排起来,总长为300,它们全在一个长为300、宽为100的矩形中(如图5-3),这个矩形可以分为三个边长为100的正方形. 如果 $a_1+a_2+a_3\leqslant100$,第一个边长为100的正方形中含有三个带形,互不重叠,宽分别为 a_1,a_2,a_3.

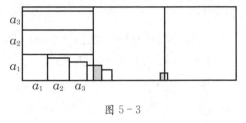

图 5-3

由于 a_i 递减,第二个边长为100的正方形中所含小正方形(包括不完整的如图5-3中阴影部分)的边长 a_i 均小于等于 a_3,这些小正方形(包括不完整的)可以移至上述宽为 a_2 的带形中. 同样,第三个边长为100的正方形中所含小正方形可以移至上述宽为 a_3 的带形中. 这就表明面积之和 $a_1^2+a_2^2+\cdots+a_{100}^2$ $<100^2$,与(4)矛盾,所以(5)必须成立.

例 4 设正整数 a,b 互质,证明:

$$\left[\frac{a}{b}\right]+\left[\frac{2a}{b}\right]+\cdots+\left[\frac{(b-1)a}{b}\right]=\frac{(a-1)(b-1)}{2}, \quad (6)$$

这里 $[x]$ 表示 x 的整数部分.

解 考虑矩形 $OABC$ 及 $\triangle OAB$ 内整点个数,这里 O 为原点,A 为点 $(b,0)$,B 在直线 $y=\dfrac{a}{b}x$ 上(如图5-4).

由于对称性,$\triangle OAB$ 与 $\triangle OBC$ 内部的整点数一样多. 由于 a,b 互质,线段 OB 内部没有整点.

矩形 $OABC$ 内部的整点共 $(a-1)(b-1)$ 个,所以 $\triangle OAB$ 内部的整点共 $\dfrac{(a-1)(b-1)}{2}$ 个.

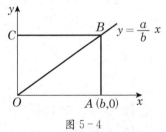

图 5-4

另一方面,每条直线 $x=j (1\leqslant j\leqslant b-1)$ 上有 $\left[\dfrac{ja}{b}\right]$ 个整点在 $\triangle OAB$ 内部,所以(6)式左边也是 $\triangle OAB$ 内部的整点个数. 从而(6)式成立.

例 5 对于正整数 n,用 $d(n)$ 表示 n 的正约数的个数. 例如6有4个正约数 $1,2,3,6$,所以 $d(6)=4$. 设 a,b 为正整数. 证明:

$$d(ab)\geqslant d(a)+d(b)-1. \quad (7)$$

单墫
解题研究
丛书

数学竞赛研究教程

解 有人知道 $d(n)$ 的计算公式,但用此公式去证明(7),却是事倍功半,相当棘手. 不如不用公式,直接给出 ab 的 $d(a)+d(b)-1$ 个不同的正约数.

a 的(正)约数　　$a_1<a_2<a_3<\cdots<a_s,s=d(a)$　　　　　　(8)

都是 ab 的约数,其中 $a_1=1,a_s=a$.

b 的(正)约数　　$b_1<b_2<b_3<\cdots<b_t,t=d(b)$　　　　　　(9)

也都是 ab 的约数,其中 $b_1=1,b_t=b$.

(8),(9)中可能有相同的. 但

$$ab_2<ab_3<\cdots<ab_t \tag{10}$$

也是 ab 的约数,而且其中的每一个都大于 $ab_1=a$,因此(8)与(10)合在一起就给出了 ab 的 $s+t-1$ 个不同的正约数.

以上两题是数论中的问题.

组合数学中也有许多需要构造的问题.

例6 能否在无穷大的方格纸的每个方格中放"＋"或"－",使每一行、每一列及每条对角线(与水平方向夹角为 45°或 135°)上,每三个连续的方格中符号不全相同?

解 能. 放法如下图:

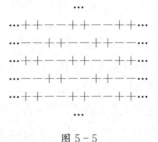

图 5－5

其中每列＋－交错,每行是两个＋后面两个－,两个－后面两个＋.

如果一条对角线上出现两个＋,那么上(下)一个＋号的下(上)移两格仍为＋号,由它再向左或右移两格均为－号,所以不会出现三个连续的＋号. 同样也不会出现三个连续的－号.

答案是肯定时,通常采用构造法或某种存在性的证明(如抽屉原理). 答案是否定时,通常采用反证法.

例7 将质量分别为 $1^2,2^2,3^2,\cdots,81^2$ 的 81 个砝码分为三组,要求每组 27 个砝码,并且各组的总质量相等.

解 首先将 81 个砝码分为 9 组,每组 9 个:

$$M_n=\{(9n+1)^2,(9n+2)^2,\cdots,(9n+9)^2\},n=0,1,\cdots,8.$$
再将每个 M_n 的 9 个数分为三组：
$$(9n+8)^2,(9n+1)^2,(9n+6)^2;$$
$$(9n+3)^2,(9n+5)^2,(9n+7)^2;$$
$$(9n+4)^2,(9n+9)^2,(9n+2)^2.$$
每一行一组，和分别为
$$N_n+1^2+6^2+8^2=N_n+a,$$
$$N_n+3^2+5^2+7^2=N_n+b,$$
$$N_n+4^2+9^2+2^2=N_n+c,$$
其中 a,b,c 与 n 无关.

最后，将这 27 个小组中每 9 组并为一组：
$$N_1+a,N_2+a,N_3+a,N_4+b,N_5+b,N_6+b,N_7+c,N_8+c,N_9+c;$$
$$N_1+b,N_2+b,N_3+b,N_4+c,N_5+c,N_6+c,N_7+a,N_8+a,N_9+a;$$
$$N_1+c,N_2+c,N_3+c,N_4+a,N_5+a,N_6+a,N_7+b,N_8+b,N_9+b.$$
每一行为一组，显然各组的总质量均为 $N_1+N_2+\cdots+N_9+3(a+b+c)$，并且每组有 27 个砝码.

结论当然可以推广到将质量为 $1^2,2^2,\cdots,(mn^3)^2$ 的 mn^3 个砝码分为 m 组的类似问题.

在这类分组问题中，"先分后合"是一种有用的方法.

上面的 9 个砝码的分组实际上是一个三阶幻方（如图 5-6）.下面的几个例子是幻方的构造法.

8	1	6
3	5	7
4	9	2

图 5-6

例 8 设 n 为大于 1 的奇数，试将 $1,2,\cdots,n^2$ 填入 $n\times n$ 的正方形中，使每一行、每一列及从左上至右下、右上至左下的两条对角线的 n 个数的和均相等.

解 图 5-6 实际上已经说明了构造奇阶幻方的方法：将 1 写在第一行中间.在 1 的右上方写 2，这里设想正方形上边与下边粘在一起，左边与右边也粘在一起，形成一个环形，所以 2 落在右下方的方格里.如此继续写下去，写完连续 n 个数后，第 $n+1$ 个数写在第 n 个数的下面，然后继续写.依此类推，直至写完.图 5-7 是 $n=7$ 的情形.用这种方法写 1991 阶幻方也只需要几分钟.

```
30 39 48  1 10 19 28
38 47  7  9 18 27 29
46  6  8 17 26 35 37
 5 14 16 25 34 36 45
13 15 24 33 42 44  4
21 23 32 41 43  3 12
22 31 40 49  2 11 20
```

图 5-7

为了证明图 5-7 满足要求，首先注意每连续的 n 个

单墫
解题研究
丛书

数学竞赛研究教程

数 $kn+1, kn+2, \cdots, kn+n(k=0,1,\cdots,n-1)$ 依次排在一条自左而右的对角线上,其中"头" $kn+1(k=0,1,\cdots,n-1)$ 则分布成向左的"马步",即前一个头 $kn+1$ 的行数加 2,列数减 1 就是后一个头 $(k+1)n+1$ 的行数与列数.由于 2 与 n 互质,每行恰有一个头.上一行的每一个数比下一行在它左下方的数大 1,唯有头比左下方的数小 $n-1$,因此各行的和均相等.同样每列恰有一个头,因此各列的和也都相等,均为总和 $\dfrac{n^2(1+n^2)}{2}$ 的 $\dfrac{1}{n}$,即 $\dfrac{n(1+n^2)}{2}$.

自左下至右上的对角线由第 $\dfrac{n+1}{2}$ 组 $\left(k=\dfrac{n-1}{2}\right)$ 的 n 个数 $\dfrac{n-1}{2}\cdot n+1$,$\dfrac{n-1}{2}\cdot n+2,\cdots,\dfrac{n-1}{2}\cdot n+n$ 组成,和 $\dfrac{n(n^2+1)}{2}$ 与各行的和相等.

注意图 5-7 是"中心对称的",每两个位置关于中心 $25\left(=\dfrac{n^2+1}{2}\right)$ 对称的数(如 38 与 12),它们的平均值恰好是 25.事实上,由于各组的"头"成左马步分布,中间一列自 1 开始,每下移一格,增加 $n+1$,形成等差数列.因此,这一列位置关于中心对称的数,平均值恰好是中心的数 $\dfrac{n^2+1}{2}$.其中任一数向右上或左下移动,位置与它对称的数向左下或右上移动相同格数,得到的两个数,平均值仍然是 $\dfrac{n^2+1}{2}$.

这样,自左上至右下的对角线上,所有数的和等于中心的 n 倍,即 $\dfrac{n(n^2+1)}{2}$.

因此,用图 5-7 的方法作出的幻方行和、列和、两条对角线的和均等于 $\dfrac{n(n^2+1)}{2}$.

幻方的作法不是唯一的.每一组连续的 n 个数 $kn+1, kn+2, \cdots, kn+n$ 也可以用向右的"马步"排列(各组的头仍依左马步分布),即 m 的行数加 2,列数加 1 便是 $m+1$ 的位置(图 5-7 的作法是行数减 1,列数加 1).这样得到的幻方称为"马步幻方"或"筒状幻方".它有一个极有趣的性质:将所作的幻方上下、左右粘合成一环形后,无论沿哪条横线与哪条竖线剪开,摊平后都仍然是幻方.

二阶幻方显然不存在.四阶幻方不难制作,图 5-8 就是一个(三阶幻方仅有一种,四阶幻方则有 880 种,五阶幻方有 60 000 种).

1	15	14	4
12	6	7	9
8	10	11	5
13	3	2	16

图 5-8

例9 试作 $2n$ 阶幻方,这里 n 为大于 1 的自然数.

解 $n=2$ 的情况即图 5-8.为了构造图 5-8,我们先写图 5-9,即依递增顺序从左至右,从上而下将 1—16 逐一写在方格里.这时两条对角线已经满足要求,令这些数固定不动,其余的数适当调整.将第一行与第四行交换两对数 2 与 14,3 与 15,则这两行均合乎要求.再将 2 与 3,14 与 15 交换一下,则第二列与第三列也合乎要求.同样可调整其他行列.

1	2	3	4	
5	6	7	8	
9	10	11	12	
13	14	15	16	

图 5-9

1	2	3	4	5	6
7	8	9	10	11	12
13	14	15	16	17	18
19	20	21	22	23	24
25	26	27	28	29	30
31	32	33	34	35	36

图 5-10

1	32	33	4	35	6
25	8	27	28	11	12
19	20	15	16	17	24
13	14	21	22	23	18
7	26	9	10	29	30
31	2	3	34	5	36

图 5-11

1	35	4	33	32	6
12	8	27	28	11	25
24	17	15	16	20	19
13	23	21	22	14	18
30	26	10	9	29	7
31	2	34	3	5	36

图 5-12

一般的情况与上面 $n=2$ 的情况类似.以 $n=3$ 为例,先作出图 5-10.然后将第一行与第 $2n$ 行,第二行与第 $2n-1$ 行,……,两两配对调整.将第一行的 n 个数与第 $2n$ 行的对调,则这两行均满足要求,这 n 个数中有 $\frac{n-1}{2}$ 对关于中间的 y 轴对称,另一个"孤独数"在第 n 列(即图 5-11 中的 3).其他各行同样处理,第二,三,…,n 行的"孤独数"分别在第 $1,2,…,n-1$ 列(图 5-11).最后调整列.调整第一、第 $2n$ 列时,总将"孤独数"及它关于 x 轴对称的数与第 $2n$ 列的相应的数对调(即图 5-11 中的 25,7 与 12,30),再任取 $n-2$ 个数与第 $2n$ 列的数对调.其他各列同样处理.这些调整后所得的图(图 5-12)即满足要求(在调整中对角线始终保持不动).

例10 在 8×8 的棋盘的每个方格中任写一个自然数,然后施行以下的操作:任取一个 3×3 或 4×4 的正方形"子棋盘",将其中每个数加 1.能否经过若干次操作,使棋盘中每一个数都成为 10 的倍数?

解 不一定能.我们可以构造一个例子.

在图 5-13 中涂有阴影的方格(24 个),其中所写的数,经过操作虽然会有变化,但它们的和 S 的奇偶性始终不变(因为每一个 3×3 或 4×4 的子棋盘覆盖这 24 个方格中偶数个方格,所以每一次操作使和 S 增加一个偶数).只要开始所填的数使 S 为奇数(这很容易做到),那么无论施行多少次操作均无法使每一个数都变为 10 的倍数.

单墫

解题研究

丛书

数学竞赛研究教程

还可以构造出其他例子,如图 5-14,其中也有 24 个打上阴影的方格,它们的和的奇偶性是操作的"不变量". 有趣的是,即使允许对 2×2 的子棋盘施行每个方格(的数)加 1 的操作,仍不能保证棋盘中的数都变成 10 的倍数. 图 5-14 便可以作为例子,但图 5-13 却不行.

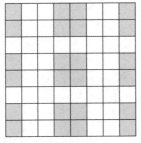

图 5-13

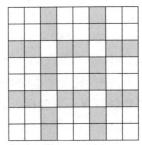

图 5-14

例 11 是否存在具有如下性质的数列 $\{a_n\}$?

（ⅰ）$a_n \in \mathbf{N}$(自然数集),$n=1,2,\cdots$;

（ⅱ）$a_n \leqslant n^7$,$n=1,2,\cdots$;

（ⅲ）$\{a_n\}$ 中每一项都不等于其他若干项的和.

解 这样的数列是存在的.（ⅰ）容易满足.（ⅱ）表明数列的增长不能太快,譬如说 $\{a_n\}$ 不能是等比数列,但可以是等差数列.（ⅲ）则希望数列有一定的增长速度,最好能使每一项大于以前各项的和.（ⅱ）,（ⅲ）的要求有一点矛盾,这正是困难所在. 我们的解决办法是找一个折中,将这数列分为若干段,每一段是足够长的等差数列,以满足要求（ⅱ）. 同时,每段公差大于以前各段的总和,这就可以满足（ⅲ）. 具体构造如下:

第 1 段 2 个数:$a_1=1,a_2=2$.

第 2 段 2 个数:$a_3=4,a_4=8$.

第 m 段（$m \geqslant 3$）t_m+1 个数:$t_m^2,t_m^2+t_m,t_m^2+2t_m,\cdots,2t_m^2$,其中公差 $t_m=2^{\frac{3^{m-1}-1}{2}}$（$\geqslant 16$）.

第 m 段的和为 $\dfrac{3t_m^2}{2}(t_m+1)<t_{m+1}-t_m(=2t_m^3-t_m)$,从而

$$\text{前 } m \text{ 段的和} < t_{m+1}-t_3+(1+2+4+8) < t_{m+1},$$

于是（ⅲ）成立.

现在来估计 a_n. 设 a_n 在第 $m+1$ 段,则在 $m \geqslant 3$ 时,项数 $n>t_m$,而

$$a_n \leqslant 2t_{m+1}^2=2(2t_m^3)^2=8t_m^6<t_m^7<n^7.$$

在 $m \leqslant 2$ 时,（ⅱ）显然成立.

归纳法也常常用于构造(归纳定义).

例 12　设 a,b 为自然数,k 为非负整数,数列 $\{u_m\}$ 为

$$u_1=a,u_2=b,u_m=u_{m-1}+u_{m-2}+k(m=3,4,\cdots). \tag{11}$$

如果集合

$$B=\{n\mid n\in\mathbf{N},n<u_3\} \tag{12}$$

可以分拆为集 B_1,B_2,且满足

（ⅰ）$B_1\bigcap B_2=\varnothing,B_1\bigcup B_2=B$;

（ⅱ）对 B_i 中任意两个不同的数 n_1,n_2,和 $n_1+n_2\notin\{u_m\}(i=1,2)$.

证明:自然数集 $\mathbf{N}$ 可以分拆为集 N_1,N_2,且满足

（ⅰ）$N_1\bigcap N_2=\varnothing,N_1\bigcup N_2=\mathbf{N}$; \hfill (13)

（ⅱ）对 N_i 中任意两个不同的数 n_1,n_2,和 $n_1+n_2\notin\{u_m\}(i=1,2)$. \hfill (14)

解　我们用归纳法来构造 N_1,N_2.

首先令 $B_1\subset N_1,B_2\subset N_2$.

设小于 n 的数已经确定属于 N_1 或 N_2,并且能使(14)成立. 考虑 n 的归属. 这里

$$u_{m-1}\leqslant n<u_m(m\geqslant 4). \tag{15}$$

由于 $u_m-n=u_{m-1}+u_{m-2}+k-n\leqslant u_{m-2}+k<u_{m-1}$,根据归纳假设,$u_m-n$ 的归属已定,不妨设它在 N_1 中. 令 $n\in N_2$.对任一自然数 $x<n$,

$$u_{m-1}<x+n<2u_m<u_{m+2}.$$

如果 $x+n=u_{m+1}$,那么 $(u_m-x)+(u_m-n)=2u_m-u_{m+1}=u_m-u_{m-1}-k=u_{m-2}$,根据归纳假设,$u_m-x\in N_2$(因为 $u_m-n\in N_1$).

由于这时 $2x=2(u_{m+1}-n)>2(u_{m-1}+k)>u_m$,所以 $x\neq u_m-x$. 根据归纳假设,$x\in N_1$. 于是 N_2 中任意一个小于 n 的数与 n 的和不属于 $\{u_m\}$.

这样,每个自然数 n 都有确定的归属,因而 $\mathbf{N}$ 可以分拆为集 N_1,N_2,使(13),(14)成立.

数论、函数(对应)等方面的问题也有不少需要巧妙的构造,请参看有关专题. 所谓归纳定义便是借助归纳法来构造,参见第 8 讲.

构造,往往无固定的套路可循,特别需要发挥创造性. 当然,如果平时处处留心,熟悉一些典型的图形或例子,"胸有成竹",在构造时也是大有帮助的.

习题 5

1. 设 $y=f(x)$ 为严格增函数,$f(0)=0,f(a)=b,a,b$ 均为正数. 由 $O(0,0,)$,$A(a,0),B(a,b),C(0,b)$ 四点构成的矩形中有 $L+1$ 个整点(包括 O 点)在

单墫
解题研究
丛书

数学竞赛研究教程

曲线 $y=f(x)$ 上. f 的反函数为 g, 证明:

$$\sum_{k=1}^{[a]}[f(k)]+\sum_{k=1}^{[b]}[g(k)]-L=[a]\cdot[b].$$

2. 证明可以将 $1,2,3,4,5$ 五个数字组成的所有(数字不重复的)五位数分成平方和相等、个数也相等的两组.

3. 设 $a_1,a_2,\cdots,a_n;b_1,b_2,\cdots,b_n$ 为两组正数. 证明:

$$\sum_{k=1}^{n}\sqrt{a_k^2+b_k^2}\geqslant\sqrt{\left(\sum a_k\right)^2+\left(\sum b_k\right)^2}$$

(闵科夫斯基(H. Minkowski, 1864—1909)不等式).

4. 设 $0<a_i\leqslant a(i=1,2,\cdots,6)$. 证明:

(a) $\dfrac{\displaystyle\sum_{i=1}^{4}a_i}{a}-\dfrac{a_1a_2+a_2a_3+a_3a_4+a_4a_1}{a^2}\leqslant 2.$

(b) $\dfrac{\displaystyle\sum_{i=1}^{6}a_i}{a}-\dfrac{a_1a_2+a_2a_3+\cdots+a_6a_1}{a^2}\leqslant 3.$

5. x,y,z 为实数, $0<x<y<z<\dfrac{\pi}{2}$, 证明:

$$\frac{\pi}{2}+2\sin x\cos y+2\sin y\cos z>\sin 2x+\sin 2y+\sin 2z.$$

6. 不用图形, 给出例 3 的另一种解法.

7. 能否找到自然数的集合 S, 同时满足以下条件?

（ⅰ）$|S|=1\,991$;

（ⅱ）S 中任意两数互质;

（ⅲ）S 中任意 $k(k\geqslant 2)$ 个数的和为合数.

8. 已知正四面体 $ABCD$ 内接于球 O. CC', DD' 为直径. 求平面 ABC' 与 ACD' 的夹角.

9. 是否存在非负整数的序列 $F(1),F(2),\cdots$, 同时满足下列条件?

（ⅰ）非负整数 $0,1,2,\cdots$ 均在这序列中出现;

（ⅱ）每个正整数在这序列中出现无穷多次;

（ⅲ）对任意 $n\geqslant 2$, $F(F(n^{163}))=F(F(n))+F(F(361))$.

第6讲 化归

化归就是化简.

最大的化简莫过于将面临的、需要解决的问题化为一个业已解决的问题.

例1 已知 $x_1, x_2, \cdots, x_n$ 为实数, $a > 0$,

$$x_1 + x_2 + \cdots + x_n = a, \tag{1}$$

$$x_1^2 + x_2^2 + \cdots + x_n^2 = \frac{a^2}{n-1}. \tag{2}$$

证明：
$$0 \leqslant x_i \leqslant \frac{2a}{n} \quad (i = 1, 2, \cdots, n). \tag{3}$$

解 首先证明 $x_1 \geqslant 0$. 若 $x_1 < 0$, 则 $x_2 + x_3 + \cdots + x_n = a - x_1 > a$, 从而由柯西(A. L. Cauchy, 1789—1857)不等式得

$$(n-1)(x_2^2 + x_3^2 + \cdots + x_n^2) \geqslant (x_2 + x_3 + \cdots + x_n)^2 > a^2. \tag{4}$$

由(4)得 $x_1^2 + x_2^2 + \cdots + x_n^2 > \dfrac{a^2}{n-1}$, 与(2)矛盾, 所以 $x_1 \geqslant 0$. 同样 $x_i \geqslant 0 (i = 2, \cdots, n)$.

为了证明 $x_i \leqslant \dfrac{2a}{n} (i = 1, 2, \cdots, n)$, 我们令

$$x_i' = \frac{2a}{n} - x_i. \tag{5}$$

不难验证 $x_1' + x_2' + \cdots + x_n' = a$, $x_1'^2 + x_2'^2 + \cdots + x_n'^2 = x_1^2 + x_2^2 + \cdots + x_n^2 + \dfrac{4a^2}{n} - \dfrac{4a}{n}$

$(x_1 + x_2 + \cdots + x_n) = \dfrac{a^2}{n-1}$.

于是, 由前面的证明, $x_i' \geqslant 0$, 这也就是 $x_i \leqslant \dfrac{2a}{n} (i = 1, 2, \cdots, n)$.

例1中, 我们将要证的结论 $x_i \leqslant \dfrac{2a}{n}$ 化为已证明的结论 $x_i \geqslant 0$, 取得事半功倍的效果.

例2 求出所有满足下列条件的自然数数列 $x_1, x_2, \cdots, x_n, \cdots$.

（ⅰ）对每个 n, $x_n \leqslant n\sqrt{n}$;

（ⅱ）对任意不同的自然数 m, n, $(m-n) \mid (x_m - x_n)$.

解 $x_n = 1 (n = 1, 2, \cdots)$ 及 $x_n = n (n = 1, 2, \cdots)$ 都是满足已知条件的数

单墫
解题研究
丛书

数学竞赛研究教程

列. 其他例子就不容易举出, 或许就只有这两种情况吧!

心中有上面的例子(及猜测), 便不难想到下面的解法:

$$x_1 \leqslant 1 \cdot \sqrt{1} = 1, \text{所以 } x_1 = 1.$$

$$x_2 \leqslant 2\sqrt{2} < 3,$$

所以 $x_2 = 1$ 或 2.

(i) 如果 $x_2 = 1$, 那么对任意 $n > 2$, $(n-1) \mid (x_n - x_1)$, $(n-2) \mid (x_n - x_2)$, 即 $(n-1) \mid (x_n - 1)$, $(n-2) \mid (x_n - 1)$.

由于 $n-1, n-2$ 互质, 所以 $(n-1)(n-2) \mid (x_n - 1)$.

但在 $n \geqslant 9$ 时, $x_n - 1 \leqslant n\sqrt{n} - 1 < \dfrac{n^2}{3} < n^2 - 3n < (n-1)(n-2)$. 所以在 $n \geqslant 9$ 时, $x_n = 1$. 再由 $(n-8) \mid (x_n - x_8)$ 对任意大的 n 成立, 可知 $x_8 = 1$. 同理 $x_7 = \cdots = x_1 = 1$.

于是, 恒有 $x_n = 1$.

(ii) 如果 $x_2 = 2$, 那么对任意 $n > 2$,

$$(n-1) \mid (x_n - 1), \quad (n-2) \mid (x_n - 2). \tag{6}$$

$x_n - 1, x_n - 2$ 不能同时为 0, 所以 $x_n - 1 \geqslant n - 1$, $x_n - 2 \geqslant n - 2$ 中至少有一个成立, 而无论哪一个成立均有

$$x_n \geqslant n. \tag{7}$$

令

$$x'_n = x_n - (n-1), \quad n = 1, 2, \cdots, \tag{8}$$

则 $x'_1, x'_2, \cdots$ 仍为自然数数列, 并且条件(i), (ii)仍然成立. 由于 $x'_1 = 1, x'_2 = 1$, 根据上一种情况已导出的结论, $x'_n = 1 (n = 1, 2, \cdots)$, 从而 $x_n = n (n = 1, 2, \cdots)$.

例3 设 $x_1, x_2, \cdots, x_n (n \geqslant 3)$ 为实数, $p = \sum\limits_{i=1}^{n} x_i$, $q = \sum\limits_{1 \leqslant i < j \leqslant n} x_i x_j$.

证明: (a) $\dfrac{n-1}{n} p^2 - 2q \geqslant 0$.

(b) $\left| x_i - \dfrac{p}{n} \right| \leqslant \dfrac{n-1}{n} \sqrt{p^2 - \dfrac{2n}{n-1} q}$ $(i = 1, 2, \cdots, n)$.

解 先考虑 $p = 0$ 的情况. 这时

$$+2q = (x_1 + x_2 + \cdots + x_n)^2 - x_1^2 - x_2^2 - \cdots - x_n^2 = -x_1^2 - x_2^2 - \cdots - x_n^2,$$

所以 $-2q = \sum x_i^2 \geqslant 0$, 即(a)成立. (b)成为 $x_i^2 \leqslant \dfrac{n-1}{n} \sum x_j^2$, 即 $x_i^2 \leqslant (n-1) \sum\limits_{j \neq i} x_j^2$. 由柯西不等式, $(n-1) \sum\limits_{j \neq 1} x_j^2 \geqslant \left(\sum\limits_{j \neq 1} x_j \right)^2 = x_1^2$(与前面的(4)相

同). $x_i (i=2,3,\cdots,n)$ 也满足类似的不等式,即(b)成立.

现在考虑一般情形. 令

$$x_i' = x_i - \frac{p}{n} \quad (i=1,2,\cdots,n), \tag{9}$$

则 $\sum_{i=1}^{n} x_i' = 0$.

与已经证过的情况对照,我们希望(a)中式子的左边就是 $\sum_{i=1}^{n} x_i'^2$. 事实上,

$$\sum_{i=1}^{n} x_i'^2 = \sum \left(x_i - \frac{p}{n} \right)^2 = \sum x_i^2 - \frac{2p}{n} \sum x_i + \sum \left(\frac{p}{n} \right)^2$$

$$= (\sum x_i)^2 - 2q - \frac{2p}{n} \cdot p + n \cdot \left(\frac{p}{n} \right)^2$$

$$= \frac{n-1}{n} p^2 - 2q.$$

于是(a)显然成立,并且根据上面已经获得的结果,

$$| x_i' | \leqslant \frac{n-1}{n} \sqrt{\frac{n}{n-1} \sum x_i'^2}$$

$$= \frac{n-1}{n} \sqrt{\frac{n}{n-1} \left(\frac{n-1}{n} p^2 - 2q \right)}$$

$$= \frac{n-1}{n} \sqrt{p^2 - \frac{2n}{n-1} q},$$

即(b)成立.

以上三道例题的共同特点是先处理一种特殊情况,再通过变量代换((5),(8),(9))将其他情况化为已经解决的情况.

所作的变量代换常常是"有背景的",如例 3 即是将数学期望(平均值)为 $\frac{p}{n}$ 的情况化为数学期望为 0 的标准情况,这是概率论中惯用的做法. 解析几何中将二次曲线的方程化为标准型(以曲线的对称轴为坐标轴),线性代数中用相似或合同变换化矩阵或二次型为标准型也都是类似的手段. 这种例子举不胜举.

化归,通常是将复杂情况化为简单情况,上面的例子均是如此. 将简单情况化为复杂情况的化归虽亦有之,但不值得提倡. 在数学竞赛中,我们也曾见到过一些学生搬用大定理来解决小问题(而且往往用错),犹如使用飞机、坦克屠杀小鸡. 这与竞赛的目的恰恰相反. 竞赛希望增长学生的才智,即运用知识的能力,而不是灌输过多的知识. 应该提倡的是"复杂问题简单化,抽象问题具体化".

例4 设 $P(x)$ 为有理系数三次多项式，$q_1,q_2,\cdots$ 是有理数的无穷数列，并且对所有 $n\in\mathbf{N}$（自然数集），都有 $q_n=P(q_{n+1})$. 试证明存在自然数 k，使得对 $m\in\mathbf{N}$，都有 $q_{m+k}=q_m$.

解 设 $P(x)=ax^3+bx^2+cx+d,a\neq0$.

熟知当 $x\rightarrow\infty$ 时，$\dfrac{P(x)}{x}\rightarrow\infty$，于是存在正整数 M，当 $|x|>M$ 时，$|P(x)|>|x|$.

取 $M>|q_1|$，则一切 q_n 满足 $|q_n|<M$（若有 $|q_n|>M$，则 $|q_{n-1}|=|P(q_n)|>|q_n|>M$，依此类推，导出 $|q_1|>M$，矛盾！）.

首先考虑所有 q_n 均为整数的情况.

这时 q_n 只有有限多种不同的值（种数不超过 $2M-1$），因而有无限多对 q_n 相等，每两对下标之差不超过 $2M$. 于是，有无限多对 q_n 相等，每两对下标之差为固定自然数 $k(k\leqslant2M)$.

对任意自然数 m，取 $q_n=q_{n+k}$，$n>m$，则

$$q_{n-1}=P(q_n)=P(q_{n+k})=q_{n+k-1},\qquad(*)$$

$$q_{n-2}=q_{n+k-2},$$

$$\cdots\cdots$$

$$q_m=q_{m+k}.$$

于是 k 就是满足要求的自然数.

其次考虑 q_n 不全为整数，但 $a=\dfrac{1}{s}$，s 为整数并且 sb,sc,sd 都是整数的情况.

设 $q_n=\dfrac{r_n}{s_n}$，$r_n,s_n\in\mathbf{Z}$（整数集），$s_n>0$，$(r_n,s_n)=1$，则

$$q_{n-1}=P(q_n)=\frac{1}{s}\cdot\frac{r_n^3+bsr_n^2s_n+csr_ns_n^2+dss_n^3}{s_n^3},$$

化为既约分数时，分母含 s_n^3，而分子与 s_n 互质，所以 $s_n^3\mid s_{n-1}$. 依此类推得 $s_n^{3^{n-1}}\mid s_1$. 于是在 n 足够大时，$s_n=1$. 即从某个 n_0 开始，q_n 为整数. 根据前一种情况的推导，存在自然数 k，当 $n\geqslant n_0$ 时，$q_n=q_{n+k}$. 由于（$*$），上式对一切 n 均成立.

最后，设 $a=\dfrac{r}{s}$，r,s 为整数并且 sb,sc,sd 均为整数（我们不要求 r,s 互质，所以 r,s 均可扩大相同的倍数直至 sb,sc,sd 为整数）. 令 $P_1(x)$

$$= \frac{1}{r}\left(\frac{1}{s}x^3 + bx^2 + crx + r^2 d\right), \text{则 } P_1(rq_{n+1}) = rq_n.$$

用 $P_1(x), rq_n$ 代替 $P(x), q_n$ 即化为前面讨论过的情况.

例 5 $2n+1$ 个数具有性质 P:

任取出一个数后,其余的数可分为两组,每组 n 个,并且两组的和相等.

证明这 $2n+1$ 个数全都相等.

解 在 $2n+1$ 个数为自然数时,这是一个常见的问题,即习题 6 第 6 题.

若这些数为整数,只需将它们各加一个足够大的自然数 M,就全化为自然数,显然仍具有性质 P.

若这些数为有理数,只需将它们各乘以公分母,化为上一种情形即可.

如果结论对实数成立,那么结论对复数也一定成立,只需将每一个数的实部与虚部分开(它们均具有性质 P)即可.

最后讨论实数的情况. 与复数分解为实部、虚部的做法类似,我们将每个实数分成几个实数之和,这几个实数在有理数域 $\mathbf{Q}$ 上是线性无关的. 确切地说,如果一组实数 $\alpha_1, \alpha_2, \cdots, \alpha_m$ 对于任意一组不全为 0 的有理数 $r_1, r_2, \cdots, r_m$ 均有

$$r_1\alpha_1 + r_2\alpha_2 + \cdots + r_m\alpha_m \neq 0,$$

就说 $\alpha_1, \alpha_2, \cdots, \alpha_m$ 在有理数域 $\mathbf{Q}$ 上(线性)无关. 设已给的 $2n+1$ 个实数 $\alpha_1, \alpha_2, \cdots, \alpha_{2n+1}$ 中最多有 m 个在 $\mathbf{Q}$ 上无关(显然 $m \leqslant 2n+1$),它们是 $\alpha_1, \alpha_2, \cdots, \alpha_m$. 那么对任一 $\alpha_j (j>m)$,有一组不全为 0 的有理数 $r_1, \cdots, r_m, r_j$,使 $r_1\alpha_1 + \cdots + r_m\alpha_m + r_j\alpha_j = 0$,其中 r_j 一定不等于 0(否则 $\alpha_1, \alpha_2, \cdots, \alpha_m$ 相关),因此 $\alpha_j = a_1^{(j)}\alpha_1 + a_2^{(j)}\alpha_2 + \cdots + a_m^{(j)}\alpha_m$ ($j = 1, 2, \cdots, 2n+1$),其中 $a_1^{(j)}, \cdots, a_m^{(j)}$ 都是有理数.

这 $2n+1$ 个数的"第一部分" $a_1^{(1)}, a_1^{(2)}, \cdots, a_1^{(2n+1)}$ 仍具有性质 P,因而根据前面的讨论,有 $a_1^{(1)} = a_1^{(2)} = \cdots = a_1^{(2n+1)}$. 同样,各个数的"第二部分",…,"第 m 部分"也分别相等. 从而这 $2n+1$ 个已给的数相等.

注 (i)例 5 逐步从自然数推广至整数、有理数、实数,直至复数,采用了域论中的基本手法.

(ii)例 5 也可以用线性方程组的知识来解.

从简单情况开始,然后逐步推广,这是数学中十分普遍的现象.

推广,往往是将较一般的情况化归为简单情况. 化归中遇到的困难越大,推广的价值也就越大. 如果无法化为简单情况,那更是真正实质性的推广. 但在竞赛中,大多数推广都是稍作努力就可以化归的,如例 4、例 5.

化归就是转化.

单墫
解题研究
丛书

数学竞赛研究教程

将一个问题转化为另一个问题,将一种形式转化为另一种形式,这种例子在数学中屡见不鲜.归纳法的决定性的一步往往是将 n 的情况化为 $n-1$ 的情况,图解法将代数问题化为几何问题,而解析几何则将几何问题变为代数问题.和可以变为积分,积分也可以变为和……所谓数学家,无非是精通这种"魔术"的行家里手.

例6 设 x,y 为区间 $(0,1)$ 中的实数.证明:$x^2+xy+y^2,x^2+x(y-1)+(y-1)^2,(x-1)^2+(x-1)y+y^2,(x-1)^2+(x-1)(y-1)+(y-1)^2$ 中,最小的不超过 $\dfrac{1}{3}$.

解 每一对实数 (x,y) 可以看成正方形
$$I=\{(x,y)\mid 0<x<1,0<y<1\} \tag{10}$$
中的一个点.问题即 I 中的每一个点至少属于
$$x^2+xy+y^2\leqslant\frac{1}{3}, \tag{11}$$
$$x^2+x(y-1)+(y-1)^2\leqslant\frac{1}{3}, \tag{12}$$
$$(x-1)^2+(x-1)y+y^2\leqslant\frac{1}{3}, \tag{13}$$
$$(x-1)^2+(x-1)(y-1)+(y-1)^2\leqslant\frac{1}{3} \tag{14}$$
这四个椭圆(盘)中的一个,或者说四个椭圆覆盖正方形 I.

由于 x,y 的对称性,只需证明
$$I_1=\{(x,y)\mid 0<x<1,0<y\leqslant x\} \tag{15}$$
被覆盖.又令 $(x,y)\to(1-y,1-x)$,可知只需证明三角形
$$I_2=\left\{(x,y)\,\middle|\,0<x\leqslant\frac{1}{2},0<y\leqslant x\ \text{或}\ \frac{1}{2}<x\leqslant1,0<y<1-x\right\}$$
被覆盖(还是对称性).

由于点 $O(0,0)$,$A\left(\dfrac{1}{3},\dfrac{1}{3}\right)$,$B\left(\dfrac{1}{2},0\right)$ 都在椭圆 $x^2+xy+y^2\leqslant\dfrac{1}{3}$ 内,所以整个 $\triangle OAB$ 均被这个椭圆覆盖.

由于点 $A,B,C(1,0)$,$D\left(\dfrac{1}{2},\dfrac{1}{2}\right)$ 均在椭圆 $(x-1)^2+(x-1)y+y^2\leqslant\dfrac{1}{3}$ 内,所以四边形 $ABCD$ 被这个椭圆覆盖.

于是结论成立.

另一种解法见习题 6 第 9 题.

例 7 设 $n \geqslant 3$, 考虑在同一圆周上的 $2n-1$ 个互不相同的点所成的集合 E, 将 E 中一部分点染成黑色, 其余的点不染色. 如果至少有一对黑点, 以它们为端点的两条弧中有一条的内部(不包含端点)恰含 E 中 n 个点, 那么称这种染色方式为好的. 如果将 E 中 k 个点染黑的每一种染色方式都是好的, 求 k 的最小值.

解 将 E 中的点依次记为 $1, 2, \cdots, 2n-1$, 并将点 i 与 $i+(n+1)$ 用一条边相连(我们约定 $j+(2n-1)k (k \in \mathbf{Z})$ 都表示同一个点 j), 这样得到一个图 G. G 的每一个点的次数均为 2(即与两个点相连: i 与 $i+(n+1)$, $i-(n+1)=i+n-2$ 相连), 并且相差为 3 的两个点与同一点相连.

所谓好的染色就是在图 G 中至少有两个相连的点均为黑点的染色, 于是问题转化为图 G 中至多有多少个互不相连的黑点.

在 $3 \nmid (2n-1)$ 时, $3, 6, 9, \cdots, 3(2n-1)$ 中每两个的差都不被 $2n-1$ 整除, 所以这 $2n-1$ 个数除以 $2n-1$ 所得的余数各不相同, 因而就是 $1, 2, \cdots, 2n-1$ 这 $2n-1$ 个点(顺序不一定相同). 这样, 从 3 出发, 可以沿着 G 的边走过所有的点(每两步增加 3), 最后回到出发点, 即图 G 是一个圈. 圈上共 $2n-1$ 个点, 因而可以取出而且至多可以取出 $n-1$ 个互不相连的点.

在 $3 \mid (2n-1)$ 时, 图 G 由三个长为 $\dfrac{2n-1}{3}$ 的圈组成, 每个圈的顶点集合为

$$\left\{ 1+3k \mid k=0, 1, \cdots, \frac{2n-4}{3} \right\},$$

$$\left\{ 2+3k \mid k=0, 1, \cdots, \frac{2n-4}{3} \right\},$$

$$\left\{ 3k \mid k=1, 2, \cdots, \frac{2n-1}{3} \right\},$$

每个圈上至多可以取出 $\dfrac{2n-4}{3 \times 2} = \dfrac{n-2}{3}$ 个点互不相连, 整个图中至多可以取出 $n-2$ 个点互不相连.

综上所述, $\min k = \begin{cases} n, & \text{若 } 3 \nmid (2n-1), \\ n-1, & \text{若 } 3 \mid (2n-1). \end{cases}$

例 8 证明: 存在一个凸 1 990 边形, 同时具有下面的性质:

(ⅰ) 所有的内角均相等;

(ⅱ) 1 990 条边的长度是 $1^2, 2^2, \cdots, 1\,990^2$ 的一个排列.

单墫
解题研究
丛书

数学竞赛研究教程

解 如果内角均相等,那么外角均等于 θ,$\theta = \dfrac{2\pi}{1\,990} = \dfrac{\pi}{995}$,各边可用复数(向量)$a_h e^{ih\theta}$ 表示,这里 a_h 是第 h 条边的长度. 由于多边形是闭合的,所以

$$\sum_{h=1}^{1\,990} a_h e^{ih\theta} = 0. \tag{16}$$

问题即寻找 $1^2, 2^2, \cdots, 1\,990^2$ 的一个排列 $a_1, a_2, \cdots, a_{1\,990}$,使(16)成立.

如果将单位圆周等分为 1 990 份,并在分点分别放上重量为 a_h($h = 1, 2, \cdots, 1\,990$)的质点,那么(16)就意味着这些质点的重心为原点.

先将每一对处在同一直径两端的两个重量合而为一,并且合并后的 995 个点组成正 995 边形(原先的 1 990 个分点组成正 1 990 边形). 为此令

$$a_{2k} = (2b_k)^2, \quad a_{2k+995} = (2b_k - 1)^2, \quad k = 1, 2, \cdots, 995,$$

其中 $b_1, b_2, \cdots, b_{995}$ 是 $1, 2, \cdots, 995$ 的一个排列.

由于 $a_{2k} - a_{2k+995} = 4b_k - 1$,$\sum\limits_{k=1}^{995} e^{2k\theta i} = 0$,所以(16)等价于

$$\sum_{k=1}^{995} b_k e^{2k\theta i} = 0. \tag{17}$$

问题化为如何选择 $b_1, b_2, \cdots, b_{995}$,使(17)成立.

与上面相似,我们先将每五个重量合而为一,这五个重量所在位置构成正五边形(上面的对径点构成"正二边形"),并且合并后的 199 个点组成正 199 边形. 为此,首先注意

$$5j + 199t \quad (j = 1, 2, \cdots, 199; t = 0, 1, 2, 3, 4)$$

组成模 995 的完系(参见第 11 讲例 1),因此 $b_1, \cdots, b_{995}$ 可改记为 $b_{5j+199t}$(这里 b_k 与 b_{k+995} 是同一个点). 然后令

$$b_{5j+199t} = j + 199t \quad (0 \leqslant t \leqslant 4),$$

$$s_j = \sum_{t=0}^{4} b_{5j+199t} e^{2(5j+199t)\theta i} \quad (j = 1, 2, \cdots, 199),$$

这时 s_j 就是位于正五边形的五个顶点处的重量 $b_{5j+199t}$($0 \leqslant t \leqslant 4$)的和. 并且由于

$$\sum_{t=0}^{4} e^{2 \times 199t\theta i} = \sum_{t=0}^{4} e^{\frac{2\pi i}{5}} = 0,$$

所以

$$s_j = 199 \sum_{t=0}^{4} t e^{2(5j+199t)\theta i} = 199 e^{\frac{2j\pi}{199}i} s,\text{ 其中 } s = \sum_{t=0}^{4} t e^{\frac{2\pi}{5}i} \text{ 与 } j \text{ 无关},s_1, s_2, \cdots, s_{199}$$

恰好构成正 199 边形,它们的和 $\sum\limits_{j=1}^{199} s_j = 199s \sum\limits_{j=1}^{199} e^{\frac{2j\pi}{199}i} = 0$(均匀分布在单位圆周上的 199 个相等的重量,重心当然分布在原点). 即(17)成立.

注 （ⅰ）"不断地变换你的问题"，这一句话很有道理. 例 8 正是这样逐步将问题化简，直至解决.

（ⅱ）上面的均匀性(质点位置组成正多边形)很重要. 如果不均匀，重心就不能保证在原点了.

（ⅲ）由(16)所作的折线(第 h 段用向量 $a_h e^{ih\theta}$ 表示)是闭的. 由于每次转过 $\theta=\dfrac{\pi}{995}$，所以每个内角 $\pi-\dfrac{\pi}{995}<\pi$，折线是凸的. 由于外角和为 $1\,990\theta=2\pi$，所以折线不自身相交，只有一圈(因为外角和＝圈数×2π)，即所作折线构成凸多边形.

化归，有时将一个问题化为与它等价的问题，也有时新的问题与原来的并不等价. 在不等式的证明中就常常出现后一种情况(如放大或缩小). 将原命题加强或推广也是不等价的化归.

在进行不等价的转化时，应特别注意防止发生错误. 任何在解题中犯这种错误的人对此均有深刻的体会，我们这里就不再举这种例子了.

化归，在几何中的应用也极为广泛.

例 9 如图 6-1，已知四面体 $ABCD$，E，F，G 分别在棱 AB，AC，AD 上. 记 $\triangle XYZ$ 的面积为 $S_{\triangle XYZ}$，周长为 $P_{\triangle XYZ}$. 证明：

(a) $S_{\triangle EFG}\leqslant\max(S_{\triangle ABC},S_{\triangle ABD},S_{\triangle ACD},S_{\triangle BCD})$.

(b) $P_{\triangle EFG}\leqslant\max(P_{\triangle ABC},P_{\triangle ABD},P_{\triangle ACD},P_{\triangle BCD})$.

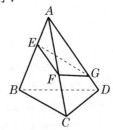

图 6-1

解 (a) 先证明两个引理.

引理 1 平面 M 内有一条线段 BC 及一条直线 l，在 l 上任取三点 D，A，E，且 A 在 D，E 之间，则

$$S_{\triangle ABC}\leqslant\max(S_{\triangle DBC},S_{\triangle EBC}).\qquad(18)$$

由于 D，E 到 BC 的距离中总有一个不小于 A 到 BC 的距离，所以(18)成立(如图 6-2).

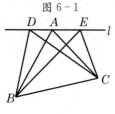

图 6-2

引理 2 已知线段 BC 及直线 l，在 l 上任取三点 D，A，E，且 A 在 D，E 之间，则(18)成立.

现在 l 与 BC 可能异面，但可以过 BC 作平面 M∥l. 设 l 在平面 M 内的射影为 l'，则 A，D，E 的射影 A'，D'，E' 均在 l' 上，并且 A' 在 D'，E' 之间. 这就化为引理 1 所说的情况. 再由"射影长则斜线长"，即知引理 2 成立(如图 6-3).

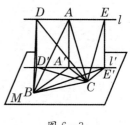

图 6-3

利用引理 2，得

单墫
解题研究
丛书

数学竞赛研究教程

$$S_{\triangle EFG} \leqslant \max(S_{\triangle AFG}, S_{\triangle BFG}) \leqslant \max(S_{\triangle ACD}, S_{\triangle BFG})$$
$$\leqslant \max(S_{\triangle ACD}, S_{\triangle AFB}, S_{\triangle DFB})$$
$$\leqslant \max(S_{\triangle ACD}, S_{\triangle ABC}, S_{\triangle DFB})$$
$$\leqslant \max(S_{\triangle ACD}, S_{\triangle ABC}, S_{\triangle ABD}, S_{\triangle BCD}).$$

(b)同样需要两个引理.

引理 3　条件同(a)中引理 1,结论改为

$$P_{\triangle ABC} \leqslant \max(P_{\triangle DBC}, P_{\triangle EBC}). \tag{19}$$

证明引理 3 可利用关于 l 的对称.设 B 的对称点为 B',则 A 在 $\triangle ECB'$ 或 $\triangle DCB'$ 内,从而 $AB+AC = AB'+AC \leqslant \max(EB'+EC, DB'+DC) = \max(EB+EC, DB+DC)$,即(19)成立.

引理 4　条件同(a)中引理 2,结论改为(19).

与上面相同,我们设法将空间情形化归为平面上业已证明的情形.为此,我们将直线 l 射影到平面 ABC 上.这时 D,E 的射影 D',E' 与 A 都在 l 的射影 l' 上,并且 A 在 D',E' 之间,从而 $P_{\triangle ABC} \leqslant \max(P_{\triangle D'BC}, P_{\triangle E'BC}) \leqslant \max(P_{\triangle DBC}, P_{\triangle EBC})$.

有了两个引理之后,(b)的证明与(a)完全相同,只需将其中的 S(面积)改为 P(周长).

例 10　设 $\triangle ABC$ 的边长为 a,b,c,中线长为 m_a,m_b,m_c,证明:

$$\sum \frac{a^2}{m_a} \geqslant \frac{4}{3}\sum m_a. \tag{20}$$

解　容易看出 m_a,m_b,m_c 组成三角形,并且这三角形的中线为 $\frac{3}{4}a, \frac{3}{4}b, \frac{3}{4}c$(图 6-4 中的 $\triangle GG'C$ 就是由 $\frac{2}{3}m_a, \frac{2}{3}m_b, \frac{2}{3}m_c$ 组成的三角形,它的中线 $CD = \frac{1}{2}a$).如果(20)对所有三角形均正确,那么对中线所成三角形,有

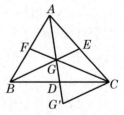

图 6-4

$$\sum \frac{m_a^2}{\frac{3}{4}a} \geqslant \frac{4}{3}\sum \frac{3}{4}a,$$

即

$$\sum \frac{m_a^2}{a} \geqslant \frac{3}{4}\sum a. \tag{21}$$

反之,将 a,m_a 换成 $m_a, \frac{3}{4}a$ 等,则由(21)也推出(20).因此(20),(21)是等价的,只需证明(21)即可.由中线公式,有

$$(21) \Leftrightarrow \sum \frac{2(b^2+c^2)-a^2}{a} \geqslant 3 \sum a$$

$$\Leftrightarrow \sum \frac{2(b^2+c^2+a^2)}{a} \geqslant 6 \sum a$$

$$\Leftrightarrow (a^2+b^2+c^2)\left(\frac{1}{a}+\frac{1}{b}+\frac{1}{c}\right) \geqslant 3(a+b+c).$$

而由柯西不等式,有

$$(a^2+b^2+c^2)(a+b+c)\left(\frac{1}{a}+\frac{1}{b}+\frac{1}{c}\right) \geqslant 9(a^2+b^2+c^2)$$
$$\geqslant 3(a+b+c)^2,$$

所以上述一系列等价的不等式均成立.

注 （ⅰ）一般地,有

$$\Phi(a,b,c,m_a,m_b,m_c) > 0 \Leftrightarrow \Phi\left(m_a,m_b,m_c,\frac{3}{4}a,\frac{3}{4}b,\frac{3}{4}c\right) > 0,$$ 这称为

Klamkin 对偶原理.

（ⅱ）使用上述对偶原理的好处是使(20)中作为分母的 m_a 变为(21)中的分子,从而可用中线公式. 当然也可将 a,b,c 用 m_a,m_b,m_c 表示,直接证明(20).

化复杂为简单,化陌生为熟悉,这是在解题中经常使用的转化. 例 9 的射影、例 10 的变换都是实现这种转化的手段(就一定意义上说,化归就是射影:将一个问题映射为另一个问题. 或者,如果你乐意,称之为变换也无不可).

因此,在解题时应当想一想有没有一个"与此有关的问题". 但是,切不可生搬硬套. 解题(尤其是解竞赛题)需要发挥创造性,不能死记"招式". 恰恰相反,只有将这些"招式"忘得半点不剩,才能真正得其神髓,心无存圉,随机应变.

习 题 6

1. 1991 个点在同一条直线上. 以这些点为端点的所有线段中,至少有多少个不同的中点?

2. 数列 $\{a_n\}$ 以 T 为周期,即有自然数 k,当 $n \geqslant k$ 时,恒有 $a_n = a_{n+T}$. 是否存在自然数 m,使 $a_{2m} = a_m$?

3. 在边长为 $a,b,c(a \leqslant b \leqslant c)$ 的三角形中,a,b,c 上的高分别为 h_a,h_b,h_c. 求 $K = \min\left(\frac{h_a}{h_b},\frac{h_b}{h_c}\right)$ 的取值范围.

数学竞赛研究教程

4. △ABC 的内切圆切 AB 于 M, T 为 BC 边上一点. 证明有一条直线与 △MBT, △AMT, △ATC 的内切圆均相切.

5. 两游客位于山两侧具有同一海拔的 A, B. 连接 A, B 的山路成一折线, 每个顶点都不低于 A, B. 问: 两名游客能否沿着山路上下, 在任何时刻都保持同样的高度, 直至 A 处游客甲到达 B, B 处游客乙到达 A?

6. $2n+1$ 个自然数具有性质 P(见本讲例5). 证明这 $2n+1$ 个数全都相等.

7. 如果 $a_i + a_k \neq 2a_j$, 对 $1 \leqslant i < j < k \leqslant n$ 均成立, 那么数列 $a_1, a_2, \cdots, a_n$ 就称为无平均数的. 证明任意 n 个不同的复数均可以排成无平均数的数列.

8. 设有一两端无限的复数数列, 每一项等于它两个相邻项(左右各一个)的和的 $\frac{1}{4}$. 证明: 如果数列中有两项(不一定是相邻项)相等, 那么其中必有无穷对两两相等.

9. 四边形 $ABCD$ 的对角线 $AC = BD = 1$, AC 与 BD 相交于 O, $\angle AOD = 60°$. 证明 AB, BC, CD, DA 中至少有一个不大于 $\frac{\sqrt{3}}{3}$.

10. 是否存在整数 $n > 2$ 满足下列条件: 全体自然数的集合可以分拆为 n 个非空子集(每两个的交集为空集), 使得从任 $n-1$ 个子集中各任取一个数, 这 $n-1$ 个数的和都在剩下的那个子集中?

第 7 讲 数学归纳法

数学归纳法极为重要,凡与自然数有关的问题均应考虑能否采用此法.

例1 n 为自然数,n^{n+1} 与 $(n+1)^n$ 哪一个大?

解 在 $n=1,2$ 时,$n^{n+1}<(n+1)^n$. 但 $n=3$ 时,情况发生变化:$3^4>4^3$. 一般地,$n\geqslant 3$ 时,

$$n^{n+1}>(n+1)^n. \tag{1}$$

有人断言:"直接证明这个结果是困难的,至少是不能使用数学归纳法来证明的."这一断言就下得太武断了,实际上(1)可以(而且不难)用归纳法证明.

奠基($n=3$)已经完成. 假定(1)成立. 要证明

$$(n+1)^{n+2}>(n+2)^{n+1}, \tag{2}$$

只需证明

$$\frac{(n+1)^{n+2}}{n^{n+1}}>\frac{(n+2)^{n+1}}{(n+1)^n} \tag{3}$$

(将(1),(3)相乘即得(2)),而(3)等价于

$$(n+1)^{2(n+1)}>[n(n+2)]^{n+1}. \tag{4}$$

由于 $(n+1)^2=n^2+2n+1>n(n+2)$,所以(4)成立. 从而(3)成立,(1)对一切 $n\geqslant 3$ 均成立.

递推数列中的命题常用归纳法证明.

例2 $a_1=1,a_n=\dfrac{a_{n-1}}{1+a_{n-1}}(n=2,3,\cdots)$,求这个数列的通项公式.

解 不难逐步算出 $a_2=\dfrac{1}{2}$,$a_3=\dfrac{1}{3}$. 因此我们猜测 $a_n=\dfrac{1}{n}$.

假设已有 $a_{n-1}=\dfrac{1}{n-1}(n\geqslant 2)$,则

$$a_n=\frac{\dfrac{1}{n-1}}{1+\dfrac{1}{n-1}}=\frac{1}{n}. \tag{5}$$

因此这就是所求的通项公式.

通过观察、试验,从中归纳出规律,先提出猜测,再加以证明,这是大多数定理产生的过程. 在例2中,$a_n=\dfrac{1}{n}$ 这个规律不难发现,但有些规律必须通过辛勤的劳动(包括多次失败的尝试)才能找到.

单墫
解题研究丛书
数学竞赛研究教程

发现规律后,有很多依照固定的套路不难的证明(如例 2).这时不必将过程详细写出,采用"由归纳法易得"或"依此类推"等说法较为方便.

例3 已知数列 $\{a_n\}$ 满足 $a_0=2,a_1=10,a_{n+2}=6a_{n+1}-a_n$. 求证: a_n 可以写成两个整数的平方和.

解
$$a_0=2=1^2+1^2, \tag{6}$$
$$a_1=10=1^2+3^2, \tag{7}$$
$$a_2=6\times10-2=58=3^2+7^2,$$
$$a_3=6\times58-10=338=7^2+17^2,$$
$$a_4=6\times338-58=5\times338-58+7^2+17^2=17^2+1\,681=17^2+41^2. \tag{8}$$

于是猜测
$$a_n=b_n^2+b_{n+1}^2, \tag{9}$$
其中
$$b_0=b_1=1, \tag{10}$$
$$b_{n+2}=2b_{n+1}+b_n. \tag{11}$$

(9)的奠基已经完成(即(6),(7)).假设(9)及
$$a_{n+1}=b_{n+1}^2+b_{n+2}^2 \tag{12}$$
成立,则
$$
\begin{aligned}
a_{n+2} &=6a_{n+1}-a_n\\
&=6(b_{n+1}^2+b_{n+2}^2)-(b_n^2+b_{n+1}^2)\\
&=6b_{n+2}^2+5b_{n+1}^2-b_n^2\\
&=6b_{n+2}^2+5b_{n+1}^2-(b_{n+2}-2b_{n+1})^2\\
&=5b_{n+2}^2+b_{n+1}^2+4b_{n+1}b_{n+2}\\
&=b_{n+2}^2+(2b_{n+2}+b_{n+1})^2\\
&=b_{n+2}^2+b_{n+3}^2.
\end{aligned}
\tag{13}
$$

因此,(9)对一切自然数 n 成立.

由于我们要利用(11),(12)两个式子来推出(13),奠基至少要对两个连续的 n 值 $(n=0,1)$ 进行.为了能看出规律,我们甚至一直算到(8).当然,如果已经能发现规律,可以少算几项.

例4 设 $n>5$,证明每一个正方形可以分为 n 个正方形.

解 图 7-1 表明一个正方形可以分为 $6,7,8$ 个正方形.

假设命题对于 $n(n\geqslant8)$ 成立.那么先将一个正方形分为 n 个正方形,再将其中一个正方形分为 4 个相等的正方形(如图 7-1(2)的左上角所示),原来的正方形就被分为 $n+3$ 个正方形,即命题对 $n+3$ 成立.

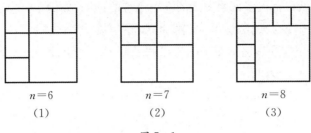

$$n=6 \qquad\qquad n=7 \qquad\qquad n=8$$
$$(1) \qquad\qquad\quad (2) \qquad\qquad\quad (3)$$

图 7-1

由于我们已对三个连续自然数 6,7,8 做了奠基工作,命题对一切 $n>5$ 均成立.

注 一个正方形不能分成 2,3 或 5 个正方形.

例 5 证明:在 $n \geqslant 3$ 时,2^n 可以表示成 $7x^2+y^2$,其中 x,y 均为奇数.

解 $n=3$ 时,$2^3=8=7 \cdot 1^2+1^2$,结论成立.

设 $2^n=7x^2+y^2$,x,y 为奇数. 由于

$$2=7 \cdot \left(\frac{1}{2}\right)^2+\left(\frac{1}{2}\right)^2,$$

所以

$$2^{n+1}=(7x^2+y^2)\left[7 \cdot \left(\frac{1}{2}\right)^2+\left(\frac{1}{2}\right)^2\right]$$

$$=7\left(\frac{x}{2}+\frac{y}{2}\right)^2+\left(\frac{7x}{2}-\frac{y}{2}\right)^2 \qquad (14)$$

$$=7\left(\frac{x}{2}-\frac{y}{2}\right)^2+\left(\frac{7x}{2}+\frac{y}{2}\right)^2. \qquad (15)$$

由于 x,y 均为奇数,所以 $\frac{x+y}{2}$,$\frac{7x-y}{2}$ 都是整数. 如果 $\frac{x+y}{2}$ 是奇数,那么 $\frac{7x-y}{2}=4x-\frac{x+y}{2}$ 也是奇数;如果 $\frac{x+y}{2}$ 是偶数,那么 $\frac{x-y}{2}=\frac{x+y}{2}-y$ 与 $\frac{7x+y}{2}$ 都是奇数. 所以(14)或(15)就是所需要的表达式.

注 例 5 中起关键作用的是形如 $7x^2+y^2$ 的数相乘仍为同样形式. 所以必须熟悉各种相关知识,归纳法才能运用自如.

例 1 至例 5 均是从 n 进到 $n+1$. 有些时候,从 n 退至 $n-1$ 则较为方便.

例 6 试证明在 $2^n \times 2^n$ 个单位小方格组成的正方形棋盘上任意挖去一个方格后,总可以用由三个单位方格构成的 L 形的块无重叠地覆盖.

解 $n=1$ 时结论显然. 设命题在 $n-1$ 时(即将 n 换为 $n-1$ 时)成立,考虑 n 的情况.

数学竞赛研究教程

将这个棋盘分为 4 个相等的部分,每一份是一个 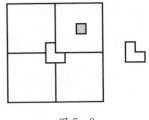 $2^{n-1} \times 2^{n-1}$ 的棋盘. 设挖去的小方格在第一部分. 先用一个 L 形的块盖住棋盘中央的三个小方格,这三个小方格分别属于第二、三、四部分(如图 7-2).

每一部分均少了一格,由归纳假设,可以被 L 形的块无重叠地覆盖. 所以整个 $2^n \times 2^n$ 的棋盘也是这样.

图 7-2

例 7 在 $n \times n$ 的矩阵(数表)中有 $n-1$ 个元素为 0,其余元素不为 0. 证明总可通过行与行、列与列的对调,将 0 全部移到主对角线(左上至右下)的下方(不包括主对角线).

解 $n=1$ 时结论显然. 设命题对 $n-1$ 成立,考虑 $n \times n (n \geq 2)$ 的情形.

由于 0 的个数为 $n-1$,小于列数,至少有一列不含 0. 通过列与列的对调,总可使第 n 列不含 0. 再通过行与行的对调,可使第 n 行中有 0.

考虑前 $n-1$ 行、$n-1$ 列组成的矩阵,其中 0 的个数不大于 $n-2$. 由归纳假设,可以通过行与行、列与列的对调,使 0 全部移到主对角线下方. 在这个过程中,第 n 行的 0 只在前 $n-1$ 个位置中变动,不会变为第 n 个元素,即不会变到主对角线上. 因此命题对一切自然数 n 均成立.

从 n 退到 $n-1$,然后援引归纳假设,是例 7 的核心(这也是一种化归).

例 8 在 $2n-1$ 个星球上各有一个观测站,每个观测站观测与它最近的其他星球. 如果这些星球之间的距离互不相等,证明至少有一个星球没有观测站对它进行观测.

解 $n=1$ 时结论显然. 设命题对 $n-1$ 成立,考虑 $n(n \geq 2)$ 的情况.

设这些星球之间以星球 A 与 B 的距离为最小,则 A 观测 B,B 观测 A. 其他的 $2n-3$ 个星球中,根据归纳假设,必有一个星球 C 不被其他星球观测.

例 8 中选取距离最小的两个星球 A,B,这一点极为重要,不如此就不能退到 $n-1$ 的情况.

注 命题对 $2n$ 个星球不成立(只要考虑 n 对星球,每一对星球互相观测).

从 $n-1$ 进到 n 与从 n 退到 $n-1$,这两者之间并无本质的差别,应根据实际情况,选用较为方便的一种说法.

例 9 证明任意正的真分数 $\frac{m}{n}$ 可以表示为不同的自然数的倒数之和.

解 对 m 进行归纳. $m=1$ 时结论显然. 设命题对小于 m 的数成立,考虑 $\frac{m}{n}$.

由带余除法, $n = qm - r, 0 \leqslant r < m$.

$r = 0$ 时结论显然. 设 $r > 0$, 这时 $\dfrac{m}{n} = \dfrac{1}{q} + \dfrac{r}{nq}$.

根据归纳假设, $\dfrac{r}{n} = \dfrac{1}{n_1} + \dfrac{1}{n_2} + \cdots + \dfrac{1}{n_k}$, 其中 $n_1 < n_2 < \cdots < n_k$ 都是自然数

(由于 $r < n$, $n_1 > 1$), 所以 $\dfrac{m}{n} = \dfrac{1}{q} + \dfrac{1}{qn_1} + \dfrac{1}{qn_2} + \cdots + \dfrac{1}{qn_k}$, $q < qn_1 < qn_2 < \cdots <$ qn_k 都是自然数.

例 9 采用的归纳假设是"命题对小于 m 的数成立", 这比"命题对 $m-1$ 成立"要有力得多. 因为我们要从 m 退到小于 m 的情况(不一定是 $m-1$), 不作这样的归纳假设就无法进行证明.

例 10 设 $A = \{a_1, a_2, \cdots, a_n\}$, $a_1 < a_2 < \cdots < a_n$. φ 是 $A \to A$ 的一一对应, 满足
$$a_1 + \varphi(a_1) < a_2 + \varphi(a_2) < \cdots < a_n + \varphi(a_n). \tag{16}$$
证明: $\qquad\qquad \varphi(a_i) = a_i \quad (i = 1, 2, \cdots, n)$.

解 $n = 1$ 时结论显然. 设 $n > 1$, 并且命题在小于 n 时成立. 设 $\varphi(a_k) = a_1$, 由于
$$a_1 + \varphi(a_1) < a_2 + \varphi(a_2) < \cdots < a_k + \varphi(a_k) = a_1 + a_k,$$
所以 $\varphi(a_1), \varphi(a_2), \cdots, \varphi(a_{k-1})$ 均小于 a_k, 因而 φ 也是 $A_1 = \{a_1, a_2, \cdots, a_k\}$ 的一一对应.

如果 $k = n$, 那么 $a_1 + a_n$ 大于一切 $a_i + \varphi(a_i)$ $(i = 1, 2, \cdots, n-1)$, 但这些 $\varphi(a_i)$ 中有一个等于 a_n, 矛盾! 所以 $k < n$. 由归纳假设,
$$\varphi(a_i) = a_i, i = 1, 2, \cdots, k.$$
所以 $k = 1$. 再对 $\{a_2, a_3, \cdots, a_n\}$ 用归纳假设, 即知上式对 $i = 2, \cdots, n$ 也成立.

不明显出现 n 的问题也可以用归纳法.

例 11 七个有锁的盒子, 每个锁有一把唯一的钥匙, 钥匙随机地锁在盒子里(不一定每个盒子里一把). 然后随机敲开 k 个盒子, 用其中的钥匙来开其他的盒子. 对 $1 \leqslant k \leqslant 6$, 其余的 $7 - k$ 个盒子均可用钥匙开的概率为多大?

解 将 7 改为 n, 结论更加一般, 而且可以施行归纳法.

我们证明所求的概率为 $\dfrac{k}{n}$.

在 $n = k$ 时结论显然. 设命题对 n 成立, 考虑 $n + 1$ 个盒子.

这时 $k < n + 1$, 有一些盒子未被敲开. 设第 $n + 1$ 个未被敲开, 它的钥匙必

须在其他盒子里才有可能用钥匙开,这种情况出现的概率为 $\dfrac{n}{n+1}$.

设第 $n+1$ 个盒子的钥匙在第 $m(m\leqslant n)$ 个盒子里. 可以认为第 $n+1$ 个盒子就放在第 m 个盒子里(打开第 m 个也就打开了第 $n+1$ 个),这就化为 n 的情况. 根据归纳假设,相应的概率为 $\dfrac{k}{n}$. 因此,所求的概率为 $\dfrac{n}{n+1}\cdot\dfrac{k}{n}=\dfrac{k}{n+1}$.

例 12 M 为平面上有限多个整点所成的集合. 证明:可将 M 中的点染成红色或蓝色,使得每一条与坐标轴平行的直线上,两种颜色的点个数相等或相差 1.

解 对 M 中的点数 n 进行归纳. $n=1$ 时结论显然,设在点数小于 n 时命题成立. 考虑 n 个点. 如果某一条平行于坐标轴的直线上只有一个点属于 M,那么其余的 $n-1$ 个点可以(根据归纳假设)用两种颜色染好,满足要求. 过这点与另一条坐标轴平行的直线 l 上,如果红点多于(少于)蓝点,就将这点染成蓝色(红色);如果红点数等于蓝点数,就将这点随意染色. 这样的染色满足要求.

设每一条平行于坐标轴的直线上,如果有属于 M 的点,那么至少有两个. 这时,对 M 中任一点 C,存在 M 中的点 D 和点 F,使得 CD,CF 分别与 x 轴,y 轴平行. 设 E 为矩形 $CDEF$ 的第四个顶点.

如果 E 在 M 中,将 C,D,E,F 以外的点染好颜色满足要求. 然后将 C,E 染成红色,D,F 染成蓝色.

如果 E 不在 M 中,将 C,D,F 去掉,将 E 补充进来. 由归纳假设,可将这些点上颜色满足要求. 再将 F,D 点染上与 E 相同的颜色,C 染上与 E 不同的颜色. 这时 M 中的点都染了颜色并且满足要求.

这种去三补一的手法颇具巧思,它是中国科学技术大学苏淳先生提供的.

例 13 如果 $a_i+a_k\neq 2a_j$ 对 $1\leqslant i<j<k\leqslant n$ 均成立,那么数列 $a_1,a_2,\cdots,a_n$ 就称为无平均数的,证明任意 n 个不同的整数均可排成无平均数的数列.

解 奠基是显然的. 设命题对小于 n 的情形成立,考虑 n 的情形.

我们可以设这 n 个数全是自然数,否则将它们各加上一个足够大的自然数. 如果它们全是偶数,将它们除以 2;如果全是奇数,先各加上 1,再除以 2. 经过有限多次这样的处理后,n 个数中有奇有偶(因为每一次处理后所得的数仍然各不相同,而且均严格减少,只有等于 1 的数不变,而严格减少的自然数的数列只能有有限多项). 将奇数按归纳假设排好放在前面,偶数按归纳假设排好放在后面,这时所得的数列就是无平均数的. 相应地,原来的 n 个数也排成无平均数的数列.

例 14 证明：
$$\sum_{r=0}^{n}(-1)^r C_n^r (n-r)^n = n!. \tag{17}$$

解 式中 $(n-r)^n$ 的底数与指数均与 n 有关，在作归纳时造成极大困难. 我们宁愿先将命题加强，即证更一般的

$$\sum_{r=0}^{n}(-1)^r C_n^r (x-r)^n = n!. \tag{18}$$

这时 $(x-r)^n$ 的底数已与 n 无关.

$n=1$ 时 (18) 显然. 设 (18) 成立，则

$$\sum_{r=0}^{n+1}(-1)^r C_{n+1}^r (x-r)^{n+1}$$

$$= \sum_{r=0}^{n+1}(-1)^r C_{n+1}^r (x-r)^n \cdot (x-n-1+n+1-r)$$

$$= \sum (-1)^r C_{n+1}^r (x-r)^n (x-n-1)$$
$$\quad + \sum (-1)^r C_{n+1}^r (x-r)^n (n+1-r)$$

$$= (x-n-1)\sum (-1)^r (C_n^r + C_n^{r-1})(x-r)^n$$
$$\quad + (n+1)\sum (-1)^r C_n^r (x-r)^n$$

$$= (x-n-1)\Big[\sum_{r=0}^{n}(-1)^r C_n^r (x-r)^n +$$
$$\sum_{r=1}^{n+1}(-1)^r C_n^{r-1}(x-r)^n \Big] + (n+1)!$$

$$= (x-n-1)\cdot \Big[n! + \sum_{r=0}^{n}(-1)^{r+1} C_n^r (x-1-r)^n \Big]$$
$$\quad + (n+1)!$$

$$= (x-n-1)(n! - n!) + (n+1)!$$

$$= (n+1)!.$$

即将 (18) 中的 n 换为 $n+1$，等式仍然成立. 所以 (18) 对一切自然数 n 成立.

在 (18) 中令 $x=n$ 即得 (17).

在上面的推导中，我们利用了归纳假设：

$$\sum (-1)^r C_n^r (x-r)^n = \sum (-1)^r C_n^r (x-1-r)^n = n!.$$

从这里可以看出将结论增强对于从小于等于 n 推进到 $n+1$ 是有利的. 因为归纳法就是增添一个条件：归纳假设. 命题增强时归纳假设也增强了，有了足够强的条件，当然无往而不利. 不过，命题增强后必须仍然是真命题. 错误的命题当

单墫

解题研究

丛书

数学竞赛研究教程

然无法证明它的"正确性".

注 (18)的实质是 n 次多项式的 n 阶差分等于 $n!$ 乘以 x^n 的系数. 在第 27 讲例 9、第 26 讲例 1 还有其他两种证明.

习 题 7

1. 已知 $u_0 = 0, u_1 = u_2 = 1, u_{n+1} = u_n + u_{n-1}(n = 2, 3, \cdots); v_0 = 1, v_2 = 3, v_{n+1} = v_n + v_{n-1}(n = 2, 3, \cdots).$ 证明:

   (1) $v_n = u_n + 2u_{n-1} = u_{n-1} + u_{n+1}$;

   (2) $u_{n+m-1}u_n - u_{n+m}u_{n-1} = (-1)^{n-1}u_m.$

2. 证明:$\{1, 2, \cdots, n\}$ 的全部子集可以排成一条链,使得链上每两个相邻的集恰差一个元素.

3. 设 x_1, x_2 为二次方程 $x^2 + qx - 1 = 0$ 的根,其中 q 为奇数. 证明:对任意整数 $n \geqslant 0, x_1^n + x_2^n$ 与 $x_1^{n+1} + x_2^{n+1}$ 都是整数并且互质.

4. 设 $S(n) = \sum\limits_{1 \leqslant i < j \leqslant n} |x_i - x_j|$,其中 $x_1, x_2, \cdots, x_n$ 在区间 $[0, 1]$ 中变动,求 $\max S(n)$.

5. m, n 为自然数,证明 $n^{m+2} + (n+1)^{2m+1}$ 被 $n(n+1) + 1$ 整除.

6. 圆周上给定 n 个点,有的染红色,有的染蓝色. 以这些点为端点作弦,每条弦的两端颜色相同,每两条弦除端点外无公共点. 证明弦的条数 $\leqslant \dfrac{3n-4}{2}$.

7. n 份文件分别由 n 个人保管. 证明:在 $n \geqslant 4$ 时,只要通 $2n-4$ 次电话(每次电话中,两个人交换他们所知道的信息),每个人就可以知道 n 份文件的内容.

8. 对任意自然数 $n > 1$,证明有 n 个自然数 $a_1, a_2, \cdots, a_n$,使得 $|a_i - a_j| = (a_i, a_j)$,其中 (a, b) 表示 a, b 的最大公约数.

9. 对任一整数 $x \geqslant 1$,令 $p(x)$ 为不整除 x 的最小质数,$q(x)$ 为所有小于 $p(x)$ 的质数的积. 特别地,$p(1) = 2$. 对 $p(x) = 2$ 的 x,定义 $q(x) = 1$. 考虑由 $x_0 = 1$ 及 $x_{n+1} = \dfrac{x_n p(x_n)}{q(x_n)}(n \geqslant 0)$ 定义的序列 $x_0, x_1, x_2, \cdots$. 求使 $x_n = 2\,001$ 的所有 n.

整数

数论(算术)研究的对象是数,首先是整数.

自本讲至第 14 讲中,所有字母均表示整数,除非特别申明. 我们用 **N** 表示自然数集,**Z** 表示整数集.

在数学竞赛中,数论问题占有相当大的比重. 1990 年在我国举行的第 31 届国际数学奥林匹克,6 道试题中,竟有 5 道与数论有关,以至有人戏称这一年为"数论年".

数论问题常常是竞赛中最难的题. 之所以难,并非由于它需要很多知识. 恰恰相反,它所用到的知识是大家熟知的. 但这些平凡的知识,偏偏为人们忽视,不知道如何应用它.

我们先将所需要的知识列举如下:

(ⅰ) 整数是离散的,每两个整数之间的距离至少为 1. 因此,不等式 $x<y$ 与 $x \leqslant y-1$ 是等价的.

(ⅱ) 带余除法. 设 $b>0$,对于任一整数 a,总可以找到一对唯一确定的 q,r,满足

$$a=qb+r, 0 \leqslant r < b. \tag{1}$$

当 $r=0$ 时,我们说 a 被 b 整除或 b 整除 a,记为 $b \mid a$,并称 a 是 b 的倍数或 b 是 a 的约数(因数).

当 $r \neq 0$ 时,我们说 a 不被 b 整除或 b 不整除 a,记为 $b \nmid a$.

(ⅲ) 设 d 为 a,b 的最大公约数(通常记作 (a,b)),则有 u,v,使

$$ua+vb=d. \tag{2}$$

这称为裴蜀(E. Bézout,1730—1783)定理.

(ⅳ) 如果 $a \mid c, b \mid c$,并且 a,b 互质(即 a,b 的最大公约数为 1),那么 $ab \mid c$.

(ⅴ) 唯一分解定理. 每一个大于 1 的自然数 n 都可写成质数的连乘积,即表示成

$$n=p_1^{\alpha_1} p_2^{\alpha_2} \cdots p_k^{\alpha_k} \tag{3}$$

的形式,其中 $p_1<p_2<\cdots<p_k$ 为质数,$\alpha_1,\cdots,\alpha_k$ 为自然数. 并且,这种表示是唯一的.

例1 已知 x,y 是正整数,并且

$$xy+x+y=71, \tag{4}$$

单墫
解题研究
丛书

数学竞赛研究教程

$$x^2 y + xy^2 = 880,\tag{5}$$

求 $x^2 + y^2$.

解 解这类方程,分解与估计是最常用的方法. 由(5)得

$$x \cdot y \cdot (x+y) = 5 \cdot 11 \cdot 16.\tag{6}$$

从(6)立即看出 $x=5, y=11$(或 $x=11, y=5$)是原方程组的解,从而 $x^2 + y^2 = 5^2 + 11^2 = 146$.

如果只需要求出一个答数,那么问题即已解决. 如果需要求出所有可能的解,我们还必须证明答案是唯一的.

一种证法是利用二次方程,这是中学里熟知的事实. 我们采取另一种证法:利用整数的性质.

不妨设 $y \geqslant x$. 在 $x > 5$ 时,由(6),必有 $x \geqslant 8$,从而 $y \geqslant 8, x+y \geqslant 16, xy \geqslant 64$,(6)不可能成立.

在 $x < 5$ 时,由(6),必有 $x \in \{1, 2, 4\}$.

如果 $x=1, y(y+1) = 5 \cdot 11 \cdot 16. y, y+1$ 中恰有一个偶数,这偶数只可能是 $16, 5 \cdot 16, 11 \cdot 16, 5 \cdot 11 \cdot 16$,显然它与另一个为奇数的数相差不可能为 1.

如果 $x=4, y(y+4) = 5 \cdot 11 \cdot 4, y, y+4$ 同为偶数,所以 $\dfrac{y}{2}\left(\dfrac{y}{2}+2\right) = 5 \cdot 11$. 由唯一分解定理,$\dfrac{y}{2}$ 只可能为 1 和 5,无论它取哪个值均不可能使 $\dfrac{y}{2}\left(\dfrac{y}{2}+2\right) = 5 \cdot 11$.

如果 $x=2, y(y+2) = 5 \times 11 \times 8$,所以 y 是偶数并且 $\dfrac{y}{2}\left(\dfrac{y}{2}+1\right) = 2 \times 5 \times 11$. 由此得出 $y=20$. 但 $x=2, y=20$ 不适合(4).

综上所述,必须 $x=5, y=11$ 或 $x=11, y=5$.

上面的证法表明即使没有(4),我们也可以算出 $x^2 + y^2 = 146$ 或 404(后一个答数在 $\{x, y\} = \{2, 20\}$ 时取得).

如果将已知条件改为"x, y 是正奇数",那么仅从(5)便可得出唯一的答案 $x^2 + y^2 = 146$,(4)完全是多余的.

"x, y 是正整数",这个重要的条件很多人视而不见,实在是奇怪的事.

例 2 用 $d(n)$ 表示 n 的正因数的个数. 试确定

$$d(1) + d(2) + \cdots + d(1\,990)\tag{7}$$

的奇偶性.

解 如果 k 是 n 的因数,那么 $\frac{n}{k}$ 也是 n 的因数.因此,n 的正因数是成对出现的.当且仅当 n 为平方数(自然数的平方)时,有一个因数 $\sqrt{n}$ 与自身 $\left(\frac{n}{\sqrt{n}}=\sqrt{n}\right)$ 配对.即当且仅当 n 为平方数时,$d(n)$ 为奇数.由于 $45>\sqrt{1\,990}>44$,所以 1 至 1 990 中有 44 个平方数,而(7)中有 44 项为奇数,因而(7)为偶数.

注 设 n 的分解式为(1),则它的(正)因数个数为

$$(\alpha_1+1)(\alpha_2+1)\cdots(\alpha_k+1). \tag{8}$$

由此易知 $d(n)$ 为奇数的充分必要条件是 n 为平方数.

例 3 自然数 n 恰有 12 个(正)因数(包括 1 与 n),将这些因数按递增顺序编号:

$$(1=)d_1<d_2<\cdots<d_{12}(=n).$$

已知 $d_{d_4-1}=(d_1+d_2+d_4)\cdot d_8$,求 n.

解 $d_1+d_2+d_4$ 是 d_{d_4-1} 的因数,当然也是 n 的因数.所以

$$n\geqslant d_{d_4-1}=(d_1+d_2+d_4)\cdot d_8\geqslant d_5\cdot d_8=n=d_{12}$$

(注意 $d_1d_{12}=d_2d_{11}=\cdots=d_5d_8=d_6d_7=n$).从而

$$d_4=12+1=13,\quad d_5=d_1+d_2+d_4=14+d_2.$$

现在来求 d_2.d_2 必须是质数(否则 d_2 的真因数是 n 的真因数,与 d_2 为最小的真因数矛盾),所以 $d_2\in\{2,3,5,7,11\}$.

(i) $d_2=2$.这时 $d_5=16$.导出 $d_3=4,d_4=8$,与 $d_4=13$ 矛盾.

(ii) $d_2=7$.这时 $d_5=21$.导出 $3\mid n$,与 $d_2=7$ 矛盾.

(iii) $d_2=11$.这时 $d_5=25$.导出 $5\mid n$,仍为矛盾.

(iv) $d_2=5$.这时 $d_5=19$.若 $d_3=9$,则 $3\mid n$,导致矛盾.因此 d_3 必为质数 7 或 11.从而 n 至少有 4 个不同的质因数 5,7 或 11,13,19,它的因数个数 $\geqslant(1+1)^4=16$,矛盾.

(v) $d_2=3$.这时 $d_5=17$.根据(iv),d_3 不能为质数,所以必有 $d_3=9$.从而 $3^2\times13\times17=1\,989$,$1\,989\mid n$.1 989 恰有 $(2+1)(1+1)(1+1)=12$ 个因数,所以 $n=1\,989$.它是本题的唯一解.

注 枚举法是数论中常用的方法.

例 4 证明 $n^2+n+1(n>0)$ 不是平方数.

解 $n^2<n^2+n+1<(n+1)^2$,

即 n^2+n+1 介于两个连续的平方数之间,所以它不是平方数.

注 (i) 本题不能用二次三项式的判别式非零来证明它不是平方数.例

单墫
解题研究
丛 书

数学竞赛研究教程

如 n^2+9 不是 n 的平方式,却可以是平方数($n=4$ 时 $n^2+9=5^2$).

（ⅱ）用同样方法可以证明两个连续自然数的积 $n(n+1)$ 不是平方数.

例5 证明三个连续自然数的积不是平方数.

解 设这三个数为 $n-1,n,n+1(n>1)$. 如果

$$(n-1)n(n+1)=m^2, \tag{9}$$

那么

$$(n^2-1)n=m^2. \tag{10}$$

由于 $(n^2-1,n)=1$,从(10)式导出(这里引用了唯一分解定理)

$$n^2-1=a^2, \quad n=b^2, \quad m=ab.$$

于是 $1=n^2-a^2\geqslant n^2-(n-1)^2=2n-1>1$,矛盾,所以(9)不可能成立.

例6 证明五个连续自然数的积不是平方数.

解 设 $n-2,n-1,n,n+1,n+2$ 为五个连续自然数($n>2$),并且

$$n(n^2-1)(n^2-4)=(n-2)(n-1)n(n+1)(n+2)=m^2. \tag{11}$$

如果奇质数 $p|n$,则 $p\nmid(n-2)(n-1)(n+1)(n+2)$,因此在 n 的质因数分解中,p 的指数是偶数,从而 $n=2a^2$ 或 a^2.

但 $(n-2)(n-1)(n+1)(n+2)=(n^2-1)(n^2-4)=n^4-5n^2+4$ 在两个连续的平方数 $(n^2-3)^2$ 与 $(n^2-2)^2$ 之间,不是平方数,所以只能是 $n=2a^2$,并且

$$2(n-2)(n-1)(n+1)(n+2) \tag{12}$$

是平方数.

由于 n 为偶数,

$$((n-1)(n+2),(n+1)(n-2))$$
$$=(n^2+n-2,n^2-n-2)=(2n,n^2-n-2),$$
$$(n,n^2-n-2)=(n,2)=2,$$

所以 $((n-1)(n+2),(n+1)(n-2))=2$ 或 4.

(12)是平方数,所以 $(n-1)(n+2)$ 与 $(n+1)(n-2)$ 中必有一个是平方数.但

$$n^2<(n-1)(n+2)=n^2+n-2<(n+1)^2,$$

所以 $(n-1)(n+2)$ 不是平方数.同理 $(n+1)(n-2)$ 也不是平方数.矛盾!

所以,五个连续自然数的积不是平方数.

例6的解法很多,下面一种是清华附中郭峰同学提供的:

设(11)成立.每个大于3的质数 p 至多整除 $n-2,n-1,n,n+1,n+2$ 中的一个数,从而 p 在该数的分解式中指数必为偶数.

上述五个连续自然数中至少有三个不被3整除,从而它们必为 a^2 或 $2a^2$ 的形式.由抽屉原理,这三个数中至少有两个同为 a^2 或同为 $2a^2$ 的形式.由此

不难导出矛盾(参见例 5 末段).

一般地,对任意 $n \in \mathbf{N}$, $n+1$ 个连续自然数的积不是平方数,但其证明相当困难.

证明 2,3,4,5 个连续自然数的积不是平方数的方法(例 4、例 5、例 6 及习题 8 第 4 题)各不相同,没有完全固定的套路,需要具体问题具体分析,这正是数论问题的困难所在,也正是数论问题引人入迷的原因.

当然,数论问题也不是毫无规律可循. 例 5、例 6 的核心都是唯一分解定理. 例 5 采用了平方差公式,并利用 1 不等于两个自然数的平方差. 例 6 采用了与例 4 类似的技巧,证明 $(n-1)(n-2)(n+1)(n+2)$, $(n-1)(n+2)$, $(n-2)(n+1)$ 不是平方数. 这些简单的技巧都需要我们仔细体会,善于运用.

例 7 证明有无穷多个 n,使 n^2+n+41:

(ⅰ) 表示合数;(ⅱ) 被 43 整除.

解 n^2+n+41 在 $n=41k$ 时显然是合数(有真因数 41). 取 $n=43k+1$,则
$$n^2+n+41=43(43k^2+2k+k+1)$$
被 43 整除.

用同样的方法可以证明对每一个整系数多项式 $f(n)$,都有无穷多个 $n \in \mathbf{N}$,使 $f(n)$ 为合数.事实上,若 $f(a)=$ 质数 p,则 $f(a+kp)$ 被 p 整除(在例 7 中,$f(1)=43$).

例 8 设 $f(x)=x^2+bx+c$. 如果 $n \in \mathbf{N}$,并且 $f(n)=f(n_1) \cdot f(n_2)$,那么称 $f(n)$ 为 f 合数.证明有无限多个 f 合数.

解
$$\begin{aligned}
&f(n)f(n+1)\\
&=(n^2+bn+c)\left[(n+1)^2+b(n+1)+c\right]\\
&=(n^2+bn+c)(n^2+bn+c+2n+b+1)\\
&=(n^2+bn+c)^2+2n(n^2+bn+c)+b(n^2+bn+c)\\
&\quad +n^2+bn+c\\
&=\left[n^2+(b+1)n+c\right]^2+b\left[n^2+(b+1)n+c\right]+c\\
&=f\left[n^2+(b+1)n+c\right].
\end{aligned}$$

因此有无限多个 f 合数 $f(n^2+(b+1)n+c)$.

例 9 设 p 为奇质数,证明
$$1+\frac{1}{2}+\frac{1}{3}+\cdots+\frac{1}{p-1}=\frac{a}{b}$$

的分子 a 是 p 的倍数.

解 仿照高斯求 $1+2+\cdots+n$ 的办法,将和

单墫
解题研究
丛书   数学竞赛研究教程

$$1 + \frac{1}{2} + \frac{1}{3} + \cdots + \frac{1}{p-1} = \frac{a}{b}$$

的各项顺序倒过来再写一遍,即

$$\frac{1}{p-1} + \frac{1}{p-2} + \frac{1}{p-3} + \cdots + 1 = \frac{a}{b}.$$

两式相加得

$$\frac{p}{p-1} + \frac{p}{2(p-2)} + \cdots + \frac{p}{p-1} = \frac{2a}{b},$$

从而 $2a \cdot (p-1)! = p$ 的倍数. 但 p 为奇质数,所以 p 不整除 $2, 3, \cdots, p-1$,从而 $p \mid a$.

注 可以进一步证明在 $p > 3$ 时,$p^2 \mid a$.

例 10 求 $C_{2n}^1, C_{2n}^3, \cdots, C_{2n}^{2n-1}$ 的最大公因数.

解 熟知 $C_{2n}^1 + C_{2n}^3 + \cdots + C_{2n}^{2n-1} = \frac{1}{2}(1+1)^{2n} = 2^{2n-1}$,所以 $C_{2n}^1, C_{2n}^3, \cdots, C_{2n}^{2n-1}$ 的最大公因数 d 必为 $2^k (k \leqslant 2n-1)$ 的形式. 下面计算 2 在 $C_{2n}^j (j = 1, 3, \cdots, 2n-1)$ 中出现的次数.

设 $n = 2^m \cdot l, 2 \nmid l$,则 $j C_{2n}^j = 2n C_{2n-1}^{j-1} (j = 1, 3, \cdots, 2n-1)$ 被 2^{m+1} 整除. 由于 j 为奇数,所以 $2^{m+1} \mid C_{2n}^j (j = 1, 3, \cdots, 2n-1)$. 由此即得 $k \geqslant m+1$.

$C_{2n}^1 = 2n = 2^{m+1} \cdot l$ 不被 2^{m+2} 整除,所以 $k = m+1$. 即 $d = 2^{m+1}$.

例 11 设 $n \in \mathbf{N}, 1, 2, \cdots, n$ 的最小公倍数为 $f(n), C_n^1, C_n^2, \cdots, C_n^n$ 的最小公倍数为 $g(n)$. 证明:

$$(n+1) g(n) = f(n+1). \tag{13}$$

解 对于 $1 \leqslant m \leqslant n+1, \frac{n+1}{m} C_n^{m-1} = C_{n+1}^m \in \mathbf{N}$,即 $m \mid (n+1) C_n^{m-1}$,从而

$$m \mid (n+1) g(n),$$
$$f(n+1) \mid (n+1) g(n). \tag{14}$$

另一方面,对任一质数 p,设 $p^r \leqslant n+1 < p^{r+1}$,则 $p^r \mid f(n+1)$. 熟知 p 在 $(n+1) C_n^m$ 中的幂指数为 $\sum\limits_{k=1}^{r} \left(\left[\frac{n+1}{p^k}\right] - \left[\frac{m}{p^k}\right] - \left[\frac{n-m}{p^k}\right] \right)$ ($[x]$ 为 x 的整数部分),

其中 $\left[\frac{n+1}{p^k}\right] - \left[\frac{m}{p^k}\right] - \left[\frac{n-m}{p^k}\right] \leqslant \frac{n+1}{p^k} - \frac{m-p^k+1}{p^k} - \frac{n-m-p^k+1}{p^k} = \frac{2p^k-1}{p^k} < 2$,即至多为 1,因此 r 项之和小于等于 r. 这就表明 $(n+1) C_n^m \mid f(n+1)$,从而

$$(n+1) g(n) \mid f(n+1). \tag{15}$$

由(14),(15)即得(13).

例 12 $n>4, a_1, a_2, \cdots, a_n$ 均为不超过 $2n$ 的自然数. 证明

$$\min_{i \neq j}[a_i, a_j] \leqslant 6\left(\left[\frac{n}{2}\right]+1\right).$$

这里 $[a_i, a_j]$ 表示 a_i, a_j 的最小公倍数.

解 如果 $a_1, a_2, \cdots, a_n$ 中有一个是另一个的倍数,结论显然成立. 以下设每一个数都不是其他数的倍数.

若有 $a_i \leqslant n$,则用 $2a_i$ 取代 a_i. 因此,我们可以假设 $\{a_1, a_2, \cdots, a_n\} = \{n+1, n+2, \cdots, 2n\}$.

（ⅰ）$2 \mid (n+1)$. 这时 $\frac{n+1}{2} \cdot 3 \in \{n+1, n+2, \cdots, 2n\}$. 所以

$$\min_{i \neq j}[a_i, a_j] \leqslant \left[n+1, \frac{n+1}{2} \cdot 3\right] = 3(n+1) = 6\left(\left[\frac{n}{2}\right]+1\right).$$

（ⅱ）$2 \nmid (n+1)$. 这时 $2 \mid (n+2)$,$\frac{n+2}{2} \cdot 3 \in \{n+1, n+2, \cdots, 2n\}$. 所以

$$\min_{i \neq j}[a_i, a_j] \leqslant \left[n+2, \frac{n+2}{2} \cdot 3\right] = 3(n+2) = 6\left(\left[\frac{n}{2}\right]+1\right).$$

注 在 $b>a$ 且 $a \nmid b$ 时,$\frac{a}{(a,b)} \geqslant 2$,$\frac{b}{(a,b)} \geqslant 3$,所以 $[a,b] = \frac{b}{(a,b)} \cdot a \geqslant 3a$. 这表明例 12 的估计是最佳的.

例 13 设 $1 \leqslant a_1 < a_2 < \cdots < a_{n+1}$. 证明

$$\sum_{i=1}^{n} \frac{1}{[a_i, a_{i+1}]} \leqslant 1 - \frac{1}{2^n}. \tag{16}$$

解 我们证明更强的结论

$$\sum_{i=1}^{n} \frac{1}{[a_i, a_{i+1}]} \leqslant \frac{1}{a_1}\left(1 - \frac{1}{2^n}\right). \tag{17}$$

当 $n=1$ 时,由于 $a_2 \neq a_1$,所以 $\frac{1}{[a_1, a_2]} \leqslant \frac{1}{2a_1} = \frac{1}{a_1}\left(1 - \frac{1}{2}\right)$.

设将 n 换成 $n-1$ 时,(17)成立.

（ⅰ）若 $a_{n+1} > 2^n \cdot a_1$,则

$$\sum_{i=1}^{n} \frac{1}{[a_i, a_{i+1}]} \leqslant \frac{1}{a_1}\left(1 - \frac{1}{2^{n-1}}\right) + \frac{1}{a_{n+1}}$$

$$< \frac{1}{a_1}\left(1 - \frac{1}{2^{n-1}}\right) + \frac{1}{2^n \cdot a_1} = \frac{1}{a_1}\left(1 - \frac{1}{2^n}\right).$$

（ⅱ）若 $a_{n+1} \leqslant 2^n \cdot a_1$,则由

单墫
解题研究
丛书

数学竞赛研究教程

$$\frac{1}{[a_i,a_{i+1}]}=\frac{(a_i,a_{i+1})}{a_i a_{i+1}}\leqslant\frac{a_{i+1}-a_i}{a_i a_{i+1}}=\frac{1}{a_i}-\frac{1}{a_{i+1}}$$

相加得

$$\sum_{i=1}^n\frac{1}{[a_i,a_{i+1}]}\leqslant\frac{1}{a_1}-\frac{1}{a_{n+1}}\leqslant\frac{1}{a_1}\Big(1-\frac{1}{2^n}\Big).$$

因此(17)对一切 n 均成立.

从上面的证明还可以看出当且仅当 $a_1=1,a_{i+1}=2a_i=2^i$ ($i=1,2,\cdots,$ n)时,(16)中等号成立.

例 14 证明对于 $m,n\in\mathbf{N}$,

$$(2^m-1,2^n-1)=2^{(m,n)}-1. \tag{18}$$

并求有多少自然数的数列 $\{a_n\}$ 满足与(18)类似的等式

$$(a_m,a_n)=a_{(m,n)}. \tag{19}$$

解 不妨设 $m>n$. 由带余除法, $m=qn+r,0\leqslant r<n,q$ 是正整数,所以 $2^{qn}-1=(2^n-1)(2^{n(q-1)}+2^{n(q-2)}+\cdots+1)$ 被 2^n-1 整除. 从而

$$(2^m-1,2^n-1)=((2^{qn}-1)2^r+(2^r-1),2^n-1)$$
$$=(2^r-1,2^n-1).$$

对于 n,r ,依照上面的方法可得 r_1 ,满足 $n=q_1r+r_1,0\leqslant r_1<r$ 及

$$(2^m-1,2^n-1)=(2^r-1,2^n-1)=(2^r-1,2^{r_1}-1).$$

如此进行下去,最后得到 $r_k|r_{k-1}$,并且

$$(2^m-1,2^n-1)=\cdots=(2^{r_{k-1}}-1,2^{r_k}-1)=2^{r_k}-1.$$

显然这样得到的 $r_k=(m,n)$. 上面的做法就是欧几里得(Euclid,约公元前 330—公元前 275)的辗转相除法.

满足(19)的自然数的数列有无穷多个. 将全体质数排成数列 $\{p\}$ 及 $\{q\}$ ($\{q\}$ 可与 $\{p\}$ 相同,也可以不同). 对于任一自然数 $n=p_1^{a_1}\cdots p_k^{a_k}$,令

$$a_n=q_1^{a_1}\cdots q_k^{a_k}=a_{p_1^{a_1}}\cdot a_{p_2^{a_2}}\cdot\cdots\cdot a_{p_k^{a_k}},$$

则不难验证这样的数列满足(19).

例 15 $a_1,a_2,\cdots,a_n\in\mathbf{N},d_r$ 为从 $a_1,\cdots,a_n$ 中每次取 r 个相乘所得的积的最大公约数. 证明 $\dfrac{(a_1+a_2+\cdots+a_n-r)!}{a_1!\ a_2!\cdots a_n!}\cdot d_r$ 为整数.

解 设 $Q_r=\dfrac{(a_1+a_2+\cdots+a_n-r)!}{a_1!\ a_2!\cdots a_n!}\cdot d_r$,则对于 $a_1,a_2,\cdots,a_n$ 中任 r 个数 $a_{i_1},a_{i_2},\cdots,a_{i_r}$,

$$a_{i_1}a_{i_2}\cdots a_{i_r}Q_r=I_{i_1 i_2\cdots i_r}\cdot d_r, \tag{20}$$

其中 $I_{12\cdots r}=\dfrac{(a_1+a_2+\cdots+a_n-r)!}{a_1!\ a_2!\ \cdots a_n!}a_1a_2\cdots a_r$ 是将 a_1-1 个（同样的）红球，a_2-1 个黄球，$\cdots,a_r-1$ 个黑球排成一列的排列数，当然是整数。其他 $I_{i_1i_2\cdots i_r}$ 与此类似，也都是整数。

与裴蜀定理类似，易知（可用归纳法证明）存在一组整数 $u_1,u_2,\cdots,u_n$，使
$$u_1b_1+u_2b_2+\cdots+u_nb_n=(b_1,b_2,\cdots,b_n).$$
于是，将形如（20）的式子分别乘以适当的整数再相加可得 $d_rQ_r=\sum\lambda_{i_1i_2\cdots i_r}I_{i_1i_2\cdots i_r}d_r$，即 $Q_r=\sum\lambda_{i_1i_2\cdots i_r}I_{i_1i_2\cdots i_r}$ 为整数。

例 16 设 $S\subset\mathbf{N}$，非空，对加法封闭（即 S 中任意两个数的和仍在 S 中）。证明：必存在自然数 m,d，对于 $x>m,x\in S$ 的充分必要条件是 $d|x$。

解 设 a_0 为 S 中最小的数，如果 a_0 整除 S 中所有的数，令 $d=a_0$，否则在 S 中有 $a_1,a_0\nmid a_1$。令 $d_1=(a_0,a_1)$，则 $d_1<a_0$。

若 d_1 整除 S 中所有的数，令 $d=d_1$。否则在 S 中有 $a_2,d_1\nmid a_2$。令 $d_2=(d_1,a_2)$，则 $d_2<d_1$。

如此继续下去，由于 $a_0>d_1>d_2>\cdots$，所以经过有限多步后这一过程必然停止，即存在 d_n 整除 S 中所有的数。令 $d=d_n$，d 是 $a_0,a_1,\cdots,a_n$ 的最大公因数，所以存在 $u_0,u_1,\cdots,u_n$，使
$$u_0a_0+u_1a_1+u_2a_2+\cdots+u_na_n=d. \tag{21}$$
（21）中的 $u_i(0\leqslant i\leqslant n)$ 可能有负的。对于负的 u_i，我们在（20）的两边加上 $\left(1+\dfrac{a_0}{d}\right)a_i\cdot(-u_i)$。由于 $d|a_i$，（21）变成
$$u_0'a_0+u_1'a_1+\cdots+u_n'a_n=qd,$$
其中 $q\in\mathbf{N},u_i'\geqslant\max\left(0,-u_i\dfrac{a_0}{d}\right),i=0,1,\cdots,n$。

令 $m=qd$，则在 $x>m$，并且 $d|x$ 时，必有 $x\in S$。事实上，$x-m=q_0a_0+r$，$0\leqslant r<a_0,0\leqslant q_0$。由于 x,m,a_0 都是 d 的倍数，r 也是 d 的倍数，所以
$$r=u_0''a_0+u_1''a_1+\cdots+u_n''a_n=\dfrac{r}{d}\cdot d,$$
其中 $u_i''=\dfrac{r}{d}\cdot u_i,0\leqslant i\leqslant n$。于是
$$x=q_0a_0+(u_0'+u_0'')a_0+(u_1'+u_1'')a_1+\cdots+(u_n'+u_n'')a_n.$$
由于 S 对于加法封闭，$a_0,a_1,\cdots,a_n\in S$，并且 $q_0,u_0'+u_0'',\cdots,u_n'+u_n''$ 都是非负整数，所以 $x\in S$。

例 17 证明:存在一个有理数 $\frac{c}{d}$,其中 $d<100$,能使

$$\left[k\cdot\frac{c}{d}\right]=\left[k\cdot\frac{73}{100}\right] \tag{22}$$

对于 $k=1,2,\cdots,99$ 均成立.

解 注意 73 与 100 互质,因而由裴蜀定理,存在正整数 c,d,使

$$73d-100c=1, \tag{23}$$

其中 $d<100$(否则用 $d-100,c-73$ 代替 d,c).

对于 $1\leqslant k\leqslant 99$,$0<\dfrac{73k}{100}-\dfrac{kc}{d}=\dfrac{(73d-100c)k}{100d}=\dfrac{k}{100d}<\dfrac{1}{d}$. 因此 $\left[\dfrac{73k}{100}\right]=\left[\dfrac{kc}{d}\right]$.

清华附中郭峰同学提出的另一种解法揭示了问题的实质:最佳逼近.

小于 $\dfrac{73}{100}$ 并且分母小于 100 的正分数只有有限多个. 设其中与 $\dfrac{73}{100}$ 最近的为 $\dfrac{c}{d}$,则在 $\dfrac{c}{d}$ 与 $\dfrac{73}{100}$ 之间 $\left(不包括\dfrac{c}{d}与\dfrac{73}{100}\right)$ 无形如 $\dfrac{h}{k}$ $(k<100)$ 的分数. 因此,在 $k\cdot\dfrac{c}{d}$ 与 $k\cdot\dfrac{73}{100}$ $(k=1,2,\cdots,99)$ 之间无整数 h. 由于 73 与 100 互质,$k<100$,所以 $k\cdot\dfrac{73}{100}$ 不是整数,$\left[k\cdot\dfrac{73}{100}\right]=\left[k\cdot\dfrac{c}{d}\right]$.

注 第二种证明是纯存在性的. 如果要算出 $\dfrac{c}{d}$,则可利用(23). $73d$ 的个位数字为 1,十位数字为 0,所以 d 的个位数字为 7,十位数字为 3,$\dfrac{c}{d}=\dfrac{27}{37}$.

例 18 $a,b,c,d\in\mathbf{N},\dfrac{a}{b}+\dfrac{c}{d}<1,a+c<n.$ 证明

$$\frac{a}{b}+\frac{c}{d}<1-\frac{1}{n^3}. \tag{24}$$

解 由于 $\dfrac{a}{b}+\dfrac{c}{d}=\dfrac{ad+bc}{bd}<1$,所以

$$\frac{a}{b}+\frac{c}{d}\leqslant 1-\frac{1}{bd}. \tag{25}$$

若 $bd<n^3$,则上式立即推出(24).

设 $bd\geqslant n^3$. 不妨设 $b\geqslant d$.

若 $b=d$，则 $b>n$，$\dfrac{a}{b}+\dfrac{c}{d}<\dfrac{a+c}{n}\leqslant\dfrac{n-1}{n}=1-\dfrac{1}{n}<1-\dfrac{1}{n^3}$．

上面的证明在 $b\geqslant d\geqslant n$ 时仍然适用，剩下的情况是 $d<n$．这时 $b>n^2$，

$$\frac{a}{b}+\frac{c}{d}<\frac{a}{n^2}+\frac{c}{d}<\frac{1}{n}+\frac{c}{d}\leqslant\frac{1}{n}+1-\frac{1}{d}=1-\frac{n-d}{nd}$$

$$\leqslant 1-\frac{1}{nd}<1-\frac{1}{n^2}<1-\frac{1}{n^3}.$$

注 例 18 多次利用整数的离散性．如 $\dfrac{ad+bc}{bd}$ 小于 1，因而与 1 至少相差 1 个"单位" $\dfrac{1}{bd}$（即(25)）．

习 题 8

1. 设 $m>0,n>0$ 并且 n 是奇数．证明 $(2^m+1,2^n-1)=1$．

2. 设 n 为奇数，$a_1,a_2,\cdots,a_n$ 是 $1,2,\cdots,n$ 的一个排列．证明 $(a_1-1)(a_2-2)\cdots(a_n-n)$ 是偶数．

3. 已知一个角的度数为 $\dfrac{180°}{n}$，其中 $3\nmid n$．证明这个角可以用圆规直尺三等分．

4. 证明 4 个连续自然数的积不是平方数．

5. 从 $1,2,\cdots,2n$ 中任取 $n+1$ 个数，证明其中必有两个数互质．

6. 设 p 为质数，$l<p$．证明 $p\mid C_{2p-1-l}^{p-l}$．

7. 证明 $\dfrac{1}{n+1}C_{2n}^n$ 是整数．

8. 求满足 $n=d^2(n)$ 的自然数 n．

9. $n+1$ 个砝码总重量为 $2n$，每一个的重量均为整数．由重而轻逐个把砝码放到天平上，每次都放在较轻的盘中（两边相等时可放入任一盘中）．证明砝码放完时，天平恰好平衡．

10. 集合 M 含有 0 与 1，并具有性质：若 $x_1,x_2,\cdots,x_k\in M$，且互不相同，则 $\dfrac{1}{k}(x_1+\cdots+x_k)\in M$（$k$ 为任一自然数）．M 至少由哪些数组成？

11. $f(n)$ 的意义同例 11．证明：

(a) $f(2n)\mid f(n)C_{2n}^n$．

(b) $f(2n+1)\mid f(n+1)C_{2n+1}^{n+1}$．

(c) $f(n)<4^n$．

(d) $f(2n+1) > n \cdot 2^{2n}$.

(e) $f(n) > 2^n$ ($n \geq 7$).

12. 质因数分解中,所有指数均大于 1 的数称为幂数. 能否举出无限多个自然数,它们自身及任意多个的和不是幂数?

13. 令 $f(x) = x^2 + x + 41$.

(a) 证明:对自然数 d, $1 < d < 41$, 均有 $d \nmid f(n)$, n 为任意自然数.

(b) 证明:对于自然数 $m \neq 40$, $f(m)$ 不是平方数.

(c) 求 40 个连续自然数,在 x 取这些自然数时, $f(x)$ 的值都是合数.

14. 已知 a, b 为正整数,并且 $ab \mid (a^2 + b^2)$. 求证 $a = b$.

15. m, n 为自然数,并且 $mn \mid (m^2 + n^2 + m)$. 证明 m 为平方数.

16. 设 $n \geq 3$. 证明所有与 n 互质并且不超过 n 的自然数的立方和是 n 的倍数.

17. 在 0 与 1 之间的、分母不超过 n 的既约分数可依从小到大的顺序排成一列,称为 n 阶法雷(Farey)数列.

(a) 设 $\dfrac{b}{a} < \dfrac{d}{c} < \dfrac{h}{g}$ 是三个连续的 n 阶法雷分数(即 n 阶法雷数列中连续三项). 证明 $ad - bc = 1$ 并且 $\dfrac{d}{c} = \dfrac{b+h}{a+g}$.

(b) 写出 10 阶法雷数列.

18. a, b 为互质的自然数,证明在等差数列 $\{an + b\}$ ($n = 1, 2, \cdots$)中有无穷多个数两两互质.

第9讲 函数[x]

[x]表示实数 x 的整数部分.更确切些说,[x]是不大于实数 x 的最大整数.例如[π]=3.

应当注意在 x<0 时,[x]的绝对值大于或等于 x 的绝对值.例如[−1.2]=−2(而不是−1).

[x]的应用十分广泛,早在 18 世纪即为大数学家高斯采用,因此也称为高斯函数.

有一些与[x]相关联的函数,如

$$\{x\} = x - [x] \tag{1}$$

常称为 x 的"小数部分"或"尾数部分".也许后一个名称更好一些,因为

$$\{-1.2\} = -1.2 - [-1.2] = 0.8,$$

而不是 0.2.为避免出现错误,可将负数写成负首数正尾数的形式,如 $-1.2 = \overline{2}.8$.

另一个与[x]有关的函数是⌈x⌉,它表示不小于实数 x 的最小整数,如⌈π⌉=4.恒有

$$[x] \leqslant x \leqslant \lceil x \rceil, \tag{2}$$

所以⌈x⌉被称为天花板函数.而[x]现在也有人记成⌊x⌋,并称之为地板函数.

当 x 为整数时,[x]=x=⌈x⌉,三者合一.当 x 不是整数时,有

$$\lceil x \rceil = [x] + 1. \tag{3}$$

⌈x⌉与⌊x⌋虽然出现较晚,其用途不亚于[x],甚至有取而代之的势头.

关于[x]的问题,通常只需要利用它的定义或等价的不等式

$$[x] \leqslant x < [x] + 1. \tag{4}$$

例 1 解方程

$$3x^3 - [x] = 3. \tag{5}$$

解 显然 x 的绝对值不能太大.事实上,当|x|⩾2 时,

$$|3x^3 - [x]| \geqslant 3|x|^3 - |x| - 1 \geqslant 2(3|x|^2 - 1) - 1 > 3.$$

对区间(−2,−1),[−1,0),[0,1),[1,2)逐一进行讨论可知(5)仅有一解

$$x = \sqrt[3]{\frac{4}{3}}.$$

例 2 解方程

$$[x^2 - 2x] = [x]^2 - 2[x]. \tag{6}$$

解 首先在(6)式两边加上 1,化(6)为

$$[(x-1)^2] = ([x]-1)^2 = [x-1]^2. \tag{7}$$

在 $x-1<0$ 时,由于 $[x-1]\leqslant x-1<0$,所以
$$[x-1]^2\geqslant(x-1)^2\geqslant[(x-1)^2].$$
因此,(7)等价于 $x-1$ 为负整数 $[x-1]$.

在 $x-1\geqslant0$ 时,由(7)得
$$[x-1]^2\leqslant(x-1)^2<[x-1]^2+1. \tag{8}$$
改记 $[x-1]$ 为非负整数 n,则(8)即
$$n^2\leqslant(x-1)^2<n^2+1. \tag{9}$$
所以
$$n+1\leqslant x<\sqrt{1+n^2}+1. \tag{10}$$

以上过程可逆,所以本题的解为 $\{n\mid n\in\mathbf{Z},n\leqslant0\}\bigcup\left(\bigcup\limits_{n=0}^{\infty}[n+1,\sqrt{1+n^2}+1)\right)$.

注 本题的第一个关键是利用
$$[x]+m=[x+m],m\in\mathbf{Z} \tag{11}$$
将(6)化简.第二个关键是对(7),(8)进行分析,直接得出解.如果不注意分析式子的意义,那就无法觉察解已在眼前,枉费许多力气找解,犹如帽子戴在头上还在到处寻找帽子.

例3 求一个正数 x,使
$$\{x\}+\left\{\frac{1}{x}\right\}=1. \tag{12}$$
满足(12)的 x 能否为有理数?

解 我们可以求出(12)的所有解.

实际上,(12)意味着
$$x+\frac{1}{x}=n, \tag{13}$$
其中 n 为任一整数.

由(13)得
$$x=\frac{n\pm\sqrt{n^2-4}}{2}, \tag{14}$$
(14)中 n 可为任一绝对值大于1的整数.

若 x 为有理数,则必有
$$n^2-4=m^2,m\in\mathbf{Z}. \tag{15}$$
从而由
$$(n+m)(n-m)=4 \tag{16}$$
得 $n=\pm2,m=0$.但这时 $x=\pm1,\{x\}=\left\{\frac{1}{x}\right\}=0$,(12)不成立.所以 x 不能为有理数.

(14)就是(12)的全部解,其中 $n\in\mathbf{Z}$ 并且 $|n|>2$.

例 4 求方程 $$\left[\frac{x}{10}\right]=\left[\frac{x}{11}\right]+1 \tag{17}$$ 的正整数解.

解 设 $x=10n+t, 0\leq t\leq 9, n\geq 0$. 则由(17)得

$$n-1\leq\frac{x}{11}<n, \tag{18}$$

即 $$11n-11\leq 10n+t<11n, \tag{19}$$

$$n-11\leq t<n. \tag{20}$$

由(20)及 $0\leq t\leq 9$ 得 $1\leq n\leq 20$. $\tag{21}$

当 $1\leq n\leq 10$ 时, 解为 $10n+t, t=0,1,\cdots,n-1$.

当 $11\leq n\leq 20$ 时, 解为 $10n+t, t=n-11,n-10,\cdots,9$.

例 5 在 $0\leq x\leq 100$ 时, 求函数 $f(x)=[x]+[2x]+\left[\frac{5x}{3}\right]+[3x]+[4x]$ 的值集的元素个数.

解 $f(x)$ 是增函数, 它的图像如同阶梯, 由若干条水平的线段组成.

考虑区间 $[0,3)$. 点 $\frac{1}{4},\frac{1}{3},\frac{1}{2},\frac{3}{5},\frac{2}{3},\frac{3}{4},1,\frac{6}{5},\frac{5}{4},\frac{4}{3},\frac{3}{2},\frac{5}{3},\frac{7}{4},\frac{9}{5},2,\frac{9}{4},$ $\frac{12}{5},\frac{7}{3},\frac{5}{2},\frac{8}{3},\frac{11}{4},3$ 将它分为 22 个子区间(含左端点, 不含右端点). $f(x)$ 在每个子区间上取常数值, 这些常数值互不相同. 因此, $f(x)$ 在 $[0,3)$ 上有 22 个值.

类似地考虑其他长为 3 的区间. 最后 $f(x)$ 在 $[99,100)$ 上有 7 个值, 它们均小于 $f(100)$. 所以在 $[0,100]$ 上, $f(x)$ 共有 $22\times 33+7+1=734$ 个整数值. 即 $f(x)$ 的值集共有 734 个元素.

例 6 设 n 历遍所有正整数. 证明: $f(n)=\left[n+\sqrt{\frac{n}{3}}+\frac{1}{2}\right]$ 历遍所有正整数, 但数列 $a_n=3n^2-2n$ 的项除外.

解 只需考虑 $f(n+1)-f(n)\geq 2$ 的 n, 亦即使不等式

$$\sqrt{\frac{n}{3}}+\frac{1}{2}<k\leq\sqrt{\frac{n+1}{3}}+\frac{1}{2} \tag{22}$$

成立的 n. (22)等价于 $n<3\left(k-\frac{1}{2}\right)^2\leq n+1$.

由于 $3\left(k-\frac{1}{2}\right)^2=3k^2-3k+\frac{3}{4}$, 所以上式导出 $n=3k^2-3k$.

于是,$f(n)$跳过的数为 $n+k=3k^2-2k$(显然(22)的右边不会比左边大 1,所以 $f(n)$ 每次至多跳过一个数).

二次(或更高次)方程的根常常是无理数.设 α 是这样的根,那么 $[\alpha n]$ 的性质当然与 α 所满足的方程有关.

例 7 设 α 为方程 $\qquad\qquad x^2-1\,989x-1=0. \qquad\qquad$ (23)

的正根.证明存在无穷多个自然数 n,使

$$[\alpha n+1\,989\alpha[\alpha n]]=1\,989n+(1\,989^2+1)[\alpha n]. \qquad (24)$$

解 我们证明每一个自然数 n 都能使(24)成立.

由(23), $\qquad\qquad 1\,989=\alpha-\dfrac{1}{\alpha}, \qquad\qquad$ (25)

从而 $\qquad\qquad\qquad \alpha>1. \qquad\qquad\qquad$ (26)

利用(25),(26),我们有

$$[\alpha n+1\,989\alpha[\alpha n]]-1\,989n-(1\,989^2+1)[\alpha n]$$

$$=\left[\alpha n+\left(\alpha-\frac{1}{\alpha}\right)\alpha[\alpha n]-\left(\alpha-\frac{1}{\alpha}\right)n-\left(\left(\alpha-\frac{1}{\alpha}\right)^2+1\right)[\alpha n]\right]$$

$$=\left[\frac{n}{\alpha}-\frac{1}{\alpha^2}[\alpha n]\right]$$

$$=\left[\frac{\{\alpha n\}}{\alpha^2}\right]$$

$$=0.$$

所以(24)成立.

例 8 证明:当 $n=1,2,\cdots$ 时,$[(1+\sqrt{2})^n]$ 交错地取偶数值与奇数值.

解 $(1+\sqrt{2})^n+(1-\sqrt{2})^n=2(1+C_n^2\cdot 2+C_n^4\cdot 2^2+\cdots)$ 为偶数.

由于 $-1<1-\sqrt{2}<0$,所以

$$[(1+\sqrt{2})^n]=\begin{cases}(1+\sqrt{2})^n+(1-\sqrt{2})^n-1,\text{若 } n \text{ 为偶数};\\(1+\sqrt{2})^n+(1-\sqrt{2})^n,\text{若 } n \text{ 为奇数}.\end{cases}$$

从而 $[(1+\sqrt{2})^n]$ 交错地取偶数值与奇数值.

例 9 证明:

$$2^{m+1}\,\|\,[(1+\sqrt{3})^{2m+1}]$$

(即 $2^{m+1}|[(1+\sqrt{3})^{2m+1}]$,并且 $2^{m+2}\nmid[(1+\sqrt{3})^{2m+1}]$),$m=0,1,2,\cdots$.

解 与例 8 类似,

$$\left[(1+\sqrt{3})^{2m+1}\right]=(1+\sqrt{3})^{2m+1}+(1-\sqrt{3})^{2m+1}$$
$$=(1+\sqrt{3})(4+2\sqrt{3})^m+(1-\sqrt{3})(4-2\sqrt{3})^m$$
$$=2^m((2+\sqrt{3})^m+(2-\sqrt{3})^m+\sqrt{3}((2+\sqrt{3})^m-(2-\sqrt{3})^m))$$
$$=\begin{cases}2^m\times(4\text{ 的倍数}+2\times3^{\frac{m}{2}}),\text{若 }m\text{ 为偶数};\\ 2^m\times(4\text{ 的倍数}+2\times3^{\frac{m+1}{2}}),\text{若 }m\text{ 为奇数}.\end{cases}$$

所以结论成立.

例 10 证明:对每个自然数 k,存在无理数 α,使对任一自然数 m,
$$[\alpha^m]\equiv-1(\bmod\ k). \tag{27}$$

解 取 $\alpha=k+\sqrt{k(k-1)}$,则
$$[\alpha^m]+1=(k+\sqrt{k(k-1)})^m+(k-\sqrt{k(k-1)})^m. \tag{28}$$
(28)的右边展开后,无理部分互相抵消,剩下的每一项均被 k 整除,因此
$$k\mid([\alpha^m]+1),$$
即(27)成立.

例 11 设 α 为方程 $\qquad x^3-3x^2+1=0 \tag{29}$
的最大的正根. 证明 $[\alpha^{1988}]$ 被 17 整除.

解 方程(29)的左边在 $x=0$ 时为正,在 $x=1$ 时为负,所以它有一根 $\beta\in(0,1)$. 当 x 为很大的正值时,$x^3-3x^2+1>0$;当 x 为绝对值很大的负值时,$x^3-3x^2+1<0$. 所以 $\alpha>1$,并且方程(29)还有一个负根 γ. 稍细致一些,由 x^3-3x^2+1 在 $x=3$ 时为正,在 $x=2\sqrt{2}$ 时为负,得 $2\sqrt{2}<\alpha<3$.

根据韦达定理 $\qquad \alpha+\beta+\gamma=3$,
所以 $\qquad 1>\beta+\gamma=3-\alpha>0$.
从而 $\qquad \beta>-\gamma=|\gamma|,\beta^n+\gamma^n>0$.
又 $\beta+\gamma<1$,并且在 $n>1$ 时,
$$\beta^n+\gamma^n\leqslant\beta^2+\gamma^2=(\alpha+\beta+\gamma)^2-2(\alpha\beta+\beta\gamma+\gamma\alpha)-\alpha^2$$
$$=9-\alpha^2<9-(2\sqrt{2})^2=1.$$
所以 $\qquad \alpha^n+\beta^n+\gamma^n-1<\alpha^n<\alpha^n+\beta^n+\gamma^n$.

由于 α,β,γ 均适合 $x^{n+3}=3x^{n+2}-3x^n$,所以 $u_n=\alpha^n+\beta^n+\gamma^n$ 满足递推关系
$$u_{n+3}=3u_{n+2}-u_n \tag{30}$$
及初始条件 $u_0=3,u_1=3,u_2=9$. u_n 是整数,并且 $[\alpha^n]=u_n-1$.

易知 $u_{n+16}\equiv u_n(\bmod\ 17)$,从而 $u_{1988}\equiv u_4\equiv1(\bmod\ 17)$,即 $[\alpha^{1988}]=u_{1988}-1$,可被 17 整除.

单墫
解题研究
丛书

数学竞赛研究教程

例 12 设 $a_n = [\sqrt{(n-1)^2+n^2}], n=1,2,\cdots$. 证明:

(a) 有无穷多个正整数 m,使得

$$a_{m+1} - a_m > 1. \tag{31}$$

(b) 有无穷多个正整数 m,使得

$$a_{m+1} - a_m = 1. \tag{32}$$

解 首先注意

$$\sqrt{n^2+(n+1)^2} - \sqrt{(n-1)^2+n^2}$$
$$= \frac{4n}{\sqrt{n^2+(n+1)^2} + \sqrt{(n-1)^2+n^2}}$$
$$> \frac{4n}{n+(n+1)+(n-1)+n} = 1,$$

所以 $\sqrt{(n-1)^2+n^2}$ 与 $\sqrt{n^2+(n+1)^2}$ 之间必有整数,即

$$a_{m+1} - a_m \geqslant 1, \tag{33}$$

因此(a)或(b)至少有一个成立.

若(a)不成立,则只有有限多个 m,使(31)成立,从而当 m 足够大时,恒有 (32). 于是 $a_{m+k} - a_m = k$,

$$\sqrt{(m+k-1)^2+(m+k)^2} - \sqrt{m^2+(m+1)^2} \leqslant k \tag{34}$$

对一切自然数 k 成立. 固定 m,令 $k \to +\infty$,(34)式左边大约为 $\sqrt{2}k$,右边为 k, 矛盾(或者在(34)的两边同除以 k,再令 $k \to +\infty$,取极限得 $\sqrt{2} \leqslant 1$)!

若(b)不成立,则只有有限多个 m,使(32)成立,从而当 m 足够大时,恒有 (31). 于是
$$a_{m+1} - a_m \geqslant 2,$$
$$a_{m+k} - a_m \geqslant 2k. \tag{35}$$

与前面类似,固定 m,在(35)两边同除以 k,再令 $k \to +\infty$,取极限得 $\sqrt{2} \geqslant 2$, 矛盾!

关于 $[x]$,还有一个在竞赛中常常遇到的瑞利(J. W. Rayleigh, 1842—1919)定理(也称 Beatty 定理),即例 13.

例 13 设 α, β 为正无理数,并且

$$\frac{1}{\alpha} + \frac{1}{\beta} = 1, \tag{36}$$

则数列 $a_n = [n\alpha], b_n = [n\beta], n=1,2,\cdots$,都是严格递增的,并且

$$\{a_n \mid n=1,2,\cdots\} \bigcap \{b_n \mid n=1,2,\cdots\} = \varnothing, \tag{37}$$

$$\{a_n \mid n=1,2,\cdots\} \bigcup \{b_n \mid n=1,2,\cdots\} = \mathbf{N}. \tag{38}$$

解 显然 α,β 都大于 1,因此 $\{a_n\},\{b_n\}$ 均为严格递增.

任取一自然数 c,设在区间 $[1,c)$ 内,$\{a_n\}$ 有 h 项,$\{b_n\}$ 有 k 项,则
$$[h\alpha] < c \leqslant [(h+1)\alpha].$$

从而
$$h\alpha < c < (h+1)\alpha,$$

即
$$h < \frac{c}{\alpha} < h+1. \tag{39}$$

同样
$$k < \frac{c}{\beta} < k+1. \tag{40}$$

将 (39),(40) 相加并利用 (36) 得 $h+k < c < h+k+2$,从而
$$c = h+k+1.$$

即在 $[1,c)$ 中,数列 $\{a_n\},\{b_n\}$ 共有 $h+k=c-1$ 项.

由于 c 的任意性,在 $[1,c+1)$ 中,数列 $\{a_n\},\{b_n\}$ 共有 c 项. 于是在 $[c,c+1)$ 中,数列 $\{a_n\},\{b_n\}$ 共有一项,这一项当然就是 c.

这表明任一自然数 $c \in \{a_n \mid n=1,2,\cdots\} \bigcup \{b_n \mid n=1,2,\cdots\}$,即 (38) 成立. 同时 c 也仅属于两个数列之一,即 (37) 成立.

满足 (37),(38) 的数列称为互补数列.

例 14 数列 $f(1) < f(2) < \cdots < f(n) < \cdots, g(1) < g(2) < \cdots < g(n) < \cdots$ 是互补数列,并且对所有 $n \geqslant 1$,
$$g(n) = f(f(n)) + 1, \tag{41}$$
求 $f(n)$ 与 $g(n)$.

解 首先注意由已知条件唯一确定了这两个数列. 事实上. 易知 $g(1) > 1$,所以
$$f(1) = 1, \quad g(1) = f(f(1)) + 1 = 2.$$

如果 $f(1),\cdots,f(n-1),g(1),g(2),\cdots,g(n-1)$ 均已确定,那么不在这些数中的最小的自然数就是 $f(n)$,然后是 $f(n+1),f(n+2),\cdots,f(f(n))$,而 $g(n)$ 则由 (41) 定出.

受例 13 的启发,暂且先假定
$$f(n) = [\alpha n], \quad g(n) = [\beta n], \tag{42}$$
其中 α,β 为正无理数,且满足
$$\frac{1}{\alpha} + \frac{1}{\beta} = 1. \tag{43}$$

让我们看一看 α,β 应当是什么数.

由 (41),(42) 得
$$[\beta n] = [\alpha[\alpha n]] + 1. \tag{44}$$

两边同除以 n,并令 $n \to +\infty$ 得
$$\beta = \alpha^2. \tag{45}$$

代入 (43) 得
$$\alpha^2 - \alpha - 1 = 0. \tag{46}$$

从而(只取正值) $\qquad \alpha=\dfrac{\sqrt{5}+1}{2}, \qquad \beta=\dfrac{3+\sqrt{5}}{2}.$

现在来证实上面的假定成立,即 $f(n)=[\alpha n], g(n)=[\beta n]$ 满足(41). 事实上,

$$[\alpha[\alpha n]]+1=[\alpha^2 n-\alpha\{\alpha n\}]+1$$
$$=[(\alpha+1)n-\alpha\{\alpha n\}]+1$$
$$=[\alpha n]+n+[1-(\alpha-1)\{\alpha n\}]$$
$$=[\alpha n]+n=[(\alpha+1)n]$$
$$=[\alpha^2 n]=[\beta n].$$

注 先猜测答案,把答案拿到手中,然后再加以验证的方法很有用处.

习 题 9

1. 证明:对一切有理数 x,$\{x\}+\{x^2\}=1$ 不成立.

2. 设 x 历遍所有正整数.证明:$\left[n+\sqrt{3n}+\dfrac{1}{2}\right]$ 历遍所有正整数,但数列 $a_n=\left[\dfrac{n^2+2n}{3}\right]$ 的项除外.

3. 求出所有满足 $[\sqrt{n}]\,|\,n$ 的正整数 n.

4. 证明:对每个自然数 k,存在无理数 α,使 $k\,|\,[\alpha^n]\,(n=1,2,\cdots)$.

5. 证明:对于 $n\in\mathbf{N}$,有
$$[x]+\left[x+\dfrac{1}{n}\right]+\left[x+\dfrac{2}{n}\right]+\cdots+\left[x+\dfrac{n-1}{n}\right]=[nx].$$

6. 证明 $\left[\dfrac{n}{2}\right]\cdot\left[\dfrac{n+1}{2}\right]=\left[\dfrac{n^2}{4}\right]\,(n\in\mathbf{N})$. 将 n 换为正实数 x,等式是否仍然成立?

7. 求出所有满足 $[x]^2=x\cdot\{x\}$ 的正实数.

8. 设 $n\in\mathbf{N}$,证明 $\left[\dfrac{[x]}{n}\right]=\left[\dfrac{x}{n}\right]$.

9. $\alpha=\dfrac{\sqrt{5}+1}{2},\beta=\alpha^2=\dfrac{\sqrt{5}+3}{2}$. 证明:对一切 $n\in\mathbf{N}$,$[\alpha[\beta n]]=[\alpha n]+[\beta n]$.

10. $\gamma=\dfrac{\sqrt{5}-1}{2}$. 证明 $\gamma[\gamma n]+\gamma]+[\gamma(n+1)]=n\,(n\in\mathbf{N})$.

11. $G(0)=0,G(n)=n-G(G(n-1)),n=1,2,\cdots$. 求 $G(n)$ 的通项公式.

12. 设 $\alpha=k+\dfrac{1}{2}+\sqrt{k^2+\dfrac{1}{4}}$,$k$ 是正整数. 证明:$k\,|\,[\alpha^n]\,(n=1,2,\cdots)$.

13. 确定所有的实数对 a,b,使得 $a[bn]=b[an]$.

第 10 讲 同余

同余是数论中的重要概念,也是一种方便、有力的工具.

设 $m>0$,如果 a,b 的差 $a-b$ 被 m 整除,即 $a-b=qm$,我们就说 a,b 关于模 m 同余,或简称同余. 记为

$$a \equiv b \pmod{m}.$$

例如

$$62 \equiv 48 \pmod 7, \quad 12 \equiv -3 \pmod 5.$$

同余式有许多与等式类似的性质.

(ⅰ) 反身性 $a \equiv a \pmod m$.

(ⅱ) 对称性 若 $a \equiv b \pmod m$,则 $b \equiv a \pmod m$.

(ⅲ) 传递性 若 $a \equiv b, b \equiv c \pmod m$,则 $a \equiv c \pmod m$.

(ⅳ) 若 $a \equiv b \pmod m, c \equiv d \pmod m$,则 $a \pm c \equiv b \pm d \pmod m$.

(ⅴ) 若 $a \equiv b \pmod m, c \equiv d \pmod m$,则 $ac \equiv bd \pmod m$.

(ⅵ) 若 $a \equiv b \pmod m, n \in \mathbf{N}$,则 $a^n \equiv b^n \pmod m$.

这些性质的证明都极简单,以(ⅴ)为例:

因为 $a \equiv b \pmod m$,所以 $a=b+qm$. 同样 $c=d+q'm$. 于是

$$ac=(b+qm)(d+q'm)=bd+(qd+q'b+qq'm)m,$$

即

$$ac \equiv bd \pmod m.$$

请特别注意,从 $ac \equiv bc \pmod m$ 不一定能得出 $a \equiv b \pmod m$. 例如 $6 \times 7 \equiv 6 \times 2 \pmod{10}$,但 $7 \equiv 2 \pmod{10}$ 并不成立. 正确的结论是

(ⅶ) 若 $ac \equiv bc \pmod m$,则 $a \equiv b \left(\bmod \ \dfrac{m}{(c,m)} \right)$.

即只有在 c 与模 m 互质($(c,m)=1$)时,才能在同余式两边约去 c,而不需要改变模.

(ⅷ) 若 $a \equiv b \pmod m, m=qn, n \in \mathbf{N}$,则 $a \equiv b \pmod n$.

(ⅸ) 若 $a \equiv b \pmod{m_i}, i=1,2,\cdots,k$,则 $a \equiv b \pmod{[m_1,m_2,\cdots,m_k]}$.

性质(ⅰ),(ⅱ),(ⅲ)表明同余是一种等价关系,因而整数集 $\mathbf{Z}$ 可以根据模 m 来分类:如果 a,b 同余,则 a 与 b 属于同一类,否则不属于同一类. 这样得到 m 个类,即

$$M_i=\{i+km \mid k \in \mathbf{Z}\}, \quad i=0,1,2,\cdots,m-1, \tag{1}$$

它们称为模 m 的剩余类或同余类.

单墫
解题研究
丛书

数学竞赛研究教程

例如 $m=2$ 时，$\mathbf{Z}$ 可以分为两类，一类是奇数，一类是偶数. 在 $m=3$ 时，$\mathbf{Z}$ 可以分为三类，这三类中的数的形式分别为 $3k-1,3k,3k+1$. 在 $m=4$ 时，$\mathbf{Z}$ 可以分为四类，即形如 $4k,4k+1,4k+2,4k+3$ 的四类数.

从每个剩余类中各取一个数作为代表，这样的 m 个数称为(模 m 的)一个完全剩余系，简称完系. 例如

$$\{1,2,\cdots,m\} \tag{2}$$

是一个完系. 当 m 为奇数时，

$$\left\{0,\pm 1,\pm 2,\cdots,\pm\frac{m-1}{2}\right\} \tag{3}$$

也是一个完系，而且是由绝对值最小的数组成的完系. 当 m 为偶数时，(3)应修改为

$$\left\{0,\pm 1,\pm 2,\cdots,\pm\frac{m}{2}-1,\frac{m}{2}\right\}. \tag{4}$$

例1 若质数 $p\geqslant 5$，并且 $2p+1$ 也是质数，证明 $4p+1$ 是合数.

解 以 $p=5$ 为例($2p+1=11$ 是质数)，这时 $4p+1=21$ 是 3 的倍数. 因此，我们希望在一般情况下，也有 $4p+1\equiv 0\pmod 3$.

由于 $p\geqslant 5$ 是质数，$p\equiv\pm 1\pmod 3$. 如果 $p\equiv 1\pmod 3$，则

$$2p+1\equiv 2\times 1+1\equiv 0\pmod 3,$$

即 $2p+1$ 是 3 的倍数，与 $2p+1$ 为质数矛盾. 所以 $p\equiv -1\pmod 3$. 从而

$$4p+1\equiv -4+1\equiv 0\pmod 3,$$

即 $4p+1$ 是 3 的倍数，因此是一个合数.

例2 $x_i\in\{\pm 1\}$，$i=1,2,\cdots,1\,990$. 证明

$$x_1+2x_2+\cdots+1\,990x_{1\,990}\neq 0. \tag{5}$$

解
$$x_1+2x_2+\cdots+1\,990x_{1\,990}$$
$$\equiv 1+2+\cdots+1\,990\pmod 2$$
$$\equiv 995\pmod 2\text{(其中有 995 个奇数)}$$
$$\equiv 1\pmod 2,$$

所以(5)成立.

例3 设 p 为质数，证明：

$$\mathrm{C}_n^p\equiv\left[\frac{n}{p}\right]\pmod p, \tag{6}$$

这里$[x]$表示 x 的整数部分.

解 完系 $0,1,2,\cdots,p-1$ 中必有某个 i 与 n 同余，这时 $\left[\dfrac{n}{p}\right]=\dfrac{n-i}{p}$，并且

$$n(n-1)\cdots(n-i+1)(n-i-1)\cdots(n-p+1)$$
$$\equiv i(i-1)\cdots\cdot 1\cdot(p-1)\cdots(i+1)\equiv(p-1)!\ (\bmod\ p),$$

即
$$(p-1)!\ C_n^p\equiv(p-1)!\ \cdot\frac{n-i}{p}(\bmod\ p),\qquad\qquad(7)$$

两边约去(与 p 互质的)$(p-1)!$ 得 $C_n^p\equiv\dfrac{n-i}{p}=\left[\dfrac{n}{p}\right](\bmod\ p)$.

注 为避免分数,在(6)的两边同乘以 $(p-1)!$,然后又从(7)两边约去 $(p-1)!$,还原为(6),这是初等数论中的惯用手法.其实从稍高观点来看,这一乘一除可以省去.

例4 设 $m>0$.证明必有一个自然数 a 是 m 的倍数,并且数字全为 0 或 1.

解 考虑数字全为 1 的数 1,11,111,1 111,…. 这无穷多个数中必有两个在模 m 的同一个剩余类中,它们的差即为所求的 a.

例5 证明从任意的 m 个整数 $a_1,a_2,\cdots,a_m$ 中,必可选出若干个数,它们的和(包括只有一个加数的情况)被 m 整除.

解 考虑 m 个数
$$a_1,a_1+a_2,a_1+a_2+a_3,\cdots,a_1+a_2+\cdots+a_m.\qquad(8)$$
如果其中有一个数属于(1)中的 M_0,结论已经成立.不然的话,(8)中的 m 个数里必有两个数属于同一个剩余类 $M_i(1\leqslant i\leqslant m-1)$.这两个数的差被 m 整除,而且差是 $a_k+a_{k+1}+\cdots+a_h$ 的形式.

由例4、例5可以看出剩余类常常充当抽屉原理中的"抽屉".

例6 证明从集 $A=\{1,2,\cdots,100\}$ 中任取 55 个数,其中必有两个数的差为 10,也必有两个数的差为 12,但不一定含有两个数的差为 11.

解 以 10 为模,将集 A 分为 10 个剩余类.所取的 55 个数中必有 6 个数在同一个剩余类里.

每个剩余类由 10 个数组成,依大小顺序排列时,每两个连续的项相差为 10. 上面所说的 6 个数既在同一个剩余类里,必有两个是连续的项(不连续的项至多 5 个),它们的差当然是 10.

同样,以 12 为模,将集 A 分为 12 个剩余类.所取的 55 个数中若有 6 个数在同一个剩余类里,与上面类似可导出结论(每个剩余类至多含 A 中 9 个数).

现在设 55 个数中至多有 5 个数在同一个剩余类里.由于
$$55=4\times 12+7,$$
因此必有 7 个剩余类里含有 5 个取出的数.但 A 的模 12 的剩余类中,只有 4 个,即

$$\{1,13,25,\cdots,97\},\{2,14,26,\cdots,98\},$$
$$\{3,15,27,\cdots,99\},\{4,16,28,\cdots,100\}$$

是 9 元集,其余的都只含 8 个元素. 由于 7>4,必有 5 个取出的数在某个 8 元集中,因此其中有 2 个的差为 12.

下面的 55 个数

$$1,23,45,67,89,$$
$$2,24,46,68,90,$$
$$3,25,47,69,91,$$
$$4,26,48,70,92,$$
$$5,27,49,71,93,$$
$$6,28,50,72,94,$$
$$7,29,51,73,95,$$
$$8,30,52,74,96,$$
$$9,31,53,75,97,$$
$$10,32,54,76,98,$$
$$11,33,55,77,99$$

中,每两个的差都不等于 11.

例 7 证明数列

$$11,111,1\,111,\cdots \tag{9}$$

中无平方数.

解 $(2n)^2=4n^2\equiv 0(\bmod\ 4),(2n+1)^2=4n^2+4n+1\equiv 1(\bmod\ 4).$
而
$$11\equiv 111\equiv 1\,111\equiv\cdots\equiv 3(\bmod\ 4),$$
所以(9)中无平方数.

例 8 设 n 为偶数,$a_1,a_2,\cdots,a_n$ 是模 n 的完系,$b_1,b_2,\cdots,b_n$ 也是模 n 的完系,证明:

$$a_1+b_1,a_2+b_2,\cdots,a_n+b_n \tag{10}$$

不是模 n 的完系.

解 由于 n 为偶数,$2\nmid(n+1)$,从而 $n\nmid\dfrac{n(n+1)}{2}$.

对于模 n 的任一完系 $a_1,a_2,\cdots,a_n$,

$$a_1+a_2+\cdots+a_n\equiv 1+2+\cdots+n=\frac{n(n+1)}{2}\not\equiv 0(\bmod\ n),$$

同样
$$b_1+b_2+\cdots+b_n\equiv\frac{n(n+1)}{2}\not\equiv 0(\bmod\ n).$$

但 $(a_1+b_1)+\cdots+(a_n+b_n)=n(n+1)\equiv 0(\bmod\ n)$,

所以(10)不是完系.

例 9 30 对夫妻围着圆桌坐下. 证明至少有两名妻子到各自丈夫的距离相等.

解 依顺时针次序将座位编为 $1,2,\cdots,60$ 号. 第 i 名妻子 w_i 与其丈夫 h_i 之间距离为

$$d_i=\begin{cases} w_i-h_i, & \text{若 } h_i<w_i<h_i+30; \\ 60+h_i-w_i, & \text{若 } h_i+30\leqslant w_i; \\ h_i-w_i, & \text{若 } w_i<h_i<w_i+30; \\ 60+w_i-h_i, & \text{若 } w_i+30\leqslant h_i. \end{cases}$$

我们把人与其号码看成一样的. 如果模 2,可以简单地写成 $d_i\equiv w_i+h_i(\bmod\ 2)$.

由于 $\{w_1,w_2,\cdots,w_{30},h_1,h_2,\cdots,h_{30}\}=\{1,2,\cdots,60\}$,所以

$$\sum_{i=1}^{30}d_i\equiv 1+2+\cdots+60=\frac{60\times 61}{2}\equiv 0(\bmod\ 2). \tag{11}$$

如果 d_i 互不相同,那么 $\{d_1,d_2,\cdots,d_{30}\}=\{1,2,\cdots,30\}$.

于是 $$\sum_{i=1}^{30}d_i\equiv 1+2+\cdots+30=\frac{30\times 31}{2}\equiv 1(\bmod\ 2). \tag{12}$$

(11)与(12)矛盾. 这表明 $d_1,d_2,\cdots,d_{30}$ 中必有两个相同.

例 10 设 $x^2+y^2=z^2$,证明 $60|xyz$.

解 $60=3\times 4\times 5$,只要证明

$$3|xyz,\quad 4|xyz,\quad 5|xyz.$$

如果 x,y,z 均不被 3 整除,那么 $x\equiv\pm 1(\bmod\ 3)$,

从而 $x^2\equiv 1(\bmod\ 3)$.

同样 $y^2\equiv z^2\equiv 1(\bmod\ 3)$,

所以 $x^2+y^2\equiv 2\not\equiv 1\equiv z^2(\bmod\ 3)$.

这与 $x^2+y^2=z^2$ 矛盾. 因此 $3|xyz$.

同样在 $5\nmid xyz$ 时, $x\equiv\pm 1,\pm 2(\bmod\ 5)$,

所以 $x^2\equiv\pm 1(\bmod\ 5)$,

$$x^2+y^2\equiv\pm 2,0\not\equiv\pm 1\equiv z^2(\bmod\ 5).$$

因此 $5|xyz$.

如果 $4\nmid xyz$,那么 $x\equiv\pm 1,\pm 2,\pm 3(\bmod\ 8)$,

$$x^2\equiv 1,4(\bmod\ 8),$$

同样导出矛盾. 因此 $4|xyz$.

单墫
解题研究
丛书

数学竞赛研究教程

例 11 设 a 与模 m 互质,证明方程

$$ax \equiv b \pmod{m} \tag{13}$$

在 $\{0,1,2,\cdots,m-1\}$ 中有唯一解.

解 由于 a 与 m 互质,从 $ai \equiv aj \pmod{m}$ 导出 $i \equiv j \pmod{m}$(性质(ⅶ)).所以 $a \cdot 0, a \cdot 1, a \cdot 2, \cdots, a \cdot (m-1)$ 这 m 个数互不同余 $\pmod{m}$,它们构成模 m 的完系,其中恰有一个 ax 使(13)成立.

(13)的解可记为 $\dfrac{b}{a}$.

例 11 虽然简单,却有广泛的应用.

例 12 设 $a,b,x_0 \in \mathbf{N}, x_n = ax_{n-1} + b, n = 1,2,\cdots$. 证明 $x_1, x_2, \cdots$ 不可能都是质数.

解 设 $x_1 = p$ 为质数,则 $p > a$,因此 a 与 p 互质.

在 $x_2, x_3, \cdots, x_{p+2}$ 这 $p+1$ 个数中,必有两个属于(模 p 的)同一个剩余类,即有 $m > n \geqslant 2$,使

$$x_m \equiv x_n \pmod{p}.$$

由递推公式,有

$$x_m - x_n \equiv a(x_{m-1} - x_{n-1}) \pmod{p}. \tag{14}$$

(14)的左边同余于 0,a 与 p 互质,所以 $x_{m-1} - x_{n-1} \equiv 0 \pmod{p}$.

依此类推,必有 $x_{m-n+1} - x_1 \equiv 0 \pmod{p}$,即 x_{m-n+1} 被 p 整除. 显然数列严格递增,所以 $x_{m-n+1} > p$,x_{m-n+1} 不是质数.

例 13 是否可从 10^6 个 6 位的电话号码中选出 10^5 个,在同时删去第 k 位(k 为 $1,2,3,4,5,6$ 中任一数)后,得到的都是从 00000 到 99999 的全体 5 位号码?

解 对于 00000 到 99999 的每个 5 位号码 $a_2 a_3 a_4 a_5 a_6$,在前一位添上一个数字 a_1,

满足

$$a_1 \equiv -(a_2 + a_3 + a_4 + a_5 + a_6) \pmod{10}, \tag{15}$$

即

$$a_1 + a_2 + a_3 + a_4 + a_5 + a_6 \equiv 0 \pmod{10}. \tag{16}$$

显然数字 $a_1 \in \{0,1,2,\cdots,9\}$ 并由(15)或(16)唯一确定. 这样得到的 10^5 个 6 位号码即满足要求.

事实上,删去第 3 位后,如果得到的 5 位号码中有两个相同,那么由于 a_1,a_2, a_4, a_5, a_6 均相同,而 a_3 由(16)唯一确定,所以 a_3 也必相同,即原来的两个 6 位号码相同. 而上面所选的 10^5 个 6 位号码均不相同,所以删去第 3 位后得到的 5 位号码均不相同,因此就是从 00000 到 99999 的全部号码. 删去其他位数字同样如此.

注 要证明有限集 B 的子集 A 与 B 相等,只需证明 $|A| = |B|$,即 A 中有

$|B|$ 个互不相同的元素. 例 13 正是这样做的(其中 B 是从 00000 到 99999 的全部 5 位号码).

例 14 F 为 $\{1,2,\cdots,n\}$ 的一个子集族,满足:

（ⅰ）若 $A \in F$,则 $|A|=3$;

（ⅱ）若 $A \in F$,$B \in F$,$A \neq B$,则 $|A \cap B| \leqslant 1$.

设 $f(n)=\max|F|$. 证明在 $n \geqslant 3$ 时,

$$f(n) \geqslant \frac{1}{6}(n^2-4n). \tag{17}$$

解 考虑 $\{1,2,\cdots,n\}$ 的三元子集 $\{a,b,c\}$,其中元素满足

$$a+b+c \equiv 0 (\bmod\ n). \tag{18}$$

显然 a,b,c 中每一个元素被其他两个完全确定. 因此,满足(18)的三元集如果不全相同,那么两两的交至多 1 个元素. 即它们所成的集族 F 满足（ⅰ）,（ⅱ）.

现在计算 $|F|$. 由于 a 有 n 种选择;$b \neq a$,$n-2a$,$2n-2a$,$\frac{n-a}{2}$,$\frac{2n-a}{2}$(即不使 $n-(a+b)$ 或 $2n-(a+b)$ 等于 a 或 b),但 b 等于 $n-2a$ 与 $2n-2a$ 不会同时发生(前者发生时 $a<\frac{n}{2}$,后者发生时 $2n-2a \leqslant n$,即 $a \geqslant \frac{n}{2}$),所以 b 至少有 $n-4$ 种选择,c 由 a,b 唯一确定. 因此

$$|F| \geqslant \frac{n(n-4)}{6}.$$

从而(17)成立.

例 15 已知自然数 n 满足

$$133^5+110^5+84^5+27^5=n^5, \tag{19}$$

试确定 n.

解 $n^5 \equiv 3^5+0+4^5+7^5 \equiv 3+4+7 \equiv 4 (\bmod\ 10)$,从而 n 的个位数字为 4.

显然 n 的首位数字为 1,进一步估计得

$n^5 < 2 \times 133^5+(84+27)^5 < 3 \times 133^5 < \left(\frac{3\ 125}{1\ 024}\right) \times 133^5$,所以 $n<\frac{5}{4} \times 133<167$. 因此 $n \in \{134,144,154,164\}$.

将(19)两边 $\bmod\ 3$ 得 $n \equiv 1^5+(-1)^5+0^5+0^5 \equiv 0 (\bmod\ 3)$,因此 $n=144$.

注 欧拉猜测 4 个自然数的 5 次方的和不是 5 次方. 这一猜测于 1960 年被三位美国数学家推翻,(19)即是他们举出的反例.

习题 10

1. $t,m\in\mathbf{N},n=tm.\{a_1,a_2,\cdots,a_m\}$ 是模 m 的完系,证明:

$$\{a_i+\lambda m\mid 1\leqslant i\leqslant m,0\leqslant\lambda\leqslant t-1\}$$

是模 n 的完系.

2. n 为偶数,证明:从矩阵

$$\begin{bmatrix} 1 & 2 & 3 & \cdots & n \\ 2 & 3 & 4 & \cdots & 1 \\ \vdots & \vdots & \vdots & \vdots & \vdots \\ n & 1 & 2 & \cdots & n-1 \end{bmatrix}$$

中不可能选出一条"对角线"(即 n 个元素,每两个不在同一行,也不在同一列),使得它包含 $1,2,\cdots,n$.

3. 偶数个人围着一张圆桌讨论. 休息后,他们重新围着圆桌坐下. 证明至少有两个人,他们中间的人数在休息前与休息后是相等的.

4. 设 m 与 10 互质. 证明必有一个自然数 a 是 m 的倍数,并且 a 的数字全为 1.

5. 能否将 77 个 $3\times3\times1$ 的长方块全部放入 $9\times11\times7$ 的长方体盒子中?

6. 设 k,h 是自然数. 如果对任意自然数 m,有 $(11m-1,k)=(11m-1,h)$,证明 $k=11^n h$,其中 n 为整数.

7. 等差数列由 $n>2$ 个正质数组成,公差 $d>0$. 证明:$\prod\limits_{p<n}p\mid d$,其中 p 为小于 n 的质数.

8. n 为正奇数. 如果有 m 使 $n\parallel(a^m-1)$,证明对任意的 $k\in\mathbf{N}$,均有 m_k,使 $n^k\parallel(a^{m_k}-1)$.

9. 分别证明 $97^{97},1\,997^{17}$ 不能表示成若干个连续自然数的立方和.

10. 证明:对任意整数 A,B,可以找到整数 c,使得集 $M_1=\{x^2+Ax+B\mid x\in\mathbf{Z}\}$ 与 $M_2=\{2x^2+2x+c\mid x\in\mathbf{Z}\}$ 无公共元.

11. 证明数列 $\{a_n\}:a_1=1,a_n=a_{n-1}+a_{\left[\frac{n}{2}\right]}(n\geqslant2)$ 中有无穷多项是 7 的倍数.

12. 如果 p,p_1,p_2,p_3 都是质数,并且 $p=p_1^2+p_2^2+p_3^2$. 证明 p_1,p_2,p_3 中必有一个是 3.

13. 如果 p 为质数,证明 2^p+3^p 不是平方数.

14. 求所有的正整数对 a,b,使得 $a^3+6ab+1,b^3+6ab+1$ 都是立方数.

第11讲 几个著名的数论定理

本讲介绍欧拉定理、费马(P. de Fermat,1601—1665)小定理及中国剩余定理. 这些定理在较高层次的竞赛中经常遇到. 虽然它们通常不属于中学教材,但参加高层次竞赛的尖子选手没有不知道这些定理的. 有些问题并不假定学生知道这些定理,但利用这些定理往往更加方便.

设 $m>0$,在上一讲中,我们知道模 m 有 m 个剩余类

$$M_i=\{i+km \mid k\in \mathbf{Z}\},i=0,1,\cdots,m-1. \tag{1}$$

如果 i 与 m 互质,那么 M_i 中每一个数均与 m 互质. 这样的同余类共有 $\varphi(m)$ 个,$\varphi(m)$ 是 $1,2,\cdots,m$ 中与 m 互质的个数,称为欧拉函数.

在 $\varphi(m)$ 个剩余类中各取一个代表,它们称为模 m 的缩剩余系,简称缩系. 例如 $\{7,11\}$ 是模 6 的缩系. 当 m 为质数 p 时,缩系由 $p-1$ 个数组成,$\{1,2,\cdots,p-1\}$,$\left\{\pm1,\pm2,\cdots,\pm\dfrac{p-1}{2}\right\}$ 都是模 p 的缩系.

例1 设 $m,n\in \mathbf{N}$,并且 $(m,n)=1$. 如果 $\{a_1,a_2,\cdots,a_t\}$,$\{b_1,b_2,\cdots,b_s\}$ 分别为模 m 与模 n 的缩系,那么

$$S=\{mb_i+na_j \mid 1\leqslant i\leqslant s,1\leqslant j\leqslant t\} \tag{2}$$

是模 mn 的缩系.

解 首先证明 S 中每一个数与 mn 互质.

由于 $\{b_1,b_2,\cdots,b_s\}$ 是模 n 的缩系,所以对每一个 b_i,$(b_i,n)=1$. 已知 $(m,n)=1$,所以 $(mb_i+na_j,n)=(mb_i,n)=1$. 同理 $(mb_i+na_j,m)=1$. 所以 S 中每个数与 mn 互质.

其次证明 S 中每两个数模 mn 不同余. 设 $mb_i+na_j\equiv mb_i'+na_j' \pmod{mn}$,则 $mb_i\equiv mb_i' \pmod n$. 由于 $(m,n)=1$,所以 $b_i\equiv b_i' \pmod n$,即 $b_i=b_i'$. 同理 $a_j=a_j'$. 所以 $mb_i'+na_j'=mb_i+na_j$.

最后证明任一与 mn 互质的数 c 必与 S 中的某一元素在同一个模 mn 的剩余类中.

由于 $(m,n)=1$,根据第 10 讲例 11,存在 x 使 $mx\equiv c \pmod n$. 由于 $(c,n)=1$,所以 $(x,n)=1$. 因此 x 必与某个 b_i 在模 n 的同一剩余类中,即有

$$mb_i\equiv c \pmod n. \tag{3}$$

同理有 a_j 使

$$na_j\equiv c \pmod m. \tag{4}$$

于是(3),(4)即

$$mb_i+na_j\equiv c \pmod n,$$

单墫
解题研究
丛书

数学竞赛研究教程

$$mb_i + na_j \equiv c \pmod{m}.$$

从而 $$mb_i + na_j \equiv c \pmod{mn}.$$

这就证明了 S 确实是模 mn 的缩系.

同时,由于 $t = \varphi(m)$, $s = \varphi(n)$, $|S| = st = \varphi(mn)$,我们得到 $(m, n) = 1$ 时,

$$\varphi(mn) = \varphi(m)\varphi(n). \tag{5}$$

所以 φ 是"积性函数".

例 2 在 $1, 2, \cdots, p^a$ 中有多少个数与 p^a 互质? 并求出 $\varphi(p^a)$.

解 问题即 $1, 2, \cdots, p^a$ 中有多少个数与 p 互质. 由于在 $1, 2, \cdots, p^a$ 中有 p^{a-1} 个数 $1 \cdot p, 2 \cdot p, 3 \cdot p, \cdots, p^{a-1} \cdot p$ 是 p 的倍数,其他的数均与 p 互质, 所以

$$\varphi(p^a) = p^a - p^{a-1} = p^{a-1}\left(1 - \frac{1}{p}\right). \tag{6}$$

由 (5), (6),我们立即得到 $\varphi(n)$ 的计算公式:

设 n 的分解式为 $n = p_1^{a_1} p_2^{a_2} \cdots p_k^{a_k}$,则

$$\varphi(n) = p_1^{a_1} p_2^{a_2} \cdots p_k^{a_k}\left(1 - \frac{1}{p_1}\right)\left(1 - \frac{1}{p_2}\right)\cdots\left(1 - \frac{1}{p_k}\right). \tag{7}$$

(7) 的另一种推导方法见第 25 讲例 14.

例 3 证明 $\varphi(n) = \dfrac{1}{4}n$ 不可能成立.

解 若 $\varphi(n) = \dfrac{1}{4}n$,则 $4 \mid n$.

设 $n = 2^a p_1^{a_1} \cdots p_k^{a_k}$, $a \geqslant 2$, $p_1, \cdots, p_k$ 为奇质数,则

$$2^{a-2} p_1^{a_1} \cdots p_k^{a_k} = 2^{a-1} p_1^{a_1-1} \cdots p_k^{a_k-1}(p_1 - 1)\cdots(p_k - 1).$$

从而 $$p_1 p_2 \cdots p_k = 2(p_1 - 1)\cdots(p_k - 1).$$

上式右边为偶数,左边为奇数,矛盾!

例 4 设 $m \in \mathbf{N}$, $(a, m) = 1$. 证明:

(a) 当 x 通过模 m 的完系时,

$$\sum_x \left\{\frac{ax + b}{m}\right\} = \frac{m-1}{2}. \tag{8}$$

(b) 当 x 通过模 m 的缩系时,

$$\sum_x \left\{\frac{ax}{m}\right\} = \frac{\varphi(m)}{2}. \tag{9}$$

其中 $\{x\}$ 表示 x 的小数部分.

解 我们只证明 (9). 如果

$$x_1, x_2, \cdots, x_t (t = \varphi(m)) \tag{10}$$

是模 m 的缩系,$(a, m) = 1$,那么

$$ax_1, ax_2, \cdots, ax_t \tag{11}$$

也都与 m 互质,并且由 $\quad ax_i \equiv ax_j \pmod{m}$

得 $\quad\quad\quad\quad\quad\quad\quad x_i \equiv x_j \pmod{m}.$

所以(11)也是模 m 的缩系. 从而 $\sum\limits_x \left\{\dfrac{ax}{m}\right\} = \sum\limits_x \left\{\dfrac{x}{m}\right\}$.

不妨设(10)中的数均为小于 m 的自然数. 这时 $\sum\limits_x \left\{\dfrac{x}{m}\right\} = \sum\limits_x \dfrac{x}{m}$.

由于 $(x, m) = 1$ 时,$(m - x, m) = 1$,并且在 $1 \leqslant x \leqslant m$ 时,$m > m - x \geqslant 1$. 所以

$$m - x_1, m - x_2, \cdots, m - x_t$$

也是模 m 的缩系.

$$2\sum\limits_x \dfrac{x}{m} = \sum\limits_x \dfrac{x}{m} + \sum\limits_x \dfrac{m - x}{m} = \sum\limits_x 1 = \varphi(m),\text{即}(9)\text{式成立.}$$

注 上面的求和方法与高斯求 $1 + 2 + \cdots + 100$ 的方法相同.

设 a 与 m 互质,将缩系(10),(11)分别乘起来得 $a^{\varphi(m)} x_1 x_2 \cdots x_t \equiv x_1 x_2 \cdots x_t \pmod{m}$. 约去 $x_1 x_2 \cdots x_t$,即得

$$a^{\varphi(m)} \equiv 1 \pmod{m}. \tag{12}$$

(12)就是著名的欧拉定理.

例 5 如果一个正整数的十进制表示是由一个(不从 0 开始的)数字块及紧跟在它后面的一个完全相同的块组成,那么称这个数为二重数. 例如 360 360 是二重数,36 036 不是二重数. 证明有无穷多个二重数是平方数.

解 每个二重数可以写成

$$l \times (10^n + 1) \tag{13}$$

的形式,其中 l 是 n 位数.

如果 $l = 10^n + 1$,那么(13)就是平方数. 可惜这时 l 的位数是 $n + 1$,而不是 n. 但 $10^n + 1$ 略缩小一些就是 n 位数. 我们将它除以平方数 49,再乘以平方数 36,即令

$$l = \dfrac{36}{49} \times (10^n + 1).$$

l 必须是整数,所以我们希望 $49 \mid (10^n + 1)$(显然 $2^2, 3^2, 4^2, 5^2, 6^2$ 都不整除 $10^n + 1$,第一个有希望整除 $10^n + 1$ 的平方数就是 7^2).

单墫 解题研究 丛书

由于 $10^3+1=1\,001$ 被 7 整除,$10^3=-1+7\times143$,所以 $10^{21}=(-1+7\times143)^7\equiv-1(\bmod\ 49)$.

取 $n=k\varphi(49)+21=42k+21$,则 $10^n=10^{k\varphi(49)+21}\equiv10^{21}\equiv-1(\bmod\ 49)$.

这时 l 为正整数. $l(10^n+1)=\dfrac{36}{49}\times(10^n+1)^2$ 是二重数,也是平方数. 由于 k 可为任一自然数,所以有无穷多个二重数是平方数.

在 m 为质数 p 时,$\varphi(p)=p-1$,所以(12)成为:在 $(a,p)=1$ 时,
$$a^{p-1}\equiv1(\bmod\ p).\tag{14}$$
这称为费马小定理. 它也常常写成
$$a^p\equiv a(\bmod\ p).\tag{15}$$
(15)不需要假定 $(a,p)=1$.

在公元前 500 年左右,也就是孔夫子的时代,我国已经知道质数 $p\mid(2^p-2)$,即费马小定理中 $a=2$ 的情况.

注意:使
$$2^n\equiv2(\bmod\ n)\tag{16}$$
成立的 n 并不一定是质数,这样的合数 n 称为伪质数.

例 6　证明 341 是伪质数.

解　$341=11\times31$ 是合数. 由于 $2^{10}=1\,024\equiv1(\bmod\ 341)$,所以 $2^{341}\equiv2\times(2^{10})^{34}\equiv2(\bmod\ 341)$. 因此 341 是伪质数.

不难验证 341 是最小的伪质数.

例 7　证明有无穷多个伪质数.

解　若 a_n 是一个伪质数,令
$$a_{n+1}=2^{a_n}-1.\tag{17}$$
则由于 a_n 是合数,$2^{a_n}-1$ 也是合数(若 $a\mid a_n$,则 $(2^a-1)\mid(2^{a_n}-1)$).

另一方面,由于 $a_n\mid(2^{a_n}-2)$,所以 $a_{n+1}-1=ka_n$,从而
$$2^{a_{n+1}-1}-1=2^{ka_n}-1=(2^{a_n})^k-1$$
被 $2^{a_n}-1$ 整除,即 $2^{a_{n+1}-1}-1\equiv0(\bmod\ a_{n+1})$. 这表明 a_{n+1} 也是伪质数.

由于 341 为伪质数,所以由(17)可逐步得出无穷多个伪质数.

由(17)得出的伪质数均为奇数. 偶的伪质数也有无穷多个,其中最小的一个是
$$161\,038=2\times73\times1\,103.$$

例 8 证明任意的 $2p-1$ 个整数中一定可以选出 p 个数,它们的和被 p 整除,这里 p 为质数.

解 如果 $a_1, a_2, \cdots, a_{2p-1}$ 中任意 p 个数

$$a_{i_1}, a_{i_2}, \cdots, a_{i_p} \tag{18}$$

的和均不被 p 整除,那么由费马小定理有

$$(a_{i_1} + a_{i_2} + \cdots + a_{i_p})^{p-1} \equiv 1 (\bmod\ p), \tag{19}$$

形如(18)的组合共有 C_{2p-1}^p 个,对 C_{2p-1}^p 个形如(19)的同余式求和得

$$\sum (a_{i_1} + a_{i_2} + \cdots + a_{i_p})^{p-1} \equiv C_{2p-1}^p (\bmod\ p). \tag{20}$$

由第 10 讲例 3,(20)的右边 $C_{2p-1}^p \equiv \left[\dfrac{2p-1}{p}\right] = 1(\bmod\ p)$.

(20)的左边将每个 $(a_{i_1} + a_{i_2} + \cdots + a_{i_p})^{p-1}$ 展开后,得到形如 $a_{i_1}^{a_1} a_{i_2}^{a_2} \cdots a_{i_l}^{a_l}$ 的项,其中 $l \leqslant p-1$ $\left(\text{熟悉多项式定理的读者知道这项的系数为}\right.$ $\dfrac{(p-1)!}{a_1!\ a_2! \cdots a_l!}$ 不过,我们并不需要利用这个结论 $\left.\right)$. 在 $\sum$ 中这样的项应有 C_{2p-1-l}^{p-l} 个(即从 $a_1, \cdots, a_l$ 外的数中取 $p-l$ 个与它们搭配成形如(18)的组). 注意 $C_{2p-1-l}^{p-l} = \dfrac{(2p-1-l) \cdots (p+1)p}{(p-l)!}$ 被 p 整除. 因而(20)的左边 $\equiv 0(\bmod\ p)$.

产生的矛盾表明至少有一组形如(18)的数,它们的和被 p 整除.

上面的证法属于厄迪斯. 这种由总体(和)到个别的方法也是数学中常使用的.

现在介绍中国剩余定理(也称孙子定理).

定理 设正整数 $m_1, m_2, \cdots, m_k$ 两两互质,则对于任意给定的整数 $a_1, a_2, \cdots, a_k$,同余方程组

$$\begin{cases} x \equiv a_1(\bmod\ m_1), \\ x \equiv a_2(\bmod\ m_2), \\ \cdots\cdots \\ x \equiv a_k(\bmod\ m_k) \end{cases} \tag{21}$$

一定有解,并且它的(全部)解可以写成

$$x = a_1 b_1 m_2 m_3 \cdots m_k + a_2 b_2 m_1 m_3 \cdots m_k + \cdots + a_k b_k m_1 m_2 \cdots m_{k-1} + l m_1 m_2 \cdots m_k, \tag{22}$$

其中 b_i 满足

单墫
解题研究
丛书

数学竞赛研究教程

$$\frac{m_1 m_2 \cdots m_k}{m_i} \cdot b_i \equiv 1 (\text{mod } m_i), \quad i = 1, 2, \cdots, k, \tag{23}$$

l 为任一整数.

解 由第 10 讲例 11,(23)有解. 不难验证,(22)给出的 x 确实满足(21).

反之,设 x 为(21)的任一个解. 令 $y = x - a_1 b_1 m_2 m_3 \cdots m_k - \cdots - a_k b_k m_1 m_2 \cdots m_{k-1}$,则代入(21)后得 $y \equiv 0(\text{mod } m_i), i = 1, 2, \cdots, k$. 因此 $y = l m_1 m_2 \cdots m_k$. 从而 x 由(22)给出.

注 （ⅰ）如果 $m_1, m_2, \cdots, m_k$ 不是两两互质,那么当且仅当 $(m_i, m_j) \mid (a_i - a_j)(i, j = 1, 2, \cdots, k)$ 时方程组(21)有解.

（ⅱ）常常将 m_i 分解为质因数的乘积,化方程组(21)为 $\text{mod } p_i^{a_i}$ 的同余方程组,然后再处理.

例 9 一个数除以 7 余 1,除以 8 余 2,除以 9 余 4. 求这个数.

解 由 $8 \cdot 9 b_1 \equiv 1(\text{mod } 7)$,得 $b_1 \equiv \frac{1}{72} \equiv \frac{1}{2} \equiv \frac{1+7}{2} \equiv 4(\text{mod } 7)$,取 $b_1 = 4$ (解同余方程时我们采用"分数",是为了计算的简便,其中分母、分子均可以加上或减去模的整数倍,并可以约分).

由 $7 \cdot 9 b_2 \equiv 1(\text{mod } 8)$,得 $b_2 \equiv \frac{1}{63} \equiv \frac{1}{-1} = -1 \equiv 7(\text{mod } 8)$. 取 $b_2 = 7$.

由 $7 \cdot 8 b_3 \equiv 1(\text{mod } 9)$,得 $b_3 \equiv \frac{1}{56} \equiv \frac{1}{2} = \frac{1+9}{2} = 5(\text{mod } 9)$. 取 $b_3 = 5$.

根据中国剩余定理,本题的解为 $x = 4 \times 72 + 2 \times 7 \times 63 + 4 \times 5 \times 56 + 7 \times 8 \times 9 l = 274 + 504 l'(l, l' \in \mathbf{Z})$.

最小的正整数解为 274.

中国剩余定理不仅提供了解同余方程组的方法,而且有极重要的理论意义.

例 10 设 $m_1, m_2, \cdots, m_r$ 为两两互质的正整数. 证明:存在 r 个连续的自然数,使得 m_i 整除其中的第 $i(i = 1, 2, \cdots, r)$ 个.

解 设这 r 个自然数为

$$x + 1, x + 2, \cdots, x + r, \tag{24}$$

问题即要求 $\qquad x \equiv -i(\text{mod } m_i), i = 1, 2, \cdots, r. \tag{25}$

由中国剩余定理,(25)有正整数解(在(22)中取 l 足够大,则 x 为正). 因此结论成立.

连续数的问题用中国剩余定理特别方便. 可以说,使用了这个定理,连续 r 个数与一个数实质上没有什么差别.

例 11 证明对任意正整数 r，存在 r 个连续正整数，它们都不是质数的幂.

解 取 $2r$ 个不同的质数 $p_1,p_2,\cdots,p_r,q_1,q_2,\cdots,q_r$，令 $m_i=p_iq_i$ $(1\leqslant i\leqslant r)$. 利用上题即得结论.

例 12 在直角坐标系中，一个整点 (a,b) 的坐标 a,b 如果互质，就称为（自原点）可见的（连接原点与这点的线段上没有其他整点）. 证明：可见点之间存在任意大的"黑洞"，即对任一正整数 k，存在整点 (a,b)，使点 $(a+r,b+s)$ $(-k\leqslant r\leqslant k,-k\leqslant s\leqslant k)$ 中没有一个点是可见的.

解 取 $(2k+1)^2$ 个不同的质数 p_{ij}，$-k\leqslant i,j\leqslant k$. 考虑同余方程组
$$x\equiv -i(\bmod\ p_{ij}),i,j=0,\pm1,\cdots,\pm k,$$
及同余方程组
$$y\equiv -j(\bmod\ p_{ij}),i,j=0,\pm1,\cdots,\pm k.$$
由孙子定理，这两个方程组都有解. 设 $x=a,y=b$ 为一组解. 由于 $a+i$ 与 $b+j$ 有公因数 p_{ij}，所以点 $(a+i,b+j)$ 是不可见的.

可以证明一个整点为可见点的概率是 $\dfrac{6}{\pi^2}$.

例 13 设 m,k 均大于 1. 证明存在模 m 的一个缩系，其中每个数的质因数都大于 k.

解 设 $a_1,a_2,\cdots,a_t$ 为模 m 的缩系，又设小于等于 k 并且与 m 互质的质数的乘积为 P. 对每个 $i(1\leqslant i\leqslant t)$，令 x_i 为方程组
$$x_i\equiv a_i(\bmod\ m),$$
$$x_i\equiv 1(\bmod\ P)$$
的解. 则 $x_1,x_2,\cdots,x_t$ 是模 m 的缩系，并且 x_i 与 m,P 均互质，所以 x_i 的质因数一定大于 k.

习 题 11

1. 什么样的自然数 n，满足 $\varphi(2n)=\varphi(3n)$？

2. 证明：对任意正整数 r 与 k，存在 r 个连续数，每一个可被 k 个不同的质数整除，并且这些质数不整除其余的 $r-1$ 个数中任何一个.

3. 证明：对任意正整数 n，存在 n 个连续的正整数，每一个都具有平方因子（即被某个质数的平方整除）.

4. 设 $p_1,p_2,\cdots,p_k$ 为一组质数，证明：存在自然数 n，使 $\dfrac{n}{p_i}(i=1,2,\cdots,k)$ 为整数的 p_i 次方.

5. 证明:$n-1$ 个连续数

$$n!+2, n!+3, \cdots, n!+n$$

中,每一个都有一个质因数,这质因数不整除其他 $n-2$ 个数中的任何一个.

6. 证明:在 $n>1$ 时,$n \nmid (2^n-1)$.

7. p 为奇质数,$f(n)=1+2n+3n^2+\cdots+(p-1)n^{p-2}$. 证明:如果 a,b 是 $\{0,1,2,\cdots,p-1\}$ 中两个不同的数,那么 $f(a) \not\equiv f(b) \pmod{p}$.

8. p 为奇质数,n 为整数. 证明:有无穷多个自然数 x,满足 $x \equiv n \pmod{p}$,$x^x \equiv n \pmod{p}$,$x^{x^x} \equiv n \pmod{p}$,$\cdots$.

9. a,b 为互质的自然数,证明:对任一自然数 m,等差数列 $a+bk$ 中有无穷多个与 m 互质.

10. p 为大于 3 的质数,$\dfrac{1}{1^2}+\dfrac{1}{2^2}+\cdots+\dfrac{1}{(p-1)^2}=\dfrac{a}{b}$,其中 a,b 为自然数,证明 $p \mid a$.

11. 设 b 是使 $a^b \equiv 1 \pmod{m}$ 的最小的自然数. 证明:若 $a^n \equiv 1 \pmod{m}$,$n \in \mathbf{N}$,则 $b \mid n$.

12. 设 p 为质数. 若有 $n \in \mathbf{N}$,满足 $p \parallel (2^n-1)$,证明:$p \parallel (2^{p-1}-1)$.

13. 确定最小的整数 $n \geqslant 4$,对于它,可以从任意 n 个不同整数中,选出 4 个不同的数 a,b,c,d,使得 $a+b-c-d$ 被 20 整除.

14. 序列 $\{a_n\}$ 定义如下:$a_1=1$,对 $n \geqslant 1$,a_{n+1} 是大于 a_n 且使得对 $\{1,2,\cdots,n+1\}$ 中的任意 i,j,k(不一定不同),$a_i+a_j \neq 3a_k$ 的最小整数. 试确定 a_{1998}.

15. 确定所有正整数 n,对于它,存在一个整数 m,使得 2^n-1 是 m^2+9 的一个因数.

16. 如果一个自然数能表示为 $t^s (t,s \in \mathbf{N}, s>1)$ 的形式,就称为幂. 证明:对任意自然数 n,存在集合 A,满足:

（ⅰ）$|A|=n$；

（ⅱ）A 的元素都是幂；

（ⅲ）对任意 $r_1, r_2, \cdots, r_k \in A (1<k<n+1)$,$\dfrac{1}{k}(r_1+r_2+\cdots+r_k)$ 是幂.

17. 证明:任意 $2n-1$ 个整数中,必有 n 个数,它们的和被 n 整除.

18. 证明:对任意自然数 $a \geqslant 3$,存在无穷多个自然数 $b_1, b_2, \cdots, b_n, \cdots$,使得 $a^{b_n}-1$ 被 b_n 整除 $(n=1,2,\cdots)$.

第12讲 进位制

通常采用十进制,即将每一个自然数表示成

$$a_n \times 10^n + a_{n-1} \times 10^{n-1} + \cdots + a_1 \times 10 + a_0, \tag{1}$$

其中 $a_i \in \{0,1,2,\cdots,9\}$, $0 \leq i \leq n$, 并且 $a_n \neq 0$.

$0,1,2,\cdots,9$ 称为数字或数码.

在数学竞赛中,也可能遇到二进制、三进制或其他进制. 在二进制中,只有两个数字:0 与 1. 在 g 进制中,有 g 个数字,如果 $g > 10$,就需要创造几个数字.

例 1 证明对任意的 $g > 1$,每个自然数都可以唯一地表示成

$$a_n g_n + a_{n-1} g^{n-1} + \cdots + a_1 g + a_0 \tag{2}$$

的形式,其中 $a_i \in \{0,1,2,\cdots,g-1\}$, $0 \leq i \leq n$, 并且 $a_n \neq 0$.

解法一 对于固定的 n,(2)表示 g 进制中的 $n+1$ 位数.

位数小于等于 $n+1$ 的 g 进制数不超过

$$(g-1)g^n + (g-1)g^{n-1} + \cdots + (g-1)g + (g-1) = g^{n+1} - 1; \tag{3}$$

个数为 g^{n+1},因为每个 a_i 有 g 种选择(在 $a_n, a_{n-1}, \cdots, a_k$ 均为 0, a_{k-1} 不为 0 时,得到的是 g 进制中的 k 位数),并且两个 g 进制数只要有一位数字不同,它们就不会相同((3)表明第 $n+2$ 位上一个单位大于任何位数 $\leq n+1$ 的 g 进制数).而由 0 至 $g^{n+1}-1$ 的整数恰好 g^{n+1} 个,所以每一个都可以表示成位数 $\leq n+1$ 的 g 进制数,并且表示方式是唯一的.

由于 n 为任意非零整数,所以每一个自然数都可唯一地表示成(2)的形式.

解法二 对每个自然数 m,必有唯一的 n,使

$$g^n \leq m < g^{n+1}.$$

由带余除法,有 $m = a_n g^n + m_1$, $0 \leq m_1 < g^n$, $0 < a_n < g$. a_n 就是 m 的"首位数字". 设 $g^k \leq m_1 < g^{k+1}$,同样可得 m_1 的"首位数字"a_k. 依此类推,最后有 $m = a_n g^n + a_k g^k + \cdots + a_0$,即(2)的形式(在 $k < n-1$ 时,$a_{n-1} = \cdots = a_{k+1} = 0$). 与前面的解法相同,我们知道这样的表达式是唯一的.

解法二给出了化十进制为 g 进制的方法. 但在竞赛中,感兴趣的是证明而不是计算,所以我们不想花费篇幅来讨论这类问题,并且假定 g 进制的基本性质(与十进制类似)均为大家熟知.

例 2 $a_1, a_2, \cdots, a_{14}$ 为正整数,且满足方程

$$\sum_{i=1}^{14} 3^{a_i} = 6\,558, \tag{4}$$

单墫
解题研究
丛书

数学竞赛研究教程

求$\{a_1,a_2,\cdots,a_{14}\}$. 这里的集理解为多重集，即每一个元素按它出现的重数写在集合里.

解 $6\,558=2\times(3^7+3^6+3^5+3^4+3^3+3^2+3^1)$，所以
$$\{a_1,a_1,\cdots,a_{14}\}=\{7,7,6,6,5,5,4,4,3,3,2,2,1,1\}.$$

例3 天平的两个托盘上都可放置砝码. 要称出质量为$1,2,\cdots,n$的物体，至少需要多少个砝码?

解 $n=1$时需要1个砝码；$n=2,3,4$时需要两个砝码$1,3$. 从这些特殊情况可以猜测在$\dfrac{3^{s-1}-1}{2}<n\leqslant\dfrac{3^s-1}{2}$时，需要$s$个砝码，并且在$n=\dfrac{3^s-1}{2}$时，这些砝码的质量必须为$1,3,3^2,\cdots,3^{s-1}$. 证明如下：

设砝码的质量为$w_1\leqslant w_2\leqslant\cdots\leqslant w_s$，考虑形如
$$a_1w_1+a_2w_2+\cdots+a_sw_s \tag{5}$$
的数，其中$a_i\in\{0,\pm1\}$，$i=1,2,\cdots,s$（在称物体时，系数为负的w_i与物体放在同一托盘内，系数为正的w_i放在另一托盘内）.

这样的数共3^s个，除去0外，其他的数两两成对（即a与$-a$组成一对）. 因此，其中正数的个数为$\dfrac{3^s-1}{2}$. 换句话说，用s个砝码至多称出$\dfrac{3^s-1}{2}$种质量. 所以在$n>\dfrac{3^{s-1}-1}{2}$时，$s-1$个砝码是不够的.

如果$w_i=3^{i-1}$（$1\leqslant i\leqslant s$），那么(5)就是一种三进制表示（只不过通常的数字为$0,1,2$，现在改用$-1,0,1$）. 与例1类似，易知上面的$\dfrac{3^s-1}{2}$个正数是互不相同的整数，并且不超过$3^{s-1}+3^{s-2}+\cdots+3+1=\dfrac{3^s-1}{2}$，所以它们就是$1,2,\cdots,\dfrac{3^s-1}{2}$. 这表明用$s$个砝码可以表示$1,2,\cdots,n\left(\leqslant\dfrac{3^s-1}{2}\right)$.

现在设$n=\dfrac{3^s-1}{2}$. 这时形如(5)的正数共$\dfrac{3^s-1}{2}$个，所以它们就是$1,2,\cdots,\dfrac{3^s-1}{2}$. 最大的$w_1+w_2+\cdots+w_s$等于$n$，次大的$w_2+w_3+\cdots+w_s$等于$n-1$. 所以$w_1$等于1. 再小一些的质量是$w_2+w_3+\cdots+w_s-1=n-2$，$w_3+\cdots+w_s+1=n-3$. 所以$w_2=3$.

假定对于$k<s$，已有$w_i=3^{i-1}$，$i=1,2,\cdots,k$. 那么形如$a_1w_1+a_2w_2+\cdots+a_kw_k$（$a_i\in\{0,\pm1\}$，$1\leqslant i\leqslant k$）的数恰好构成从$-\dfrac{3^k-1}{2}$至$\dfrac{3^k-1}{2}$的所有整

数. 从而 $a_1w_1+a_2w_2+\cdots+a_kw_k+w_{k+1}+\cdots+w_s$ 构成从 n 至 $n-(3^k-1)$ 的所有整数. 再下一个 $w_1+w_2+\cdots+w_k+w_{k+2}+\cdots+w_s=n-w_{k+1}$ 应等于 $n-(3^k-1)-1=n-3^k$. 所以 $w_{k+1}=3^k$. 于是 $w_i=3^{i-1}$ 对 $i=1,2,\cdots,s$ 均成立.

在有三种状态(放左、放右、不放)时,宜用三进制.

范·德·瓦尔登(Van der Waerden,1903—1996)证明过一个著名的定理:对每个 k,存在一个自然数 $f(k)$,如果将不超过 $f(k)$ 的自然数分为两类,必有一类含有一个长为 k 的等差数列(见第 49 讲例 4).

围绕这一定理,产生了许许多多的问题.

例 4 证明对任意质数 p,从 $1,2,\cdots,\dfrac{(p-2)p^n+1}{p-1}$ 中可以选出 $(p-1)^n$ 个数,其中没有长为 p 的等差数列.

解 考虑 p 进制中,位数小于等于 n 并且数字不为 $p-1$ 的数.

这样的数共有 $(p-1)^n$ 个(包括 0 在内). 我们证明其中没有长为 p 的等差数列.

设等差数列的首项为 a,公差为 d. d 的右边(自低位往高位数)第一个非零数字为 d_k,在 p^{k-1} 位(右数第 k 位). a 的右数第 k 位数字为 a_k. $a+(i-1)d$ 的第 k 位数字应为 $a_k+(i-1)d_k$ 的个位数字. 由于 $d_k\not\equiv0(\bmod\ p)$,所以 $a_k,a_k+d_k,\cdots,a_k+(p-1)d_k$ 跑遍 $\bmod\ p$ 的完系,即它们的个位数字组成集合 $\{0,1,\cdots,p-1\}$. 因此,在第 k 位数字不为 $p-1$ 时,不会有连续 p 项的等差数列.

将所选的 $(p-1)^n$ 个数各加上 1,在它们中仍然没有长为 p 的等差数列. 这 $(p-1)^n$ 个数均不超过 $(p-2)(p^{n-1}+p^{n-2}+\cdots+1)+1=\dfrac{(p-2)p^n+1}{p-1}$.

例 5 设 $d\geq2,n\geq2$. 证明在 $1,2,\cdots,\dfrac{(2d-1)^n-1}{2}$ 中可以取出 $\left[\dfrac{d^{n-2}}{n}\right]$ 个数,其中每三个数不成等差数列.

解 考虑 $(2d-1)$ 进制的数

$$a_1+a_2(2d-1)+\cdots+a_n(2d-1)^{n-1}, \tag{6}$$

其中"数字"a_i 满足条件:

(ⅰ) $0\leq a_i<d$; (ⅱ) $a_1^2+a_2^2+\cdots+a_n^2=m$.

这些数所成的集合记为 $S_m(m=1,2,\cdots,n(d-1)^2)$.

显然 S_m 中的数均在 $\left\{1,2,\cdots,\dfrac{(2d-1)^n-1}{2}\right\}$ 中.

如果 S_m 中有三个数成等差数列,设它们的"数字"分别为 $a_i,a_i',a_i''(1\leq i\leq$

n). 由于（ⅰ），$a_i + a_i'' < 2d-1$，所以两个数相加时不会出现进位的情况. 因此，应当有

$$a_i + a_i'' = 2a_i',$$

从而

$$a_i^2 + a_i''^2 \geqslant 2\left(\frac{a_i+a_i''}{2}\right)^2 = 2a_i'^2. \tag{7}$$

但

$$\sum_{i=1}^{n}(a_i^2 + a_i''^2) = 2m = 2\sum_{i=1}^{n}a_i'^2,$$

所以(7)中等号成立，从而 $a_i = a_i'' = a_i'$ $(1 \leqslant i \leqslant n)$. 因此，$S_m$ 中没有三个数成等差数列.

满足（ⅰ）的 $a_1 + a_2(2d-1) + \cdots + a_n(2d-1)^{n-1}$ 共 d^n 个，除去 0 后还有 d^n-1 个，S_m 有 $n(d-1)^2$ 个. 因此必有一个 S_m，它的元素个数 $\geqslant \dfrac{d^n-1}{n(d-1)^2} > \dfrac{d^{n-2}}{n}$. 例 5 证毕.

在计算 $n!$ 中质数 p 的幂时，p 进制也很有用.

例 6 设 n 的 p 进制表示为 $n = a_k p^k + a_{k-1} p^{k-1} + \cdots + a_1 p + a_0$，则 $n!$ 中 p 的幂指数为

$$\frac{n-s(n)}{p-1}, \tag{8}$$

其中

$$s(n) = a_k + a_{k-1} + \cdots + a_1 + a_0 \tag{9}$$

是 n 的"数字和".

解 在 $1, 2, \cdots, n$ 中有 $a_k p^{k-1} + a_{k-1} p^{k-2} + \cdots + a_1$ 个数是 p 的倍数（最大的是 $a_k p^k + a_{k-1} p^{k-1} + \cdots + a_1 p$），$a_k p^{k-2} + a_{k-1} p^{k-3} + \cdots + a_2$ 个 p^2 的倍数，$\cdots$，a_k 个 p^k 的倍数. 所以在 $n!$ 中 p 的幂指数应为

$$a_k(p^{k-1} + p^{k-2} + \cdots + 1) + a_{k-1}(p^{k-2} + \cdots + 1) + \cdots + a_1$$

$$= \frac{a_k(p^k-1)}{p-1} + \frac{a_{k-1}(p^{k-1}-1)}{p-1} + \cdots + \frac{a_1(p-1)}{p-1}$$

$$= \frac{n-s(n)}{p-1}. \tag{10}$$

例 7 设 n, m 为正整数，$n \geqslant m$，p 为质数. 什么时候，$p \mid C_n^m$？

解 将 m, n 写成 p 进制. 由上面所说，p 在 $C_n^m = \dfrac{n!}{m!(n-m)!}$ 中的次数为

$$\frac{n-s(n)}{p-1} - \frac{m-s(m)}{p-1} - \frac{(n-m)-s(n-m)}{p-1}$$

$$= \frac{s(m) + s(n-m) - s(n)}{p-1}. \tag{11}$$

在 p 进制中,数 m 与 $n-m$ 相加与十进制类似,逐位相加,逢 p 进一. 如果每一位上数字的和都不超过 $p-1$(不进位),那么 $s(m) + s(n-m) = s(n)$. 只要有某一位数字的和超过 $p-1$(进位),就有 $s(m) + s(n-m) > s(n)$,所以(11)一定是非负的,并且当且仅当在 p 进制中,m 与 $n-m$ 相加时,各位数字的和都不超过 $p-1$ 时,$p \nmid C_n^m$.

或者换一种说法:

当且仅当在 p 进制中,m 的各位数字都不超过 n 的相应数字时,$p \nmid C_n^m$.

例 8 在 $(a+b)^n$ 的展开式中,有多少个系数为奇数?

解 设 n 在二进制中的数字为 $a_0, a_1, \cdots, a_k$. 如果 C_n^m 为奇数,那么 m 的相应数字 $b_i \leqslant a_i$. 如果 $a_i = 1$,那么 b_i 有两种选择:0 与 1. 如果 $a_i = 0$,那么 $b_i = 0$. 总之,b_i 有 2^{a_i} 种可能的选择. 从而 m 的个数为 $2^{a_0} \times 2^{a_1} \times \cdots \times 2^{a_k} = 2^{s(n)}$. 即恰有 $2^{s(n)}$ 个 C_n^m 为奇数.

例 9 证明:当且仅当 n 为 $sp^k - 1 (1 \leqslant s \leqslant p)$ 形的数时,$C_n^m (0 \leqslant m \leqslant n)$ 均不被质数 p 整除.

解 由例 7,$C_n^m (0 \leqslant m \leqslant n)$ 均不被 p 整除等价于除首位外 n 的各位数字均为 $p-1$,即 $n = sp^k - 1$.

特别地,当且仅当 $n = 2^k - 1$ 时,C_n^m 全为奇数.

例 10 证明:在 $(a+b)^n$ 的展开式中,奇、偶系数的个数不相等.

解 展开式共有 $n+1$ 项,其中奇系数共 $2^{s(n)}$ 个. 如果奇、偶系数的个数相等,那么 $n+1 = 2 \cdot 2^{s(n)}$. 从而 $n = 2^{s(n)+1} - 1 = 2^{s(n)} + 2^{s(n)-1} + \cdots + 1$,数字和为 $s(n) + 1$,矛盾!

因此,奇、偶系数的个数不相等.

例 11 在 $1, 2, \cdots, 2^{k+1} - 1$ 中,有些数写成二进制时数字和为偶数,求这些数的和.

解 在二进制中,偶数 $2m$ 的末位数字为 0;$2m+1$ 的末位数字为 1,其他数字与 $2m$ 相同,所以这两个数中恰有一个数的数字和为偶数.

显然,在 $0 \leqslant 2m < 2^k$ 时,$2^k + 2m$ 的数字和比 $2m$ 的数字和多 1,$2^k + 2m + 1$ 的数字和比 $2m+1$ 的多 1. 因此,4 个数 $2m, 2m+1, 2k+2m, 2^k + 2m + 1$ 中数字和为偶数的有两个,它们的和与另两个的和相等.

$0, 1, 2, 3, \cdots, 2^k - 1, 2^k, 2^k + 1, \cdots, 2^{k+1} - 1$ 可以按照上面的分法,每 4 个一组: $\{0, 1, 2^k, 2^k + 1\}, \{2, 3, 2^k + 2, 2^k + 3\}, \cdots, \{2^k - 2, 2^k - 1, 2^{k+1} - 2, 2^{k+1} - 1\}$. 每组中

单墫
解题研究
丛书

数学竞赛研究教程

数字和为偶数的数相加等于 4 个数的和的 $\frac{1}{2}$. 因此,所求的和为

$$\frac{1}{2}\Big(1+2+\cdots+(2^{k+1}-1)\Big)=2^{k-1}(2^{k+1}-1)=2^{2k}-2^{k-1}.$$

本题的解法很多. 例如采用归纳法证明"$0,1,2,\cdots,2^k-1$ 写成二进制后,数字和为偶数的数与数字和为奇数的数,个数及和均相等".

奠基是显然的. 假设命题对 k 成立. 则将 $0,1,2,\cdots,2^k-1$ 的二进制表示添上首位数字 1,便得到 $2^k,2^k+1,\cdots,2^{k+1}-1$ 的二进制表示,并且数字和为奇(偶)的现在数字和为偶(奇). 从而在 $2^k,2^k+1,\cdots,2^{k+1}-1$ 的二进制表示中,数字和为奇的与为偶的个数相等. 与 $0,1,2,\cdots,2^k-1$ 相比较,相应的(数字和为奇、为偶的)和各增加 $2^k\times 2^{k-1}$,因此在 $2^k,2^k+1,\cdots,2^{k+1}-1$ 的二进制表示中,数字和为奇数的数与数字和为偶数的数,两者个数及和均相等. 从而命题对于 $k+1$ 也成立.

以下几题回到十进制.

例 12 证明:2 的每个正整数幂均有一个倍数,其数字均不为 0.

解法一 $2|2,2^2|12$. 设已有 $2^k\ \big|\ \overline{a_k a_{k-1}\cdots a_1},a_i\in\{1,2\},1\leqslant i\leqslant k$(这里 $\overline{a_k a_{k-1}\cdots a_1}$ 表示数字为 $a_k,a_{k-1},\cdots,a_1$ 的数).

在 $\overline{a_k a_{k-1}\cdots a_1}=2^k\times$偶数时,令 $a_{k+1}=2$. 在 $\overline{a_k a_{k-1}\cdots a_1}=2^k\times$奇数时,令 $a_{k+1}=1$. 这时 $2^{k+1}\ \big|\ \overline{a_{k+1}a_k a_{k-1}\cdots a_1}$.

因此,2 的每个正整数幂 2^k 均有一个倍数,其数字为 1 或 2(并且位数为 k).

解法二 对于 2 的幂 2^n,任取它的一个倍数 $y=\overline{a_m a_{m-1}\cdots a_1}$. 设 $a_1,a_2,\cdots,a_m$ 中第一个为 0 的是 a_k. 由于 2^n 的末位数字非 0,令 $y_1=y+2^n\times 10^{k-1}$,则 y_1 仍为 2^n 的倍数,但它的第一个为 0 的数字已向左移,即出现在右数第 h 位,而 $h>k$.

继续这种做法,直至得到 y_l,它的第一个为 0 的数字不在(自左向右数的)末 n 位,从而 y_l 的末 n 位组成的数即是所求的 2^n 的倍数.

解法三 考虑 2^k 个 k 位数,其数字为 1 或 2. 每两个的差不被 2^k 整除(因为差的从右到左的第一个不为 0 的数字总是奇数,而奇数 $\times 10^{k-1}$ 不被 2^k 整除),所以这 2^k 个数 $\bmod\ 2^k$ 互不同余,它们构成 $\bmod\ 2^k$ 的完系,其中恰有一个是 2^k 的倍数.

例 13 证明对任意的 k,均有一个 2 的正整数幂,它的末 k 位数字为 1 或 2.

解 由上例的第一或第三种解法,我们知道存在 $u\in\mathbf{N}$,使得 $2^k\cdot u$ 的末 k

位数字为 1 或 2. 如果存在非负整数 n, 使

$$2^n \equiv u \pmod{5^k}, \tag{12}$$

那么 $2^{k+n} \equiv 2^k u \pmod{10^k}$, 即 2^{k+n} 的末 k 位数字为 1 或 2.

由于 $2^k \cdot u$ 的末位数字非 0, 所以 $(u,5)=1$. 从而 u 在模 5^k 的缩系中.

如果 g 在模 m 的缩系中, 并且 $g^0=1, g, g^2, \cdots, g^{\varphi(m)-1}$ 全不相同, 那么 g 就称为模 m 的原根. 模 m 的缩系中每一个数均与 g 的一个正整数幂同余. 可以证明当且仅当 $m=2^a, p^a, 2p^a$(p 为奇质数, $a \in \mathbf{N}$)时, 模 m 有原根.

(12) 成立, 因为 2 是模 5^k 的原根 (见习题 12 第 3 题).

例 14 证明对每个正整数 n, 存在一个正整数具有如下性质:

(ⅰ) 恰有 n 位数字;

(ⅱ) 数字均不为 0;

(ⅲ) 被它的数字和整除.

解 先从简单情况做起.

$n=3$ 时, 111 就是合乎要求的数.

设在 $n=3^t$ 时, $\underbrace{11\cdots1}_{3^t \text{个} 1}$ 合乎要求, 则在 $n=3^{t+1}$ 时,

$$\underbrace{11\cdots1}_{3^{t+1} \text{个} 1} = \underbrace{11\cdots1}_{3^t \text{个} 1} \times (10^{2 \times 3^t} + 10^{3^t} + 1)$$

被 $3^t \times 3 = 3^{t+1}$ 整除. 所以对一切自然数 $n=3^t$, $\underbrace{11\cdots1}_{3^t \text{个} 1}$ 合乎要求.

对于 $3^t < n < 2 \times 3^t$, 令 $k=3^t, h=n-k, h < 2 \times 3^t - 3^t = k$, 数

$$s = \underbrace{11\cdots1}_{h \text{个} 1} \underbrace{99\cdots9}_{(k-h) \text{个} 9} \underbrace{88\cdots8}_{h \text{个} 8}$$

的数字和是 $9k$, 位数是 n, 并且 $s=(10^h+8) \times \underbrace{11\cdots1}_{k \text{个} 1}$ 被 $9 \times k$ 整除.

对于 $2 \times 3^t \leqslant n < 3^{t+1}$, 令 $k=2 \times 3^t, h=n-k$, 则仍有 $h<k$, 上面的 s 仍然满足要求: $(10^h+8) \times \underbrace{11\cdots1}_{k \text{个} 1} = (10^h+8) \times \underbrace{11\cdots1}_{3^t \text{个} 1} \times (10^{3^t}+1)$

被 $2 \times 9 \times 3^t$ 整除.

本题还有其他解法. 但上面的解采用直接构造的方法, 显得简洁明了.

例 15 设 $a_0, a_1, a_2, \cdots$ 为非负整数的递增序列, 使得每个非负整数可以唯一地表示成 $a_i + 2a_j + 4a_k$ 的形式, 这里 i, j, k 不一定不同. 试确定 a_{1998}.

解 显然 $a_0=0, a_1=1$. 如果已有 $a_0, a_1, \cdots, a_n$, 那么 a_{n+1} 将是第一个不能表示成 $a_i + 2a_j + 4a_k (i, j, k \in \{0, 1, \cdots, n\})$ 的自然数. 因此 a_{n+1} 被 $a_0, a_1, \cdots,$

a_n 唯一确定. 所以 $\{a_n\}$ 如果存在只有一种.

下面证明合乎要求的 $\{a_n\}$ 的确存在.

将每一自然数 n 表示为二进制:
$$n = d_{n,h} \cdot 2^h + d_{n,h-1} \cdot 2^{h-1} + \cdots + d_{n,1} \cdot 2 + d_{n,0},$$
考虑数列 $a_0 = 0$,
$$a_n = d_{n,h} \cdot 8^h + d_{n,h-1} \cdot 8^{h-1} + \cdots + d_{n,1} \cdot 8 + d_{n,0}, \tag{13}$$
其中 $d_{n,t} \in \{0,1\}(0 \leqslant t \leqslant h), d_{n,h} = 1$.

每个自然数 m 都可以唯一地表示成八进制:
$$m = c_s \cdot 8^s + c_{s-1} \cdot 8^{s-1} + \cdots + c_1 \cdot 8 + c_0,$$
其中 $c_t \in \{0,1,\cdots,7\}, 0 \leqslant t \leqslant s, c_s \neq 0$.

而每个 $c_t \in \{0,1,\cdots,7\}$ 可以唯一地表示成
$$c_t = d_{it} + 2d_{jt} + 4d_{kt}, \quad d_{it}, d_{jt}, d_{kt} \in \{0,1\}. \tag{14}$$
所以每一个非负整数 m 可以表示成
$$m = a_i + 2a_j + 4a_k \tag{15}$$
的形式, 其中 a_i, a_j, a_k 都由 (13) 确定, 并且它们的系数 d_{it}, d_{jt}, d_{kt} 由 (14) 确定.

另一方面, 如果有 (15) 式成立, 其中 a_i, a_j, a_k 是 (13) 形的数, 那么 m 在八进制中的系数唯一确定. 由八进制的唯一性可知每个非负整数 m 可以唯一地表示成 (15).

因此上面的 $\{a_n\}$ 就是满足要求的唯一数列.

特别地,
$$1\,998 = 2^{10} + 2^9 + 2^8 + 2^7 + 2^6 + 2^3 + 2^2 + 2^1,$$
所以
$$a_{1\,998} = 8^{10} + 8^9 + 8^8 + 8^7 + 8^6 + 8^3 + 8^2 + 8^1.$$

本题 a_n 的表达式, 需要先逐步写出 a_2, a_3 等, 达到一定数量后才能发现. 一旦发现规律, 证明并无太大困难. 这是颇为有趣的探索过程.

习 题 12

1. 设 $2n$ 枚棋子分成两堆. 将某一堆中 $3^k(k \geqslant 0)$ 枚棋子放到另一堆中, 称为一次 "调整". 证明: 可以经过有限多次调整, 每次调整的数互不相同, 使两堆棋子数变为相等.

2. 设 a, b, n 均大于 1. 在 a 进制中,
$$A_{n-1} = \overline{x_{n-1}x_{n-2}\cdots x_0}, \quad A_n = \overline{x_n x_{n-1}\cdots x_0}.$$
在 b 进制中,
$$B_{n-1} = \overline{x_{n-1}x_{n-2}\cdots x_0}, \quad B_n = \overline{x_n x_{n-1}\cdots x_0}.$$

其中 $x_n \neq 0, x_{n-1} \neq 0$. 证明:当且仅当 $a > b$ 时,

$$\frac{A_{n-1}}{A_n} < \frac{B_{n-1}}{B_n}.$$

3. 证明:使 $2^d \equiv 1 \pmod{5^k}$ 成立的最小的正整数 $d = 4 \times 5^{k-1}$,从而 $2, 2^2, 2^3, \cdots,$ $2^{4 \times 5^{k-1}}$ 模 5^k 互不同余.

4. p 为质数. 设正数 a, b 的 p 进制表示分别为

$$a = a_k p^k + \cdots + a_1 p + a_0, \quad b = b_k p^k + \cdots + b_1 p + b_0,$$

其中 $a_i, b_i \in \{0, 1, \cdots, p-1\}, 0 \leqslant i \leqslant k$. 证明

$$C_a^b \equiv C_{a_k}^{b_k} C_{a_{k-1}}^{b_{k-1}} \cdots C_{a_1}^{b_1} C_{a_0}^{b_0} \pmod{p}.$$

5. 设正无理数 x_1, x_2, x_3 的和为 1. 如果每个 $x_i < \dfrac{1}{2}$,那么称这三个数为均衡的. 如果不均衡,设 $x_j > \dfrac{1}{2}$,令 $x_j' = 2x_j - 1, x_i' = 2x_i' (i \neq j)$. 问:是否总能经过有限多次这样的调整,将它们变为均衡的?

6. 二进制中,数字 1 的个数为偶数的数称为魔数. 求前 1 991 个魔数的和.

7. 自然数 A 的十进制表示为 $\overline{a_n a_{n-1} \cdots a_0}$. 令 $f(A) = 2^n \times a_0 + 2^{n-1} \times a_1 + \cdots + 2a_{n-1} + a_n$. 记 $A_1 = f(A), A_{i+1} = f(A_i) (i = 1, 2, \cdots)$.

(a) 证明必有自然数 k,使 $A_{k+1} = A_k$.

(b) 若 $A = 19^{86}$,求 A_k.

8. 是否有一个公差为 10 000 的等差数列,各项为正整数,严格递增,并且各项的数字和也严格递增?

9. 是否有一个无穷的等差数列,各项为正整数,严格递增,并且各项的数字和也严格递增?

10. 能否选取 2 000 个不同的正整数,都不大于 10^5,而且其中没有 3 个数成等差数列?

11. 是否存在具有如下性质的自然数 n:n 的数字和等于 1 000,而 n^2 的数字和等于 1 000² ?

12. 证明有无穷多对平方数 a, b 满足:

(i) a, b 用十进制表示时位数相同;

(ii) 将 b 的十进制表示写在 a 的十进制表示后,恰好构成一个平方数.

13. 已给 $n (n \geqslant 3)$ 个自然数. 证明:存在一个首项不大于公差的等差数列,恰含 3 个或 4 个已给的数.

不定方程(一)

未知数的个数多于方程个数的方程(组)称为不定方程. 例如

$$x^2 + y^2 = z^2 \tag{1}$$

就是一个(三元二次)不定方程.

对于不定方程,通常只讨论它的整数解或正整数解. $(3,4,5)$ 即 $x=3, y=4, z=5$,就是(1)的一组解.

不定方程的问题,可以分为三个层次:

(i) 是否有解?

(ii) (有解时)有多少解? 解数是有限还是无穷?

(iii) 求出全部解.

在数学竞赛中,处理不定方程的手段有:

(i) 代数式的恒等变形,特别是代数式的因式分解.

(ii) 估计.

(iii) 同余(包括奇偶分析).

(iv) 无穷递降法.

(v) 其他.

例1 求方程

$$3xy + 2y^2 - 4x - 3y - 12 = 0 \tag{2}$$

的整数解.

解 将(2)变形为

$$(3x + 2y - a)(y - b) = c. \tag{3}$$

用待定系数法不难定出 $a = \dfrac{1}{3}, b = \dfrac{4}{3}$,从而 $c = \dfrac{112}{9}$. 于是(2),(3)等价于

$$(9x + 6y - 1)(3y - 4) = 112. \tag{4}$$

考虑 112 的种种分解,得

$$\begin{cases} 9x+6y-1= & \pm1, \pm2, \pm4, \pm8, \pm16, \pm7, \pm14, \pm28, \pm56, \pm112; \\ 3y-4= \pm112, \pm56, \pm28, \pm14, \pm7, \pm16, \pm8, \pm4, \pm2, \pm1. \end{cases}$$

注意 $9x + 6y$ 被 3 整除,所以只需考虑

$$\begin{cases} 9x+6y= & 0, \ 3, \ -3, \ 9, \ -15, \ -6, \ 15, \ -27, \ 57, \ -111; \\ 3y= -108, 60, \ -24, 18, \ -3, \ -12, 12, \ 0, \ 6, \ 3. \end{cases}$$

共得十组解

$$\begin{cases} x= & 24, & -13, & 5, & -3, & -1, & 2, & -1, & -3, & 5, & -13; \\ y= & -36, & 20, & -8, & 6, & -1, & -4, & 4, & 0, & 2, & 1. \end{cases}$$

例 2 求不定方程

$$x^2 - 5xy + 6y^2 - 3x + 5y - 25 = 0 \tag{5}$$

的整数解.

解 (5)可变形为 $(x - 2y + 1)(x - 3y - 4) = 21.$ (6)

从而

$$\begin{cases} x - 2y + 1 = & \pm 1, & \pm 7, & \pm 3, & \pm 21; \\ x - 3y - 4 = & \pm 21, & \pm 3, & \pm 7, & \pm 1. \end{cases}$$

从而

$$\begin{cases} x = -50, & 28, & 4, & -26, & -16, & -6, & 50, & -72; \\ y = -25, & 15, & -1, & -9, & -9, & -1, & 15, & -25. \end{cases}$$

例 1、例 2 中的方程都是双曲型的二次方程. 将常数项适当变更后,左边可以在实数域上分解为两个一次式的乘积. 如果两个一次式的系数都是有理数,即分解是在有理数域上进行的,那么就可以用上面的方法求出方程的全部整数解. 如果左边的二次式(改变常数后)只能在实数域上分解,不能在有理数域上分解,那么该方程可以化为后面形如(22)的沛尔(J. Pell,1610—1685)方程.

例 3 求方程

$$x^2 - 12x + y^2 + 2 = 0 \tag{7}$$

的整数解.

解 (7)可变形为 $(x - 6)^2 + y^2 = 34.$ (8)

从而 $y^2 \in \{0, 1, 4, 9, 16, 25\}$. 易知只有 $y^2 = 9$ 或 25 时,$34 - y^2$ 为平方数,从而 $(x - 6)^2 = 34 - 9 = 25$ 或 9. 易解得

$$\begin{cases} x = & 11, & 1, & 11, & 1, & 9, & 3, & 9, & 3; \\ y = & 3, & 3, & -3, & -3, & 5, & 5, & -5, & -5. \end{cases}$$

(7)是椭圆型方程,它可以化为(8). 这种方程可以采用估计法得出有关的界,从而只有有限多组解,并不难用枚举的方法逐一求出.

例 4 求方程

$$14x^2 - 24xy + 21y^2 + 4x - 12y - 18 = 0 \tag{9}$$

的整数解.

解 (9)可变形为 $2(x - 3y + 1)^2 + 3(2x - y)^2 = 20,$ (10)

单墫
解题研究
丛书

数学竞赛研究教程

从而 $$3(2x-y)^2 \leqslant 20. \tag{11}$$

由于 $(2x-y)^2$ 是整数的平方,由(11)式导出 $(2x-y)^2 \in \{0,1,4\}$.

易知只有 $(2x-y)^2=4$ 时,$\dfrac{20-3(2x-y)^2}{2}$ 也是平方数. 所以 $2x-y=\pm 2$,

$x-3y+1=\pm 2.$ 从而 $\begin{cases} x=1, \\ y=0. \end{cases}$

例 5 求方程

$$3x^2+7xy-2x-5y-35=0 \tag{12}$$

的正整数解.

解 (12)虽然是双曲型方程,但只要求正整数解. 由于二次项 $3x^2+7xy$ 系数全非负,仍然可以采用估计的方法.

显然 x,y 必须有界,否则 x 或 y 趋于 $+\infty$ 时,$3x^2+7xy$ 将使(12)的左边趋于 $+\infty$. 精确一点,在 $x \geqslant 3$ 时,$3x^2+7xy-2x-5y-35 \geqslant 9x+21y-2x-5y-35 \geqslant 7\times 3+16\times 1-35>0.$ 所以 $x=1$ 或 2.

代入(12)得出 $y=17$ 或 3.

例 6 求方程

$$x^4+y^4+z^4=2x^2y^2+2y^2z^2+2z^2x^2+24 \tag{13}$$

的所有整数解.

解 (13)可变形为

$$(x+y+z)(x+y-z)(x-y+z)(x-y-z)=24. \tag{14}$$

(14)左边四个因式的奇偶性相同. 如果全为奇数,那么左边为奇数;如果全为偶数,那么左边被 16 整除. 由于(14)的右边是偶数 24,不被 16 整除,所以本题无解.

例 7 求大于 1 的整数 m,n,k,使

$$1!+2!+3!+\cdots+m!=n^k. \tag{15}$$

解 记 $f(m)=1!+2!+\cdots+m!$. 在 $m>1$ 时,$f(m)$ 被 3 整除,所以 $3|n$.

对于 $m \geqslant 9,3^3|m!$. 而 $f(8)=46\,233$ 不被 3^3 整除,所以在 $m \geqslant 8$ 时,$k=2$.

容易验证 $m \leqslant 6$ 时,$3^3 \nmid f(m)$. $f(7)$ 虽被 3^3 整除,但不是自然数的(指数大于 1 的)幂,所以不论 m 的值如何,恒有 $k=2$.

对于 $m>4,5|m!$. 所以在 $m \geqslant 4$ 时,$f(m) \equiv f(4) \equiv 3 \pmod 5$.

从而 $f(m)$ 不是平方数(平方数除以 5 余 0,1 或 4). 于是 $m \leqslant 3$.

至此,不难得出 $(m,n,k)=(3,3,2)$ 是唯一的解.

从例 6、例 7 可以看出解不定方程往往需要将几种方法结合起来使用.

例 8 求不定方程

$$x^3 + x^2y + xy^2 + y^3 = 8(x^2 + xy + y^2 + 1) \qquad (16)$$

的所有整数解.

解 (16)可变形为

$$(x^2 + y^2)(x + y - 8) = 8(xy + 1), \qquad (17)$$

从而易知 x, y 必须有相同的奇偶性, $x + y - 8$ 是偶数.

若 $x + y - 8 \geqslant 6$,则 $x^2 + y^2 \geqslant \dfrac{(x+y)^2}{2} \geqslant \dfrac{14^2}{2} > 4$,

$(x^2 + y^2)(x + y - 8) \geqslant 6(x^2 + y^2) \geqslant 2(x^2 + y^2) + 8xy > 8 + 8xy$.

若 $x + y - 8 \leqslant -4$,则 $(x^2 + y^2)(x + y - 8) \leqslant -4(x^2 + y^2) \leqslant 8xy < 8xy + 8$.

若 $x + y - 8 = 4$,则由(17)得 $(x - y)^2 = 2$,这时方程无整数解.

若 $x + y - 8 = 2$,则由(17)得 $x^2 + y^2 = 4xy + 4$. 从而解出 $(x, y) = (2, 8)$ 或 $(8, 2)$.

若 $x + y - 8 = 0$,则 $8xy + 8 = 0$,这时方程无整数解.

若 $x + y - 8 = -2$,则 $x^2 + y^2 + 4xy + 4 = 0$,从而 $x + y = 6, xy = -20$,这时方程也无整数解.

因此本题的解为 $(x, y) = (2, 8)$ 或 $(8, 2)$.

例 9 求出满足 $\qquad |12^m - 5^n| = 7 \qquad$ (18)

的全部正整数 m, n.

解 如果 $5^n - 12^m = 7$,两边 mod 4 得 $1 \equiv 3 \pmod 4$,这不可能!

如果 $12^m - 5^n = 7$,而 m, n 中有一个大于 1,那么另一个也大于 1. 两边 mod 3 得 $-(-1)^n \equiv 1 \pmod 3$,所以 n 为奇数. 两边 mod 8 得

$$-5^n \equiv -1 \pmod 8. \qquad (19)$$

由于 $5^2 \equiv 1 \pmod 8$,而 n 为奇数,由(19)导出 $-5 \equiv -1 \pmod 8$,矛盾!

所以 $m = 1, n = 1$ 是唯一的解.

在解不定方程时,常常需要分情况进行讨论(枚举法),也常常利用同余(包括奇偶性分析)导出一些性质(特别是指数的性质)或矛盾(反证法).

如果一个不定方程有整数解,那么:(i)这方程必有实数解;(ii)对任意的自然数 m,这方程 mod m 后有解. 所以(i),(ii)是不定方程有解的必要条件(因此可用它们来判定方程无整数解),但并不是充分条件.

例 10 试举一个 x, y 的整系数多项式 $F(x, y)$(尽可能简单),使不定方程 $F(x, y) = 0$ 满足上面的(i)与(ii),但 $F(x, y) = 0$ 无整数解.

解 $F(x, y) = (2x - 1)(3y - 1)$ 就是一个合乎要求的例子. 事实上,

$$(2x-1)(3y-1)=0 \tag{20}$$

的全部解为 $x=\dfrac{1}{2}$，y 为任意实数或 x 为任意实数，$y=\dfrac{1}{3}$.

对任意自然数 m，设 $m=2^k r$，r 为奇数，则

$$(2x-1)(3y-1)\equiv 0(\bmod\ m) \tag{21}$$

有解 $x=\dfrac{r+1}{2}$，$y=\dfrac{1-(-2)^k}{3}$.

注 对很多种不定方程，（ⅰ），（ⅱ）也是方程有解的充分条件. 这称为哈塞 (H. Hasse,1898—1979)原理.

形如

$$x^2-dy^2=\pm 1 \tag{22}$$

的方程称为沛尔方程，其中 d 为正整数，并且不含平方因子（即任何大于 1 的平方数不整除 d）.

例 11 证明在 a 为非零整数时，

（a） 方程

$$x^2-a^2y^2=1 \tag{23}$$

只有平凡的整数解 $x=\pm 1$，$y=0$，方程

$$x^2-a^2y^2=-1 \tag{24}$$

仅在 $a=\pm 1$ 时有整数解，解为 $x=0$，$y=\pm 1$.

（b） 存在无穷多个非平方数 $d>0$，使方程

$$x^2-dy^2=-1 \tag{25}$$

无整数解.

解 (23)的左边可以分解为 $(x+ay)(x-ay)$，从而导出 $x+ay=x-ay$ $=1$ 或 -1，$x=\pm 1$，$y=0$. 同样可得关于(24)的结论.

在 $d\equiv -1(\bmod\ 4)$ 时，$x^2-dy^2\equiv x^2+y^2\equiv 0,1,2(\bmod\ 4)$，所以这时 (25)无解.

与(25)不同，在正整数 d 为非平方数时，方程

$$x^2-dy^2=1 \tag{26}$$

有无穷多组整数解. 为了证明这一结论，先看例 12.

例 12 对任一非平方数 $d>0$，存在无穷多对自然数 s,t 及一个绝对值小于 $2\sqrt{d}+1$ 的整数 m，使

$$s^2-dt^2=m, \tag{27}$$

并且每两对 (s,t)，$(s',t')\bmod\ |m|$ 同余，即

$$s\equiv s'(\bmod\ |m|),\quad t\equiv t'(\bmod\ |m|). \tag{28}$$

解 由习题 13 第 11 题，有无穷多对 s,t，使

$$| t\sqrt{d} - s | < \frac{1}{t}. \tag{29}$$

这时
$$s < t\sqrt{d} + \frac{1}{t} \leqslant t\sqrt{d} + 1.$$

所以

$$| s^2 - dt^2 | = | s - \sqrt{d}t | \cdot | s + \sqrt{d}t | < \frac{1}{t}(2t\sqrt{d} + 1) < 2\sqrt{d} + 1.$$

根据抽屉原理,其中必有无穷多对 s, t 使(27)成立,其中 $|m| < 2\sqrt{d} + 1$.

将满足(27)的 (s, t) 按照 mod $|m|$ 分为 m^2 类,必有一类有无穷多个. 这类中的 (s, t) 满足例 12 中所有要求. 令

$$x = \frac{ss' - dtt'}{m}, \quad y = \frac{st' - s't}{m}. \tag{30}$$

由(27),(28)即知 x, y 都是整数并且是(26)的解.

例 13 设(26)的正整数解 (x, y) 中, $x + \sqrt{d}y$ 的最小值为 $x_1 + \sqrt{d}y_1$,则

$$x_n = \frac{1}{2}[(x_1 + \sqrt{d}y_1)^n + (x_1 - \sqrt{d}y_1)^n],$$
$$y_n = \frac{1}{2\sqrt{d}}[(x_1 + \sqrt{d}y_1)^n - (x_1 - \sqrt{d}y_1)^n], \quad n = 1, 2, \cdots. \tag{31}$$

给出(26)的全部正整数解.

解 (31)中的 x_n, y_n 显然是解.

设 x', y' 是(26)的正整数解,则有 n 使

$$(x_1 + \sqrt{d}y_1)^{n-1} < x' + \sqrt{d}y' \leqslant (x_1 + \sqrt{d}y_1)^n. \tag{32}$$

从而
$$1 < (x' + \sqrt{d}y')(x_1 - \sqrt{d}y_1)^{n-1} \leqslant x_1 + \sqrt{d}y_1. \tag{33}$$

但 $(x' + \sqrt{d}y')(x_1 - \sqrt{d}y_1)^{n-1} = (x' + \sqrt{d}y')(x_{n-1} - \sqrt{d}y_{n-1}) = x'' + \sqrt{d}y''$
(其中 $x'' = x'x_{n-1} - dy'y_{n-1}$, $y'' = x_{n-1}y' - y_{n-1}x'$),与 $x'' - \sqrt{d}y'' = (x' - \sqrt{d}y')(x_1 + \sqrt{d}y_1)^{n-1}$ 相乘得 1,所以整数 x'', y'' 也是(26)的解. (33)即

$$1 < x'' + dy'' \leqslant x_1 + \sqrt{d}y_1, \tag{34}$$

所以 $x'' + \sqrt{d}y'' > 1 > x'' - \sqrt{d}y'' > 0$,从而 x'', y'' 都是正整数. 根据 $x_1 + \sqrt{d}y_1$ 的最小性,(34)中等式成立. 于是 $x'' = x_1, y'' = y_1$. 这时(32)中等式成立,

$$x' + \sqrt{d}y' = (x_1 + \sqrt{d}y_1)^n.$$

由此即得 $x' = x_n, y' = y_n$.

由(31)可以看出 x_n, y_n 都是二阶线性递推数列(参见第 22 讲),并且递推

单墫
解题研究
丛书

数学竞赛研究教程

关系为

$$x_n = 2x_1 x_{n-1} - x_{n-2},$$
$$y_n = 2x_1 y_{n-1} - y_{n-2}. \tag{35}$$

同样,在方程
$$x^2 - dy^2 = -1 \tag{36}$$

有解时,设 $x_1 + \sqrt{d}\, y_1$ 为最小解(即正整数解中,(x_1, y_1) 使 $x + \sqrt{d}\, y$ 取最小值),则它的全部正整数解由

$$x_n = \frac{1}{2}\big[(x_1 + \sqrt{d}\, y_1)^{2n-1} + (x_1 - \sqrt{d}\, y_1)^{2n-1}\big],$$
$$\qquad\qquad\qquad\qquad\qquad\qquad n = 1, 2, \cdots \tag{37}$$
$$y_n = \frac{1}{2\sqrt{d}}\big[(x_1 + \sqrt{d}\, y_1)^{2n-1} - (x_1 - \sqrt{d}\, y_1)^{2n-1}\big],$$

给出. 因而递推关系为
$$x_n = 2(2x_1^2 + 1)x_{n-1} - x_{n-2},$$
$$y_n = 2(2x_1^2 + 1)y_{n-1} - y_{n-2}. \tag{38}$$

沛尔方程的主要理论(出现在竞赛中的)就是这些. 它的应用非常之广.

例 14 证明有无穷多个自然数 n,使 $\sqrt{2}\, n$ 的整数部分 $[\sqrt{2}\, n]$ 为平方数.

解 方程
$$x^2 - 2y^2 = -1 \tag{39}$$

有正整数解 $(1,1)$,因而有无穷多组正整数解. 对 (39) 的任一组正整数解有
$$2x^2 y^2 = x^4 + x^2,$$

从而
$$x^2 < \sqrt{2}\, xy < x^2 + 1,$$

令 $n = xy$,则 $[\sqrt{2}\, n] = x^2$.

例 15 证明方程
$$s^2 - 15t^2 = 1 \tag{40}$$

的解中,t 绝不会为 $3^u \cdot 5^v$ $(u, v \in \mathbf{N})$ 的形式.

解 (40) 有解 $(1,0)$,$(4,1)$,并且解的后一坐标 t_n 满足递推关系
$$t_n = 2 \times 4 t_{n-1} - t_{n-2}, n = 2, 3, \cdots,$$
$$t_0 = 0, t_1 = 1.$$

将 $\{t_n\} \bmod 3, \bmod 7$ 得下表

n	0	1	2	3	4	5	6	7	$\cdots$
$t_n (\bmod 3)$	0	1	-1	0	1	-1	0	1	$\cdots$
$t_n (\bmod 7)$	0	1	1	0	-1	-1	0	1	$\cdots$

从第二行可以看出 $\{t_n (\bmod 3)\}$ 是周期数列,周期为 3,并且 $3 \mid t_n \Leftrightarrow 3 \mid n$. 从第三行可以看出 $\{t_n (\bmod 7)\}$ 也是周期数列,周期为 6,并且 $7 \mid t_n \Leftrightarrow 3 \mid n$. 于是 $3 \mid t_n \Leftrightarrow 7 \mid t_n$. 从而被 3 整除的 t_n 必被 7 整除,t_n 不可能为 $3^u \cdot 5^v$ 的形式.

例 16 求方程
$$5^x - 3^y = 2 \tag{41}$$
的全部正整数解.

解法一 $(1,1)$ 显然是 (41) 的解. 我们证明它仅有这一组正整数解.

设 x,y 不全为 1,则 x,y 全不为 1. 在 (41) 中两边 $\bmod 4$ 得
$$1 - (-1)^y \equiv 2 (\bmod 4),$$
所以 y 为奇数 $2v+1(v>0)$. 在 (41) 中两边 $\bmod 9$ 得
$$5^x \equiv 2 (\bmod 9), \tag{42}$$
由此易知 $x=6k+5$. 最后将 (41) 两边 $\bmod 7$,这时 $3^y \equiv 3, -1, -2 (\bmod 7)$.
而在 $x=6k+5$ 时,$5^x \equiv 2 (\bmod 7)$. 所以在 $y>1$ 时,(41) 不成立.

解法二 (41) 两边 $\bmod 4$ 得 $y=2v+1$ 后,$\bmod 3$ 得 $x=2u+1(u>0)$. 将 (41) 变形为
$$5^x \cdot 3^y = 3^{2y} + 2 \cdot 3^y,$$
配方得
$$5^x \cdot 3^y + 1 = (3^y + 1)^2.$$
从而 $(3^y+1, 5^u \cdot 3^v)$ 是沛尔方程
$$s^2 - 15t^2 = 1$$
的正整数解. 根据上例,必须 u 或 v 为 0,即 (41) 只有 $x=y=1$ 这一组解.

习 题 13

1. 若 m,n 遍及所有的正整数,求 $|12^m - 5^n|$ 的最小值.

2. 点 E 在凸四边形 $ABCD$ 内部. $\triangle EAB$,$\triangle EBC$ 与 $\triangle ECD$ 的边长都是整数,并且周长与面积在数值上相等,三个面积互不相同. 求 $\triangle EDA$ 的面积.

3. 求方程 $xyz = 4(x+y+z)$ 的正整数解.

4. 证明 $x! \cdot y! = z!$ 有无穷多组整数解.

5. 求 $|2^x - 3^y| = 1$ 的正整数解.

6. 设 p 为质数. 证明不存在正整数 l, m, n 使 $\dfrac{1+2+\cdots+m}{1+2+\cdots+n} = p^{2l}$.

7. 求两条直角边为连续整数的勾股三角形.

8. 证明 $x_1^2 + x_2^2 + x_3^2 - 7x_4^2 = 0$ 无正整数解.

9. $n \geqslant 2$ 名选手参加历时 k 天的竞赛. 每一天各选手的得分互不相同,并且均在 $\{1, 2, \cdots, n\}$ 中. 比赛结束时,每人均得 26 分. 求 k 与 n.

10. 任给一自然数 n,是否存在自然数 m,使得方程 $x^y - z^t = m$ 至少有 n 组不同的整数解 $(x,y,z,t)(x,y,z,t$ 均大于 1)?

11. 自然数 d 不是平方数. 证明有无穷多对自然数 t, s,使 $|t\sqrt{d} - s| < \dfrac{1}{t}$.

单墫
解题研究
丛书

数学竞赛研究教程

12. 证明曲线 $y^2 = x^3 + x^2$ 上有无穷多个有理点.

13. 求方程 $x^{2n+1} - y^{2n+1} = xyz + 2^{2n+1}$ 的正整数解 x, y, z, n，其中 $z \leqslant 5 \cdot 2^{2n}$，$n \geqslant 2$.

14. 求所有的正整数 x, y，使得 $x + y^2 + z^3 = xyz$，其中 z 是 x, y 的最大公约数.

15. 证明方程 $x^3 + y^3 + z^3 + t^3 = 1\,999$ 有无穷多组整数解.

16. 求所有三元自然数组 (x, y, z)，使得 y 为质数，z 不是 3 和 y 的倍数，并且 $x^3 - y^3 = z^2$.

17. 求所有整数数对 (x, y)，使得 $x^3 = y^3 + 2y^2 + 1$.

18. 求所有的正整数对 (x, y)，使得 $y^{y-x} = x^{x+y}$.

不定方程(二)

三条边的长均为整数的直角三角形称为勾股三角形. 它的边长是方程
$$x^2 + y^2 = z^2 \qquad (1)$$
的正整数解,称为勾股数.(3,4,5)就是一组勾股数.

例 1 求方程(1)的正整数解.

解 首先注意 x,y,z 中,如果 $(x,y)=d>1$,那么(1)的左边被 d^2 整除,因而 $d^2 \mid z^2, d \mid z$. 可以令 $x=x_1d, y=y_1d, z=z_1d$,化方程(1)为方程
$$x_1^2 + y_1^2 = z_1^2, \qquad (1')$$
其中 $(x_1, y_1)=1$. $(x,z)>1$ 或 $(y,z)>1$ 的情况与此类似. 所以,我们不妨假定 x,y,z 两两互质.

x,y 不全为偶数. 不妨设 y 为奇数. 由于 $y^2 \equiv 1 \pmod 4$,$z^2 \equiv 0$ 或 $1 \pmod 4$,所以必须 $x^2 \equiv 0 \pmod 4$,$z^2 \equiv 1 \pmod 4$,即 x 为偶数,z 为奇数. 从而
$$(z+y, z-y)=(z+y, 2z)=2(z+y, z)=2(y, z)=2. \qquad (2)$$
由(1)得
$$x^2 = (z+y)(z-y). \qquad (3)$$
结合(2)式(并根据唯一分解定理)得
$$z + y = 2u^2, \qquad (4)$$
$$z - y = 2v^2, \qquad (5)$$
$$x = 2uv, \quad (u, v)=1. \qquad (6)$$
从而
$$y = u^2 - v^2, \qquad (7)$$
$$z = u^2 + v^2. \qquad (8)$$
由于 y 为奇数,u,v 一奇一偶,因此,(1)的全部正整数解为(x,y 的顺序不加区别)
$$x = 2uvd, \quad (u, v)=1, \quad u,v \text{ 一奇一偶}, \qquad (9)$$
$$y = (u^2 - v^2)d, \qquad (10)$$
$$z = (u^2 + v^2)d. \qquad (11)$$

注 例 1 中的一些技术,如先假定 x,y,z 两两互质,模 4(或模其他的自然数),分解,定出 $z+y, z-y$ 的最大公约数(即(2)式)等都是经常使用的. 下面不再一一详细写出.

单墫
解题研究
丛书

数学竞赛研究教程

例 1 的结果有很多应用.

例 2 求方程
$$x^2 + y^2 = z^4 \tag{12}$$
的正整数解,其中 $(x, y) = 1$,并且 x 为偶数.

解 由例 1 的结果,
$$x = 2uv, \quad (u, v) = 1, \tag{6}$$
$$y = u^2 - v^2, \tag{7}$$
$$z^2 = u^2 + v^2. \tag{13}$$

对方程(13)再次援引上述结果得
$$u = a^2 - b^2 \text{ 或 } 2ab, \quad (a, b) = 1, \tag{14}$$
$$v = 2ab \text{ 或 } a^2 - b^2, \tag{15}$$
$$z = a^2 + b^2. \tag{16}$$

所以(12)的正整数解为
$$x = 4ab(a^2 - b^2),$$
$$y = |\, a^4 + b^4 - 6a^2b^2 \,|,$$
$$z = a^2 + b^2,$$

其中 $a > b > 0$, $(a, b) = 1$,并且 a, b 一奇一偶.

费马在证明方程
$$x^4 + y^4 = z^4 \tag{17}$$
无正整数解时,利用了例 1 的结果.

例 3 证明方程
$$x^4 + y^4 = z^2 \tag{18}$$
无正整数解.

解 与例 1 类似,如果 $(x, y) = d > 1$,那么 $d^2 \mid z$,可以用 dx_1, dy_1, d^2z_1 代替 x, y, z.所以不妨设 $(x, y) = 1$.

由例 1(我们设 x 为偶数),
$$x^2 = 2uv, \quad (u, v) = 1, \tag{19}$$
$$y^2 = u^2 - v^2, \tag{20}$$
$$z = u^2 + v^2. \tag{21}$$

(20)即
$$v^2 + y^2 = u^2. \tag{22}$$

由 $(x, y) = 1$,得 $(v, y) = 1$,并且(见例 1) v, y 一奇一偶, y 为奇数(x, y 一奇一偶),所以 v 为偶数.再一次利用例 1 的结论,得
$$v = 2st, \quad (s, t) = 1, \tag{23}$$

$$y = s^2 - t^2, \tag{24}$$

$$u = s^2 + t^2, \tag{25}$$

由(19),(23)得

$$x^2 = 4ust, (s, t) = 1, (u, st) = 1. \tag{26}$$

所以 u, s, t 都是平方数,设 $u = m^2, s = c^2, t = d^2$,代入(25)得

$$c^4 + d^4 = m^2, \tag{27}$$

显然 $m \leqslant u < z$.

这样,从(18)的一组正整数解 (x, y, z) 可以导出它的另一组正整数解 (c, d, m),其中 $m < z$. 同理,从 (c, d, m) 又可以导出正整数解 (c', d', m'),其中 $m' < m$. 这一过程可以无穷地继续下去(因此费马称这种方法为无穷递降法). 但另一方面,小于 z 的正整数却只有有限多个,所以上述过程不可能无限制地继续下去. 这一矛盾说明(18)没有正整数解.

由(18)无正整数解立即推出方程

$$x^4 + y^4 = z^4 \tag{28}$$

无正整数解. 一般地,在 $n \geqslant 3$ 时,

$$x^n + y^n = z^n \tag{29}$$

无正整数解. 这个著名的费马大定理,是一个大猜测,直到 1995 年才被完全解决.

无穷递降法的实质是利用自然数的一个重要属性:任何非空的自然数集必有最小的数,即最小数原理. 这一原理等价于数学归纳法. 所以无穷递降法无非是数学归纳法的一种形式,并常常与反证法结合起来使用.

这一方法的要点是从方程的一组解(假定有这样的解)造出一组新的解,新解在某一方面比原来的解严格地小(例 3 中,解的第三坐标 z 严格减小). 构造新解的方法视情况而定. 常见的是两种类型,第一类是利用方程(1)的求解公式,例 3 就是这样做的(在上面的解答中,曾两次利用(1)的求解公式).

例4 证明两个平方数的和与差不能同为平方数. 即方程组

$$y^2 + z^2 = t^2, \tag{30}$$

$$z^2 - y^2 = x^2 \tag{31}$$

无正整数解.

解 由(30),(31)得

$$2z^2 = x^2 + t^2, \tag{32}$$

因而 x, t 的奇偶性相同. 将(32)变形为

$$z^2 = \left(\frac{x+t}{2}\right)^2 + \left(\frac{t-x}{2}\right)^2. \tag{33}$$

单墫

解题研究
丛书

数学竞赛研究教程

不妨设 x,t 互质(否则由(32),(30),y,z 也被(x,t)整除,先做一次例 1 那样的"手术",将它们化为两两互质),根据例 1,有

$$\frac{x+t}{2} \cdot \frac{t-x}{2} = 2mn(m^2-n^2), \quad (m,n)=1, \quad m,n \text{ 一奇一偶}. \tag{34}$$

于是

$$y^2 = \frac{1}{2}(t^2-x^2) = 4mn(m+n)(m-n). \tag{35}$$

(35)中 $m,n,m+n,m-n$ 两两互质,所以

$$m=a^2, \quad n=b^2, \quad m+n=c^2, \quad m-n=d^2. \tag{36}$$

即

$$a^2+b^2=c^2, \tag{37}$$

$$a^2-b^2=d^2. \tag{38}$$

显然 $a \leqslant m < y < z$. 根据递降法,方程组(30),(31)无解.

例 5 如果费马大定理对某个 n 成立,即已知方程

$$x^n + y^n = z^n \tag{29}$$

无正整数解,证明方程

$$x^{2n} + y^{2n} = z^2 \tag{39}$$

无正整数解.

解 不妨设 $(x,y)=1$. 由(39)得

$$x^n = 2uv, \quad (u,v)=1, \quad u,v \text{ 一奇一偶}, \tag{40}$$

$$y^n = u^2 - v^2 = (u+v)(u-v). \tag{41}$$

在(41)中,$(u+v,u-v)=(u+v,2u)=(u+v,u)=1$,所以

$$u+v=a^n, \quad u-v=b^n. \tag{42}$$

从而 $\qquad\qquad\qquad 2v = a^n - b^n. \tag{43}$

又由(40),在 v 为偶数时 $\qquad 2v = c^n. \tag{44}$

由(43),(44)导出 $\qquad\qquad a^n = b^n + c^n, \tag{45}$

与已知(45)无解矛盾.

在 u 为偶数时,同样可得矛盾. 所以(39)无正整数解.

另一类使用无穷递降法的不定方程称为马尔可夫(A. A. Марков,1856—1922)方程. 它借助二次方程的韦达定理来构造新解.

例 6 证明方程

$$x^2 + y^2 - 19xy - 19 = 0 \tag{46}$$

无整数解.

解 设 (x,y) 为 (46) 的解,则显然 $x\neq 0,y\neq 0$,并且

$$19(xy+1)=x^2+y^2>0.$$

从而 $xy>-1$,由此即知 $xy\geqslant 0$,x,y 必须同号.不妨设 x,y 均为正整数(否则用 $-x,-y$ 代替 x,y),并且 $x\geqslant y$.

将 (46) 看作 x 的二次方程

$$x^2-19xy+(y^2-19)=0. \tag{47}$$

如果 x 是 (47) 的解,那么根据韦达定理,

$$x'=19y-x \tag{48}$$

也是 (47) 的解,在 y,x 均为整数时,x' 也是整数.x' 适合 (47),所以 (x',y) 适合 (46).根据上面所说 x' 与 y 同号,即 x' 也是正整数.

又由韦达定理 $x'=\dfrac{y^2-19}{x}<\dfrac{y^2}{x}\leqslant y\leqslant x$,所以由 (46) 的一组正整数解 $(x,y)(x\geqslant y)$ 可导出它的另一组正整数解 $(y,x')(y\geqslant x')$,并且 $y+x'<x+y$.于是,与例 3 相同,导致矛盾.即 (46) 无正整数解,从而也没有整数解.

韦达定理的这种用法,与第 22 讲例 7 类似.

例 7 求

$$x^2+y^2+z^2=3xyz \tag{49}$$

的正整数解.

解 设 (x_0,y_0,z_0) 为 (49) 的一组正整数解,$x_0\geqslant y_0\geqslant z_0$,则与例 6 类似,$(3y_0z_0-x_0,y_0,z_0)$ 也是 (49) 的解(还是韦达定理!),并且 $3y_0z_0-x_0=\dfrac{y_0^2+z_0^2}{x_0}$ 是正整数.

现在我们证明在 $y_0>1$ 时,

$$3y_0z_0-x_0<x_0. \tag{50}$$

首先,由 (49) 得 $3x_0^2\geqslant 3x_0y_0z_0$,所以

$$x_0\geqslant y_0z_0. \tag{51}$$

在 $y_0>1$ 时,$2y_0^2z_0^2=y_0^2z_0^2+z_0^2y_0^2>z_0^2+y_0^2$.所以 $0=x_0^2+y_0^2+z_0^2-3x_0y_0z_0<x_0^2-3x_0y_0z_0+2y_0^2z_0^2$.即 $(x_0-y_0z_0)(x_0-2y_0z_0)>0$.结合 (51) 便有 $x_0>2y_0z_0$,从而 (50) 成立.

这样,从 (49) 的一组正整数解 (x_0,y_0,z_0),$x_0\geqslant y_0\geqslant z_0$ 导出一组新解 $(3y_0z_0-x_0,y_0,z_0)$,并且在 $y_0>1$ 时,坐标和 $x_0+y_0+z_0$ 严格减少.经过有限多步后,必须出现解 $y=z=1,x=1$ 或 2.

这里与例 6 相同,如果产生新解的过程无限进行下去,就导致矛盾.但与例 6 不同,这里产生新解需要一个条件 $y>1$,所以在 $y=1$ 时即不一定产生满足

单墫
解题研究
丛书

数学竞赛研究教程

$x_0+y_0+z_0$ 严格减少的新解.

本例在 $y=1$ 时有解 $(1,1,1)$ 或 $(2,1,1)$. 上面的递降过程至 $(1,1,1)$ 后,产生的解 $(3yz-x,y,z)$ 是 $(2,1,1)$,$(2,1,1)$ 产生的解是 $(1,1,1)$. 此后不再产生新的解.

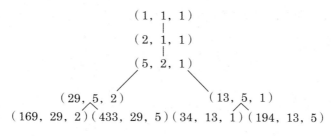

图 14-1

由此递降的结果必须是解 $(1,1,1)$ 或 $(2,1,1)$,所以将这一过程逆过去即产生出方程 (49) 的全部解. 图 14-1 给出开始的 9 组解,从 $(5,2,1)$ 起,每个解 (x,y,z) 都产生两个解 $(3xz-y,x,z)$,$(3xy-z,x,y)$(图 14-1 中 $(3yz-x,y,z)$ 是 (x,y,z) 上面的解).

讨论不定方程时,可根据具体情况,灵活地采用一些其他方法.

例 8 设 $(lm,n)=1$,则方程

$$x^l + y^m = z^n \tag{52}$$

有无穷多组正整数解.

解 由裴蜀定理,存在正整数 s,t,使

$$1+tlm=sn. \tag{53}$$

任取正整数 x_1,y_1,对任意的 d 均有

$$(x_1^l+y_1^m)d^{tlm}=(x_1d^{tm})^l+(y_1d^{tl})^m. \tag{54}$$

令 $d=x_1^l+y_1^m$,则 (54) 左边成为 $(x_1^l+y_1^m)^{sn}$(这里利用了 (53)),因而 x_1d^{tm},y_1d^{tl},$(x_1^l+y_1^m)^s$ 就是 (52) 的解.

例 9 证明方程 $$5^x=2^y+3^z \tag{55}$$
只有三组整数解,即 $(1,1,1)$,$(1,2,0)$,$(2,4,2)$.

解 x,y,z 均非负. 如果 z 为负数,那么 (55) 乘以 $5^{|x|} \cdot 2^{|y|}$ 后,由于 3 与 2,5 互质,(55) 中只有一项不是整数,不可能成立. 同样可以处理 x,y 为负数的情况.

如果 $z=0$,那么 $$5^x=2^y+1. \tag{56}$$
在 $x=1$ 时,$y=2$. 在 $x>1$ 时,$y>2$;mod 8 得 $5^x \equiv 1 \pmod 8$,所以 x 为偶数;mod 3 得 $1 \equiv (-1)^y + 1 \pmod 3$,矛盾.

设 $z>0$,这时 $x>0$. 如果 $y=0$,mod 4 得 $1\equiv1+(-1)^z\pmod4$,矛盾. 于是 x,y 均为正数.

在 $y=1$ 时,方程即第 13 讲例 16 中的(41),它有唯一的解$(1,1,1)$.

在 $y\geqslant2$ 时,mod 4 得 $1\equiv(-1)^z\pmod4$,从而 z 为偶数 $2w$. mod 5 得 $0\equiv2^y+(-1)^w\pmod5$,从而 y 为偶数 $2v$. mod 3 得 $(-1)^x\equiv1\pmod3$,从而 $x=2u$. 于是
$$2^{2v}=5^{2u}-3^{2w}=(5^u+3^w)(5^u-3^w).$$
由唯一分解定理
$$\begin{aligned}5^u+3^w&=2^s,\\5^u-3^w&=2^t.\end{aligned}\tag{57}$$
从而
$$3^w=\frac12(2^s-2^t)=2^{s-1}-2^{t-1}.$$
上式左边不被 2 整除,所以 $t=1$. 于是又化为上面讨论过的($y=1$ 的)情形,由(57)得出 $u=w=1$,从而 $x=z=2,y=4$.

例 10 求方程 $$x^y=y^x\tag{58}$$
的全部正有理数解.

解 $x=y$ 显然是(58)的解. 考虑 $x\neq y$ 的解.

不妨设 $x>x$. 令 $y=(1+w)x,w\in\mathbf{Q}^+$(正有理数集),则
$$x^{(1+w)x}=[(1+w)x]^x.$$
从而 $$x=(1+w)^{\frac1w},\quad y=(1+w)^{1+\frac1w}.\tag{59}$$
令 $x=\dfrac rs,w=\dfrac mn,r,s,m,n\in\mathbf{N}$,并且 r 与 s,m 与 n 互质. 由(59)的第一式得
$$r^mn^n=s^m(m+n)^n,\tag{60}$$
从而 $$r^m=(m+n)^n,\quad n^n=s^m.\tag{61}$$
设 p 为 n 的质因数,$p^\alpha\parallel n$,则 $m\mid\alpha n$,从而 $m\mid\alpha,n=l^m,l\in\mathbf{N}$. 这时 $s=l^n$. 同样 $m+n=k^m,r=k^n,k\in\mathbf{N}$.

由 $m+n>n$,得 $k>l$,即 $k\geqslant l+1$. 故 $m=k^m-l^m\geqslant(l+1)^m-l^m,m=1$.

所以除去 $x=y\in\mathbf{Q}^+$ 外,其余的解为 $x=\left(1+\dfrac1n\right)^n,y=\left(1+\dfrac1n\right)^{n+1},n\in\mathbf{N}$.

例 11 设 a,b,c 为非零整数. 已知方程
$$ax^2+by^2+cz^2=0\tag{62}$$
有不同于$(0,0,0)$的整数解(x,y,z). 证明方程
$$ax^2+by^2+cz^2=1\tag{63}$$

数学竞赛研究教程

有有理数解.

解 设整数 $a \neq 0, \beta, \gamma$ 为 (62) 的解. 令

$$x = \alpha(1+t), \quad y = \beta(1-t), \quad z = \gamma(1-t), \tag{64}$$

$$ax^2 + by^2 + cz^2 = a\alpha^2(1+t)^2 + b\beta^2(1-t)^2 + c\gamma^2(1-t)^2$$
$$= 2t(a\alpha^2 - b\beta^2 - c\gamma^2) = 4t \cdot a\alpha^2.$$

取 $t = \dfrac{1}{4a\alpha^2}$, 则由 (64) 确定的 x, y, z 就是 (63) 的有理数解.

习 题 14

1. 求斜边比一条直角边大 1 的勾股三角形, 即求方程 $x^2 + y^2 = (x+1)^2$ 的正整数解.

2. 求方程 $x^4 + y^2 = z^2$ 的正整数解, 其中 x, y 互质并且 x 为偶数.

3. 求方程 $x^2 + y^2 + z^2 = w^2$ 的正整数解.

4. 证明方程 $x^4 + 4y^4 = z^2$ 无正整数解.

5. 勾股三角形的面积能否是平方数?

6. 求出不定方程 $2x^n = z^{n-1}$ 的全部正整数解.

7. 证明: 对任一正整数 $n > 2$, 不定方程 $y_n^n = y_{n-1}^{n-1} + y_{n-2}^{n-2} + \cdots + y_2^2$ 有无穷多组正整数解.

8. 证明 $2x^4 - y^4 = z^2$ 有无穷多组整数解.

9. 求 $x^2 + y^2 + 2 = xyz$ 的正整数解.

10. 试判定方程组

$$x_1^2 + x_2^2 + \cdots + x_{1985}^2 = y^3,$$
$$x_1^3 + x_2^3 + \cdots + x_{1985}^3 = z^2$$

   是否有正整数解?

11. 证明方程 $x_1^2 + x_2^2 + \cdots + x_{1991}^2 = 1\,991 x_1 x_2 \cdots x_{1991}$ 有无穷多组正整数解.

12. 证明方程 $2x^2 - 3x - 3y^2 - y + 1 = 0$ 有无穷多组正整数解.

13. 求 $x^3 + 3y^3 + 9z^3 - 9xyz = 0$ 的有理数解.

14. 求方程 $x^2 + y^2 - 5xy - 5 = 0$ 的整数解.

15. 证明 $y^2 = x^5 - 4$ 无整数解.

16. 证明方程 $x^n + y^n = (x+y)^m$ 有唯一的满足 $m > 1, n > 1, x > y > 0$ 的整数解.

17. 求 $y^2 = 2x^4 + 1$ 的所有整数解.

多项式

多项式有许多与整数类似的性质.

我们先研究整系数的一元多项式

$$f(x)=a_nx^n+a_{n-1}x^{n-1}+\cdots+a_1x+a_0,n>0. \tag{1}$$

如果 $f(x)$ 不能表示为两个次数大于 0 的整系数多项式的积,我们就说 $f(x)$ 在整数(环) $\mathbf{Z}$ 上既约,在不致混淆时简称 $f(x)$ 既约.

每一个整系数多项式都可以分解为既约多项式的积,而且在不考虑因式顺序与常数因子时,这种分解是唯一的.

例 1 证明:如果多项式(1)有有理根 $\dfrac{p}{q}$,p 与 q 互质,那么 $p|a_0,q|a_n$.

解 $q^nf\left(\dfrac{p}{q}\right)=a_np^n+a_{n-1}p^{n-1}q+\cdots+a_1pq^{n-1}+a_0q^n=0$,所以 q 整除 $a_np^n+a_{n-1}p^{n-1}q+\cdots+a_0q^n$,从而 $q|a_np^n$. 由于 p 与 q 互质,所以 $q|a_n$.

同理 $p|a_0q^n$,所以 $p|a_0$.

在(1)有有理根时,例 1 可以帮助我们找到它. 反过来,如果以 a_n 的因数为分母,a_0 的因数为分子的分数都不是 $f(x)$ 的根,那么 $f(x)$ 没有有理根.

例 2 证明:

(ⅰ) $f(x)=x^{100}+2x^{99}+3x+3$,

(ⅱ) $g(x)=x^{100}+2x^{99}+2x^{98}+3x+3$

都没有有理根.

解 由例 1,$g(x)$ 的有理根只可能是 $\pm1,\pm3$.

$g(1)=11,g(-1)=1,g(-3)=3^{99}+2\times3^{98}-6>0,g(3)>0$.

所以 $g(x)$ 无有理根.

同样 $f(x)$ 也没有有理根.

不难编制出有有理根的多项式,它可以分解出形如 $px-q$ 的一次因式. 但在高中的数学竞赛中,更常见的是证明某一多项式既约或者没有某种形状的因式. 这种证明当然采用反证法.

例 3 证明例 2 中的 $g(x)$ 没有形如 $x^2+ax+b,a,b\in\mathbf{Z}$ 的因式.

解 设

$$x^{100}+2x^{99}+2x^{98}+3x+3=(x^2+ax+b)h(x), \tag{2}$$

其中 $h(x)=x^{98}+c_{97}x^{97}+\cdots+c_0$,系数为整数(由于 x^2+ax+b 的首项系数为

1，在用它除 $g(x)$ 时，除法竖式中所出现的数都是整数）.

在（2）式两边 mod 3 得

$$x^{98}(x^2+2x+2) \equiv (x^2+ax+b)(x^{98}+c_{97}x^{97}+\cdots+c_0)(\bmod\ 3).\ (3)$$

这时有两种可能：

（ⅰ）$b \not\equiv 0(\bmod\ 3)$.

由（3）得 $c_{97}\equiv\cdots\equiv c_0\equiv 0(\bmod\ 3)$，$a\equiv b\equiv 2(\bmod\ 3)$.

由（2）知 $bc_0=3$，所以 $b=-1$，$c_0=-3$.

在（2）中令 $x=-1$ 得 $1=-ah(-1)=-a(1+3$ 的倍数），所以 $a=-1$.

$x^2+ax+b=x^2-x-1$ 有一个根 $\dfrac{1+\sqrt 5}{2}$，而

$$g(x)=3x^{100}-2(x^{100}-x^{99}-x^{98})-3(x^2-x-1)+3x^2$$
$$=3x^2(x^{98}+1)-2x^{98}(x^2-x-1)-3(x^2-x-1)$$

在 $x=\dfrac{1+\sqrt 5}{2}$ 时不为 $0\left((1+\sqrt 5)^{98}=A\sqrt 5+B,A>0.\ 所以\ (1+\sqrt 5)^{98}\ 为无理数，\right.$

$\left.\left(\dfrac{1+\sqrt 5}{2}\right)^{98}+1\ne 0\right)$，这表明（2）不可能成立.

（ⅱ）$b\equiv 0(\bmod\ 3)$.

因为 $bc_0=3$，所以 $b=\pm 3$，$c_0=\pm 1$.（3）成为

$$x^{97}(x^2+2x+2)\equiv(x+a)(x^{98}+\cdots\pm 1)(\bmod\ 3),\qquad(4)$$

左边最低次项为 $2x^{97}$，右边最低次数项为 $\pm a$（若 $a\not\equiv 0(\bmod\ 3)$）或 $\pm x$（若 $a\equiv 0$（mod 3）），无论哪种情况均导致矛盾.

同余，在证明多项式既约或没有某种形状的因式时，是十分有效的手段.

例 4 已知 $f(x)$，$g(x)$ 都是整系数多项式，如果 $f(x)g(x)$ 的系数都是质数 p 的倍数，那么 $f(x)$，$g(x)$ 中至少有一个的系数都是 p 的倍数.

解 如果 $f(x)$ 中 a_kx^k 的系数不是 p 的倍数，并且 k 是具有这一性质的最小整数；$g(x)$ 中 b_hx^h 的系数不是 p 的倍数，并且 h 是具有这一性质的最小整数，那么

$$0\equiv f(x)g(x)$$
$$\equiv(a_kx^k+a_{k+1}x^{k+1}+\cdots)(b_hx^h+b_{h+1}x^{h+1}+\cdots)$$
$$\equiv a_kb_hx^{k+h}+\cdots(\bmod\ p),$$

而 $a_kb_h\not\equiv 0(\bmod\ p)$，矛盾！

满足 $(a_n,a_{n-1},\cdots,a_1,a_0)=1$ 的多项式（1）称为本原多项式. 由例 4 立即导出著名的高斯引理：两个本原多项式的积仍是本原多项式.

例 5 如果次数不大于 k($0{\leqslant}k{<}n$)的非常数整系数多项式均不是多项式 (1)的因式,质数 p 满足 $p^2{\nmid}a_0$,$p{\mid}(a_0,a_1,\cdots,a_{n-1-k})$,$p{\nmid}(a_0,a_1,\cdots,a_n)$,那么 $f(x)$ 是既约多项式.

解 设 $a_nx^n+a_{n-1}x^{n-1}+\cdots+a_0$

$$=(b_sx^s+b_{s-1}x^{s-1}+\cdots+b_0)(c_tx^t+c_{t-1}x^{t-1}+\cdots+c_0), \quad (5)$$

则 $a_0=b_0c_0$. 由于 $p^2{\nmid}a_0$,所以 b_0,c_0 中至少有一个不被 p 整除,不妨设 $p{\nmid}b_0$.

由已知 $s{>}k$,所以 $n-k{>}n-s=t$.

在(5)式两边 mod p. 由于 $p{\mid}(a_0,a_1,\cdots,a_{n-1-k})$,$p{\nmid}(a_0,a_1,\cdots,a_n)$,取模后(5)式左端的最低项为 a_mx^m,$m{\geqslant}n-k$. 而由于 $p{\nmid}b_0$,右端的最低项为 $b_0c_lx^l$,$l{\leqslant}t{<}n-k{\leqslant}m$. 矛盾.

当 $k=0$ 时,就得到著名的艾森斯坦(F. G. Eisenstein,1823—1852)判别法.

例 6 证明例 2 中的两个多项式都是既约多项式.

解 （ⅰ）$f(x)=x^{100}+2x^{99}+3x+3$ 无有理根(例 2). 在例 5 中取 $k=1$,$p=3$,即得结论.

（ⅱ）$g(x)=x^{100}+2x^{99}+2x^{98}+3x+3$ 无有理根(例 2),无形如 x^2+ax+b,$a,b\in\mathbf{Z}$ 的因式(例 3). 在例 5 中取 $k=2$,$p=3$,即得结论.

例 7 证明:对于任意的自然数 n,存在 n 次的既约多项式.

解 x^n-2 就是 n 次既约多项式. 在例 5 中,取 $k=0$,$p=2$,即知 x^n-2 既约.

这里的 2 当然可换成任一个质数.

例 8 证明:在整数环 $\mathbf{Z}$ 上既约的多项式(1)不能分解成两个次数大于 0 的有理系数的多项式的乘积.

解 设 $f(x)=g(x)h(x)$,$g(x),h(x)$ 的次数均大于 0. 又设

$$g(x)=\frac{b}{a}G(x), \quad h(x)=\frac{d}{c}H(x),$$

这里 a,b,c,d 都是整数,a 是 $g(x)$ 的系数的最小的公分母,b 是 $ag(x)$ 的系数的最大公约数,$G(x),H(x)$ 都是整系数本原多项式. 由例 4 末的高斯引理,$G(x)H(x)$ 也是整系数本原多项式. 由于

$$f(x)=\frac{bd}{ac}G(x)H(x)=\frac{t}{s}G(x)H(x), \quad (6)$$

这里 $\dfrac{t}{s}$ 是 $\dfrac{bd}{ac}$ 经约分后所得的既约分数,$f(x)$ 是整系数多项式,s 与 t 互质,所

以 s 必须整除 $G(x)H(x)$ 的每一项系数. 但 $G(x)H(x)$ 是本原多项式, 所以 $s = \pm 1$. 这样, (6) 表明 $f(x)$ 在整数环中可以分解.

例 8 表明整系数多项式 (1) 在整数环 $\mathbf{Z}$ 上既约与在有理数域 $\mathbf{Q}$ 上既约是一致的. 因此, 只需研究在 $\mathbf{Z}$ 上的分解.

多项式在实数域 $\mathbf{R}$ 与复数域 $\mathbf{C}$ 上的分解与在 $\mathbf{Z}$ 上的分解大不相同.

每个一元 $n(n > 0)$ 次多项式在 $\mathbf{C}$ 上一定有根, 这称为代数基本定理. 所以 (对一元多项式) 在复数域中, 只有一次多项式是既约的.

由于实系数多项式的虚根成对出现, 对于一对共轭根 $a \pm bi$, $(x - a - bi)(x - a + bi) = (x - a)^2 + b^2$ 为实系数多项式. 所以在实数域中, 每个 (一元) 多项式可以分解成一次或二次因式的积, 即在实数域中, 只有一次、二次多项式是既约的.

例 9 设 $P_1(x), P_2(x), \cdots, P_n(x)$ 为实 (系数) 多项式. 证明存在实 (系数) 多项式 $A_r(x), B_r(x)$ $(r = 1, 2, 3)$ 满足

$$\sum_{s=1}^{n} (P_s(x))^2 = (A_1(x))^2 + (B_1(x))^2$$
$$= (A_2(x))^2 + x(B_2(x))^2$$
$$= (A_3(x))^2 - x(B_3(x))^2.$$

解 根据上面所说, 我们可设

$$\sum_{s=1}^{n} (P_s(x))^2$$
$$= a(x - \alpha_1)^{e_1} \cdots (x - \alpha_s)^{e_s} (x^2 + p_1 x + q_1) \cdots (x^2 + p_t x + q_t), \quad (7)$$

其中 $a, \alpha_1, \cdots, \alpha_s, p_1, \cdots, p_t, q_1, \cdots, q_t$ 都是实数, $e_1, \cdots, e_s$ 都是正整数, 并且

$$p_r^2 \leqslant 4 q_r \, (r = 1, 2, \cdots, t). \quad (8)$$

由于 $\sum (P_s(x))^2$ 永远大于等于 0, 所以 e_j 为偶数 $(1 \leqslant j \leqslant s)$ (否则在 x 由小于 α_j 变到大于 α_j 时, (7) 式右边变号), 并且 $a > 0$.

注意由 (8) 得出 $q_r \geqslant 0$ 及 $2 \sqrt{q_r} \geqslant p_r \geqslant -2 \sqrt{q_r}$, 所以

$$x^2 + p_r x + q_r = \left(x + \frac{p_r}{2} \right)^2 \left(\sqrt{q_r - \frac{p_r^2}{4}} \right)^2$$
$$= (x - \sqrt{q_r})^2 + x \left(\sqrt{p_r + 2\sqrt{q_r}} \right)^2$$
$$= (x + \sqrt{q_r})^2 - x \left(\sqrt{-p_r + 2\sqrt{q_r}} \right)^2,$$

其中 $x + \dfrac{p_r}{2}, \sqrt{q_r - \dfrac{p_r^2}{4}}, x - \sqrt{q_r}, \sqrt{p_r + 2\sqrt{q_r}}, x + \sqrt{q_r}, \sqrt{-p_r + 2\sqrt{q_r}}$ 都是

实多项式.

由于 $(A^2(x)+B^2(x))(C^2(x)+D^2(x))$

$$=(A(x)C(x)+B(x)D(x))^2+(A(x)D(x)-B(x)C(x))^2,$$

$$(A^2(x)\pm xB^2(x))(C^2(x)\pm xD^2(x))$$

$$=(A(x)C(x)+xB(x)D(x))^2\pm x(A(x)D(x)-B(x)C(x))^2,$$

而(7)式中每个因式均可写成 $A^2(x)+B^2(x)$ 或 $A^2(x)\pm xB^2(x)$ 的形式,所以 $\sum(P_s(x))^2$ 也能写成同样的形式.

从代数基本定理立即推出一元 $n(n>0)$ 次多项式恰有 n 个根(重数考虑在内).

例 10 已知 $f(x)$ 是 n 次多项式,并且

$$f(k)=\frac{k}{k+1},\quad k=0,1,\cdots,n. \tag{9}$$

求 $f(n+1)$.

解 $g(x)=(x+1)f(x)-x$ 是 $n+1$ 次多项式. 由(9),$g(x)$ 在 $x=0$,$1,\cdots,n$ 时值为 0. 所以

$$g(x)=ax(x-1)\cdots(x-n), \tag{10}$$

其中 a 为待定的常数.

令 $x=-1$ 得 $1=g(-1)=a\cdot(-1)^{n+1}\cdot(n+1)!,$

即

$$a=\frac{(-1)^{n+1}}{(n+1)!},$$

所以

$$(n+2)f(n+1)-(n+1)=g(n+1)=(-1)^{n+1},$$

$$f(n+1)=\frac{n+1+(-1)^{n+1}}{n+2}.$$

例 11 设 a,b,c 互不相等,证明

$$\frac{a^2(x-b)(x-c)}{(a-b)(a-c)}+\frac{b^2(x-c)(x-a)}{(b-c)(b-a)}+\frac{c^2(x-a)(x-b)}{(c-a)(c-b)}=x^2. \tag{11}$$

解 由于 n 次多项式恰有 n 个根,所以次数不超过 n 的多项式如果有 $n+1$ 个根,那么这个多项式为 0. 进而有多项式恒等定理:

如果对于 x 的 $n+1$ 个不同的值,两个(x 的)次数不超过 n 的多项式的值均相等,那么这两个多项式恒等.

现在(11)式左边的多项式,在 $x=a,b,c$ 时的值分别为 a^2,b^2,c^2,即与右边多项式的值相等. 因此两边恒等.

类似地,对于 n 次多项式 $f(x)$ 及 $n+1$ 个不同的值 $\alpha_1,\alpha_2,\cdots,\alpha_{n+1}$,有

单墫
解题研究
丛书

数学竞赛研究教程

$$\sum_{j=1}^{n+1} f(\alpha_j) \prod_{\substack{i=1 \\ i \neq j}}^{n+1} \frac{x - \alpha_i}{\alpha_j - \alpha_i} = f(x). \tag{12}$$

(12)就是拉格朗日(J. L. Lagrange, 1736—1813)插值公式.

例 12 化简

$$\frac{(z - z_1)(z' - z_1)}{(z_1 - z_2)(z_1 - z_3)} + \frac{(z - z_2)(z' - z_2)}{(z_2 - z_3)(z_2 - z_1)} + \frac{(z - z_3)(z' - z_3)}{(z_3 - z_1)(z_3 - z_2)}. \tag{13}$$

解 原式是 z 的多项式,次数小于等于 1.

在 $z = z_1$ 时,多项式的值为 $\dfrac{z' - z_2}{z_3 - z_2} - \dfrac{z' - z_3}{z_3 - z_2} = 1$. 同样在 $z = z_2$ 时,多项式的值也为 1. 所以原多项式恒等于 1.

(13)是 z_1, z_2, z_3 的对称式,即将 z_1, z_2, z_3 中任两个互换,(13)不变.

n 个字母 $x_1, x_2, \cdots, x_n$ 的对称多项式

$$\sigma_1 = x_1 + x_2 + \cdots + x_n = \sum x_i,$$

$$\sigma_2 = x_1 x_2 + x_1 x_3 + \cdots + x_{n-1} x_n = \sum_{i \neq j} x_i x_j,$$

$$\cdots\cdots$$

$$\sigma_k = \sum_{(i_1, i_2, \cdots, i_k)} x_{i_1} x_{i_2} \cdots x_{i_k}, \tag{14}$$

$$\cdots\cdots$$

$$\sigma_n = x_1 x_2 \cdots x_n$$

称为 $x_1, x_2, \cdots, x_n$ 的初等对称多项式(其中 σ_k 是对 $1, 2, \cdots, n$ 的所有 k 元组合求和),有很多应用.

根据韦达定理, $(x - x_1)(x - x_2) \cdots (x - x_n)$

$$= x^n - \sigma_1 x^{n-1} + \sigma_2 x^{n-2} + \cdots + (-1)^n \sigma_n, \tag{15}$$

所以 $x_i^n - \sigma_1 x_i^{n-1} + \sigma_2 x_i^{n-2} + \cdots + (-1)^n \sigma_n = 0 \ (i = 1, 2, \cdots, n).$ (16)

例 13 设 $S_k = x_1^k + x_2^k + \cdots + x_n^k$. 证明牛顿(Newton, 1642—1727)的幂和公式:

(a) 当 $k \geqslant n$ 时,

$$S_k - \sigma_1 S_{k-1} + \sigma_2 S_{k-2} + \cdots + (-1)^n \sigma_n S_{k-n} = 0. \tag{17}$$

(b) 当 $1 \leqslant k < n$ 时,

$$S_k - \sigma_1 S_{k-1} + \sigma_2 S_{k-2} + \cdots + (-1)^{k-1} \sigma_{k-1} S_1 + (-1)^k \sigma_k k = 0. \tag{18}$$

解 将(16)式乘以 x_i^{k-n},然后对 i 求和即得(17)(实际上(17)对所有的整数 k 均成立).

(18)的证明比较困难. 首先注意在 $x_1,\cdots,x_n$ 中有 $n-k$ 个等于 0 时,(18)成立(即 $n=k$ 时的(17)式).

设 $n>l\geqslant k$,并且(18)式在 $x_1,x_2,\cdots,x_n$ 中有 $n-l$ 个为 0 时成立. 考虑 $x_{l+2},x_{l+3},\cdots,x_n$ 为 0 的情况.

根据(归纳)假设,在 $x_1,x_2,\cdots,x_{l+1}$ 中任一个为 0 时,(18)的左边为 0,因而(18)的左边被 $x_1x_2\cdots x_{l+1}$ 整除. 但(18)的左边是次数小于等于 k 的多项式,所以它必须为 0. 即在这种情况下(18)仍然成立.

于是(18)对任意的 $x_1,x_2,\cdots,x_n$ 成立.

由线性方程组(18)($k=1,2,\cdots$)立即得出

$$S_k=(-1)^k\begin{vmatrix} f_1 & 1 & 0 & \cdots & 0 \\ 2f_2 & f_1 & 1 & \cdots & 0 \\ 3f_3 & f_2 & f_1 & \cdots & 0 \\ & & \cdots & & \\ kf_k & f_{k-1} & f_{k-2} & \cdots & f_1 \end{vmatrix}, \tag{19}$$

其中 $f_i=(-1)^i\cdot\sigma_i(i=1,2,\cdots,k)$.

也可以得出

$$\sigma_k=\frac{1}{k!}\cdot\begin{vmatrix} S_1 & 1 & 0 & \cdots & 0 \\ S_2 & S_1 & 2 & \cdots & 0 \\ S_3 & S_2 & S_1 & \cdots & 0 \\ & & \cdots & & \\ S_k & S_{k-1} & S_{k-2} & \cdots & S_1 \end{vmatrix}. \tag{20}$$

公式(19),(20)的特殊情况在数学竞赛中常常出现.

例 14 解方程组

$$\begin{cases} x_1+x_2+\cdots+x_n=n, \\ x_1^2+x_2^2+\cdots+x_n^2=n, \\ \cdots\cdots \\ x_1^n+x_2^n+\cdots+x_n^n=n. \end{cases} \tag{21}$$

解法一 $S_1=S_2=\cdots=S_n=n$. 将(20)中的行列式从最下面起,每一行减去它上面一行,然后展开得 $\sigma_k=\dfrac{1}{k!}\cdot n(n-1)\cdots(n-k+1)=C_n^k$. 所以 $x_1,x_2,\cdots,x_n$ 是

$$\sum_{k=0}^n(-1)^k\sigma_kx^k=\sum_{k=0}^n(-1)^kC_n^kx^k=(1-x)^n$$

的根，即 $x_1 = x_2 = \cdots = x_n = 1$.

解法二 设 $P(x) = (x - x_1)(x - x_2) \cdots (x - x_n)$，则 $P(x_i) = 0 (1 \leqslant i \leqslant n)$. 将(21)的 n 个方程依次乘以 $(-1)^{n-1} \sigma_{n-1}$，$(-1)^{n-2} \sigma_{n-2}, \cdots, -\sigma_1, 1$，将 $1 + 1 + \cdots + 1 = n$ 乘以 $(-1)^n \sigma_n$，然后相加得 $0 = n \cdot p(1)$，从而 1 是 $P(x)$ 的根，不妨设 $x_n = 1$. 将 n 换作 $n-1$，对 $x_1, \cdots, x_{n-1}$ 用同样方法处理即知 $x_1 = x_2 = \cdots = x_n = 1$.

事实上，$S_k (1 \leqslant k \leqslant n)$ 确定后，$\sigma_k (1 \leqslant k \leqslant n)$ 就随之确定. 从而多项式(15)的根 $x_k (1 \leqslant k \leqslant n)$ 也就唯一确定了. 而 $x_1 = x_2 = \cdots = x_n = 1$ 显然是根.

最后，我们讨论几个 $f(g(x)) = g(f(x))$ 形的函数方程，其中 f, g 为多项式.

例 15 $g(x) = a_m x^m + a_{m-1} x^{m-1} + \cdots + a_1 x + a_0$ 为实多项式，$a_i \geqslant 0 (0 \leqslant i \leqslant m)$，$a_m > 0$，$a_0 > 0$. 求多项式 $f(x)$，使其满足：

（ⅰ）$f(g(x)) = g(f(x))$；　　　　　　　　　　　　　　　　　(22)

（ⅱ）$f(0) = 0$.　　　　　　　　　　　　　　　　　　　　　　(23)

解 显然 $g(x)$ 在 $(0, +\infty)$ 上是严格的增函数，由于 $g(0) = a_0 > 0$，

所以　　　　　　$0 < g(0) < g^{(2)}(0) < g^{(3)}(0) < \cdots$　　　　　　(24)

这里

$$g^{(k)}(x) = g(g^{(k-1)}(x)) = \cdots = \underbrace{g(g(\cdots g(x) \cdots))}_{k \text{个} g}.$$

另一方面，我们有 $f(g^{(k)}(0)) = g(f(g^{(k-1)}(0))) = \cdots = g^{(k)}(f(0)) = g^{(k)}(0)$. 所以 $0, g(0), g^{(2)}(0), \cdots, g^{(k)}(0), \cdots$ 是多项式

$$f(x) - x \tag{25}$$

的不同的根.

由于(24)，$\{g^{(k)}(0) | k = 0, 1, 2, \cdots\}$ 是无限集，因此 $f(x) - x$ 必须为零(多项式)，即 $f(x) = x$.

例 16 求满足

$$f(x^n + 1) = f^n(x) + 1. \tag{26}$$

的多项式 $f(x)$.

解 如果 $f(0) = 0$，那么由例 15，$f(x) = x$.

设 $f(x) = a_m x^m + a_{m-1} x^{m-1} + \cdots + a_0$，$a_0 \neq 0$，$\varepsilon = e^{\frac{2\pi i}{n}}$，则

$$f^n(\varepsilon x) = f((\varepsilon x)^n + 1) - 1 = f(x^n + 1) - 1 = f^n(x),$$

所以有 $0 \leqslant k < n$，使 $f(\varepsilon x) = \varepsilon^k f(x)$.

比较两边的常数项得 $a_0 = \varepsilon^k a_0$，所以 $\varepsilon^k = 1$，$f(\varepsilon x) = f(x)$.

再比较各项系数得 $\alpha_l \varepsilon^l = a_l (1 \leqslant l \leqslant m)$.

所以在 $n \nmid l$ 时, $a_l = 0$. 即 $f(x) = \varphi(x^n) = \psi(x^n + 1)$, 其中 φ, ψ 都是多项式.

令 $y = x^n + 1$, 则

$$\psi^n(y) = f^n(x) = f(x^n + 1) - 1 = f(y) - 1 = \psi(y^n + 1) - 1.$$

所以 $\psi(y)$ 满足与 $f(x)$ 同样的方程 $\psi(y^n + 1) = \psi^n(y) - 1$. 但 ψ 的次数是 f 的次数除以 n.

如此继续下去, 若每次所得的多项式的常数项均非零(即 $\psi(0) \neq 0, \cdots$), 则 f 的次数、ψ 的次数、$\cdots$ 都是 n 的倍数. 从而 f 只能为常数(次数为 0)a_0, 并且 a_0 是方程 $a_0 = a_0^n + 1$ 的根(由此易知 n 必须为大于 1 的奇数, $a_0 < -1$).

若 $\psi(0) = 0$, 则 $\psi(y) = y, f(x) = \psi(x^n + 1) = x^n + 1$. 类似地, 有 $f(x) = g(g(x)), g(g(g(x))), \cdots$, 其中 $g(x) = x^n + 1$.

例 17 设

$$f(x) = a_n x^n + a_{n-1} x^{n-1} + \cdots + a_0 (n > 1),$$

$$g(x) = b_n x^n + b_{n-1} x^{n-1} + \cdots + b_0$$

都是实多项式, 并且 $f(g(x)) = g(f(x))$. 证明:

$$f(x) = g(x) \text{ 或 } f(x) = -g(x) - \frac{2b_{n-1}}{n b_n}, \tag{27}$$

后一种情况仅在 n 为奇数时发生.

解 设 $\alpha_i, \beta_i (i = 1, 2, \cdots, n)$ 分别为 $f(x), g(x)$ 的根, 则由 $f(g(x)) = g(f(x))$ 得

$$a_n \prod_{i=1}^n (g(x) - \alpha_i) = b_n \prod_{i=1}^n (f(x) - \beta_i). \tag{28}$$

因此 $f(g(x))$ 的根可以用两种方法分为 n 组. 即它们是 $g(x) - \alpha_i = 0(i = 1, 2, \cdots, n)$ 的根, 也是 $f(x) - \beta_i = 0(i = 1, 2, \cdots, n)$ 的根.

设 S_k 为 $f(g(x))$ 的根的 k 次方的和, 则由于各个 $g(x) - \alpha_i (i = 1, 2, \cdots, n)$ 仅有常数项不同, 所以(根据(19))这些多项式的根的 $k(1 \leqslant k < n)$ 次方的和均是相同的, 而且均等于 $\frac{1}{n} S_k$. 同样 $f(x) - \beta_i (i = 1, 2, \cdots, n)$ 的根的 $k(1 \leqslant k < n)$ 次方的和也均等于 $\frac{1}{n} S_k$. 根据(20), $\frac{1}{a_n} f(x)$ 与 $\frac{1}{b_n} g(x)$ 仅相差一个常数.

最后, 由(17)可得 $g(x) - \alpha_i$ 的根的 n 次方的和, 所以由(28)得

$$S_n = \sum_{i=1}^n \left[\cdots + (-1)^{n-1} \cdot n \cdot \frac{b_0 - \alpha_i}{b_n} \right] = \sum_{i=1}^n \left[\cdots + (-1)^{n-1} \cdot n \cdot \frac{a_0 - \beta_i}{a_n} \right],$$

单墫
解题研究
丛书

数学竞赛研究教程

因而 $\sum_{i=1}^{n}\dfrac{b_0-\alpha_i}{b_n}=\sum_{i=1}^{n}\dfrac{a_0-\beta_i}{a_n}$. 由于 $\sum\alpha_i=\dfrac{-a_{n-1}}{a_n}$，$\sum\beta_i=\dfrac{-b_{n-1}}{b_n}$，从上式得

$$n(a_nb_0-b_na_0)=b_{n-1}-a_{n-1}. \qquad (29)$$

又比较 $f(g(x))$ 与 $g(f(x))$ 的最高次项得 $a_nb_n^n=b_na_n^n$，所以 $a_n=b_n$ 或 $a_n=-b_n$，后一种情况仅在 n 为奇数时发生。

若 $a_n=b_n$，则 $f(x)$ 与 $g(x)$ 仅相差一个常数，从而由 (29)，$a_0=b_0$，即 $f(x)=g(x)$。

若 $a_n=-b_n$，则 $f(x)$ 与 $-g(x)$ 仅相差一个常数，从而由 (29)，$a_0=-b_0-\dfrac{2b_{n-1}}{nb_n}$，即 $f(x)=-g(x)-\dfrac{2b_{n-1}}{nb_n}$.

记 $c=-\dfrac{2b_{n-1}}{nb_n}$，$y=f(x)$，则在后一种情况，

$$f(c-y)=f(g(x))=g(f(x))=-f(f(x))+c=-f(y)+c,$$

即

$$f(c-y)+f(y)=c. \qquad (30)$$

所以 $f(x)$ 关于点 $\left(\dfrac{c}{2},\dfrac{c}{2}\right)$ 对称，$f(x)$ 必须为

$$c_n\left(x-\dfrac{c}{2}\right)^n+c_{n-2}\left(x-\dfrac{c}{2}\right)^{n-2}+\cdots+c_1\left(x-\dfrac{c}{2}\right)+\dfrac{c}{2}\,(n\ 为奇数).\ 不难验证$$

这种形状的 $f(x)$ 满足 (30)，从而满足 $f(g(x))=g(f(x))(g(x)=c-f(x))$。

当然 $f(x)=g(x)$ 也是该方程的解（无论 n 为奇数还是偶数）。

注 若不限定 f 与 g 次数相同，则解有无限多组，如 $g(x)=f^{(k)}(x)(k=1,2,\cdots)$ 均为解。

习 题 15

1. 求满足 $xP(x-1)=(x-26)P(x)$ 的多项式 $P(x)$.

2. 求 $x^{19}+x^{17}+x^{13}+x^{11}+x^7+x^5+x^3$ 除以 x^2-1 的余式.

3. b,c,d 为整数，并且 $(b+c)d$ 为奇数，证明 x^3+bx^2+cx+d 在 **Q** 上既约。

4. a,b,c 均非 0，多项式 $f(x)$ 除以 $(x-a)(x-b)$，$(x-b)(x-c)$，$(x-c)(x-a)$ 的余式分别为 $px+l$，$qx+m$，$rx+n$，求证：

$$l\left(\dfrac{1}{a}-\dfrac{1}{b}\right)+m\left(\dfrac{1}{b}-\dfrac{1}{c}\right)+n\left(\dfrac{1}{c}-\dfrac{1}{a}\right)=0.$$

5. $P(x)$ 为整系数多项式，a,b,c 为整数，并且 $P(a)=b$，$P(b)=c$，$P(c)=a$，证明 $a=b=c$。

6. $P(x)$ 为整系数多项式，$P^{(n)}(x)=P(P(\cdots P(x)\cdots))$（$n$ 次复合），证明整数 a

适合 $P^{(1991)}(a)=a$ 的充分必要条件是 $P(a)=a$.

7. 设 $u_i=a_ix+b_i(i=1,2,3)$ 为实(系数)多项式,满足 $u_1^n+u_2^n=u_3^n$,其中 $n\geqslant2$ 为一固定自然数. 证明:存在实多项式 $p(x)=ax+b$,使 $u_i=c_ip(x)(i=1,2,3)$,其中 c_i 为实数.

8. $x+y+z=1,x^2+y^2+z^2=2,x^3+y^3+z^3=3$,求 $x^4+y^4+z^4$.

9. P,Q,R,S 均为多项式,并且
$$P(x^5)+xQ(x^5)+x^2R(x^5)=(x^4+x^3+x^2+x+1)S(x).$$
证明 $x-1$ 是 P,Q,R,S 的公因式.

10. $f(x)$ 为整系数多项式,如果有自然数 $k,k\nmid f(1)f(2)\cdots f(k)$,那么 f 一定没有整数根.

11. $f(x)=x^n+a_1x^{n-1}+\cdots+a_{n-1}x+1$ 的系数均非负并且有 n 个实数根,证明 $f(2)\geqslant3^n$.

12. 已知 a,b 为正整数,并且 $a^2b\mid(a^3+b^3)$. 证明 $a=b$.

13. 设 $n\geqslant3$. 证明 $x^n+4x^{n-1}+4x^{n-2}+\cdots+4x+4$ 既约.

单壿
解题研究
丛书

数学竞赛研究教程

复数与几何

从原则上说,一切平面几何的问题都可以用解析几何去处理,因而都可以用复数去处理. 但是实行起来却未必简单. 什么样的问题适宜用复数去处理呢?

与通常的解析几何相比,复数的优点在于可以进行乘法运算. 乘以复数 $re^{i\varphi}$ 相当于作一个相似变换:将长度(模)乘以 r,再作一个依逆时针方向转 φ 角的旋转(变换),位似中心与旋转中心均为原点. 因此,凡与位似、旋转有关的问题,常常利用复数去解.

此外,由复数的等式取模而产生不等式也是一种常用的方法.

例 1 已知单位圆的内接正 n 边形 $A_1 A_2 \cdots A_n$ 及圆周上一点 P,求证:

(a) $\sum\limits_{k=1}^{n} |PA_k|^2 = 2n.$ (b) $\sum\limits_{k=1}^{n} |PA_k|^4 = 6n.$

(c) $\sum\limits_{j,k=1}^{n} |A_j A_k|^2 = 2n^2.$ (d) $\prod\limits_{k=2}^{n} |A_1 A_k| = n.$

(e) $\max \prod\limits_{k=1}^{n} |PA_k| = 2.$ (f) $\max \sum\limits_{k=1}^{n} |PA_k| = \dfrac{2}{\sin \dfrac{\pi}{2n}}.$

(g) $\min \sum\limits_{k=1}^{n} |PA_k| = 2\cot \dfrac{\pi}{2n}.$

解 以圆心 O 为原点,设 $A_1, A_2, \cdots, A_n$ 分别为 $1, \varepsilon, \varepsilon^2, \cdots, \varepsilon^{n-1}$,这里 ε 为 n 次单位根 $e^{\frac{2\pi i}{n}}$. 又设 P 为 $z = e^{i\theta}$.

(a)
$$\sum_{k=1}^{n} |PA_k|^2 = \sum_{k=0}^{n-1} |z - \varepsilon^k|^2$$
$$= \sum_{k=0}^{n-1} (z - \varepsilon^k)(\bar{z} - \varepsilon^{-k})$$
$$= \sum_{k=0}^{n-1} (|z|^2 - \varepsilon^k \bar{z} - \varepsilon^{-k} z + 1)$$
$$= 2n - \bar{z} \sum_{k=0}^{n-1} \varepsilon^k - z \sum_{k=0}^{n-1} \varepsilon^{-k}$$
$$= 2n.$$

其中利用了
$$\sum_{k=0}^{n-1} \varepsilon^k = 0 \tag{1}$$
及
$$\bar{z} z = |z|^2. \tag{2}$$

(2) 的主要用途在于把长度的平方(偶次方) 化为复数与其共轭复数的乘积.

(b) $\displaystyle\sum_{k=1}^{n} |PA_k|^4 = \sum_{k=0}^{n-1} |z-\varepsilon^k|^4$

$\displaystyle = \sum_{k=0}^{n-1}(z^2-2z\varepsilon^k+\varepsilon^{2k})(\bar{z}^2-2\bar{z}\varepsilon^{-k}+\varepsilon^{-2k})$

$\displaystyle = \sum_{k=0}^{n-1}(6-4z\varepsilon^{-k}-4\bar{z}\varepsilon^k+z^2\varepsilon^{-2k}+\bar{z}^2\varepsilon^{2k})$

$= 6n.$

(c) $\displaystyle\sum_{j,k=1}^{n} |A_jA_k|^2 = \sum_{j,k=1}^{n}(\varepsilon^j-\varepsilon^k)(\varepsilon^{-j}-\varepsilon^{-k})$

$\displaystyle = \sum_{j,k=1}^{n}(2-\varepsilon^{j-k}-\varepsilon^{k-j})$

$= 2n^2.$

(d) $\displaystyle\prod_{k=2}^{n} |A_1A_k| = |(1-\varepsilon)(1-\varepsilon^2)\cdots(1-\varepsilon^{n-1})|.$

因为 $\qquad z^n-1=(z-1)(z-\varepsilon)(z-\varepsilon^2)\cdots(z-\varepsilon^{n-1}),$ $\qquad$ (3)

所以 $\quad z^{n-1}+z^{n-2}+\cdots+z+1=(z-\varepsilon)(z-\varepsilon^2)\cdots(z-\varepsilon^{n-1}).$ $\qquad$ (4)

令 $z=1$ 得 $\qquad n=(1-\varepsilon)(1-\varepsilon^2)\cdots(1-\varepsilon^{n-1}).$

从而 $$\prod_{k=2}^{n} |A_1A_k| = n.$$

(e) 在(3)式两边取模得

$$|(z-1)(z-\varepsilon)\cdots(z-\varepsilon^{n-1})| = |z^n-1| \leqslant |z|^n+1 = 2,$$

即 $\displaystyle\prod_{k=1}^{n}|PA_k| \leqslant 2$, 等号在 z 为 -1 的 n 次根, 即 P 为 $\overset{\frown}{A_kA_{k+1}}$ $(k=1,2,\cdots,n;$ $A_{n+1}=A_1)$ 中点时成立.

(f) 不妨设 P 在 $\overset{\frown}{A_nA_1}$ 上, 这时

$\displaystyle\sum_{k=1}^{n} |PA_k| = \sum_{k=0}^{n-1} |z-\varepsilon^k| \cdot |\mathrm{e}^{\frac{-(k-1)\pi i}{n}}|$

$\displaystyle = \sum_{k=0}^{n-1} |z\mathrm{e}^{\frac{-(k-1)\pi i}{n}}-\mathrm{e}^{\frac{(k+1)\pi i}{n}}| = \left|\sum_{k=0}^{n-1}(z\mathrm{e}^{\frac{-(k-1)\pi i}{n}}-\mathrm{e}^{\frac{(k+1)\pi i}{n}})\right|$

$\displaystyle = \left|\frac{2z\mathrm{e}^{\frac{\pi i}{n}}}{1-\mathrm{e}^{-\frac{\pi i}{n}}}-\frac{2\mathrm{e}^{\frac{\pi i}{n}}}{1-\mathrm{e}^{\frac{\pi i}{n}}}\right| = \frac{2|z\mathrm{e}^{\frac{\pi i}{n}}+1|}{|1-\mathrm{e}^{\frac{\pi i}{n}}|}$

$$= \frac{2\sqrt{\left(1+\cos\left(\theta+\frac{\pi}{n}\right)\right)^2 + \sin^2\left(\theta+\frac{\pi}{n}\right)}}{\sqrt{\left(1-\cos\frac{\pi}{n}\right)^2 + \sin^2\frac{\pi}{n}}} = \frac{2\left|\cos\dfrac{\theta+\dfrac{\pi}{n}}{2}\right|}{\sin\dfrac{\pi}{2n}}$$

$$\leqslant \frac{2}{\sin\dfrac{\pi}{2n}}.$$

当且仅当 $\theta=-\dfrac{\pi}{n}$，即 P 为 $\overset{\frown}{A_nA_1}$ 中点时等号成立（如图 16-1）.

在证明中将 PA_k 旋转 $-\dfrac{(k-1)\pi}{n}$（即将 $z-\varepsilon^k$ 乘以 $\mathrm{e}^{-\frac{(k-1)\pi}{n}}$），是为了使 $\overrightarrow{PA_k}$ 都与 $\overrightarrow{PA_1}$ 同向（即相应的复数辐角相同），从而各复数模的和与和的模相等，并通过求和得出结果.

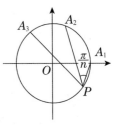

图 16-1

(g) 在 (f) 中，$\theta=0$ 或 $-\dfrac{\pi}{2n}$（即 P 与 A_1 或 A_n 重合）时，取得最小值.

例 2 设 P 在正多边形 $A_1A_2\cdots A_{2m+1}$ 的外接圆的 $\overset{\frown}{A_1A_{2m+1}}$ 上. 证明

$$\sum_{k=0}^{m}|PA_{2k+1}| = \sum_{k=1}^{m}|PA_{2k}|. \tag{5}$$

解 令 $n=2m+1$. 采用例 1 中的记号及例 1(f) 的方法，将 $PA_3, PA_5, \cdots, PA_{2m+1}$ 旋转到 PA_1 的方向，将 $PA_4, PA_6, \cdots, PA_{2m}$ 旋转到 PA_2 的方向.

$$\sum_{k=0}^{m}|PA_{2k+1}| = \sum_{k=0}^{m}|z-\varepsilon^{2k+1}|$$

$$= \sum_{k=0}^{m}|z\varepsilon^{-k}-\varepsilon^{k+1}| = \left|\sum_{k=0}^{m}(z\varepsilon^{-k}-\varepsilon^{k+1})\right|.$$

$$\sum_{k=1}^{m}|PA_{2k}| = \sum_{k=0}^{m}|z-\varepsilon^{2k}| = \sum_{k=1}^{m}|z\varepsilon^{-(k-1)}-\varepsilon^{k+1}|$$

$$= \left|z\sum_{k=1}^{m}\varepsilon^{-(k-1)}-\sum_{k=1}^{m}\varepsilon^{k+1}\right|$$

$$= \left|z\sum_{k=m+1}^{2m+1}\varepsilon^{-(k-1)}-\sum_{k=m+1}^{2m+1}\varepsilon^{k+1}\right| \text{（利用(1)）}$$

$$= \left|z\sum_{k=0}^{m}\varepsilon^{-k-m}-\sum_{k=0}^{m}\varepsilon^{k+1+m+1}\right| = \left|z\sum_{k=0}^{m}\varepsilon^{-k}-\sum_{k=0}^{m}\varepsilon^{k+1}\right|.$$

所以 (5) 式成立.

注 （ⅰ）当 $n=3$ 时,就是一个很熟悉的几何命题:正三角形 ABC 的外接圆的 $\overparen{BC}$ 上一点 P 到 A 的距离等于 PB,PC 之和.

（ⅱ）本题也可以用三角或者托勒密(C. Ptolemy,约 90—168)定理证明.

例 3 如果凸多边形 $A_1A_2\cdots A_n$ 内有一点 O,满足 $\angle A_1OA_2=\angle A_2OA_3=\cdots=\angle A_nOA_1=\dfrac{2\pi}{n}$,那么对任一点 P,均有

$$\sum|PA_k|\geqslant\sum|OA_k|. \tag{6}$$

解 以 O 为原点, $A_1,A_2,\cdots,A_n$ 及 P 的复数表示分别为 $a_1,a_2,\cdots,a_n$ 及 z,则

$$
\begin{aligned}
\sum|PA_k| &= \sum|z-a_k| \\
&= \sum|z\varepsilon^{-k}-a_k\varepsilon^{-k}| \quad (\varepsilon=\mathrm{e}^{\frac{2\pi i}{n}}) \\
&\geqslant |\sum z\varepsilon^{-k}-\sum a_k\varepsilon^{-k}| \\
&= |\sum a_k\varepsilon^{-k}|=\sum|a_k\varepsilon^{-k}| \\
&= \sum|a_k| \\
&= \sum|OA_k|.
\end{aligned}
$$

例 3 中的 O 点相当于三角形中的费马点. 证明中 $|\sum a_k\varepsilon^{-k}|=\sum|a_k\varepsilon^{-k}|$ 是因为 $a_k\varepsilon^{-k}$ 均与 OA_n 的方向相同.

例 4 凸 n 边形 $A_1A_2\cdots A_n$ 内接于单位圆. 求它的所有边及所有对角线的平方和的最大值. 在取得最大值时,凸多边形有什么特点?

解 以圆心 O 为原点, A_k 的复数表示为 $a_k(1\leqslant k\leqslant n)$,则

$$
\begin{aligned}
\frac{1}{2}\sum_{1\leqslant s,t\leqslant n}|a_s-a_t|^2 &= \frac{1}{2}\sum_{1\leqslant s,t\leqslant n}(a_s-a_t)(\bar{a}_s-\bar{a}_t) \\
&= \frac{1}{2}\sum_{1\leqslant s,t\leqslant n}(2-a_t\bar{a}_s-\bar{a}_ta_s) \\
&= n^2-\sum_{1\leqslant s,t\leqslant n}(a_t\bar{a}_s+\bar{a}_ta_s) \\
&= n^2-|a_1+a_2+\cdots+a_n|^2 \\
&\leqslant n^2.
\end{aligned}
$$

最大值 n^2 在 $a_1+a_2+\cdots+a_n=0$,即 O 为多边形重心时取得.

例 5 任给 n 个点 $P_1,P_2,\cdots,P_n$,证明在单位圆上存在点 A 满足

$$\prod_{k=1}^{n}|AP_k|\geqslant 1.$$

解 设 ε 为 1 的 $n+1$ 次方根 $e^{\frac{2\pi i}{n+1}}$. 令 $f(z)=z(z-z_1)(z-z_2)\cdots(z-z_n)$. 这里 $z_1,z_2,\cdots,z_n$ 是 $P_1,P_2,\cdots,P_n$ 的复数表示.

熟知 $f(z)=z^{n+1}-\sigma_1 z^n+\sigma_2 z^{n-1}+\cdots+(-1)^n\sigma_n z$, 所以

$$f(1)=1-\sigma_1+\sigma_2+\cdots+(-1)^n\sigma_n,$$

$$f(\varepsilon)=1-\sigma_1\varepsilon^n+\sigma_2\varepsilon^{n-1}+\cdots+(-1)^n\sigma_n\varepsilon,$$

$$\cdots\cdots$$

$$f(\varepsilon^n)=1-\sigma_1\varepsilon^{n^2}+\sigma_2\varepsilon^{n(n-1)}+\cdots+(-1)^n\sigma_n\varepsilon^n.$$

相加并注意 $\sum\limits_{h=0}^n\varepsilon^{kh}=0(1\leqslant k\leqslant n)$, 得 $f(1)+f(\varepsilon)+\cdots+f(\varepsilon^n)=n+1$.

于是
$$|f(1)|+|f(\varepsilon)|+\cdots+|f(\varepsilon^n)|$$
$$\geqslant|f(1)+f(\varepsilon)+\cdots+f(\varepsilon^n)|$$
$$=n+1.$$

从而有某个 h 使 $|f(\varepsilon^h)|\geqslant 1$. $A=\varepsilon^h$ 即为所求的点.

例 6 如图 $16-2$, 已知正方形 $ABCD,AEFG$ 的中心分别为 H,J,I 为 ED 中点, K 为 BG 中点. 证明四边形 $HIJK$ 是正方形.

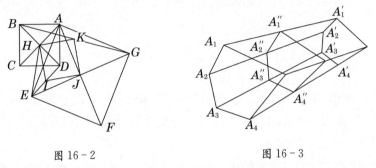

图 $16-2$　　　　　　　　　图 $16-3$

这道题当然可以"就题论题"地给它一个(几何或复数的)证明. 但最好能看得更深更远一些, 揭示出问题的实质, 将它推广到一般的情形.

为此, 我们需要选择适当的记号(有些时候, 记号是重要的, 好的记号有助于发现规律), 我们将正方形 $AEFG$ 的顶点 A,E,F,G 改记为 C',D',A',B', 并将命题叙述成:

已知两个正方形 $ABCD,A'B'C'D'$, 则 AA',BB',CC',DD' 的中点组成一个正方形. (我们取消了 A 与 C' 重合的限制, 即已经把命题推广了一步.)

凡正方形都是相似的. 因此我们希望能将命题推广成:

连接两个同向相似多边形的对应顶点, 这些线段的中点组成的多边形与已

知的多边形同向相似(如图 16-3).

　　这里所谓同向是指沿多边形边界顺次走过 $A_1, A_2, \cdots, A_n$ 与 $A_1', A_2', \cdots,$ A_n' 都是逆时针方向或都是顺时针方向. 没有这个条件结论是不成立的(例如设正三角形 ABC 的三边中点为 D, E, F, 则 $\triangle DFE$ 与 $\triangle ABC$ 相似但不同向, AD, BF, CE 的中点构成的三角形不是正三角形).

　　这一命题用复数来证比较简单.

　　设多边形顶点 A_i, A_i' 的复数表示分别为 $a_i, a_i'(i=1,2,\cdots,n)$. 由于两个多边形同向相似, 所以 $\dfrac{a_{i+1}'-a_i'}{a_{i+1}-a_i}=c(i=1,2,\cdots,n; a_{n+1}=a_1)$, 其中 c 为一固定复数(与 i 无关), 模就是相似比, 辐角是边 A_iA_{i+1} 转至 $A_i'A_{i+1}'$ 的方向所转过的角度.

　　设 A_i'' 的复数表示为 $a_i''(i=1,2,\cdots,n)$, 则 $a_i''=\dfrac{1}{2}(a_i+a_i')$. 于是

$$\frac{a_{i+1}''-a_i''}{a_{i+1}-a_i}=\frac{1}{2}\,\frac{a_{i+1}+a_{i+1}'-a_i-a_i'}{a_{i+1}-a_i}=\frac{1}{2}(1+c).$$

$\dfrac{1}{2}(1+c)$ 是固定复数(与 i 无关), 因此多边形 $A_1''A_2''\cdots A_n''$ 与 $A_1A_2\cdots A_n$ 同向相似.

　　上面的命题还可以再推广, 中点可改为定比分点. 更一般地, 有下面的命题:

　　设 n 边形 $A_1A_2\cdots A_n$ 与 $A_1'A_2'\cdots A_n'$ 同向相似, 以 A_iA_i' 为一边作 $\triangle A_iA_i'A_i''$. 如果 $\triangle A_iA_i'A_i''(i=1,2,\cdots,n)$ 彼此同向相似, 那么 n 边形 $A_1''A_2''\cdots A_n''$ 与 $A_1A_2\cdots A_n$ 同向相似.

　　我们知道定比分点的复数表示就是先将 A_i 与 A_i' 的复数表示分别乘以给定实数 $\lambda, 1-\lambda$, 然后相加. 将这分点绕 A_i 旋转一个固定角 θ, 即乘以 $\mathrm{e}^{i\theta}$ 就得到命题中的 A_i''. 因此, 上面的命题也可以表述成:

　　设 n 边形 S 与 S' 同向相似, 那么对任意复数 α, β, 多边形 $\alpha S+\beta S'$ 也与 S 同向相似.

　　这里 $\alpha S+\beta S'$ 意指顶点为 $\alpha a_i+\beta a_i'(i=1,\cdots,n)$ 的 n 边形 $S''(a_i, a_i'$ 是 S, S' 的顶点).

　　证明很简单, 对正实数 r, n 边形 rS 与 S 同向相似(原点是位似中心). $r\mathrm{e}^{i\theta}\cdot S$ 即再将 $r\cdot S$ 绕原点旋转 θ 角, 当然也与 S 同向相似. 这样, 对任意复数 α 与 β, $2\alpha S, 2\beta S'$ 都与 S 同向相似. 由前面关于中点的、已经证明的命题, 得

单墫
解题研究
丛书

数学竞赛研究教程

$\alpha S+\beta S'=\dfrac{1}{2}(2\alpha S+2\beta S')$ 与 S 同向相似.

用线性代数的语言来表述,就是:

同向相似的 n 边形是复数域上的向量空间.

例 7 自四边形 $ABCD$ 各边的中点 G_i 向外作垂线,并取 $G_iO_i(i=1,2,3,4)$ 等于这边边长的一半,则 O_1O_3 与 O_2O_4 垂直并且相等(如图 $16-4$).

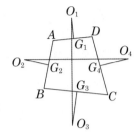

解 设 A,B,C,D 的复数表示分别为 a,b,c,d,则 G_1 为 $\dfrac{a+d}{2}$,$G_1D=d-\dfrac{a+d}{2}=\dfrac{d-a}{2}$,$G_1O_1=\dfrac{d-a}{2}\cdot\mathrm{i}$. 所以 O_1 为 $\dfrac{a+d}{2}+\dfrac{d-a}{2}\mathrm{i}$.

图 $16-4$

同样 O_3 为 $\dfrac{b+c}{2}+\dfrac{b-c}{2}\mathrm{i}$. 所以 O_1O_3 为

$$\left(\frac{b+c}{2}+\frac{b-c}{2}\mathrm{i}\right)-\left(\frac{a+d}{2}+\frac{d-a}{2}\mathrm{i}\right)$$

$$=\frac{b+c-a-d}{2}+\frac{a+b-c-d}{2}\mathrm{i}.$$

而完全相同的计算导出 O_2O_4 为 $\dfrac{c+d-a-b}{2}+\dfrac{c-d-a+b}{2}\mathrm{i}=\left(\dfrac{b+c-a-d}{2}+\dfrac{a+b-c-d}{2}\mathrm{i}\right)\mathrm{i}$. 于是 O_1O_3 与 O_2O_4 的长度相等并且互相垂直.

例 7 也可以换一种说法:以四边形 $ABCD$ 的边为边向外各作一个正方形,设它们的中心分别为 O_1,O_2,O_3,O_4,则 O_1O_3 与 O_2O_4 垂直并且相等(如图 $16-5$).

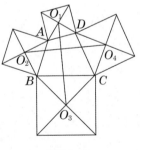

显然四边形 $O_1O_2O_3O_4$ 的中点构成一个正方形,边与 O_1O_3 或 O_2O_4 平行,并且等于它们的一半. 这是下述定理的一个特例.

图 $16-5$

例 8 以多边形 $A_1A_2\cdots A_n$ 的边为底边,向外作底角为 $\dfrac{\pi}{2}-\dfrac{\pi k_1}{n}$ 的等腰三角形,这些三角形的顶点组成新的 n 边形,再以它的边为底,向外作底角为 $\dfrac{\pi}{2}-$

$\dfrac{\pi k_2}{n}$ 的等腰三角形. 这样继续下去,共作 $n-1$ 次,$\{k_1,k_2,\cdots,k_{n-1}\}=\{1,2,\cdots,$ $n-1\}$. 则最后一步所作的等腰三角形的顶点是同一个点.

注 外(内)部是指沿多边形边界依逆时针方向前进时右(左)边的区域. 当 $\dfrac{\pi}{2}-\dfrac{\pi k_j}{n}<0$ 时,实际上是向内作底角为 $\dfrac{\pi k_j}{n}-\dfrac{\pi}{2}$ 的等腰三角形.

这是 B. H. Neumann 1942 年发现的定理. 证明如下:

令 $\varepsilon_j=\mathrm{e}^{\frac{2\pi i}{n}\cdot k_j}$,

$$c_j=\frac{1}{1-\varepsilon_j}=\frac{1}{1-\cos\dfrac{2\pi k_j}{n}-\mathrm{i}\sin\dfrac{2\pi k_j}{n}}=\frac{1}{2\sin\dfrac{k_j\pi}{n}}\mathrm{e}^{\mathrm{i}\left(\frac{\pi}{2}-\frac{\pi k_j}{n}\right)},$$

$$c_j'=1-c_j=\frac{-\varepsilon_j}{1-\varepsilon_j}$$

$(j=1,2,\cdots,n-1;\{k_1,k_2,\cdots,k_{n-1}\}=\{1,2,\cdots,n-1\})$.

又用 t 表示将 A_l 变为 $A_{l+1}(A_{n+1}=A_1)$,即 $tA_l=A_{l+1}$.

这样,第一次作出的顶点 A_{12}(以 A_1A_2 为底边的等腰三角形的顶点)为

$$A_{12}=c_1'A_1+c_1A_2=(c_1'+c_1t)A_1$$

(这里将点与它的复数表示用同一个字母表示,算子 t 可与通常的字母一样使用).

同样

$$A_{23}=(c_1'+c_1t)A_2,$$
$$\cdots\cdots$$
$$A_{n1}=(c_1'+c_1t)A_n.$$

第二次作图所得点为

$$A_{123}=c_2'A_{12}+c_2A_{23}=(c_2'+c_2t)(c_1+c_1t)A_1,$$
$$\cdots\cdots$$

第 p 次作图所得点为

$$A_{123\cdots p}=\Big(\prod_{j=1}^{p}(c_j'+c_jt)\Big)A_1,$$

$$\cdots\cdots$$

$$A_{q,q+1,\cdots,q+p-1}=\Big(\prod_{j=1}^{p}(c_j'+c_jt)\Big)A_q.$$

第 $n-1$ 次作图所得点为

单墫
解题研究
丛书

数学竞赛研究教程

$$A_{1,2,\cdots,n} = \Big(\prod_{j=1}^{n-1}(c_j' + c_j t)\Big) A_1 = \Big(\prod_{j=1}^{n-1}\frac{t - \varepsilon_j}{1 - \varepsilon_j}\Big) A_1$$

$$= \frac{f(t)}{f(1)} A_1 \Big(f(x) = x^{n-1} + x^{n-2} + \cdots + 1 = \prod_{j=1}^{n-1}(x - \varepsilon_j)\Big)$$

$$= \frac{1}{n}\sum t^j A_1 = \frac{1}{n}\sum_{j=0}^{n-1} A_j.$$

即 $A_{1,2,\cdots,n}$ 是多边形 $A_1 A_2 \cdots A_n$ 的重心 G.

由于经轮换上式右端不变,所以第 $n-1$ 次作图所得的点 $A_{2,3,\cdots,1}$, $A_{3,4,\cdots,2}, \cdots, A_{n,1,\cdots,n-1}$ 与 $A_{1,2,\cdots,n}$ 是同一个点 G.

第 $n-2$ 次作图所得的每两个相邻顶点 E, F 到 G 的距离相等,并且 $\angle GEF = \frac{\pi}{2} - \frac{\pi k_j}{n}$. 所以第 $n-2$ 次作图所得的多边形是正 n 边形.

例 7 是 B. H. Neumann 定理在 $n = 4$ 时的特例.

$n = 3$ 的特例即拿破仑(Napoléon Bonaparte,1769—1821)定理:

以任意三角形的边为底向外作正三角形,则三个正三角形的中心构成正三角形.

例 8、例 6 有很多特殊情况,它们常常是很有趣的几何问题,请读者自己举例研究.

习 题 16

1. 多项式 $f(x) = x^n + a_1 x^{n-1} + \cdots + a_n$ 中系数均为实数,$a_n \neq 0$. 如果 $(a_1 - a_3 + \cdots)^2 + (1 - a_2 + \cdots)^2 \leqslant 1$,证明 $f(x)$ 必有虚根.

2. 如果 $a_0, a_1, \cdots, a_n \in \{0, 1, 2, \cdots, 9\}$,$n \geqslant 1, a_0 \geqslant 1$,那么多项式 $f(x) = a_0 x^n + a_1 x^{n-1} + \cdots + a_n$ 的根的实部小于 4.

3. 设 $\overline{a_0 a_1 \cdots a_n} = a_0 \times 10^n + a_1 \times 10^{n-1} + \cdots + a_n$ 是一个质数的十进制表示,$n > 1$,$a_0 > 1$. 证明:多项式 $f(x) = a_0 x^n + a_1 x^{n-1} + \cdots + a_n$ 不能分解为非常数的整系数多项式的积.

4. 如果正 n 边形的顶点可染上若干种(至少两种)颜色,每种颜色的顶点恰好构成正多边形. 证明其中必有两个正多边形全等.

5. 复数 $z_j (j = 1, 2, 3, 4)$ 的模为 1,证明:$|z_1 - z_2|^2 \cdot |z_3 - z_4|^2 + |z_1 + z_4|^2 \cdot |z_3 - z_2|^2 = |z_1(z_2 - z_3) + z_3(z_2 - z_1) + z_4(z_1 - z_3)|^2$.

6. 四边形 $ABCD$ 中,$\angle DCB = \angle DAB = 30°$,$M$ 为 AC 中点,P, Q 分别为 B 到 AD 与 CD 的垂足. 证明 $\triangle PMQ$ 是正三角形.

7. 正三角形 ABC 的中心为 M,D,E 分别在边 CA,CB 上,$CD=CE$. 点 F 使四边形 $DMBF$ 为平行四边形,证明 $\triangle MEF$ 是正三角形.

8. 设 P 为任意一点,a,b,c 为 $\triangle ABC$ 的边长. 证明 $\sum \dfrac{PB \cdot PC}{bc} \geqslant 1$. 特别地,

设 P 为 $\triangle ABC$ 的重心,导出 $\sum \dfrac{m_b m_c}{bc} \geqslant \dfrac{9}{4}$.

9. 设复系数多项式 $P(z)=a_n z^n+a_{n-1} z^{n-1}+\cdots+a_0$,在单位圆 $|z|=1$ 上,$|P(z)| \leqslant M$. 证明 $|a_j| \leqslant M(j=0,1,\cdots,n)$.

10. 证明:对平面上任意 $n+2$ 个点 A_j $(1 \leqslant j \leqslant n+1)$,$P$,恒有 $\sum\limits_{j=1}^{n+1} \prod\limits_{\substack{i=1 \\ i \neq j}}^{n+1} \dfrac{PA_i}{A_i A_j} \geqslant 1$.

单墫
解题研究
丛书

数学竞赛研究教程

第 17 讲 不等式(一)

数学中,常常需要比较两个(或几个)量的大小,或者对某个量进行估计. 这就导出形形色色的不等式.

一、不等式与恒等式

不等式与恒等式有密切的联系.

将一个恒等式略去一些项或一些因式,就可以产生一个不等式. 几乎所有的不等式都可以用这样的方法产生,用这样的方法证明.

但是,不等式的证明仍然比恒等式困难得多. "恒等式一旦写出来,就成为显然的." 不等式,甚至极简单的不等式,证明起来可没有那么便当,因为你不知道相应的恒等式.

到哪里去寻找它们呢?

唯一的方法是仔细观察、反复思考,发现问题的特征,根据它还原出那个产生这个不等式的恒等式.

例 1 已知 $k>a>b>c>0$,求证:

$$k^2-(a+b+c)k+(ab+bc+ca)>0. \tag{1}$$

解 已知条件告诉我们 $k-a>0,k-b>0,k-c>0$. 而(1)的左边使我们想到(以 a,b,c 为根的)三次方程的韦达定理(或 a,b,c 的初等对称函数). 于是有

$$0<(k-a)(k-b)(k-c)$$
$$=k^3-(a+b+c)k^2+(ab+bc+ca)k-abc$$
$$<k^3-(a+b+c)k^2+(ab+bc+ca)k.$$

从而(1)式成立.

注 (ⅰ)我们在一个恒等式中略去先一项 $-abc$,再略去因数 k,便导出所需要的不等式.

(ⅱ)本题也可叙述成如下形式:

如果 d 是正数 a,b,c,d 中最大的,那么

$$a(d-b)+b(d-c)+c(d-a)\leqslant d^2. \tag{2}$$

这种形式似乎离上面的恒等式更远了.

(ⅲ)如果利用二次三项式的判别式,那么比较麻烦,因为(1)式左边的判别式并非永远小于 0. 就本质(而不是就形式)而言,(1)是一个三次的不等式.

（ⅳ）处理非齐次不等式的这种手法，后面还会用到.

例 2 已知 $a^2+b^2+c^2+d^2=1$，求证：
$$(a+b)^4+(a+c)^4+(a+d)^4+(b+c)^4+(b+d)^4+(c+d)^4 \leqslant 6. \quad (3)$$

解 已知条件表明四次式 $(a^2+b^2+c^2+d^2)^2$ 等于 1.（3）式的左端也是四次式. 我们希望挖掘出这两个四次式的关系. 由于 $(a+b)^4$ 中 a 的奇次项在 $(a^2+b^2+c^2+d^2)^2$ 中不出现，它们需要与 $(a-b)^4$ 中相应的项抵消. 所以，应当利用恒等式
$$(a+b)^4+(a+c)^4+(a+d)^4+(b+c)^4+(b+d)^4+(c+d)^4+$$
$$(a-b)^4+(a-c)^4+(a-d)^4+(b-c)^4+(b-d)^4+(c-d)^4$$
$$=6(a^2+b^2+c^2+d^2)^2. \quad (4)$$
由（4）立即得到（3）.

例 3 证明柯西不等式
$$(a_1b_1+a_2b_2+\cdots+a_nb_n)^2 \leqslant (a_1^2+a_2^2+\cdots+a_n^2)(b_1^2+b_2^2+\cdots+b_n^2). \quad (5)$$

解 $(a_1^2+a_2^2+\cdots+a_n^2)(b_1^2+b_2^2+\cdots+b_n^2)-(a_1b_1+a_2b_2+\cdots+a_nb_n)^2$
$$=(a_1b_2-a_2b_1)^2+(a_1b_3-a_3b_1)^2+\cdots+(a_{n-1}b_n-a_nb_{n-1})^2, \quad (6)$$
从而（5）式成立.

注 （ⅰ）（6）称为拉格朗日恒等式.

（ⅱ）证明恒等式（4）或（6）成立，不必将每个括号展开后得出的项一一写出. 应当利用观察与心算，注意那些未曾抵消的项，更确切地说，只需要注意一两个代表项（（4）中的 a^4，a^2b^2，（6）中的 $a_i^2b_j^2$，$-2a_ib_ia_jb_j$）.

（ⅲ）（5）的证法很多，这里只介绍利用恒等式的一种.

例 4 设 $\triangle A_1A_2A_3$ 与 $\triangle B_1B_2B_3$ 的边长分别为 a_1，a_2，a_3 与 b_1，b_2，b_3，面积分别为 $\triangle_1$，$\triangle_2$. 又记
$$H=a_1^2(-b_1^2+b_2^2+b_3^2)+a_2^2(b_1^2-b_2^2+b_3^2)+a_3^2(b_1^2+b_2^2-b_3^2).$$
则对于 $\lambda \in \left\{\dfrac{b_1^2}{a_1^2}, \dfrac{b_2^2}{a_2^2}, \dfrac{b_3^2}{a_3^2}\right\}$，
$$H \geqslant 8\left(\lambda\triangle_1^2+\frac{1}{\lambda}\triangle_2^2\right). \quad (7)$$

解 关于三角形的面积，我们有海伦（Heron of Alexandia，约 1 世纪）-秦九韶（约 1202—约 1261）公式
$$16\triangle_1^2=2a_1^2a_2^2+2a_2^2a_3^2+2a_3^2a_1^2-a_1^4-a_2^4-a_3^4,$$
$$16\triangle_2^2=2b_1^2b_2^2+2b_2^2b_3^2+2b_3^2b_1^2-b_1^4-b_2^4-b_3^4.$$

记
$$D_i = \sqrt{\lambda}\, a_i^2 - \sqrt{\frac{1}{\lambda}}\, b_i^2 \quad (i=1,2,3),$$

则有恒等式

$$H - 8\left(\lambda \triangle_1^2 + \frac{1}{\lambda} \triangle_2^2\right) = \frac{1}{2}(D_1^2 + D_2^2 + D_3^2) - (D_1 D_2 + D_2 D_3 + D_3 D_1). \quad (8)$$

当 $\lambda = \dfrac{b_1^2}{a_1^2}$ 时,$D_1 = 0$,(8)式成为

$$H - 8\left(\lambda \triangle_1^2 + \frac{1}{\lambda} \triangle_2^2\right) = \frac{1}{2}(D_2 - D_3)^2.$$

于是(7)式成立.同理(7)式对 $\lambda = \dfrac{b_2^2}{a_2^2}$ 或 $\dfrac{b_3^2}{a_3^2}$ 成立.

注 （ⅰ）从例4不难导出更一般的结论:

设 $\mu = \min\left\{\dfrac{b_1^2}{a_1^2}, \dfrac{b_2^2}{a_2^2}, \dfrac{b_3^2}{a_3^2}\right\}$,$\nu = \max\left\{\dfrac{b_1^2}{a_1^2}, \dfrac{b_2^2}{a_2^2}, \dfrac{b_3^2}{a_3^2}\right\}$,则对于区间$[\mu, \nu]$中的一切 λ,(7)式成立.

（ⅱ）上面的证明及（ⅰ）中的推广都属于宁波大学陈计先生.

例 5 方程 $x^3 + ax^2 + bx + c = 0$ 的三个根 α, β, γ 均为实数,$a^2 = 2b + 2$.证明

$$|a - c| \leqslant 2. \quad (9)$$

解 由韦达定理,

$$a^2 - 2b = (\alpha + \beta + \gamma)^2 - 2(\alpha\beta + \beta\gamma + \gamma\alpha) = \alpha^2 + \beta^2 + \gamma^2,$$
$$|a - c|^2 = (\alpha + \beta + \gamma - \alpha\beta\gamma)^2.$$

我们有恒等式

$$(\alpha + \beta + \gamma - \alpha\beta\gamma)^2 = 2(\alpha\beta - 1)(\beta\gamma - 1)(\gamma\alpha - 1) + 2 - \alpha^2\beta^2\gamma^2 + \alpha^2 + \beta^2 + \gamma^2. \quad (10)$$

由已知 $\alpha^2 + \beta^2 + \gamma^2 = 2$,从而 $\alpha\beta \leqslant 1, \beta\gamma \leqslant 1, \gamma\alpha \leqslant 1$. 这样,(10)导出$(\alpha + \beta + \gamma - \alpha\beta\gamma)^2 \leqslant 4$,即(9)式成立.

例 6 $\triangle ABC$ 的边长为 a, b, c,周长为 2.求证

$$a^2 + b^2 + c^2 + 2abc < 2. \quad (11)$$

解 我们有恒等式(可与例1比较)

$$2(1-a)(1-b)(1-c)$$
$$= 2 - 2(a+b+c) + 2(ab+bc+ca) - 2abc$$
$$= 2 - 2(a+b+c) + (a+b+c)^2 - (a^2 + b^2 + c^2 + 2abc). \quad (12)$$

由于 $a+b+c=2$,所以$(a+b+c)^2 = 2(a+b+c)$,又三角形的每条边小于周长

的一半,所以 $a<1,b<1,c<1$. (12)左边为正,因此(11)成立.

又解 先将(11)改写为三次齐次式

$$\frac{1}{2}(a+b+c)(a^2+b^2+c^2)+2abc<\frac{1}{4}(a+b+c)^3, \tag{13}$$

即

$$\sum a^3-\sum a^2(b+c)+2abc<0,$$

亦即

$$\prod(b+c-a)>0.$$

最后一个不等式显然成立.

二、二次形式

二次形式(二次齐次式)的正定(负定),可以用它的矩阵的顺序主子式大于(小于)0 来证明. 另一种更为常用的方法是配方(实际上也是借助于恒等式).

例 7 证明 $a^2+b^2+c^2\geqslant ab+bc+ca$.

解 $a^2+b^2+c^2-(ab+bc+ca)$

$$=\frac{1}{2}(a-b)^2+\frac{1}{2}(b-c)^2+\frac{1}{2}(c-a)^2\geqslant0.$$

例 8 A,B,C 为 $\triangle ABC$ 的内角. 求证对任意实数 x,y,z,

$$x^2+y^2+z^2-2xy\cos C-2yz\cos A-2zx\cos B\geqslant0. \tag{14}$$

解 $x^2+y^2+z^2-2xy\cos C-2yz\cos A-2zx\cos B$

$$=(x^2-2xy\cos C-2zx\cos B)+y^2+z^2-2yz\cos A$$

$$=(x-y\cos C-z\cos B)^2+y^2\sin^2 C+z^2\sin^2 B-2yz\cos A-$$

$$\quad2yz\cos B\cos C$$

$$=(x-y\cos C-z\cos B)^2+(y\sin C-z\sin B)^2. \tag{15}$$

最后一步利用了

$$\cos A=\cos(\pi-B-C)=-\cos(B+C)=\sin B\sin C-\cos B\cos C.$$

由(15)立即得到(14).

注 (i)"A,B,C 为 $\triangle ABC$ 的内角"可改为较弱的条件"$A+B+C=(2n+1)\pi$".

(ii) (14)左边是 x,y,z 的二次形式,它是半正定的,所以行列式

$$\begin{vmatrix} 1 & -\cos C & -\cos B \\ -\cos C & 1 & -\cos A \\ -\cos B & -\cos A & 1 \end{vmatrix}=1-\cos^2 A-\cos^2 B-\cos^2 C-2\cos A\cos B\cos C\geqslant0.$$

$$\tag{16}$$

(16)可以说是由(14)诱发出来的不等式. 反过来,(16)成立也导出(14)成立. 所

以这两个不等式是等价的.(16)很容易证明,实际上它是一个等式.

（ⅲ）在 $A+B+C=2n\pi$ 时,我们有

$$x^2+y^2+z^2+2xy\cos C+2yz\cos A+2zx\cos B\geqslant 0. \tag{17}$$

(17)可用与(14)相同的手法证明,也可以在(14)中,用 $\pi-A$,$\pi-B$,$\pi-C$ 代替 A,B,C 直接导出.

例 9 λ,μ,ν 为任意实数,a,b,c 为 $\triangle ABC$ 的边,$\triangle$ 为这三角形的面积,证明

$$(\lambda a^2+\mu b^2+\nu c^2)^2\geqslant 16(\mu\nu+\nu\lambda+\lambda\mu)\triangle^2, \tag{18}$$

当且仅当 $\lambda:\mu:\nu=(b^2+c^2-a^2):(c^2+a^2-b^2):(a^2+b^2-c^2)$ 时等号成立.

解 λ,μ,ν 的二次形式

$$(\lambda a^2+\mu b^2+\nu c^2)^2-16(\mu\nu+\nu\lambda+\lambda\mu)\triangle^2$$

$$=a^4\lambda^2+2\lambda[\mu(a^2b^2-8\triangle^2)+\nu(a^2c^2-8\triangle^2)]+[\mu^2b^4+\nu^2c^4+2\mu\nu(b^2c^2-8\triangle^2)]$$

$$=a^4\lambda^2+2\lambda[\mu a^2b^2\cos 2C+\nu a^2c^2\cos 2B]+[\mu^2b^4+\nu^2c^4+2\mu\nu b^2c^2\cos 2A]$$

$$=(a^2\lambda+b^2\mu\cos 2C+c^2\nu\cos 2B)^2+(b^2\mu\sin 2C-c^2\nu\sin 2B)^2\geqslant 0.$$

而 $\dfrac{c^2\sin 2B}{b^2\sin 2C}=\dfrac{c^2\sin B\cos B}{b^2\sin C\cos C}=\dfrac{c\cos B}{b\cos C}=\dfrac{c^2+a^2-b^2}{a^2+b^2-c^2}$,所以(18)中的等号当且仅当 $\lambda:\mu:\nu=(b^2+c^2-a^2):(c^2+a^2-b^2):(a^2+b^2-c^2)$ 时成立.

注 （ⅰ）(18)也可借助于(17)导出:

$$(\lambda a^2+\mu b^2+\nu c^2)^2$$

$$=\lambda^2a^4+\mu^2b^4+\nu^2c^4+2\lambda\mu a^2b^2+2\mu\nu b^2c^2+2\nu\lambda c^2a^2$$

$$\geqslant -2\lambda\mu a^2b^2\cos 2C-2\mu\nu b^2c^2\cos 2A-2\nu\lambda\cos 2B+2\lambda\mu a^2b^2+2\mu\nu b^2c^2+2\nu\lambda c^2a^2$$

$$=4\lambda\mu a^2b^2\sin^2 C+4\mu\nu b^2c^2\sin^2 A+4\nu\lambda c^2a^2\sin^2 B$$

$$=16\triangle^2(\lambda\mu+\mu\nu+\nu\lambda).$$

这一证法属于陕西高陵县二中王扬先生.

（ⅱ）(18)是一个强有力的不等式,利用它可以导出许多不等式. 如令 $\lambda=x$,$\mu=y$,$\nu=z$ 便可得到(17)与(14)(参见注（ⅰ）). 令 $\lambda=\mu=\nu$ 便得到

$$a^2+b^2+c^2\geqslant 4\sqrt{3}\,\triangle\text{(Weitzenböck 不等式)}.$$

令 $\lambda=b_1^2+c_1^2-a_1^2$,$\mu=c_1^2+a_1^2-b_1^2$,$\nu=a_1^2+b_1^2-c_1^2$,这里 a_1,b_1,c_1 为任一三角形的三条边,则

$$\sum\mu\nu=\sum[a_1^4-(b_1^2-c_1^2)^2]=\sum(a_1^4-b_1^4-c_1^4+2b_1^2c_1^2)$$

$$=2\sum b_1^2c_1^2-\sum a_1^4=16\triangle_1^2,$$

其中 $\triangle_1$ 为这个三角形的面积. 从而有

$$\sum a^2(b_1^2 + c_1^2 - a_1^2) \geqslant 16\triangle\triangle_1 \quad (\text{匹窦(D. Pedoe,1910—1998) 不等式}). \quad (19)$$

这个不等式也是(7)的直接推论.

三、调整与转化

在含有多个变元的不等式中,我们常常将某个或某几个变元的值作适当调整(增加或减少),使它(们)等于定值或其他变量,从而原不等式转化为新的、更强的不等式(由这新不等式可导出原不等式),它的变元较少或者较易处理. 所谓"放缩法",也是一种调整.

例 10 a,b,c 为正实数,求证

$$a^a b^b c^c \geqslant (abc)^{\frac{a+b+c}{3}}. \quad (20)$$

解 不妨设 $a \geqslant b \geqslant c$,由于(20)是齐次的,可以设 $c=1$(否则取 k,使 $kc=1$,并用 ka,kb,kc 代替 a,b,c). 显然 $a \geqslant \dfrac{a+b+c}{3}$,所以

$$a^{a - \frac{a+b+c}{3}} \geqslant b^{a - \frac{a+b+c}{3}}. \quad (21)$$

因此,(20)可从

$$b^a b^b \geqslant (b^2)^{\frac{a+b+c}{3}} \quad (22)$$

推出(将(21)与(22)相乘即得(20)). 由于 $a+b \geqslant \dfrac{2(a+b+c)}{3}$,(22)显然成立,所以(20)成立.

注 （ⅰ） 解题需要条件,没有条件时,可以设法创造条件. 本题先排序,设 $a \geqslant b \geqslant c$,再设 $c=1$,均是创造条件.

（ⅱ） 本题的要点是将底数 a 调为 b. 两边的底数均为 b 时,不等式就成为显然的了. 指数可以保留不动,如果一起调整反倒增添麻烦.

例 11 设 a,b,c 是 $\triangle ABC$ 的三条边,$m>0$,求证

$$\frac{a}{a+m} + \frac{b}{b+m} > \frac{c}{c+m}. \quad (23)$$

解 我们将 c 增大到 $c=a+b$. 由于 $\dfrac{c}{c+m} = 1 - \dfrac{m}{c+m}$ 随 c 增大,所以不等式

$$\frac{a}{a+m} + \frac{b}{b+m} > \frac{a+b}{a+b+m} \quad (24)$$

比(23)强((24)可以推出(23)).

显然 $\dfrac{a}{a+m} > \dfrac{a}{a+b+m}, \dfrac{b}{b+m} > \dfrac{b}{a+b+m}.$

所以(24)成立,从而(23)成立.

单墫
解题研究
丛书

数学竞赛研究教程

调整后所得的不等式,必须是正确的,必须不比原不等式弱.

例 12 已知 x_1,x_2,x_3,x_4,y_1,y_2 满足

$$y_2 \geqslant y_1 \geqslant x_4 \geqslant x_3 \geqslant x_2 \geqslant x_1 \geqslant 2, \qquad (25)$$

$$x_1 + x_2 + x_3 + x_4 \geqslant y_1 + y_2, \qquad (26)$$

证明

$$x_1 x_2 x_3 x_4 \geqslant y_1 y_2. \qquad (27)$$

解 首先,保持和 $y_1 + y_2$ 不变,将 y_1 调大(这时 y_2 减少)直至 y_1,y_2 均等于 $y\left(=\dfrac{y_1+y_2}{2}\right)$. 由于 $y_1 y_2$ 在这过程中增大,所以只需证明

$$x_1 x_2 x_3 x_4 \geqslant y^2. \qquad (28)$$

这时(25),(26)成为

$$y \geqslant x_4 \geqslant x_3 \geqslant x_2 \geqslant x_1 \geqslant 2, \qquad (29)$$

$$x_1 + x_2 + x_3 + x_4 \geqslant 2y. \qquad (30)$$

我们分三种情况讨论:

（i）$y \leqslant 4$.

显然 $x_1 x_2 x_3 x_4 \geqslant 2^4 \geqslant y^2$.

（ii）$4 < y \leqslant 6$.

保持和 $x_1 + x_4, x_2 + x_3$ 不变,将 x_1, x_2 调整为 2. 然后保持和 $x_3 + x_4$ 不变,将 x_3 调整为 2. 由于积 $x_1 x_2 x_3 x_4$ 经上述调整减少,只需证明

$$2^3 \cdot x_4 \geqslant y^2. \qquad (31)$$

由于

$$2^3 \cdot x_4 \geqslant 8(2y-6)$$

$$= 16y - 48 = y^2 - (y^2 - 16y + 48) = y^2 - (y-4)(y-12)$$

$$\geqslant y^2,$$

显然得证.

（iii）$y > 6$.

保持和 $x_1 + x_4, x_2 + x_3$ 不变. 如果这两个和均大于等于 $y+2$,将 x_4, x_3 调为 y,这时(28)显然成立. 如果只有 $x_1 + x_4 \geqslant y + 2$（$x_2 + x_3 \geqslant y + 2$ 与此类似）,将 x_4 调为 y, x_2 调为 2,然后保持和 $x_1 + x_3$ 不变,将 x_1 调为 2;如果 $x_1 + x_4$,$x_2 + x_3$ 均小于 $y+2$,将 x_1, x_2 调为 2,然后保持和 $x_3 + x_4$ 不变,将其中较大的调为 y. 总之,

$$x_1 x_2 x_3 x_4 \geqslant 2^2 y(y-4) = 4y^2 - 16y > y^2.$$

注 （i）在调整的过程中,可以看到"变化",可以看到"运动",所以,调整法比其他方法显得生动. 但一定要注意严密,注意叙述. 严密,就是不能出现疏漏. 叙述应当清楚,含混不清的地方往往就是出现疏漏的地方.

（ⅱ）两个正数 a,b 的和为一定时,它们的积 $ab=\dfrac{1}{4}\left[(a+b)^2-(a-b)^2\right]$ 随着差 $|a-b|$ 的增大而减少. 这就是例 12 中种种调整的根据.

对于三角不等式,不少人感到棘手. 据了解,有两个原因:第一,没有掌握一种普遍的解法,所以遇到题目不知如何下手,看到解答也只知其然,不知其所以然;第二,有些书籍或刊物上介绍的解答,用到不少其他的知识,这就增加了问题的难度.

调整法,是证明三角不等式的常用方法,简单而且容易依循.

例 13　证明在 $\triangle ABC$ 中,

$$\sin A+\sin B+\sin C\leqslant\frac{3\sqrt{3}}{2}.\tag{32}$$

解　首先注意在 $A=B=C=60°$ 时,(32)中等号成立. 因而要证的不等式就是

$$\sin A+\sin B+\sin C\leqslant\sin60°+\sin60°+\sin60°.\tag{33}$$

不妨设 $A\geqslant B\geqslant C$. 于是 $A\geqslant60°$,$C\leqslant60°$. 保持和 $A+C$ 不变(即 B 不变),使得 A,C 中一个被调整为 $60°$,另一个为 $A+C-60°$. 这时 $A-C\geqslant|A+C-120°|$,

$$\sin A+\sin C=2\sin\frac{A+C}{2}\cos\frac{A-C}{2}$$

$$\leqslant2\sin\frac{A+C}{2}\cos\frac{(A+C-60°)-60°}{2}$$

$$=\sin(A+C-60°)+\sin60°,$$

即 $\sin A+\sin C$ 经调整后增大. 我们只需证明

$$\sin(A+C-60°)+\sin B\leqslant\sin60°+\sin60°.\tag{34}$$

(34)的左边 $=\sin(120°-B)+\sin B=2\sin60°\cos(60°-B)\leqslant2\sin60°=$ 右边.
于是(34),(32)成立.

(34)的证明就是保持和 $B+(A+C)-60°=120°$ 不变,将 B 调为 $60°$ 时,$\sin(A+C-60°)+\sin B$ 增大.

注　（ⅰ）从上面的解法,容易看出(32)中当且仅当 $A=B=C=60°$ 时等号成立.

（ⅱ）我们顺便解决了一个极值问题:

在 $\triangle ABC$ 中,$\sin A+\sin B+\sin C$ 的最大值为 $\dfrac{3\sqrt{3}}{2}$,并且仅在 $A=B=C=60°$ 时达到.

数学竞赛研究教程

如果运用正弦定理,在(32)的两边乘以 $2R$,就得到:

圆内接三角形中,以正三角形的周长为最大,最大值为 $3\sqrt{3}R$.

在习题中,还有一些三角不等式.

习 题 17

1. 证明:对任意实数 t, $t^4-t+\dfrac{1}{2}>0$.

2. a, b, c 为正数,证明:
$$\sqrt{ab(a+b)}+\sqrt{bc(b+c)}+\sqrt{ca(c+a)}>\sqrt{(a+b)(b+c)(c+a)}.$$

3. n 个非负实数 x_1, x_2, $\cdots$, x_n 满足 $x_1+x_2+\cdots+x_n=n$,证明:
$$\frac{x_1}{1+x_1^2}+\cdots+\frac{x_n}{1+x_n^2}\leqslant\frac{1}{1+x_1}+\cdots+\frac{1}{1+x_n}.$$

4. 记 $a=2\,001$. 设 A 是适合下列条件的正整数对 (m,n) 所组成的集合:
（ⅰ）$m<2a$；（ⅱ）$2n\mid(2am-m^2+n^2)$；（ⅲ）$n^2-m^2+2mn\leqslant2a(n-m)$.
令 $f=\dfrac{2am-m^2-mn}{n}$,求 $\min\limits_{(m,n)\in A}f$ 及 $\max\limits_{(m,n)\in A}f$.

5. 证明:在 $\triangle ABC$ 中,

(a) $\cos A+\cos B+\cos C\leqslant\dfrac{3}{2}$；

(b) $\sin\dfrac{A}{2}\sin\dfrac{B}{2}\sin\dfrac{C}{2}\leqslant\dfrac{1}{8}$.

6. 证明:在锐角三角形 ABC 中,$\sin A+\sin B+\sin C>2$.

7. 证明:在 $\triangle ABC$ 中,$\sin A+\sin B+\sin C-\cos A-\cos B-\cos C\leqslant\dfrac{2\sqrt{3}-3}{2}$,并且当三角形为锐角三角形时,上式左边大于 1.

8. 设 x, y, z 为实数,k_1, k_2, $k_3\in\left(0,\dfrac{1}{2}\right)$,$k_1+k_2+k_3=1$. 证明:$k_1k_2k_3(x+y+z)^2\geqslant xyk_3(1-2k_3)+yzk_1(1-2k_1)+zxk_2(1-2k_2)$.

9. 设数 a 具有以下性质:对于任意的四个实数 x_1, x_2, x_3, x_4,总可以取整数 k_1, k_2, k_3, k_4,使得 $\sum\limits_{1\leqslant i<j\leqslant4}((x_i-k_i)-(x_j-k_j))^2\leqslant a$. 求这样的 a 的最小值.

10. a, b, c 均不小于 1,证明:
$$a^3b^3+b^3c^3+c^3a^3+3abc\geqslant a^3+b^3+c^3+3a^2b^2c^2.$$

11. (习题 5 第 5 题的加强)证明:在 $0 < x < y < z < \dfrac{\pi}{2}$ 时,

$$\sqrt{2} + 2\sin x\cos y + 2\sin y\cos z > \sin 2x + \sin 2y + \sin 2z.$$

12. 已知 $x,y,z \geqslant 0$,证明 Schur 不等式

$$\sum x(x-y)(x-z) \geqslant 0$$

或

$$\sum x^3 - \sum x^2(y+z) + 3xyz \geqslant 0.$$

13. 证明:在 $\triangle ABC$ 中,有

(a) $\sum a^3 - 2\sum a^2(b+c) + 9abc \leqslant 0.$

(b) $-\sum a^3 + \sum a^2(b+c) - 2abc > 0.$

单墫
解题研究
丛书

数学竞赛研究教程

第 18 讲　不等式(二)

这一讲介绍如何应用一些重要的不等式去解题.

不等式,虽然源自恒等式,但它已经发展、壮大,具有自己的特点,成为独立的分支,不需要一一求诸恒等式. 一些著名的不等式,如排序不等式、算术-几何平均不等式、柯西不等式、闵可夫斯基不等式等,具有广泛的应用,它们是不等式理论成熟的标志.

例 1　设有两个有序数组 $a_1 \leqslant a_2 \leqslant \cdots \leqslant a_n$ 及 $b_1 \leqslant b_2 \leqslant \cdots \leqslant b_n$.

证明:对于 $1, 2, \cdots, n$ 的任一排列 $i_1, i_2, \cdots, i_n$,

$$a_1 b_1 + a_2 b_2 + \cdots + a_n b_n \quad (\text{同序的和})$$
$$\geqslant a_1 b_{i_1} + a_2 b_{i_2} + \cdots + a_n b_{i_n} \quad (\text{乱序的和})$$
$$\geqslant a_1 b_n + a_2 b_{n-1} + \cdots + a_n b_1 \quad (\text{逆序的和}).$$

解　对于任意 $k, h \in \{1, 2, \cdots, n\}$,

$$(a_1 b_1 + a_k b_h) - (a_1 b_h + a_k b_1) = (a_1 - a_k)(b_1 - b_h) \geqslant 0.$$

所以,我们可将 $a_1 b_{i_1} + a_2 b_{i_2} + \cdots + a_n b_{i_n}$ 中第一项的因数 b_{i_1} 与 b_1 对调,和不会减少. 同样,可将第二项调为 $a_2 b_2, \cdots$,依此类推即得例 1 中第一个不等式. 同样可证另一个不等式.

例 1 就是排序不等式,也称为排序原理.

例 2　设 $a_1, a_2, \cdots, a_n$ 为互不相等的自然数,求证:

$$a_1^2 + \frac{a_2^2}{2} + \frac{a_3^2}{3} + \cdots + \frac{a_n^2}{n} \geqslant a_1 + a_2 + \cdots + a_n. \tag{1}$$

解　使用排序不等式需将每一项适当地分成两个因数的积. 数列 $\{a_i^2\}$ 的大小次序与 $\{a_i\}$ 相同、与 $\{\frac{1}{a_i}\}$ 相反. 所以由排序不等式

$$\sum a_i = \sum \frac{a_i^2}{a_i} \leqslant \sum \frac{a_i^2}{a_{j_i}}, \tag{2}$$

其中 $j_1, j_2, \cdots, j_n$ 为 $1, 2, \cdots, n$ 的一个排列,满足

$$a_{j_1} < a_{j_2} < \cdots < a_{j_n}. \tag{3}$$

由于(3)中的数都是自然数,$a_{j_i} \geqslant i$,从而由(2)得 $\sum a_i \leqslant \sum \frac{a_i^2}{i}$.

例 3　设 a, b, c 为正数,证明:

$$\frac{a}{b+c} + \frac{b}{c+a} + \frac{c}{a+b} \geqslant \frac{3}{2}. \tag{4}$$

解 由对称性,不妨设 $a \geqslant b \geqslant c$. 这时 $\dfrac{1}{b+c} \geqslant \dfrac{1}{a+c} \geqslant \dfrac{1}{a+b}$.

所以由排序不等式,得

$$\frac{a}{b+c} + \frac{b}{c+a} + \frac{c}{a+b} \geqslant \frac{a}{c+a} + \frac{b}{a+b} + \frac{c}{b+c}. \tag{5}$$

$$\frac{a}{b+c} + \frac{b}{c+a} + \frac{c}{a+b} \geqslant \frac{a}{a+b} + \frac{b}{b+c} + \frac{c}{c+a}. \tag{6}$$

将(5),(6)相加即得(4).

例 4 设 s, t 为正数,n 为自然数. 证明:

$$s^{n+1} + nt^{n+1} \geqslant (n+1)t^n s. \tag{7}$$

解 由于 s, t 与 $s^k, t^k (1 \leqslant k \leqslant n)$ 同序,所以

$$(s-t)(s^k - t^k) \geqslant 0. \tag{8}$$

于是

$$s^{n+1} + nt^{n+1} - (n+1)t^n s$$
$$= s(s^n - t^n) - nt^n(s-t)$$
$$= (s-t)[s(s^{n-1} + s^{n-2}t + \cdots + t^{n-1}) - nt^n]$$
$$= (s-t)[(s^n - t^n) + (s^{n-1} - t^{n-1})t + \cdots + (s-t)t^{n-1}]$$
$$\geqslant 0,$$

即(7)式成立.

排序不等式的适用对象是代数和,其中每一个加项都可以表示为两个因式的积. 例 4 虽然没有直接援引排序不等式,但用到同样的思想(即(8)).

注 例 4 也可以直接利用排序不等式,即将数组 $\overbrace{s, t, t, \cdots, t}^{n \text{个}}$ 反复自乘 $n+1$ 次. 在每次均用 s 乘 s 的幂时所得各项之和最大,每次均用 s 乘 t 的幂时所得各项之和最小.

例 5 设 $p_1 \leqslant p_2 \leqslant \cdots \leqslant p_n$. 求 $x_1 \geqslant x_2 \geqslant \cdots \geqslant x_n$,使得"距离"$d = (p_1 - x_1)^2 + (p_2 - x_2)^2 + \cdots + (p_n - x_n)^2$ 为最小.

解 设 $p = \dfrac{1}{n}(p_1 + p_2 + \cdots + p_n)$. 很自然地猜测在 $x_1 = x_2 = \cdots = x_n = p$ 时,d 为最小. 即 $(p_1 - x_1)^2 + (p_2 - x_2)^2 + \cdots + (p_n - x_n)^2$

$$\geqslant (p_1 - p)^2 + (p_2 - p)^2 + \cdots + (p_n - p)^2. \tag{9}$$

不妨设 $p = 0$,否则用 $p_i - p$ 代替 p_i,$x_i - p$ 代替 x_i. 因此,只需证明

$$\sum (p_i - x_i)^2 \geqslant \sum p_i^2. \tag{10}$$

单墫
解题研究
丛书 数学竞赛研究教程

(10)左边 $=\sum p_i^2+\sum x_i^2-2\sum x_ip_i\geqslant\sum p_i^2-2\sum x_ip_i$，只需证明

$$\sum x_ip_i\leqslant 0. \tag{11}$$

由于 $\{p_i\}$ 与 $\{x_i\}$ 逆序，所以对 $1,2,\cdots,n$ 的任一排列 $j_1,j_2,\cdots,j_n$，均有

$$\sum x_ip_i\leqslant\sum p_ix_{j_i}. \tag{12}$$

逐次取 $j_i=i,i+1,\cdots,n,1,\cdots,i-1(i=1,2,\cdots,n)$，然后将所得的 n 个形如 (12) 的不等式相加，得

$$n\sum x_ip_i\leqslant\sum_{i=1}^{n}p_i\sum_{j_i=1}^{n}x_{j_i}=\Big(\sum_{i=1}^{n}x_i\Big)\cdot\Big(\sum_{i=1}^{n}p_i\Big)=0$$

(最后一步是由于 $p=0$)，这就是 (11)．因此 (10)，(9) 均成立．

将若干个形如 (12) 的不等式相加以产生所需要的结果，是例 5 的关键．这一方法在例 3 中实际上已经用过．

用这个方法，不难得出．

例 6　如果 $a_1\leqslant a_2\leqslant\cdots\leqslant a_n,b_1\leqslant b_2\leqslant\cdots\leqslant b_n$，那么

$$n\sum_{i=1}^{n}a_ib_i\geqslant\sum a_i\cdot\sum b_i, \tag{13}$$

它称为契比雪夫(П. Я. Чеъышев，1821—1894)不等式．在 $\{a_i\}$ 或 $\{b_i\}$ 中恰有一个改为相反的顺序时，(13) 的"$\geqslant$"也改为"$\leqslant$"．

算术-几何平均不等式也是经常使用的不等式(简称为 A - G 不等式)：

设 $a_1,a_2,\cdots,a_n$ 为非负实数，则

$$\frac{a_1+a_2+\cdots+a_n}{n}\geqslant\sqrt[n]{a_1a_2\cdots a_n}. \tag{14}$$

$n=2$ 或 3 的情况，在中学里尤为常见．

例 7　设 $a_1,a_2,\cdots,a_{n+1}$ 为非负实数，求证

$$n\Big(\frac{a_1+a_2+\cdots+a_n}{n}-\sqrt[n]{a_1a_2\cdots a_n}\Big)$$

$$\leqslant(n+1)\Big(\frac{a_1+a_2+\cdots+a_{n+1}}{n+1}-\sqrt[n+1]{a_1a_2\cdots a_{n+1}}\Big). \tag{15}$$

解　$(n+1)\Big(\dfrac{a_1+a_2+\cdots+a_{n+1}}{n+1}-\sqrt[n+1]{a_1a_2\cdots a_{n+1}}\Big)-$

$n\Big(\dfrac{a_1+a_2+\cdots+a_n}{n}-\sqrt[n]{a_1a_2\cdots a_n}\Big)$

$=a_{n+1}-(n+1)\sqrt[n+1]{a_1a_2\cdots a_{n+1}}+n\sqrt[n]{a_1a_2\cdots a_n}.$

设法化去根号．为此，设 $a_1a_2\cdots a_n=t^{n(n+1)},a_{n+1}=s^{n+1},s,t\geqslant 0$，则

$$上式=s^{n+1}-(n+1)t^ns+nt^{n+1}\geqslant 0.$$

最后一步是根据 (7)．

由(15),我们得到

$$n\left(\frac{a_1+a_2+\cdots+a_n}{n}-\sqrt[n]{a_1a_2\cdots a_n}\right)$$

$$\geqslant\cdots\geqslant 3\left(\frac{a_1+a_2+a_3}{3}-\sqrt[3]{a_1a_2a_3}\right)$$

$$\geqslant 2\left(\frac{a_1+a_2}{2}-\sqrt{a_1a_2}\right)\geqslant 0.$$

这是 A-G 不等式的一种证明(据统计,A-G 不等式的证明有几十种).

例 8 a,b,c 都是正数. 证明

$$abc\geqslant(a+b-c)(b+c-a)(c+a-b). \tag{16}$$

解 如果 $a+b-c,b+c-a,c+a-b$ 中有负数,设 $a+b-c<0$,那么 $c>a+b,b+c-a$ 与 $c+a-b$ 均为正数. (16)右边为负,结论显然成立.

设 $a+b-c,b+c-a,c+a-b$ 均非负. 由 A-G 不等式,

$$\sqrt{(a+b-c)(b+c-a)}\leqslant\frac{(a+b-c)+(b+c-a)}{2}=b. \tag{17}$$

同样有(注意轮换性)

$$\sqrt{(b+c-a)(c+a-b)}\leqslant c, \tag{18}$$

$$\sqrt{(c+a-b)(a+b-c)}\leqslant a. \tag{19}$$

将(17),(18),(19)三式相乘即得(16).

例 9 已知 a,a' 为正,并且行列式

$$\begin{vmatrix} a & b \\ b & c \end{vmatrix}=\begin{vmatrix} a' & b' \\ b' & c' \end{vmatrix}\geqslant 0, \tag{20}$$

求证行列式

$$\begin{vmatrix} a-a' & b-b' \\ b-b' & c-c' \end{vmatrix}\leqslant 0, \tag{21}$$

这里行列式 $\begin{vmatrix} a & b \\ b & c \end{vmatrix}$ 即表达式 $ac-b^2$.

解 记

$$k=\begin{vmatrix} a & b \\ b & c \end{vmatrix}.$$

因为

$$\begin{vmatrix} a-a' & b-b' \\ b-b' & c-c' \end{vmatrix}=(a-a')(c-c')-(b-b')^2$$

$$=2k-ac'-a'c+2bb', \tag{22}$$

而由 A-G 不等式有 $ac'+a'c\geqslant 2\sqrt{aa'cc'}$

单墫
解题研究
丛 书   数学竞赛研究教程

$$=2\sqrt{(k+b^2)(k+b'^2)}$$
$$=2\sqrt{k^2+b^2b'^2+k(b^2+b'^2)}$$
$$\geqslant 2\sqrt{k^2+b^2b'^2+2kbb'}$$
$$=2k+2bb'. \tag{23}$$

由(22),(23)导出(21).

例10 设 $x_i\geqslant 1(i=1,2,\cdots,n)$. 证明樊犓(1914—2010)不等式

$$\frac{\prod(x_i-1)}{\left(\sum(x_i-1)\right)^n}\leqslant \frac{\prod x_i}{\left(\sum x_i\right)^n}. \tag{24}$$

这里 $\prod$ 是连乘符号, $\prod x_i=x_1x_2\cdots x_n$.

解 (24)等价于

$$\left(\frac{\prod(x_i-1)}{\prod x_i}\right)^{\frac{1}{n}}\leqslant \frac{\sum(x_i-1)}{\sum x_i}. \tag{25}$$

由 A-G 不等式,

$$\left(\frac{\prod(x_i-1)}{\prod x_i}\right)^{\frac{1}{n}}=\left(\prod\frac{x_i-1}{x_i}\right)^{\frac{1}{n}}$$

$$\leqslant \frac{1}{n}\sum\frac{x_i-1}{x_i}=1-\frac{1}{n}\sum\frac{1}{x_i}. \tag{26}$$

而

$$\frac{\sum(x_i-1)}{\sum x_i}=\frac{\sum x_i-n}{\sum x_i}=1-\frac{n}{\sum x_i}. \tag{27}$$

所以(25)可由(26),(27)及不等式

$$\frac{1}{n}\sum\frac{1}{x_i}\geqslant \frac{n}{\sum x_i} \tag{28}$$

推出.

(28)等价于

$$\sum x_i\cdot\sum\frac{1}{x_i}\geqslant n^2. \tag{29}$$

这个不等式不难从 A-G 不等式导出

$$\sum x_i\cdot\sum\frac{1}{x_i}\geqslant n\sqrt[n]{x_1x_2\cdots x_n}\cdot n\sqrt[n]{\frac{1}{x_1}\cdot\frac{1}{x_2}\cdot\cdots\cdot\frac{1}{x_n}}=n^2.$$

注 (ⅰ)(29)也有很多应用. 例如设 a,b,c 为正数,则

$$\left(\frac{a}{b+c}+\frac{b}{c+a}+\frac{c}{a+b}\right)\left(\frac{b+c}{a}+\frac{c+a}{b}+\frac{a+b}{c}\right)\geqslant 9.$$

（ⅱ）$x_i \geqslant 1$ 可改为 $1 > x_i \geqslant \dfrac{1}{2}(i=1,2,\cdots,n)$. 但若 $\dfrac{1}{2} \geqslant x_i > 0(i=1,2,\cdots,n)$，则(24)中不等号"$\leqslant$"改为"$\geqslant$". 参见习题 20 第 9 题.

（ⅲ）在不等式的证明中，往往需要作一些恒等变形，需要将它变为等价的或更强的不等式，以便于应用一些著名的不等式.

A-G 不等式是幂平均不等式的特殊情况.

设 $a_1,a_2,\cdots,a_n$ 为非负数，则对于 $r \neq 0$，$A_r = \left(\dfrac{1}{n}\sum a_i^r\right)^{\frac{1}{r}}$ 称为 $a_1,a_2,\cdots,a_n$ 的 r 次幂平均，并约定 $A_0 = \sqrt[n]{x_1 x_2 \cdots x_n}$（容易知道 $\lim\limits_{r \to 0+} A_r = A_0$）. 我们有

定理　A_r 是 r 的增函数.

这个定理就是幂平均不等式，其中 $\dfrac{1}{n}$ 还可以用和为 1 的正数 $p_1,p_2,\cdots,p_n$ 来代替，即 $A_r = \left(\sum p_i a_i^r\right)^{\frac{1}{r}}$ 是 r 的增函数.

一般的幂平均不等式，在中学竞赛里几乎不出现，所以本书不作详细讨论.

下面的一些例子需要利用柯西不等式（第 17 讲例 3）.

例 11　设 $a_i > 0(i=1,2,\cdots,n)$，并且

$$a_1 + a_2 + \cdots + a_n = 1, \tag{30}$$

求证：

$$\sum_{i=1}^{n}\left(a_i + \frac{1}{a_i}\right)^2 \geqslant \frac{(n^2+1)^2}{n}. \tag{31}$$

解　将(31)的两边展开并化简成

$$\sum_{i=1}^{n} a_i^2 + \sum_{i=1}^{n} \frac{1}{a_i^2} \geqslant \frac{1}{n} + n^3. \tag{32}$$

由柯西不等式及条件(30)，得 $\sum 1^2 \cdot \sum a_i^2 \geqslant \left(\sum a_i\right)^2 = 1$. 所以

$$\sum a_i^2 \geqslant \frac{1}{n}. \tag{33}$$

同样

$$\sum 1^2 \cdot \sum \frac{1}{a_i^2} \geqslant \left(\sum \frac{1}{a_i}\right)^2. \tag{34}$$

而由条件(30)及不等式(29)，得 $\sum \dfrac{1}{a_i} \geqslant n^2.$ \tag{35}

由(34),(35)导出

$$\sum \frac{1}{a_i^2} \geqslant n^3. \tag{36}$$

由(33),(36)导出(32),(31).

注 （ⅰ）实际上，我们证明了两个幂平均不等式，即 $A_2 \geqslant A_1$，$A_{-1} \geqslant A_{-2}$.

（ⅱ）条件(30)可结合 A - G 不等式(29)或柯西不等式使用. 下面的例 12 也是如此.

例 12 设 $l_1 x_1 + l_2 x_2 + \cdots + l_n x_n = 1$，这里 $l_1, l_2, \cdots, l_n$ 为已知数. 求 $x_1^2 + x_2^2 + \cdots + x_n^2$ 的最小值.

解
$$(l_1 x_1 + l_2 x_2 + \cdots + l_n x_n)^2$$
$$\leqslant (l_1^2 + l_2^2 + \cdots + l_n^2)(x_1^2 + x_2^2 + \cdots + x_n^2),$$

所以
$$x_1^2 + x_2^2 + \cdots + x_n^2 \geqslant \frac{1}{l_1^2 + l_2^2 + \cdots + l_n^2},$$

当且仅当 $x_i = l_i (l_1^2 + l_2^2 + \cdots + l_n^2)^{-1} (i = 1, 2, \cdots, n)$ 时等号成立.

注 本题的几何意义是 n 维空间中，原点到超平面的垂直距离是连接原点与这超平面上任一点的线段中最短的.

例 13 证明关于两个三角形的匹窦不等式
$$a^2(b_1^2 + c_1^2 - a_1^2) + b^2(c_1^2 + a_1^2 - b_1^2) + c^2(a_1^2 + b_1^2 - c_1^2) \geqslant 16\triangle\triangle_1, \tag{37}$$
这里 $a, b, c, \triangle$ 及 $a_1, b_1, c_1, \triangle_1$ 分别为两个三角形的边长与面积.

解 这个不等式在第 17 讲中已经出现过(第 17 讲(19)). 宁波大学陈计先生利用柯西不等式给出如下简单优雅的证明：
$$16\triangle\triangle_1 + 2a^2 a_1^2 + 2b^2 b_1^2 + 2c^2 c_1^2$$
$$\leqslant (16\triangle_1^2 + 2a_1^4 + 2b_1^4 + 2c_1^4)^{\frac{1}{2}}(16\triangle^2 + 2a^4 + 2b^4 + 2c^4)^{\frac{1}{2}}$$
$$= (a_1^2 + b_1^2 + c_1^2)(a^2 + b^2 + c^2),$$

所以 $16\triangle\triangle_1 \leqslant a^2(b_1^2 + c_1^2 - a_1^2) + b^2(c_1^2 + a_1^2 - b_1^2) + c^2(a_1^2 + b_1^2 - c_1^2)$.

类似于例 13，一些辅助的恒等变形，在不等式的证明中常常需要.

例 14 设 $n \geqslant 2, x_1, x_2, \cdots, x_n$ 为正数，并且
$$\sum x_i = 1, \tag{38}$$

求证
$$\sum \frac{x_i}{\sqrt{1 - x_i}} \geqslant \frac{\sum \sqrt{x_i}}{\sqrt{n - 1}}. \tag{39}$$

解 由条件(38)及柯西不等式，得
$$\sum \sqrt{x_i} \leqslant \left(\sum 1\right)^{\frac{1}{2}} \left(\sum x_i\right)^{\frac{1}{2}} = \sqrt{n}. \tag{40}$$

由于
$$\sum (1 - x_i) = n - \sum x_i = n - 1,$$

结合柯西不等式得
$$\sum \sqrt{1 - x_i} \leqslant \left(\sum 1\right)^{\frac{1}{2}} \left[\sum (1 - x_i)\right]^{\frac{1}{2}} = \sqrt{n(n - 1)}. \tag{41}$$

于是由(29)(或直接用柯西不等式)得

$$\sum \frac{1}{\sqrt{1-x_i}} \geqslant \frac{n^2}{\sum \sqrt{1-x_i}} \geqslant \frac{n^2}{\sqrt{n(n-1)}}. \tag{42}$$

由(40),(41),(42)推出

$$\sum \frac{x_i}{\sqrt{1-x_i}} = \sum \frac{1}{\sqrt{1-x_i}} - \sum \sqrt{1-x_i}$$

$$\geqslant \frac{n^2}{\sqrt{n(n-1)}} - \sqrt{n(n-1)}$$

$$= \frac{\sqrt{n}}{\sqrt{n-1}} \geqslant \frac{\sum \sqrt{x_i}}{\sqrt{n-1}}.$$

例 15 正数 x,y,z 满足 $x^2+y^2+z^2=1$,求 $\dfrac{x}{1-x^2}+\dfrac{y}{1-y^2}+\dfrac{z}{1-z^2}$ 的最小值.

解 容易猜到 $x=y=z=\sqrt{\dfrac{1}{3}}$ 时,$\dfrac{x}{1-x^2}+\dfrac{y}{1-y^2}+\dfrac{z}{1-z^2}$ 取得最小值 $\dfrac{3\sqrt{3}}{2}$.为了证明这一点,首先利用柯西不等式得

$$\sum \frac{x}{1-x^2} \cdot \sum x^3(1-x^2) \geqslant \sum x^2 = 1. \tag{43}$$

所以只需要证明

$$\sum x^3(1-x^2) \leqslant \frac{2}{3\sqrt{3}} \tag{44}$$

(这种"去分母"的方法在其他问题中也会用到,如习题 18 第 2 题).

(44)等价于

$$\frac{2}{3\sqrt{3}} + \sum x^5 \geqslant \sum x^3. \tag{45}$$

而由 A－G 不等式

$$\frac{2x^2}{3\sqrt{3}} + x^5 \geqslant 3 \sqrt[3]{\left(\frac{x^2}{3\sqrt{3}}\right)\left(\frac{x^2}{3\sqrt{3}}\right)x^5} = x^3,$$

所以(45)成立,证毕.

辅助的恒等变形似乎平常,实际做起来却并不容易. 尝试一下例 15 就会有较深的体会(另一种解法见习题 18 第 12 题).

柯西不等式中 $\sum a_i b_i$ 的项 $a_i b_i$ 如何拆成两个因式 a_i 与 b_i 之积,可以说是应用这个不等式的主要技巧(在例 15 的(44)中,我们将 $\sum x^2$ 中的 x^2 表示为

单墫
解题研究
丛书

数学竞赛研究教程

$\sqrt{\dfrac{x}{1-x^2}}$ 与 $\sqrt{x^3(1-x^2)}$ 的积). 正因为 a_ib_i 可以按照我们的需要加以分解, 柯西不等式的应用更为广泛.

例 16 设 $a_1, a_2, \cdots, a_n$ 为 n 个正数, σ_k 为 $a_1, a_2, \cdots, a_n$ 的初等对称多项式 (见第 15 讲 (14)), $p_k = \dfrac{\sigma_k}{C_n^k}$. 证明

$$p_1 \geqslant p_2^{\frac{1}{2}} \geqslant p_3^{\frac{1}{3}} \geqslant \cdots \geqslant p_n^{\frac{1}{n}}, \tag{46}$$

当且仅当 $a_1 = a_2 = \cdots = a_n$ 时, 等号成立.

解 首先证明 $\quad p_k^2 \geqslant p_{k-1} p_{k+1} \quad (k = 1, 2, \cdots, n-1), \tag{47}$
当且仅当 $a_1 = a_2 = \cdots = a_n$ 时, 等号成立.

对 n 用归纳法. 假设对 $n-1$ 个数相应结论成立, 相应的量记为 σ_k', p_k', 则

$$\sigma_k = \sigma_k' + a_n \sigma_{k-1}', \quad p_k = \frac{n-k}{n} p_k' + \frac{k}{n} a_n p_{k-1}',$$

从而 $\quad n^2 (p_k^2 - p_{k+1} p_{k-1}) = A + Ba_n + Ca_n^2,$
其中 $A = (n-k)^2 p_k'^2 - [(n-k)^2 - 1] p_{k+1}' p_{k-1}' \geqslant p_k'^2,$
$\quad B = 2k(n-k) p_{k-1}' p_k' - (n-k+1)(k+1) p_{k-1}' p_k' -$
$\qquad (n-k-1)(k-1) p_{k-2}' p_{k+1}',$
$\quad C = k^2 p_{k-1}'^2 - (k^2 - 1) p_{k-2}' p_k' \geqslant p_{k-1}'^2.$

因为 $p_{k-2}' p_{k+1}' \leqslant \dfrac{p_{k-1}'^2}{p_k'} \cdot p_{k+1}' \leqslant \dfrac{p_{k-1}'}{p_k'} \cdot p_k'^2 = p_{k-1}' p_k'$, 所以 $B \geqslant -2 p_{k-1}' p_k'$. 于是
$$n^2 (p_k^2 - p_{k-1} p_{k+1}) \geqslant (p_{k-1}' a_n - p_k')^2 \geqslant 0.$$

等号仅在 $a_1 = a_2 = \cdots = a_{n-1}$ 并且 $a_n = \dfrac{p_k'}{p_{k-1}'}$ 时成立, 即 $a_1 = a_2 = \cdots = a_n$ 时成立.

由 (47) 可得
$$(p_0 p_2)(p_1 p_3)^2 (p_2 p_4)^3 \cdots (p_{k-1} p_{k+1})^k \leqslant p_1^2 p_2^4 p_3^6 \cdots p_k^{2k},$$
所以 $\quad p_{k+1}^k \leqslant p_k^{k+1},$
即 (46) 成立.

(47) 是牛顿得出的, 实际上对实数 $a_1, a_2, \cdots, a_n$ 都成立 (证明仅需稍作修改). (46) 称为马克劳林 (Maclaurin, 1698—1746) 不等式.

关于归纳法与不等式, 参见第 20 讲.

习 题 18

1. 已知 x, y, z 为正数, $xyz(x+y+z) = 1$, 求 $(x+y)(x+z)$ 的最小值.

2. a,b,c,d 为正数,证明 $\dfrac{a}{b+c}+\dfrac{b}{c+d}+\dfrac{c}{d+a}+\dfrac{d}{a+b}\geqslant 2$.

3. a,b,c 为正数,证明 $\dfrac{c}{a}+\dfrac{a}{b+c}+\dfrac{b}{c}\geqslant 2$.

4. $0\leqslant a_i<1(i=1,2,\cdots,n),S=a_1+a_2+\cdots+a_n$. 证明 $\sum\dfrac{a_i}{1-a_i}\geqslant\dfrac{nS}{n-S}$.

5. $S_n=1+\dfrac{1}{2}+\cdots+\dfrac{1}{n}$,证明 $n(n+1)^{\frac{1}{n}}-n<S_n<n-(n-1)n^{-\frac{1}{n-1}}$.

6. 正数 a,b,c,A,B,C 满足 $a+A=b+B=c+C=k$,证明 $aB+bC+cA<k^2$.

7. $a\geqslant 0,b\geqslant 0$. 证明 $(a+b)(a^4+b^4)\geqslant(a^2+b^2)(a^3+b^3)$.

8. 设 $a_i,b_i,c_i,\triangle_i(i=1,2)$ 为三角形的边长与面积,以 a_1+a_2,b_1+b_2,c_1+c_2 为边的三角形面积为 $\triangle$. 证明:$\sqrt{\triangle_1}+\sqrt{\triangle_2}\leqslant\sqrt{\triangle}$.

9. a,b,c 为正数,$s=\dfrac{1}{2}(a+b+c)$,n 为自然数,证明

$$\frac{a^n}{b+c}+\frac{b^n}{c+a}+\frac{c^n}{a+b}\geqslant\left(\frac{2}{3}\right)^{n-2}\cdot s^{n-1}.$$

10. 已知 $x_1x_2\cdots x_n=Q^n$,其中 $x_i\geqslant 1(i=1,2,\cdots,n)$. 记 $x_{n+1}=x_1$. 证明当 n 大于 2 时,$\displaystyle\sum_{i=1}^{n}x_ix_{i+1}-\sum_{i=1}^{n}x_i\geqslant\dfrac{n}{2}(Q^2-1)$.

11. 设 $\triangle ABC$ 的边长为 a、b、c,相应的中线长为 m_a、m_b、m_c. 证明

$$4m_bm_c\geqslant 2a^2-4b^2-4c^2+9bc.$$

12. 试用算术-几何平均不等式来解例 15.

13. 设 a,b,c 为正实数,并且 $abc=1$. 证明 $\left(a-1+\dfrac{1}{b}\right)\left(b-1+\dfrac{1}{c}\right)\left(c-1+\dfrac{1}{a}\right)\leqslant 1$.

14. 整数 $n\geqslant 3$,$a_1,a_2,\cdots,a_n$ 为实数,$2\leqslant a_i\leqslant 3(1\leqslant i\leqslant n)$,$s=a_1+a_2+\cdots+a_n$. 证明:$\dfrac{a_1^2+a_2^2-a_3^2}{a_1+a_2-a_3}+\dfrac{a_2^2+a_3^2-a_4^2}{a_2+a_3-a_4}+\cdots+\dfrac{a_n^2+a_1^2-a_2^2}{a_n+a_1-a_2}\leqslant 2s-2n.$

单墫
解题研究
丛书

数学竞赛研究教程

第 19 讲　不等式(三)

不等式的研究发展极快. 不等式的数量越来越多,形状千姿百态,证法千差万别. 证明不等式需要灵活地运用各种技巧,更需要匠心独运,独辟蹊径. 正因为如此,在各种数学竞赛中,不等式频频出现. 除了第 17、18 讲所介绍的方法,我们再举一些例子以供借鉴.

例 1　设 c,d 为正数,并且

$$c+d \leqslant a, \tag{1}$$

$$c+d \leqslant b, \tag{2}$$

证明:

$$ca+db \leqslant ab. \tag{3}$$

解　这道题,如果说有困难的话,就在于将它想得过于困难(甚至有人搬用柯西不等式). 其实,这是一个非常简单的不等式(参见第 1 讲例 5).

设 $a \leqslant b$,则由于 c,d,a,b 均为正数,$ca+db \leqslant (c+d)b \leqslant ab$.

例 2　已知 $a+b+c>0,ax^2+bx+c=0$ 有实数根. 证明

$$\max\{a,b,c\} \geqslant \frac{4(a+b+c)}{9}. \tag{4}$$

解　首先,我们可以设

$$a+b+c=1, \tag{5}$$

否则用 $\dfrac{a}{a+b+c},\dfrac{b}{a+b+c},\dfrac{c}{a+b+c}$ 代替 a,b,c. 这样,只需证明

$$\max\{a,b,c\} \geqslant \frac{4}{9}. \tag{6}$$

分情况来讨论:

（ⅰ）如果 $b \geqslant \dfrac{4}{9}$,(6)已经成立.

（ⅱ）如果 $b<\dfrac{4}{9}$,由已知 $ax^2+bx+c=0$ 有实根得 $\left(\dfrac{4}{9}\right)^2>b^2 \geqslant 4ac$,

即

$$\frac{4}{81} \geqslant ac. \tag{7}$$

又

$$a+c=1-b>1-\frac{4}{9}=\frac{5}{9}, \tag{8}$$

结合(7),(8)得

$$\left(\frac{5}{9}-c\right)c<ac \leqslant \frac{4}{81},$$

即

$$c^2-\frac{5}{9}c+\frac{4}{81}=\left(c-\frac{1}{9}\right)\left(c-\frac{4}{9}\right)>0.$$

从而 $$c > \frac{4}{9} \text{ 或 } c < \frac{1}{9}.$$

在 $c < \frac{1}{9}$ 时,由(8)得 $$a > \frac{5}{9} - c > \frac{4}{9}.$$

因此(6)成立.

注 (i) 更一般地,如果 m 次实系数多项式 $a_0 + a_1 x + \cdots + a_m x^m$ 仅有实根,那么

$$\max\{a_0, a_1, \cdots, a_m\} \geqslant \frac{C_m^s (m-s)^{m-s} (s+1)^s}{(m+1)^s} \cdot (a_0 + a_1 + \cdots + a_m),$$

其中 $s = \left[\dfrac{m}{2}\right]$.

(ii) 在题中表达式为 a, b, c 的齐次式时,常常设 $a+b+c=1$. 这种"标准化",不仅使书写简单,而且有助于发现正确的解题路径,特别是它增添一个有利的条件 $a+b+c=1$.

(iii) 枚举法也给我们增添了条件. 情况(i)的条件 $b \geqslant \dfrac{4}{9}$ 直接引出结论. 情况(ii)的条件也提供了方便. 请参看第3讲.

例3 已知 $a_1 \geqslant a_2 \geqslant \cdots \geqslant a_n$,

$$\sum_{i=1}^{n} b_i = 0, \quad \sum_{i=1}^{n} |b_i| = 1, \tag{9}$$

求证 $$\left| \sum_{i=1}^{n} a_i b_i \right| \leqslant \frac{1}{2}(a_1 - a_n). \tag{10}$$

解 不等式中有负数出现是一件讨厌的事,你必须小心翼翼,防止在乘以负数时忘记改变不等号的方向. 如果可能的话,我们希望将负数换为正数,或者将正数、负数分开处理.

a_n(甚至 a_1)未必为正数. 但我们可以将 $a_1, a_2, \cdots, a_n$ 换成 $a_1 + M, a_2 + M, \cdots, a_n + M$,这里 M 是一个足够大(大于等于 $-a_n$)的数,使得所有 $a_i + M$ 成为非负数. 结合(9)的第一个等式,得 $\sum\limits_{i=1}^{n} (a_i + M) b_i = \sum\limits_{i=1}^{n} a_i b_i + M \sum\limits_{i=1}^{n} b_i = \sum\limits_{i=1}^{n} a_i b_i$. 又有(平移不改变距离)$(a_1 + M) - (a_n + M) = a_1 - a_n$,所以将 a_i 换为 $a_i + M (i = 1, 2, \cdots, n)$ 对(10)并无影响,我们不妨假定 $a_n = 0$(即取 $M = -a_n$).

又可以假定 $\sum\limits_{i=1}^{n} a_i b_i \geqslant 0$. 否则将 b_i 换成 $-b_i (1 \leqslant i \leqslant n)$. 于是只需证

单墫
解题研究
丛书

数学竞赛研究教程

$$\sum_{i=1}^{n} a_i b_i \leqslant \frac{1}{2} a_1. \tag{11}$$

将 b_i 中正数、负数分开. 记

$$P = \sum_{b_i \geqslant 0} b_i, N = -\sum_{b_i < 0} b_i,$$

则（9）即

$$P - N = 0, P + N = 1. \tag{12}$$

从而

$$P = N = \frac{1}{2}. \tag{13}$$

于是 $\sum a_i b_i = \sum_{b_i > 0} a_i b_i + \sum_{b_i < 0} a_i b_i \leqslant a_1 \sum_{b_i < 0} b_i = a_1 P = \frac{1}{2} a_1.$

注 平移（即将 a_i 变为 $a_i + M$），将正、负部分分开都是惯用的手法. 本例中的 M 可以随意选择，取 $M = -a_n$ 较为简单.

处理 $\sum a_i b_i$ 的另一种方法是阿贝尔(N. H. Abel, 1802—1829)求和法.

例 4 设 $a_1 \geqslant a_2 \geqslant \cdots \geqslant a_n \geqslant 0, B_k = \sum_{i=1}^{k} b_i$（约定 $B_0 = 0$），并且

$$B' \leqslant B_k \leqslant B \quad (k = 1, 2, \cdots, n).$$

试证明阿贝尔不等式

$$a_1 B' \leqslant \sum_{i=1}^{n} a_i b_i \leqslant a_1 B. \tag{14}$$

解 $\sum_{i=1}^{n} a_i b_i = \sum_{i=1}^{n} a_i (B_i - B_{i-1}) = \sum_{i=1}^{n-1} (a_i - a_{i+1}) B_i + a_n B_n,$ $\tag{15}$

所以 $\sum_{i=1}^{n} a_i b_i \leqslant B \Big[\sum_{i=1}^{n-1} (a_i - a_{i+1}) + a_n \Big] = a_1 B.$

同样可证(14)的另一半.

(15)就是著名的阿贝尔求和法.

在例 3 中，$B = P = N = \frac{1}{2}, B' = -\frac{1}{2}$，所以由(14)立即得到(10)（先作平移，(14)中的 a_1 即(10)中 $a_1 - a_n$）.

类似地，取 $b_k = \sin kx (0 < x < 2\pi$，则易知 $\Big| \sum_{k=m+1}^{m+n} \sin kx \Big| \leqslant \dfrac{1}{\sin \dfrac{x}{2}}$. 所以由阿贝尔不等式(14) 得 $\Big| \sum_{k=m+1}^{m+n} \dfrac{\sin kx}{k} \Big| \leqslant \dfrac{1}{(m+1)\sin \dfrac{x}{2}}.$

例 5 设 $a_1 \geqslant a_2 \geqslant \cdots \geqslant a_n \geqslant 0, b_1 \geqslant a_1, b_1 b_2 \geqslant a_1 a_2, \cdots, b_1 b_2 \cdots b_n \geqslant a_1 a_2 \cdots a_n$.

证明
$$b_1 + b_2 + \cdots + b_n \geqslant a_1 + a_2 + \cdots + a_n. \tag{16}$$

解 令 $c_i = \dfrac{b_i}{a_i}(1 \leqslant i \leqslant n)$，则
$$c_1 \geqslant 1, c_1 c_2 \geqslant 1, \cdots, c_1 c_2 \cdots c_n \geqslant 1. \tag{17}$$

要证明的(16)等价于
$$(c_1 - 1)a_1 + (c_2 - 1)a_2 + \cdots + (c_n - 1)a_n \geqslant 0. \tag{18}$$

由 A - G 不等式及条件(17)得
$$(c_1 - 1) + (c_2 - 1) + \cdots + (c_k - 1) \geqslant k\sqrt[k]{c_1 c_2 \cdots c_k} - k \geqslant 0.$$

在阿贝尔不等式(14)中取 $B' = 0$ 即得(18).

例 6 设 $a + b + c > 0, ab + bc + ca > 0, abc > 0$. 求证: $a > 0, b > 0, c > 0$.

解 已知条件使我们联想到三次方程(第 17 讲例 1 也是如此)
$$x^3 - (a + b + c)x^2 + (ab + bc + ca)x - abc$$
$$\equiv (x - a)(x - b)(x - c) = 0 \tag{19}$$
(这里"$\equiv$"表示恒等), a, b, c 是它的三个根. 而在 $x \leqslant 0$ 时,
$$x^3 - (a + b + c)x^2 + (ab + bc + ca)x - abc \leqslant -abc < 0.$$
因此(19)没有不大于 0 的根,所以 a, b, c 均为正数.

例 7 设 $x^2 + y^2 \leqslant 1$, 求证:
$$|x^2 + 2xy - y^2| \leqslant \sqrt{2}. \tag{20}$$

解 如果 $x^2 + y^2 = \rho^2 < 1$, 将 x, y 同时乘以大于 1 的数 $\dfrac{1}{\rho}$ 后, 它们的平方和等于 $1(\rho = 0$ 时 $x = y = 0$, (20)显然成立). 因此总可以假设
$$x^2 + y^2 = 1. \tag{21}$$

(21)启发我们采用三角函数: 令
$$x = \sin\alpha, y = \cos\alpha, 0 \leqslant \alpha < \frac{\pi}{2}. \tag{22}$$

而 $x^2 - y^2, 2xy$ 则使我们想到倍角的余弦与正弦, 即(20)等价于
$$|\cos 2\alpha + \sin 2\alpha| \leqslant \sqrt{2}. \tag{23}$$

(23)显然成立. 事实上, 更一般的结果
$$|a\cos\varphi + b\sin\varphi| = \sqrt{a^2 + b^2}\left|\sin\left(\varphi + \arcsin\frac{a}{\sqrt{a^2 + b^2}}\right)\right| \leqslant \sqrt{a^2 + b^2}$$

是众所周知的.

例7虽然简单,却有两点值得注意:(ⅰ)将问题的条件简化为极端情况(21);(ⅱ)揣摩题目的特点,作适当的代换.

例8 设 $x_1,x_2,\cdots,x_n(n\geqslant2)$ 均为正数,求证:

$$\frac{x_1^2}{x_1^2+x_2x_3}+\frac{x_2^2}{x_2^2+x_3x_4}+\cdots+\frac{x_{n-1}^2}{x_{n-1}^2+x_nx_1}+\frac{x_n^2}{x_n^2+x_1x_2}\leqslant n-1. \quad (24)$$

解 令 $\dfrac{x_{i+1}x_{i+2}}{x_i^2}=y_i(i=1,2,\cdots,n,x_{n+1}=x_1,x_{n+2}=x_2)$,

则(24)成为

$$\frac{1}{1+y_1}+\frac{1}{1+y_2}+\cdots+\frac{1}{1+y_n}\leqslant n-1. \quad (25)$$

而由 y_i 的定义知

$$y_1y_2\cdots y_n=1. \quad (26)$$

(25)的左边共 n 项,每项均小于1(因为分母 $1+y_i>1$). 如果其中有两项 $\leqslant\dfrac{1}{2}$,那么(25)已经成立. 设仅有 $\dfrac{1}{1+y_1}\leqslant\dfrac{1}{2}$,即

$$y_1\geqslant1,y_2\leqslant1,y_3\leqslant1,\cdots,y_n\leqslant1. \quad (27)$$

那么

$$\frac{1}{1+y_1}+\frac{1}{1+y_2}\leqslant\frac{1}{1+y_1}+\frac{1}{1+y_2y_3\cdots y_n}$$

$$=\frac{1}{1+y_1}+\frac{1}{1+\dfrac{1}{y_1}}$$

$$=1.$$

(25)的左边前两项之和为1,其余的 $n-2$ 项均小于1,所以(25)的左边小于右边.

注 (ⅰ) 在动手证(25)之前,先看看左边各项的值大致是多少. 这种粗略的估计往往能将我们引上解题的正确路径,少绕一些弯路.

(ⅱ) 如果令 $\dfrac{x_i^2}{x_{i+1}x_{i+2}}=z_i$,那么(24)等价于

$$\sum\frac{1}{1+z_i}\geqslant1, \quad (28)$$

与上面的解法完全对称. 在 z_i 中至多有一个小于等于1,否则(28)成立. 设 $z_1\leqslant1$,则由

$$\frac{1}{1+z_2}\geqslant\frac{1}{1+z_2z_3\cdots z_n}=\frac{1}{1+\dfrac{1}{z_1}}=\frac{z_1}{z_1+1}$$

即得(28).

（ⅲ）我们又采用了枚举法.

有时候需要将几种方法结合起来解题.

例9 设 $x_1, x_2, \cdots, x_n$ 为非负实数，

$$x = \frac{1}{n}(x_1 + x_2 + \cdots + x_n),$$

$$y = \sqrt{\frac{1}{n}(x_1^2 + x_2^2 + \cdots + x_n^2)}. \tag{29}$$

求证：

$$\frac{1}{n}\big[(x-x_1)^2 + \cdots + (x-x_n)^2\big]$$

$$\leqslant \sqrt{\frac{1}{2n}\big[(x_1^2 - y^2)^2 + \cdots + (x_n^2 - y^2)^2\big]}. \tag{30}$$

解 不妨设(30)的左边为 1，否则用

$$\frac{x_i}{\sqrt{\frac{1}{n}\sum(x-x_i)^2}} \left(\frac{x}{\sqrt{\frac{1}{n}\sum(x-x_i)^2}} \text{ 及 } \frac{y}{\sqrt{\frac{1}{n}\sum(x-x_i)^2}} \right)$$

代替 $x_i(x$ 及 $y)$ 进行讨论. 这种化简的手段在不等式的两边均为(同次)齐次式时常常采用.

我们有
$$1 = \frac{1}{n}\sum x_i^2 - \frac{2x}{n}\sum x_i + x^2 = y^2 - x^2$$

$$= \frac{1}{n}\sum x_i^2 - \frac{x}{n}\sum x_i. \tag{31}$$

于是经过一些恒等变形与适当缩减有

$$\frac{1}{n}\sum(x_i^2 - y^2)^2 = \frac{1}{n}\sum(x_i^2 - x^2 - 1)^2$$

$$= \frac{1}{n}\sum(x_i^2 - x^2)^2 - \frac{2}{n}\sum(x_i^2 - x^2) + 1$$

$$= \frac{1}{n}\sum(x_i^2 - x^2)^2 - 2(y^2 - x^2) + 1$$

$$= \frac{1}{n}\sum(x_i - x)^2(x_i^2 + 2x_i x + x^2) - 1$$

$$\geqslant \frac{1}{n}\sum(x_i - x)^2 x_i^2 + \frac{2x}{n}\sum(x_i - x)^2 x_i - 1$$

$$\geqslant \left[\frac{1}{n}\sum(x_i - x)x_i\right]^2 + \frac{2}{n^2}\left[\sum x_i(x_i - x)\right]^2 - 1 \text{(柯西不等式)}$$

单墫
解题研究
丛书

数学竞赛研究教程

$$=1+2-1=2,$$

从而(30)成立.

例 9 显然是从概率论"下放"来的(与数学期望、方差有关的)不等式.

与柯西不等式逆向的估计也很有用,这是波利亚于 1925 年建立的,即下面的(32).

例 10 设 $a \leqslant a_i \leqslant A, b \leqslant b_i \leqslant B(i=1,2,\cdots,n), a, b$ 均为正数,则

$$(a_1^2+a_2^2+\cdots+a_n^2)(b_1^2+b_2^2+\cdots+b_n^2)$$

$$\leqslant (a_1b_1+\cdots+a_nb_n)^2 \cdot \left(\frac{\sqrt{\dfrac{AB}{ab}}+\sqrt{\dfrac{ab}{AB}}}{2}\right)^2. \tag{32}$$

解 我们证明更一般的

$$\sum p_i a_i^2 \cdot \sum p_i b_i^2 \leqslant \left(\sum p_i a_i b_i\right)^2 \left(\frac{\sqrt{\dfrac{AB}{ab}}+\sqrt{\dfrac{ab}{AB}}}{2}\right)^2, \tag{33}$$

其中"权"$p_i \geqslant 0(i=1,2,\cdots,n)$,并且 $\sum p_i=1$.

为了证明(33),令 u_i, v_i 满足方程组

$$\begin{cases} a_i^2=u_i a^2+v_i A^2, \\ b_i^2=u_i B^2+v_i b^2 \end{cases} \tag{34}$$

$(1 \leqslant i \leqslant n)$. (34)总是有解的,因为在 $\begin{vmatrix} a^2 & A^2 \\ B^2 & b^2 \end{vmatrix}$ 为 0 即 $a=A, b=B$ 时,取 $u_i+v_i=1$ 即可.

由(34)及柯西不等式得

$$a_i b_i=(u_i a^2+v_i A^2)^{1/2}(u_i B^2+v_i b^2)^{1/2}$$
$$\geqslant u_i aB+v_i bA.$$

令 $p=\sum p_i u_i, q=\sum p_i v_i$,则

$$\frac{\sum p_i a_i^2 \cdot \sum p_i b_i^2}{\left(\sum p_i a_i b_i\right)^2} \leqslant \frac{(pa^2+qA^2)(pB^2+qb^2)}{(paB+qbA)^2}$$

$$=1+pq\left(\frac{AB-ab}{paB+qbA}\right)^2 \leqslant 1+pq\left(\frac{AB-ab}{2\sqrt{pqabAB}}\right)^2$$

$$=\left(\frac{\sqrt{\dfrac{AB}{ab}}+\sqrt{\dfrac{ab}{AB}}}{2}\right)^2.$$

即(33)成立.

(33)有很多推论,如下面的例 11.

例 11 设 $0 < b_1 \leqslant b_2 \leqslant \cdots \leqslant b_n, 0 < a_i (i=1,2,\cdots,n)$ 并且 $\sum a_i = 1$. 则有康托罗维奇(Л. В. Канторович, 1912—1986)不等式

$$\sum a_i b_i \cdot \sum \frac{a_i}{b_i} \leqslant \frac{(b_1+b_n)^2}{4 b_1 b_n}. \tag{35}$$

解 a_i 就是(33)中的 p_i. 两个数列 $\{\sqrt{b_i}\}$, $\left\{\sqrt{\dfrac{1}{b_i}}\right\}$ 的上界分别为 $\sqrt{b_n}\,(=B)$ 与 $\sqrt{\dfrac{1}{b_1}}\,(=A)$, 下界分别为 $\sqrt{b_1}\,(=b)$ 与 $\sqrt{\dfrac{1}{b_n}}\,(=a)$. 所以(33)中的

$$\left(\frac{\sqrt{\dfrac{AB}{ab}}+\sqrt{\dfrac{ab}{AB}}}{2}\right)^2$$ 现在成为 $\dfrac{(b_1+b_n)^2}{4 b_1 b_n}$.

一个较普遍的结果往往能导出许多推论(如从(33)导出(32),(35)). 将(35)再"特殊化"可以得出

$$\left(\frac{1}{n}\sum a_i\right)\left(\frac{1}{n}\sum\frac{1}{a_i}\right) \leqslant \frac{(a+A)^2}{4aA} \quad (\text{Schweitzer 不等式}).$$

例 12 已知在 $|x| \leqslant 1$ 时, $|ax^2+bx+c| \leqslant 1$. 证明:在 $|x| \leqslant 1$ 时,

$$|2ax+b| \leqslant 4. \tag{36}$$

解 记 $f(x)=ax^2+bx+c$, 则

$$\begin{cases} f(0)=c, \\ f(1)=a+b+c, \\ f(-1)=a-b+c. \end{cases} \tag{37}$$

由(37)可以解出(即用函数值表示系数)

$$a=\frac{1}{2}[f(1)+f(-1)-2f(0)],$$

$$b=\frac{1}{2}(f(1)-f(-1)).$$

于是,在 $|x| \leqslant 1$ 时,由于 $|f(x)| \leqslant 1$,有

$$|2ax+b|$$

$$=\left|[f(1)+f(-1)-2f(0)]x+\frac{1}{2}[f(1)-f(-1)]\right|$$

$$=\left|\left(x+\frac{1}{2}\right)f(1)+\left(x-\frac{1}{2}\right)f(-1)-2xf(0)\right|$$

$$\leqslant \left|x+\frac{1}{2}\right|+\left|x-\frac{1}{2}\right|+2$$

$$\leqslant 4.$$

单墫
解题研究
丛书

数学竞赛研究教程

(36)称为马尔可夫不等式. 其实它是化学家门捷列夫(Д. И. Менделéев, 1834—1907,化学元素周期律的发现者)首先发现的,马尔可夫把它推广到 n 次多项式 $f(x)$,得

如果 $|x| \leqslant 1$ 时,$|f(x)| \leqslant M$,那么 $|x| \leqslant 1$ 时,导数的绝对值
$$|f'(x)| \leqslant Mn^2.$$

在区间 (a,b) 上定义的函数 $f(x)$,如果对这区间内任意两个数 x_1, x_2,均有

$$f\left(\frac{x_1 + x_2}{2}\right) \leqslant \frac{f(x_1) + f(x_2)}{2}, \qquad (38)$$

那么 $f(x)$ 就称为 (a,b) 上的凸函数.

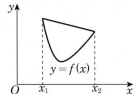

图 19-1

凸函数的几何意义是连接图像 $y = f(x)$ 上任意两点的弦在连接这两点的曲线的上方(图 19-1).

我们熟悉的指数函数 $y = a^x$,二次函数 $y = x^2$ 都是凸函数.

例 13 设函数 $f(x)$ 在 (a,b) 上为凸函数. 证明对任意的整数 $n \geqslant 2$ 及 (a,b) 中任意 n 个数 $x_1, x_2, \cdots, x_n$,均有

$$f\left(\frac{x_1 + x_2 + \cdots + x_n}{n}\right) \leqslant \frac{f(x_1) + f(x_2) + \cdots + f(x_n)}{n}. \qquad (39)$$

解 首先用归纳法不难证明对任意自然数 k 及 (a,b) 中任意 2^k 个数 $x_1, x_2, \cdots, x_{2^k}$ 均有

$$f\left(\frac{x_1 + x_2 + \cdots + x_{2^k}}{2^k}\right) \leqslant \frac{f(x_1) + f(x_2) + \cdots + f(x_{2^k})}{2^k}. \qquad (40)$$

要证明(39)成立,只需证明(39)对 n 成立时,对 $n-1$ 也一定成立. 于是,假定(39)对 n 成立,并设给定的 $n-1$ 个数为 $x_1, x_2, \cdots, x_{n-1}$. 取 x_n 为这 $n-1$ 个数的算术平均值,则

$$\begin{aligned}
f(x_n) &= f\left(\frac{x_1 + x_2 + \cdots + x_{n-1}}{n-1}\right) \\
&= f\left(\frac{x_1 + x_2 + \cdots + x_{n-1} + x_n}{n}\right) \\
&\leqslant \frac{f(x_1) + f(x_2) + \cdots + f(x_{n-1}) + f(x_n)}{n}.
\end{aligned}$$

去分母,整理得 $\quad f(x_n) \leqslant \dfrac{f(x_1) + f(x_2) + \cdots + f(x_{n-1})}{n-1}$,

即 $\quad f\left(\dfrac{x_1 + x_2 + \cdots + x_{n-1}}{n-1}\right) \leqslant \dfrac{f(x_1) + f(x_2) + \cdots + f(x_{n-1})}{n-1}$,

因此(39)对一切 n 成立.

例 13 中所用的归纳法值得仔细体会.

由(39)易知,对 (a,b) 中任意 n 个数 $x_1,x_2,\cdots,x_n$ 及任意正有理数 p_1, $p_2,\cdots,p_n$(通常称为权),有

$$f\left(\frac{p_1x_1+p_2x_2+\cdots+p_nx_n}{p_1+p_2+\cdots+p_n}\right)\leqslant\frac{p_1f(x_1)+p_2f(x_2)+\cdots+p_nf(x_n)}{p_1+p_2+\cdots+p_n}. \quad (41)$$

如果 $f(x)$ 连续,那么 $p_1,p_2,\cdots,p_n$ 可取任意正实数.

(41)通常称为琴生(Jensen,1859—1925)不等式.

类似地,如果在 (a,b) 上,(38)的不等号反向,那么 $f(x)$ 就称为凹函数,对于凹函数,(41)的不等号反向.

对数函数 $y=\log_a x$,在底 $a>1$ 时,是凹函数;在底 $a<1$ 时,是凸函数.二次函数 $y=ax^2+bx+c$,在 $a>0$ 时,是凸函数;在 $a<0$ 时,是凹函数.反比例函数 $y=\dfrac{1}{x}$,在区间 $(0,+\infty)$ 上是凸函数;在区间 $(-\infty,0)$ 上是凹函数.一般地,如果在区间 I 上,二阶导数 $f''(x)>0(<0)$,那么 $f(x)$ 在 I 上是凸(凹)函数.

凸函数与琴生不等式是证明不等式的有力工具,但证明的套路比较固定,所以竞赛中并不常见.因此本书不多涉及.

习 题 19

1. 已知 a,b,c,d,m,n 都是正数,并且 $a+c=b+d=m+n=1$,$p=nc+md$,$q=mb+na$. 证明:

   (a) $cd+ab>bd$;

   (b) $c^2+a^2+ac>bc+ad$;

   (c) $\dfrac{1}{m^2+mn+n^2}>\dfrac{pq}{(mp+na)(mq+nc)}$.

2. 二次三项式 ax^2+bx+c 在 $[0,1]$ 上所有值的模均不超过 1. 则 $|a|+|b|+|c|$ 的最大值是多少?

3. $a>0,b,c$ 为实数,并且 $|ax^2+bx+c|$ 在 $[0,1]$ 上不大于 1. 试对下列各种情况分别求出 $a+|b|+|c|$ 的最大值:

   (a) $b^2\leqslant4ac$.

   (b) $b^2>4ac,-\dfrac{b}{2a}\geqslant1$.

   (c) $b^2>4ac,b>0$.

   (d) $b^2>4ac,0\leqslant\dfrac{-b}{2a}<1,c>0$.

   (e) $b^2>4ac,0\leqslant\dfrac{-b}{2a}<1,c\leqslant0$.

单墫
解题研究
丛书

数学竞赛研究教程

4. n 为自然数,a 为实数,a 到 $0,1,\cdots,n$ 这 $n+1$ 个数的最小距离 $\min\limits_{0\leqslant k\leqslant n}|a-k|$ 记为 $\langle a\rangle$,求证:$|a|\cdot|a-1|\cdot\cdots\cdot|a-n|\geqslant\langle a\rangle\cdot\dfrac{n!}{2^n}$.

5. 设 x,y,z 均非负,并且 $x+y+z=1$. 求证:$0\leqslant yz+zx+xy-2xyz\leqslant\dfrac{7}{27}$.

6. 圆 C_i 与圆 $C_{i+1}(i=1,2,\cdots,6;C_7=C_1)$ 外切,并且均与圆 C 外切. C 的半径为 R,C_i 的半径为 r_i. 证明:$R\leqslant\dfrac{1}{6}\sum r_i$,并且 $\dfrac{1}{R}\leqslant\dfrac{1}{6}\sum\dfrac{1}{r_i}$.

7. $x_1,x_2,\cdots,x_n$ 为正实数,和为 1. 证明:
$$\dfrac{x_1^2}{x_1+x_2}+\dfrac{x_2^2}{x_2+x_3}+\cdots+\dfrac{x_{n-1}^2}{x_{n-1}+x_n}+\dfrac{x_n^2}{x_n+x_1}\geqslant\dfrac{1}{2}.$$

8. $x_1,x_2,\cdots,x_n$ 为正实数,$B_i=x_i+x_{i+1}(1\leqslant i\leqslant n,x_{n+1}=x_1)$,$Q=Q(x_1,x_2,\cdots,x_n)=\sum\dfrac{x_i}{B_i}$. 证明:$1<Q<n-1$,并且 $1,n-1$ 均为最佳.

9. $0\leqslant a_1\leqslant\cdots\leqslant a_n,\sum\limits_{i=1}^{n}a_ia_{i+1}=1(a_{n+1}=a_1)$,求 $\sum a_i$ 的最小值.

10. a,b,c,x,y,z 都是正实数,求证:
$$\dfrac{a}{2a+b+c}yz+\dfrac{b}{a+2b+c}zx+\dfrac{c}{a+b+2c}xy\leqslant\dfrac{x^2+y^2+z^2}{4}.$$

11. x,y,z 为正实数,求证:$\sum\dfrac{yz}{x(y+z)^2}\geqslant\dfrac{9}{4(x+y+z)}$.

12. 设 $a_1,a_2,\cdots,a_n$ 为正数,A,G 分别为它们的算术平均与几何平均,$H=\dfrac{n}{a_1^{-1}+\cdots+a_n^{-1}}$ 称为它们的调和平均. 证明:
$$\dfrac{A}{H}\leqslant-\dfrac{n-2}{n}+\left(\dfrac{A}{G}\right)^n\cdot\dfrac{2(n-1)}{n}.$$

13. 设 x_i 为正实数$(i=0,1,\cdots,n)$,求证:
$$\sum_{i=0}^{n}\left(\dfrac{x_i}{x_{i+1}}\right)^n\geqslant\max\left\{\sum_{i=0}^{n}\dfrac{x_i}{x_{i+1}},\sum_{i=0}^{n}\dfrac{x_{i+1}}{x_i}\right\},$$
其中 $x_{n+1}=x_0$.

第 20 讲　归纳法与不等式

数学归纳法不仅可以用来证明等式,也可以用来证明不等式.
与自然数 n 有关的不等式,尤应想到采用数学归纳法的可能.

例1 设

$$a_n = 4 - \cfrac{1}{4 - \cfrac{1}{4 - \cfrac{1}{\ddots \cfrac{}{4 - \frac{1}{4}}}}} \quad (n = 1, 2, \cdots),$$

共 n 个 4

证明:(a) $a_n > 3$. (b) a_n 严格递减,即 $a_{n+1} < a_n (n=1,2,\cdots)$.

解 显然 $a_1 = 4 > 3$,$a_2 = 4 - \dfrac{1}{4} > 3$,并且 $a_2 < a_1$.

假设 $a_n > 3$,$a_n > a_{n+1}$,那么 $a_{n+1} = 4 - \dfrac{1}{a_n} > 4 - \dfrac{1}{3} > 3$,

$$a_{n+2} = 4 - \frac{1}{a_{n+1}} < 4 - \frac{1}{a_n} = a_{n+1}.$$

因此,对一切自然数 n,(a),(b)均成立.

注 a_n 的极限为 $2 + \sqrt{3}$.

例2 $a_1 = 2$,$a_{n+1} = \dfrac{a_n}{2} + \dfrac{1}{a_n} (n=1,2,\cdots)$,求证:

$$\sqrt{2} < a_n < \sqrt{2} + \frac{1}{n}. \tag{1}$$

解 由 A-G 不等式,得 $a_{n+1} = \dfrac{a_n}{2} + \dfrac{1}{a_n} > 2\sqrt{\dfrac{a_n}{2} \cdot \dfrac{1}{a_n}} = \sqrt{2}$.

又设(1)式右边不等式成立,则

$$a_{n+1} = \frac{a_n}{2} + \frac{1}{a_n} < \frac{\sqrt{2} + \dfrac{1}{n}}{2} + \frac{1}{\sqrt{2}} = \sqrt{2} + \frac{1}{2n} \leqslant \sqrt{2} + \frac{1}{n+1}.$$

所以(1)式对一切自然数 n 成立.

例3 (a) 设正数 a_1, a_2, a_3 满足

$$(a_1^2 + a_2^2 + a_3^2)^2 > 2(a_1^4 + a_2^4 + a_3^4), \tag{2}$$

求证:a_1, a_2, a_3 一定是某个三角形的三条边长.

(b) 设正数 $a_1, a_2, \cdots, a_n$ 满足

$$(a_1^2 + a_2^2 + \cdots + a_n^2)^2 > (n-1)(a_1^4 + a_2^4 + \cdots + a_n^4), \tag{3}$$

其中 $n \geq 3$. 求证:这 n 个数中的任意三个均可作为某个三角形的边长.

解 (a) 由于(参见第 17 讲例 4 的海伦-秦九韶公式)

$$0 < (a_1^2 + a_2^2 + a_3^2)^2 - 2(a_1^4 + a_2^4 + a_3^4)$$

$$= (a_1 + a_2 + a_3)(a_1 + a_2 - a_3)(a_2 + a_3 - a_1)(a_3 + a_1 - a_2),$$

所以 a_1, a_2, a_3 中最大的小于其他两个的和,这三个数可以作为一个三角形的边长.

(b) 假设由(3)可以推出(2). 考虑满足

$$(a_1^2 + a_2^2 + \cdots + a_{n+1}^2)^2 > n(a_1^4 + a_2^4 + \cdots + a_{n+1}^4) \tag{4}$$

的正数 $a_1, a_2, \cdots, a_{n+1}$,我们要证明(3)成立.

记 $A = a_1^2 + a_2^2 + \cdots + a_n^2, B = a_1^4 + a_2^4 + \cdots + a_n^4$,(4)就是

$$(A + a_{n+1}^2)^2 > n(B + a_{n+1}^4). \tag{5}$$

又 $nB + na_{n+1}^4 = (n-1)B + a_{n+1}^4 + B + (n-1)a_{n+1}^4$

$$\geq (n-1)B + a_{n+1}^4 + 2\sqrt{(n-1)B}\,a_{n+1}^2$$

$$= [\sqrt{(n-1)B} + a_{n+1}^2]^2. \tag{6}$$

由(5),(6)得 $A + a_{n+1}^2 \geq \sqrt{(n-1)B} + a_{n+1}^2$.

因此(3)成立. 由归纳假设,(2)也成立.

例 4 设 $a > 0$,则

$$\sqrt{a + \sqrt{2a + \sqrt{3a + \cdots + \sqrt{na}}}} < \sqrt{a} + 1. \tag{7}$$

解 我们用归纳法证明当 $1 \leq k \leq n$ 时,

$$\sqrt{ka + \sqrt{(k+1)a + \cdots + \sqrt{na}}} < 1 + \sqrt{ka}. \tag{8}$$

当 $k = n$ 时,(8)显然成立. 假设

$$\sqrt{(k+1)a + \sqrt{(k+2)a + \cdots + \sqrt{na}}} < 1 + \sqrt{(k+1)a},$$

则 $\sqrt{ka + \sqrt{(k+1)a + \cdots + \sqrt{na}}} < \sqrt{ka + 1 + \sqrt{(k+1)a}}$

$$< \sqrt{ka + 1 + 2\sqrt{ka}} = 1 + \sqrt{ka}.$$

因此,对一切满足 $1 \leq k \leq n$ 的自然数 k,(8)式成立. 特别地,在 $k = 1$ 时得到(7).

注 这是归纳法的一种变形,从某个 n 起倒推至 1.

例 5 已知 $a_0 = \dfrac{1}{2}$，$a_{k+1} = a_k + \dfrac{1}{n}a_k^2 (1 \leqslant k \leqslant n)$，证明

$$1 - \frac{1}{n} < a_n < 1. \tag{9}$$

解 与数列有关的不等式，常用数学归纳法证明，上面已经举了几个例子. 现在的(9)则相当难证. 困难在于对 k 进行归纳时（n 是定值），没有现成的关于 a_k 的不等式可以作为归纳假设（用 $1 - \dfrac{1}{k} < a_k < 1$ 是无法得出 $1 - \dfrac{1}{k+1} < a_{k+1} < 1$ 的），需要我们自己去摸索.

先考虑上界，由于
$$a_1 = \frac{1}{2} + \frac{1}{4n} = \frac{2n+1}{4n},$$
$$a_2 = \frac{a_1}{n}(n + a_1),$$

我们希望 a_1 的上界以 n 为因数（从而 $\dfrac{a_1}{n}$ 的"分母"n 可以约去）. 直接将 $a_1 = \dfrac{2n+1}{4n}$ 代入实在太复杂了，以后的迭代无法进行. 与 $\dfrac{2n+1}{4n}$ 相近的、分子为 n 的上界以 $\dfrac{n}{2n-1}$ 为好，简单、自然. 这时 $a_2 < \dfrac{1}{2n-1}\left(n + \dfrac{n}{2n-1}\right) = \dfrac{2n^2}{(2n-1)^2} < \dfrac{n}{2n-2}$. 最后一步仍是为了简单：分子、分母均为 n 的一次式，分子与 a_1 的上界 $\dfrac{n}{2n-1}$ 的分子保持一致.

由 $a_1 < \dfrac{n}{2n-1}$，$a_2 < \dfrac{n}{2n-2}$，我们猜测

$$a_k < \frac{n}{2n-k}. \tag{10}$$

将(10)作为归纳假设，则 $a_{k+1} = \dfrac{a_k}{n}(n + a_k) < \dfrac{1}{2n-k}\left(n + \dfrac{n}{2n-k}\right)$

$$= \frac{n(2n-k+1)}{(2n-k)^2} < \frac{n}{2n-k-1}.$$

于是(10)对于 $1 \leqslant k \leqslant n$ 均成立. 特别地，在 $k = n$ 时，$a_n < \dfrac{n}{2n-n} = 1$.

再考虑下界. 一个理想的候选者是 $\dfrac{n-1}{2n-k}$，它在 $n = k$ 时恰好为 $1 - \dfrac{1}{n}$. 然而

单墫
解题研究
丛书

数学竞赛研究教程

经过尝试,不能顺利通过归纳这一关. 如果从失败中总结经验,就会想到 $n-1$ 必须换为比 n 大的 $n+1$,从而分母 $2n-k$ 应相应地换为 $2n-k+2$ $\left(\text{不能用 } 2n-k+1,\text{因为}\dfrac{n+1}{2n-k+1}\text{大于上界}\dfrac{n}{2n-k}\right)$. 即猜测

$$a_k > \frac{n+1}{2n-k+2}. \tag{11}$$

假设(11)成立,则

$$
\begin{aligned}
a_{k+1} &= a_k + \frac{1}{n}a_k^2 > \frac{n+1}{2n-k+2} + \frac{1}{n}\left(\frac{n+1}{2n-k+2}\right)^2 \\
&= \frac{n+1}{2n-k+1} - \frac{n+1}{(2n-k+1)(2n-k+2)} + \frac{1}{n}\left(\frac{n+1}{2n-k+2}\right)^2 \\
&= \frac{n+1}{2n-k+1} + \frac{n+1}{(2n-k+2)^2} \cdot \left(\frac{n+1}{n} - \frac{2n-k+2}{2n-k+1}\right) \\
&> \frac{n+1}{2n-k+1}.
\end{aligned}
$$

于是(11)对一切 $1 \leqslant k \leqslant n$ 均成立. 特别地,在 $k=n$ 时,

$$a_n > \frac{n+1}{n+2} = 1 - \frac{1}{n+2} > 1 - \frac{1}{n}.$$

注 （ⅰ）(9)中下界可改为更精确的 $1-\dfrac{1}{n+2}$,但难度反而降低了(它暗示我们采用(11)).

（ⅱ）上面的证明是中国科学技术大学白志东先生给出的.

例 6 设 x 为正数,$[x]$ 表示 x 的整数部分. 证明:

$$[x] + \frac{[2x]}{2} + \cdots + \frac{[nx]}{n} \leqslant [nx]. \tag{12}$$

解 这是一道美国数学奥林匹克的试题,原来的解答极为复杂,上海的赵斌先生给出了一个非常漂亮的证明. 他采用了数学归纳法,令

$$a_k = [x] + \frac{[2x]}{2} + \cdots + \frac{[kx]}{k}. \tag{13}$$

假设结论在 $n < k$ 时成立,即

$$a_1 \leqslant [x],$$
$$a_2 \leqslant [2x],$$
$$\cdots\cdots$$
$$a_{k-1} \leqslant [(k-1)x].$$

相加得 $\qquad a_1 + a_2 + \cdots + a_{k-1} \leqslant [x] + [2x] + \cdots + [(k-1)x]. \tag{14}$

由定义(13),得 $\qquad k(a_k - a_{k-1}) = [kx],$

$$(k-1)(a_{k-1}-a_{k-2})=[(k-1)x],$$
$$\cdots\cdots$$
$$1 \cdot a_1=[x].$$

相加得 $\quad ka_k-a_{k-1}-\cdots-a_1=[kx]+[(k-1)x]+\cdots+[x].$ （15）

由(14),(15)得

$$ka_k \leqslant [kx]+[(k-1)x]+\cdots+[x]+[x]+[2x]+\cdots+[(k-1)x],$$

因为 $[ix]+[(k-i)x]=[[ix]+(k-i)x] \leqslant [ix+(k-i)x]=[kx]$, 所以

$$ka_k \leqslant [kx]+[kx]+\cdots+[kx]=k[kx],$$

即 $\qquad\qquad\qquad\qquad a_k \leqslant [kx].$

从而(12)成立.

例7 已知数列 $\{r_n\}$ 满足 $r_1=2, r_n=r_1 r_2 \cdots r_{n-1}+1 (n=2,3,\cdots)$，自然数 $a_1, a_2, \cdots, a_n$ 满足

$$\frac{1}{a_1}+\frac{1}{a_2}+\cdots+\frac{1}{a_n}<1, \tag{16}$$

求证: $\qquad \dfrac{1}{a_1}+\dfrac{1}{a_2}+\cdots+\dfrac{1}{a_n} \leqslant \dfrac{1}{r_1}+\dfrac{1}{r_2}+\cdots+\dfrac{1}{r_n}. \tag{17}$

解 由 $\{r_n\}$ 的定义,容易看出(或用归纳法证明)

$$1-\frac{1}{r_1}-\frac{1}{r_2}-\cdots-\frac{1}{r_n}=\frac{1}{r_1 r_2 \cdots r_n}. \tag{18}$$

当 $\dfrac{1}{a_1}<1$ 时,自然数 $a_1 \geqslant 2=r_1$, 所以 $\dfrac{1}{a_1} \leqslant \dfrac{1}{r_1}$. 假设在 $n<k$ 时,(17)对一切满足(16)的自然数 $a_1, a_2, \cdots, a_n$ 成立. 如果在 $n=k$ 时,有一组满足(16)的自然数 $a_1, a_2, \cdots, a_n$,使得

$$\frac{1}{a_1}+\frac{1}{a_2}+\cdots+\frac{1}{a_n}>\frac{1}{r_1}+\frac{1}{r_2}+\cdots+\frac{1}{r_n}, \tag{19}$$

那么(不妨设 $a_1 \leqslant a_2 \leqslant \cdots \leqslant a_n$)由归纳假设

$$\frac{1}{a_1} \leqslant \frac{1}{r_1},$$

$$\frac{1}{a_1}+\frac{1}{a_2} \leqslant \frac{1}{r_1}+\frac{1}{r_2},$$

$$\cdots\cdots$$

$$\frac{1}{a_1}+\frac{1}{a_2}+\cdots+\frac{1}{a_{n-1}} \leqslant \frac{1}{r_1}+\frac{1}{r_2}+\cdots+\frac{1}{r_{n-1}}.$$

将以上各式分别乘以非正数 $a_1-a_2, a_2-a_3, \cdots, a_{n-1}-a_n$;将(19)乘以 a_n,然

后相加得 $n > \dfrac{a_1}{r_1} + \dfrac{a_2}{r_2} + \cdots + \dfrac{a_n}{r_n}$. 于是,由 A - G 不等式得

$$1 > \frac{1}{n}\left(\frac{a_1}{r_1} + \frac{a_2}{r_2} + \cdots + \frac{a_n}{r_n}\right) \geqslant \sqrt[n]{\frac{a_1 a_2 \cdots a_n}{r_1 r_2 \cdots r_n}},$$

即 $\qquad\qquad\qquad\qquad r_1 r_2 \cdots r_n \geqslant a_1 a_2 \cdots a_n.$ $\qquad\qquad$ (20)

另一方面,正数 $\qquad 1 - \left(\dfrac{1}{a_1} + \dfrac{1}{a_2} + \cdots + \dfrac{1}{a_n}\right) \geqslant \dfrac{1}{a_1 a_2 \cdots a_n}.$

所以由(18),(19)得 $\qquad \dfrac{1}{r_1 r_2 \cdots r_n} \geqslant \dfrac{1}{a_1 a_2 \cdots a_n},$

即 $\qquad\qquad\qquad\qquad r_1 r_2 \cdots r_n \leqslant a_1 a_2 \cdots a_n,$

与(20)矛盾.

因此,(19)不成立. 从而对一切自然数 n 及满足(16)的自然数 $a_1, a_2, \cdots,$ a_n,(17)成立.

注 可进一步推出(17)的等号当且仅当 $\{a_1, a_2, \cdots, a_n\} = \{r_1, r_2, \cdots, r_n\}$ 时成立.

例 7 原是厄迪斯的一个猜想. 上面的解法是宁波大学陈计先生给出的,在归纳法中使用反证法(相当于增添条件(19)),极具巧思,值得仔细玩味.

例 8 $a_1, a_2, \cdots, a_n$ 为两两不等的自然数,并且所有的差 $|a_i - a_j|$ $(1 \leqslant i < j \leqslant n)$ 互不相等. 证明

$$\sum_{i=1}^{n} a_i \geqslant \frac{1}{6} n(n^2 + 5). \qquad\qquad (21)$$

解 显然 $a_1 \geqslant 1$. 假设(21)对 n 成立. 考虑 $n+1$ 个符合题设条件的自然数

$$a_1 < a_2 < \cdots < a_{n+1}.$$

每一对 a_i, a_j 有一个差,共 C_{n+1}^2 个差. 这些差 $|a_i - a_j| \leqslant a_{n+1} - a_1$. 因此,

$$a_{n+1} \geqslant a_1 + C_{n+1}^2 \qquad\qquad (22)$$

(否则由抽屉原理,有两个差相等).

由(21),(22)得 $\quad \displaystyle\sum_{i=1}^{n+1} a_{i+1} \geqslant 1 + C_{n+1}^2 + \frac{1}{6} n(n^2 + 5)$

$$= \frac{1}{6}(n+1)\big[(n+1)^2 + 5\big].$$

从而(21)对一切自然数 n 成立.

注 若题中 a_i 均限制为奇数,则 $\displaystyle\sum_{i=1}^{n} a_i \geqslant \frac{1}{3} n(n^2 + 2)$.

例9 求 c 的最小值,使得

$$\sqrt{x_1} + \sqrt{x_2} + \cdots + \sqrt{x_n} \leqslant c\sqrt{x_1 + x_2 + \cdots + x_n} \tag{23}$$

对一切满足 $x_1 + x_2 + \cdots + x_i \leqslant x_{i+1}(i = 1, 2, \cdots, n-1)$ 的正数 $x_1, x_2, \cdots, x_n$ 均成立.

解 重要的是定出 c 的值.

取 $x_k = 2^k, k = 1, 2, \cdots, n$,则

$$\frac{\sqrt{x_1} + \sqrt{x_2} + \cdots + \sqrt{x_n}}{\sqrt{x_1 + x_2 + \cdots + x_n}} = \frac{(\sqrt{2})^{n+1} - 1}{\sqrt{2} - 1} \cdot \frac{1}{\sqrt{2^{n+1} - 1}}.$$

当 $n \to +\infty$ 时,上式 $\to \dfrac{1}{\sqrt{2} - 1} = \sqrt{2} + 1$. 因此 $c \geqslant \sqrt{2} + 1$.

在 $c = \sqrt{2} + 1$ 时,显然 $\sqrt{x_1} < c\sqrt{x_1}$. 设对于 n,(23)成立. 则

$$\sqrt{x_1} + \sqrt{x_2} + \cdots + \sqrt{x_n} + \sqrt{x_{n+1}}$$

$$\leqslant c\sqrt{x_1 + x_2 + \cdots + x_n} + \sqrt{x_{n+1}}$$

$$= c\sqrt{x_1 + x_2 + \cdots + x_{n+1}} + c(\sqrt{x_1 + x_2 + \cdots + x_n} - \sqrt{x_1 + x_2 + \cdots + x_{n+1}})$$
$$\quad + \sqrt{x_{n+1}}$$

$$= c\sqrt{x_1 + x_2 + \cdots + x_{n+1}} + \sqrt{x_{n+1}} - c \cdot \frac{x_{n+1}}{\sqrt{x_1 + \cdots + x_{n+1}} + \sqrt{x_1 + \cdots + x_n}}$$

$$\leqslant c\sqrt{x_1 + x_2 + \cdots + x_{n+1}} + \sqrt{x_{n+1}} - c \cdot \frac{x_{n+1}}{(\sqrt{2} + 1)\sqrt{x_{n+1}}}$$

$$\leqslant c\sqrt{x_1 + x_2 + \cdots + x_{n+1}}.$$

因此,$\sqrt{2} + 1$ 就是所求的最小值.

例10 证明:对一切自然数 n,

$$1 + \frac{1}{2^2} + \frac{1}{3^2} + \cdots + \frac{1}{n^2} < 2. \tag{24}$$

解 直接用归纳法不能奏效. 但更强的结论

$$1 + \frac{1}{2^2} + \frac{1}{3^2} + \cdots + \frac{1}{n^2} \leqslant 2 - \frac{1}{n} \tag{25}$$

却不难用归纳法推出(请读者自己补出证明),从而(24)也随之成立.

先将结论加强,再用归纳法,反而好证. 这是因为结论加强了,归纳假设(我们可以利用的条件)也加强了.

例11 $b_1 = 100, b_{n+1} = 100^{b_n}$ ($n = 1, 2, \cdots$). $a_1 = 3, a_{n+1} = 3^{a_n}$ ($n = 1, 2, \cdots$). 求满足 $b_m > a_{100}$ 的最小正整数 m.

解 显然 $100 > 3^3$,所以 $b_n > a_{n+1}$. 另一方面,我们可以证明

数学竞赛研究教程

$$a_{n+2} > b_n. \tag{26}$$

从而所求的 $m=99$.

但(26)不能直接用归纳法证明,需要先加强为

$$a_{n+2} > 5b_n. \tag{27}$$

在(27)成立时,

$$a_{n+3} = 3^{a_{n+2}} > 3^{5b_n} = 243^{b_n} > 2^{b_n} \cdot 100^{b_n}$$
$$= 2^{b_n} \cdot b_{n+1} > 5b_{n+1}.$$

所以(27)对一切 n 成立.

例 12 在 $\triangle ABC$ 中,$\angle C = 90°$. $P_1, P_2, \cdots, P_n$ 是这三角形中任意给定的点. 证明可以将这 n 个点重新编号,使得

$$P_1 P_2^2 + P_2 P_3^2 + \cdots + P_{n-1} P_n^2 \leqslant AB^2. \tag{28}$$

解 将(28)加强为

$$AP_1^2 + P_1 P_2^2 + P_2 P_3^2 + \cdots + P_{n-1} P_n^2 + P_n B^2 \leqslant AB^2. \tag{29}$$

$n=0$ 时,(29)显然成立. 设在 $n<k$ 时,(29)成立. 考虑 k 个点.

作斜边上的高 CD. 如果 k 个点不全在 $\triangle ACD$ 中,也不全在 $\triangle BCD$ 中,那么由归纳假设可以将它们编上号,使得

$$AP_1^2 + P_1 P_2^2 + \cdots + P_{h-1} P_h^2 + P_h C^2 \leqslant AC^2, \tag{30}$$

$$CP_{h+1}^2 + P_{h+1} P_{h+2}^2 + \cdots + P_{k-1} P_k^2 + P_k B^2 \leqslant BC^2. \tag{31}$$

这里 $P_1, P_2, \cdots, P_h$ 在 $\triangle ACD$ 中,$P_{h+1}, P_{h+2}, \cdots, P_k$ 在 $\triangle BCD$ 中.

由于 $\angle P_h C P_{h+1} < \angle ACB = 90°$,所以

$$P_h C^2 + CP_{h+1}^2 > P_h P_{h+1}^2. \tag{32}$$

将(30),(31)相加并利用(32)得

$$AP_1^2 + P_1 P_2^2 + \cdots + P_{h-1} P_h^2 + P_h P_{h+1}^2 + P_{h+1} P_{h+2}^2 + \cdots + P_{k-1} P_k^2 + P_k B^2$$
$$\leqslant AC^2 + BC^2 = AB^2.$$

即(29)对 $n=k$ 仍然成立.

如果 k 个点全在 $\triangle ACD$ 或 $\triangle BCD$ 中,作斜边上的高将这个三角形分为两个直角三角形,如此继续下去,终会化为前面所说的情况,细节请读者自己补出.

最后,我们介绍一个不等式,虽然不全用归纳法来证明,但反复进行迭代,亦颇有趣.

例 13 设 $x_1, x_2, \cdots$ 为正实数,并且

$$x_n^n = \sum_{j=0}^{n-1} x_n^j, n = 1, 2, 3, \cdots, \tag{33}$$

证明对所有 n,

$$2 - \frac{1}{2^{n-1}} < x_n < 2 - \frac{1}{2^n}. \tag{34}$$

解 $n=1$ 时, $x_n=1$, 结论显然. 以下设 $n>1$, 并将 x_n 改写为 x.

显然 $x \neq 1$. (33)即 $x^n = \frac{x^n - 1}{x - 1}$, 从而

$$x^{n+1} - 2x^n + 1 = 0. \tag{35}$$

由(35)得 $x^n(2-x)=1$, 可见 $x<2$, 从而

$$1 = x^n(2-x) < 2^n(2-x),$$

$$x < 2 - \frac{1}{2^n}.$$

这样, 由一个平凡的上界 2, 经过一次迭代产生更好的上界 $2 - \frac{1}{2^n}$.

下界可用同样的手法. 首先 $x<1$ 时, $x^n(2-x)<x(2-x)<1$. 所以 $x>1$. 但用 $x=1$ 这个下界迭代并不能产生新的下界.

我们指出 $2 - \frac{2}{n+1}$ 是下界. 若 $x < 2 - \frac{2}{n+1}$, 则 $\frac{x}{n} < 2-x$, 从而 $\frac{x}{n}(2-x) > \frac{1}{n}\left(2-x+\frac{x-1}{n}\right)$(两个正数的和为定值, 小的越小, 两数的积越小), 即 $x(2-x) > 2-x+\frac{x-1}{n}$. 反复用这一手法, 得

$$x^n(2-x) > x^{n-1}\left(2-x+\frac{x-1}{n}\right) > \cdots > 2-x+\frac{x-1}{n} \cdot n = 1.$$

与(35)矛盾. 所以 $x \geqslant 2 - \frac{2}{n+1}$. 从而 $1 = x^n(2-x) \geqslant \left(2-\frac{2}{n+1}\right)^n(2-x)$, 即

$$\frac{1}{2^n} \geqslant \left(1 - \frac{1}{n+1}\right)^n(2-x). \tag{36}$$

用归纳法易知 $x > -1$ 时,

$$(1+x)^n \geqslant 1 + nx, \tag{37}$$

这称为贝努里(Bernoulli)不等式(更一般的形式见下节例2).

用贝努里不等式(或上面所用的方法), 由(36)得 $n \geqslant 4$ 时,

$$\frac{1}{2^n} \geqslant \left(1 - \frac{n}{n+1}\right)(2-x) > \frac{1}{4}(2-x),$$

从而 $x \geqslant 2 - \frac{1}{2^{n-2}}$.

$2 - \frac{1}{2^{n-2}}$ 还不是所希望的下界. 再迭代一次

单墫
解题研究
丛书

数学竞赛研究教程

$$1 = x^n(2-x) \geqslant \left(2 - \frac{1}{2^{n-2}}\right)^n (2-x),$$

即
$$\frac{1}{2^n} \geqslant \left(1 - \frac{1}{2^{n-1}}\right)^n (2-x),$$

再用贝努里不等式
$$\frac{1}{2^n} \geqslant \left(1 - \frac{n}{2^{n-1}}\right)(2-x)$$

$$\geqslant \left[1 - \frac{1}{2} \cdot \frac{n}{1+(n-2)+1}\right](2-x)$$

$$= \frac{1}{2}(2-x).$$

从而 $x \geqslant 2 - \frac{1}{2^{n-1}}$.

这正是所希望的下界.

剩下 $n=2,3$ 的情况.

$n=3$ 时, $x^4 - 2x^3 + 1 = (x-1)(x^3 - x^2 - x - 1)$. 若 $x \leqslant \frac{7}{4} = 2 - \frac{1}{2^2}$, 则

$$x^3 - x^2 - x - 1 \leqslant \left(\frac{7}{4} - 1\right)x^2 - x - 1 \leqslant \frac{3}{4}\left(\frac{7}{4} - 1\right)x - 1$$

$$\leqslant \frac{9}{16} \times \frac{7}{4} - 1 < 0.$$

因此必有 $x > 2 - \frac{1}{2^2}$.

$n=2$ 时, $x^3 - 2x^2 + 1 = (x-1)(x^2 - x - 1) = 0$, $x = \frac{\sqrt{5}+1}{2} > 2 - \frac{1}{2}$.

注 （ⅰ）本题如用微分学知识，易知 $x^{n+1} - 2x^n + 1$ 在 $x = \frac{2n}{n+1}$ 处取得唯一的最小值，在区间 $\left[\frac{2n}{n+1}, +\infty\right)$ 上递增，在区间 $\left(0, \frac{2n}{n+1}\right)$ 上递减. 在 $x=1$ 时，$x^{n+1} - 2x^n + 1 = 0$, $2 - \frac{1}{2^{n-1}} > \frac{2n}{n+1}$，从而只需证明 $1 < \left(2 - \frac{1}{2^{n-1}}\right)^n \cdot \frac{1}{2^{n-1}} = 2\left(1 - \frac{1}{2^n}\right)^n$，而这可由贝努里不等式立即得到

$$2\left(1 - \frac{1}{2^n}\right)^n > 2\left(1 - \frac{n}{2^n}\right) \geqslant 2\left[1 - \frac{1}{2} \cdot \frac{n}{1+(n-1)}\right] = 1.$$

困难在于不用微分学知识.

（ⅱ）对于 $y>x\geqslant 2-\dfrac{2}{n+1}$，我们有 $\dfrac{y}{n}>\dfrac{x}{n}\geqslant 2-x$，所以

$$\frac{x}{n}(2-x)>\frac{y}{n}\left(2-x-\frac{y-x}{n}\right),$$

$$x^n(2-x)>x^{n-1}y\left(2-x-\frac{y-x}{n}\right)>\cdots$$

$$>y^n\left(2-x-\frac{y-x}{n}\cdot n\right)$$

$$=y^n(2-y).$$

因此，在 $x<2-\dfrac{1}{2^{n-1}}$ 时，

$$x^n(2-x)>\left(2-\frac{1}{2^{n-1}}\right)^n\cdot\frac{1}{2^{n-1}}=2\left(1-\frac{1}{2^n}\right)^n>1.$$

从而应当有 $x\geqslant 2-\dfrac{1}{2^{n-1}}$.

采用这一证法可以省去一些步骤. 但上面的证法，虽然较繁，却可以显示迭代的作用，并且得到几个较弱的不等式.

习 题 20

1. 已知 $a_1,a_2,\cdots,a_n$ 满足 $0\leqslant a_i\leqslant a_{i+1}\leqslant 2a_i(1\leqslant i\leqslant n-1)$. 证明总可以适当选择正负号，使 $S=\pm a_1\pm a_2\pm\cdots\pm a_n$ 满足 $0\leqslant S\leqslant a_1$.

2. 设 $a_1=3,a_n=a_{n-1}^2-n(n=2,3,\cdots)$. 求证：$a_n>0$.

3. 设 $a_0,a_1,\cdots,a_k$ 为任意正实数，求证：

$$\frac{a_1}{(a_0+a_1)^{n+1}}+\frac{a_2}{(a_0+a_1+a_2)^{n+1}}+\cdots$$

$$+\frac{a_k}{(a_0+a_1+\cdots+a_k)^{n+1}}<\frac{1}{a_0^n}\quad(n\in\mathbf{N}).$$

4. $a_1,a_2,\cdots,a_n$ 为实数，$b_k=\dfrac{a_1+a_2+\cdots+a_k}{k}(1\leqslant k\leqslant n)$，$C_n=(a_1-b_1)^2+(a_2-b_2)^2+\cdots+(a_n-b_n)^2$，$D_n=(a_1-b_n)^2+(a_2-b_n)^2+\cdots+(a_n-b_n)^2$. 求证：$C_n\leqslant D_n\leqslant 2C_n$.

5. 设数列 $a_1,a_2,\cdots,a_{2n+1}$ 满足 $a_i-2a_{i+1}+a_{i+2}\geqslant 0(i=1,2,\cdots,2n-1)$，求证：

$$\frac{a_1+a_3+\cdots+a_{2n+1}}{n+1}\geqslant\frac{a_2+a_4+\cdots+a_{2n}}{n}.$$

6. 设数列 $\{a_n\}$ 满足 $a_1=1,a_{n+1}\cdot a_n=n+1(n=1,2,\cdots)$，求证：

单墫
解题研究
丛书

数学竞赛研究教程

$$\sum_{k=1}^{n}\frac{1}{a_k} \geqslant 2(\sqrt{n+1}-1).$$

7. 设 $0 < a_k < 1, k=1,2,\cdots,n.$ 求证：$\displaystyle\sum_{k=1}^{n} a_k - \prod_{k=1}^{n} a_k < n-1(n \geqslant 2).$

8. 设 $0 \leqslant a_k \leqslant \dfrac{1}{2}$ 或 $\dfrac{1}{2} \leqslant a_k \leqslant 1(k=1,2,\cdots,n),$ 求证：

$$\prod a_k + \prod(1-a_k) \geqslant \frac{1}{2^{n-1}}.$$

9. 证明樊畿不等式：

（a）设 $0 < a_k \leqslant \dfrac{1}{2}(k=1,2,\cdots,n),$ 则 $\dfrac{\prod a_k}{(\sum a_k)^n} \leqslant \dfrac{\prod(1-a_k)}{\left[\sum(1-a_k)\right]^n}.$

（b）设 $\dfrac{1}{2} \leqslant a_k < 1(k=1,2,\cdots,n),$ 则 $\dfrac{\prod a_k}{(\sum a_k)^n} \geqslant \dfrac{\prod(a_k-1)}{\left[\sum(a_k-1)\right]^n}.$

10. 不用归纳法，证明例 5 中的不等式成立.

11. 设 n 为不小于 3 的整数，$x_1, x_2, \cdots, x_n$ 为实数，对 $1 \leqslant i \leqslant n, x_i < x_{i+1},$ 证明：

$$\frac{n(n-1)}{2}\sum_{i<j}x_i x_j > \left[\sum_{i=1}^{n-1}(n-i)x_i\right]\left[\sum_{j=2}^{n}(j-1)x_j\right].$$

12. 证明：对任意正整数 n 与每一个实数 $t \in \left(\dfrac{1}{2},1\right),$ 存在实数 $a,b \in (1\,999,$ $2\,000),$ 使得 $\dfrac{1}{2}a^n + \dfrac{1}{2}b^n < [ta+(1-t)b]^n.$

第 21 讲　导数与不等式

导数是研究函数的重要工具. 在证明不等式时也极为有用. 本章拟对此作一些介绍.

设函数 $y=f(x)$ 在某个区间 I 上可导. 如果在 I 上,恒有 $f'(x)>0$,那么 $f(x)$ 严格递增;如果恒有 $f'(x)<0$,那么 $f(x)$ 严格递减.

上面的"$>$"或"$<$"也可以改为"$\geqslant$"或"$\leqslant$",只要等号成立的值不形成一个区间.

例 1　求 $\dfrac{\sin x}{2}+\dfrac{2}{\sin x}(x\in(0,\pi))$ 的最小值.

解　函数 $f(t)=\dfrac{t}{2}+\dfrac{2}{t}(t\in(0,1])$ 的导数

$$f'(t)=\frac{1}{2}-\frac{2}{t^2}=\frac{t^2-4}{2t^2}<0,$$

所以 $f(t)$ 严格递减. $f(t)$ 的最小值为 $f(1)=\dfrac{5}{2}$.

从而 $\dfrac{\sin x}{2}+\dfrac{2}{\sin x}$ 的最小值为 $\dfrac{5}{2}$,在 $x=\dfrac{\pi}{2}$ 时取得.

本题改用 $t(=\sin x)$ 为自变量,函数及导函数的表达式均比较简单.

注意不可由 $\dfrac{\sin x}{2}+\dfrac{2}{\sin x}\geqslant 2\sqrt{\dfrac{\sin x}{2}\cdot\dfrac{2}{\sin x}}=2$,贸然认定最小值为 2. 如不用导数,可由 $\left(\dfrac{\sin x}{2}+\dfrac{2}{\sin x}\right)^2=4+\left(\dfrac{2}{\sin x}-\dfrac{\sin x}{2}\right)^2\geqslant 4+\left(\dfrac{2}{1}-\dfrac{1}{2}\right)^2=\dfrac{25}{4}$ 得出结果.

例 2　证明:在 $x>-1$ 时,对于 $0<\alpha<1$,有

$$(1+x)^\alpha\leqslant 1+\alpha x, \tag{1}$$

而在 $\alpha<0$ 或 $\alpha>1$ 时,(1)中不等号反向(贝努里不等式).

解　令 $f(x)=(1+x)^\alpha-1-\alpha x$,则

$$f'(x)=\alpha(1+x)^{\alpha-1}-\alpha, \tag{2}$$
$$f''(x)=\alpha(\alpha-1)(1+x)^{\alpha-2}. \tag{3}$$

对于 $0<\alpha<1$,$f''(x)<0$,所以 $f'(x)$ 递减. 因为 $f'(0)=0$,所以在 $x>0$ 时,$f'(x)<0$,$f(x)$ 递减. $f(x)\leqslant f(0)=0$. 在 $x<0$ 时,$f'(x)>0$,$f(x)$ 递增,$f(x)\leqslant f(0)=0$. 即(1)成立($f(0)$ 是 $f(x)$ 的最大值).

单墫
解题研究
丛书

数学竞赛研究教程

同样,可得 $\alpha<0$ 与 $\alpha>1$ 时,(1)中不等号反向.

$\alpha=0$ 与 $\alpha=1$ 时,$f(x)=0$.

利用导数可以处理一般的实数指数的问题. 不用导数,往往只能处理整数指数或有理数指数的情况. 例如贝努里不等式,用归纳法只能处理 α 为正整数 n 的情况(参见第 20 讲(37)式).

多个变量的函数,有时可对各个变量逐一处理.

例 3 已知 $x,y,z\in\mathbf{R}^+$. 求证:

$$\frac{xyz}{(1+5x)(4x+3y)(5y+6z)(z+18)}\leqslant\frac{1}{5\,120}. \tag{4}$$

解 对函数 $f(t)=\dfrac{t}{(at+b)(ct+d)}$,$t\in\mathbf{R}^+$,$a,b,c,d>0$ 求导,得

$$f'(t)=\frac{(at+b)(ct+d)-t(2act+bc+ad)}{(at+b)^2(ct+d)^2}=\frac{bd-act^2}{(at+b)^2(ct+d)^2}.$$

当 $t=\sqrt{\dfrac{bd}{ac}}$ 时,$f(t)$ 取得最大值 $\dfrac{1}{(\sqrt{ad}+\sqrt{bc})^2}$.

固定 y,对 x 的函数 $g(x)=\dfrac{x}{(1+5x)(4x+3y)}$ 用上面的结果($a=5,b=1$,$c=4,d=3y$),得

$$\frac{x}{(1+5x)(4x+3y)}\leqslant\frac{1}{(\sqrt{15y}+2)^2}. \tag{5}$$

同样,对 z 的函数有

$$\frac{z}{(5y+6z)(z+18)}\leqslant\frac{1}{(\sqrt{5y}+6\sqrt{3})^2}. \tag{6}$$

由(5),(6)并对 $\sqrt{y}$ 的函数再一次用上面的结果得

$$(4)\text{式左边}\leqslant\frac{y}{(\sqrt{15y}+2)^2(\sqrt{5y}+6\sqrt{3})^2}$$

$$=\left[\frac{\sqrt{y}}{(\sqrt{15y}+2)(\sqrt{5y}+6\sqrt{3})}\right]^2$$

$$\leqslant\left[\frac{1}{(\sqrt{18\sqrt{5}}+\sqrt{2\sqrt{5}})^2}\right]^2$$

$$=\frac{1}{5\,120}.$$

例 4 已知数列 $\{a_n\}$ 满足条件

$$a_1 = \frac{21}{16}, \tag{7}$$

$$2a_n - 3a_{n-1} = \frac{3}{2^{n+1}}, n \geq 2. \tag{8}$$

设 m 为正整数, $m \geq 2$. 证明: 当 $n \leq m$ 时,

$$\left(a_n + \frac{3}{2^{n+3}}\right)^{\frac{1}{m}}\left[m - \left(\frac{2}{3}\right)^{\frac{n(m-1)}{m}}\right] < \frac{m^2-1}{m-n+1}. \tag{9}$$

(2005 年中国数学奥林匹克试题, 朱华伟提供)

解 本题当然是先求出 $\{a_n\}$ 的通项. 由(8)得

$$2\left(a_n + \frac{3}{2^{n+3}}\right) = 3\left(a_{n-1} + \frac{3}{2^{n+2}}\right),$$

从而

$$a_n + \frac{3}{2^{n+3}} = \left(\frac{3}{2}\right)^{n-1}\left(a_1 + \frac{3}{16}\right) = \left(\frac{3}{2}\right)^n.$$

于是(9)化为

$$\left(\frac{3}{2}\right)^{\frac{n}{m}}\left[m - \left(\frac{2}{3}\right)^{\frac{n(m-1)}{m}}\right] < \frac{m^2-1}{m-n+1}. \tag{10}$$

在 $n \geq 2$ 时, (10)可加强为

$$\left(\frac{3}{2}\right)^{\frac{n}{m}} \cdot m \leq \frac{m^2-1}{m-n+1}. \tag{11}$$

(11)的证明如下:

设 $f(n) = \left(\frac{3}{2}\right)^{\frac{n}{m}}(m-n+1)$. 在 $n < m$ 时, $\dfrac{f(n)}{f(n+1)} = \left(\frac{2}{3}\right)^{\frac{1}{m}} \cdot \dfrac{m-n+1}{m-n}$.

因为

$$\left(1 + \frac{1}{m-n}\right)^m > \left(1 + \frac{1}{m}\right)^m > 1 + m \cdot \frac{1}{m} = 2 > \frac{3}{2},$$

所以

$$f(n) > f(n+1).$$

由于 $f(n)$ 递减, 要证(11), 只需证 $f(2) < \dfrac{m^2-1}{m}$, 即

$$\left(\frac{3}{2}\right)^{\frac{2}{m}} \leq \frac{m+1}{m}. \tag{12}$$

因为 $\left(\dfrac{m+1}{m}\right)^m \geq 1 + m \cdot \dfrac{1}{m} + \dfrac{m(m-1)}{2} \cdot \left(\dfrac{1}{m}\right)^2 = \dfrac{5}{2} - \dfrac{1}{2m} \geq \dfrac{9}{4}$, 所以(12)成立,

(11)也随之成立.

当 $m = n \geq 2$ 时, 易证(11)成立.

单墫
解题研究
丛书

数学竞赛研究教程

容易看出,当且仅当 $m=n=2$ 时,(11)中等号成立.

于是,剩下的问题是证明 $n=1$ 时,式(10)成立,即

$$\left(\frac{3}{2}\right)^{\frac{1}{m}}\left[m-\left(\frac{2}{3}\right)^{\frac{m-1}{m}}\right]<\frac{m^2-1}{m}. \tag{13}$$

为了证明(13),考虑关于 t 的二次函数 $y=mt-\frac{2}{3}t^2$.

这个函数在 $t\leqslant\frac{3}{4}m$ 时递增,而

$$\left(1+\frac{1}{2m}\right)^m>1+m\cdot\frac{1}{2m}=\frac{3}{2},$$

得

$$\left(\frac{3}{2}\right)^{\frac{1}{m}}<1+\frac{1}{2m},$$

$$1+\frac{1}{2m}<1+\frac{1}{2}\leqslant\frac{3}{4}m,$$

所以

$$m\left(\frac{3}{2}\right)^{\frac{1}{m}}-\frac{2}{3}\left(\frac{3}{2}\right)^{\frac{2}{m}}$$

$$<m\left(1+\frac{1}{2m}\right)-\frac{2}{3}\left(1+\frac{1}{2m}\right)^2$$

$$<m+\frac{1}{2}-\frac{2}{3}-\frac{2}{3m}$$

$$=m-\frac{1}{m}+\frac{1}{3m}-\frac{1}{6}\leqslant\frac{m^2-1}{m}.$$

因此(13)成立.

在上面的证明中,n 为正整数,这与原来的题意相符. 其实,不等式(10)对一切满足 $1\leqslant n\leqslant m$ 的实数 n 均成立(m 为大于或等于 2 的实数). 上面的解答需要略加修改.

关于 $f(n)$ 的单调性,应当利用导数

$$f'(n)=-\left(\frac{3}{2}\right)^{\frac{n}{m}}+(m-n+1)\left(\frac{3}{2}\right)^{\frac{n}{m}}\cdot\frac{1}{m}\ln\frac{3}{2}$$

$$=\left(\frac{3}{2}\right)^{\frac{n}{m}}\left(\frac{m-n+1}{m}\ln\frac{3}{2}-1\right)$$

$$<\left(\frac{3}{2}\right)^{\frac{n}{m}}\left(\ln\frac{3}{2}-1\right)<0.$$

而在 $1\leqslant n\leqslant 2$ 时,应当先证明

$$g(n) = (m+1-n)\left(\frac{3}{2}\right)^{\frac{n}{m}}\left[m - \left(\frac{2}{3}\right)^{\frac{n(m-1)}{m}}\right]$$

是单调递减的(从而,问题化为(11)的证明).这也要利用导致:因为

$$g'(n) = -\left[\left(\frac{3}{2}\right)^{\frac{n}{m}} \cdot m - \left(\frac{2}{3}\right)^{\frac{n(m-2)}{m}}\right]$$
$$+ (m-n+1) \cdot \left[\left(\frac{3}{2}\right)^{\frac{n}{m}} + \left(\frac{2}{3}\right)^{\frac{n(m-2)}{m}} \cdot \frac{m-2}{m}\right]\ln\frac{3}{2},$$

于是 $\quad g'(n) < 0$

$$\Leftarrow m\left(\frac{3}{2}\right)^{\frac{n}{m}}\left(1-\ln\frac{3}{2}\right) > (m-2)\left(\frac{2}{3}\right)^{\frac{n(m-2)}{m}}\ln\frac{3}{2} + \left(\frac{2}{3}\right)^{\frac{n(m-2)}{m}}$$

$$\Leftarrow m\left(1-\ln\frac{3}{2}\right) > (m-2)\left(\frac{2}{3}\right)^{\frac{n(m-2)}{m}}\ln\frac{3}{2} + \left(\frac{2}{3}\right)^{\frac{n(m-2)}{m}}$$

$$\Leftarrow m\left(1-\ln\frac{3}{2}\right) > (m-2)\ln\frac{3}{2} + 1$$

$$\Leftarrow m\left(1-2\ln\frac{3}{2}\right) > 1 - 2\ln\frac{3}{2},$$

而 $1-2\ln\frac{3}{2}>0\left(e=2.718\cdots>\left(\frac{3}{2}\right)^2=2.25\right)$,所以上面最后的不等式成立. 从而 $g(n)$ 递减.

解题时,可以考虑问题的推广与加强,做得比要求更多一些.

两个变量之间如果有条件相关联,那么实际是一个变量. 但在对一个变量求导时,不要忘记另一个变量是它的函数,也必须求导. 复合函数的求导法则是 $(f(g(x)))' = f'(g(x)) \cdot g'(x)$. 特别常用的是 $(f(ax+b))' = af'(ax+b)$,$\left(f\left(\frac{a}{x}\right)\right)' = f'\left(\frac{a}{x}\right)\left(-\frac{a}{x^2}\right)$.

例5 已知 a, b 为正数,并且

$$a + b = 2, \tag{14}$$

求证:在 $n>1$ 时,

$$a^n + b^n \geqslant 2. \tag{15}$$

解 在 $a=b=1$ 时,显然 $a^n+b^n=2$.

不妨设 $a \geqslant 1 \geqslant b$. $a^n+b^n = a^n+(2-a)^n = f(a)$ 是 a 的函数.

$$f'(a) = na^{n-1} - nb^{n-1} = n(a^{n-1} - b^{n-1}) \geqslant 0,$$

所以 $f(a)$ 递增,$f(a) \geqslant f(1) = 2$. 即(15)式成立.

本题的 n,如果是自然数,可以不用导数来证明. 但如果 n 是一般的实数,那么导数的利用就是非常必要了.

对于三个或更多个变量的条件不等式,可以固定其中一些变数,化为一元函数.再经过调整得出所需要的结果.

例 6 已知 a,b,c 为非负实数,且 $a+b+c=1$.求证:
$$(1-a^2)^2+(1-b^2)^2+(1-c^2)^2 \geqslant 2.$$

解 注意到,在 $a=1,b=c=0$ 时,所证不等式成立.不妨设 $a \geqslant b \geqslant c$.固定 b,则 $c=1-b-a$ 是 a 的函数.

考虑 a 的函数 $f(a)=(1-a^2)^2+(1-b^2)^2+(1-c^2)^2$,有

$$f(a) \text{ 递减} \Leftrightarrow f'(a) \leqslant 0$$
$$\Leftrightarrow -a(1-a^2)+c(1-c^2) \leqslant 0$$
$$\Leftrightarrow (a-c)(a^2+ac+c^2-1) \leqslant 0$$
$$\Leftrightarrow a^2+ac+c^2-1 \leqslant 0$$
$$\Leftarrow (a+c)^2 \leqslant 1.$$

最后的不等式显然成立.所以,$f(a)$ 递减.可以使 a 增大 c 减小($a+c$ 保持不变),而 $f(a)$ 一直减小,直至 c 减小至 0.于是,$(1-a^2)^2+(1-b^2)^2+(1-c^2)^2$ 减少为 $(1-a^2)^2+(1-b^2)^2+1$(其中 $a+b=1$).

对函数 $\varphi(a)=(1-a^2)^2+(1-b^2)^2+1(a+b=1)$ 采用同样的做法(前面的 c 换成 b,可知 $\varphi(a)$ 递减.所以,$\varphi(a) \geqslant (1-1^2)^2+(1-0^2)^2+1=2$.

因此,所证不等式成立.

由例 6 可以看出,利用导数调整的步骤是:

(ⅰ)选定目标,也就是不等式中等号成立(函数取最大值或最小值)的情况;

(ⅱ)固定一些变量,使函数成为一元函数;

(ⅲ)确定调整方向,也就是应证明该一元函数递增或递减;

(ⅳ)利用导数证明函数递增或递减,从而使一个变量调整到所需要的值;

(ⅴ)继续采取上面的做法,直至使各个变量都调整到所需要的值.

例 7 已知 $x,y,z \in \mathbf{R}^+$,且 $xyz=1$.求证:
$$\frac{1}{\sqrt{1+x}}+\frac{1}{\sqrt{1+y}}+\frac{1}{\sqrt{1+z}} \leqslant \frac{3\sqrt{2}}{2}. \tag{16}$$

解 不妨设 $x \geqslant y \geqslant z$.

当 $y<2$ 时,固定 x,则 $z=\dfrac{1}{xy}$.

$$\text{函数 } f(y) = \frac{1}{\sqrt{1+x}} + \frac{1}{\sqrt{1+y}} + \frac{1}{\sqrt{1+z}} \text{ 递减}$$

$$\Leftrightarrow f'(y) \leqslant 0$$

$$\Leftrightarrow -\frac{1}{(1+y)^{\frac{3}{2}}} + \frac{1}{(1+z)^{\frac{3}{2}}} \cdot \frac{1}{xy^2} \leqslant 0$$

$$\Leftrightarrow \frac{y^2}{(1+y)^3} \geqslant \frac{z^2}{(1+z)^3}$$

$$\Leftarrow \frac{y^2}{(1+y)^3} \text{ 递增} \Leftrightarrow \left(\frac{y^2}{(1+y)^3}\right)' \geqslant 0$$

$$\Leftrightarrow 2y(1+y) - 3y^2 = y(2-y) \geqslant 0.$$

最后一个不等式显然成立. 因此, $f(y)$ 递减. 此时, 可增大 z 减小 y, 直至 $y=z$.

当 $y \geqslant 2$ 时, 固定 z, 则 $x = \dfrac{1}{yz}$.

$$\text{函数 } \varphi(y) = \frac{1}{\sqrt{1+x}} + \frac{1}{\sqrt{1+y}} + \frac{1}{\sqrt{1+z}} \text{ 递减}$$

$$\Leftrightarrow \varphi'(y) \leqslant 0$$

$$\Leftrightarrow \cdots (\text{前面的 } z \text{ 换成 } x)$$

$$\Leftrightarrow \frac{y^2}{(1+y)^3} \geqslant \frac{x^2}{(1+x)^3}$$

$$\Leftarrow \frac{y^2}{(1+y)^3} \text{ 递减}$$

$$\Leftrightarrow \left(\frac{y^2}{(1+y)^3}\right)' \leqslant 0$$

$$\Leftrightarrow y(2-y) \leqslant 0.$$

最后一个不等式显然成立. 因此, $\varphi(y)$ 递减. 此时, 可减小 y 增大 x, 直至 $y=2$. 再用前面的方法调整使 $y=z$. 于是, 式(16)化为

$$\frac{1}{\sqrt{1+x}} + \frac{2}{\sqrt{1+y}} \leqslant \frac{3\sqrt{2}}{2} \quad (xy^2=1, y \leqslant x).$$

$$\text{函数 } h(y) = \frac{1}{\sqrt{1+x}} + \frac{2}{\sqrt{1+y}} \text{ 递增}$$

$$\Leftrightarrow h'(y) \geqslant 0$$

$$\Leftrightarrow \frac{1}{(1+x)^{\frac{3}{2}}} \cdot \frac{1}{y^3} - \frac{1}{(1+y)^{\frac{3}{2}}} \geqslant 0$$

单墫
解题研究
丛书

数学竞赛研究教程

$$\Leftrightarrow y^{-2}(1+y) \geqslant 1+x$$
$$\Leftrightarrow x(1+y) \geqslant 1+x$$
$$\Leftrightarrow xy \geqslant 1.$$

因为 $y \leqslant x, xy^2 = 1$, 所以 $y \leqslant 1, xy \geqslant 1$. $h(y)$ 递增. 可使 y 增大 x 减小, 直至 $x = y = 1$. 在这个过程中, $h(y)$ 一直增加, 直至取得最大值 $\dfrac{3\sqrt{2}}{2}$.

例 8 已知 $x, y, z \in \mathbf{R}^+ \cup \{0\}$, 且 $x + y + z = 1$. 求证:
$$\sum \left(\frac{20}{15 - 9x^2} - 9x^2 \right) \leqslant \frac{9}{7}.$$

解 当 $x = y = z = \dfrac{1}{3}$ 时, 等号成立.

$\sum (-9x^2)$ 在 $x = y = z = \dfrac{1}{3}$ 时, 取得最大值, 但 $\sum \dfrac{20}{15 - 9x^2}$ 却不是在 $x = y = z = \dfrac{1}{3}$ 时, 取得最大值. 这一点先说明如下:

不妨设 $x \geqslant y \geqslant z$. 固定 y, 则 $z = 1 - y - x$.

$$函数 \ f(x) = \sum \frac{20}{15 - 9x^2} \ 递增$$
$$\Leftrightarrow f'(x) \geqslant 0$$
$$\Leftrightarrow \frac{x}{(15 - 9x^2)^2} - \frac{z}{(15 - 9z^2)^2} \geqslant 0.$$

由于 $x \geqslant z, 15 - 9x^2 \leqslant 15 - 9z^2$, 所以, 最后一个不等式成立. 从而, $f(x)$ 递增.

因此, 可使 x 增大 z 减小, 直至 z 变为 0. 在这个过程中, $\sum \dfrac{20}{15 - 9x^2}$ 一直增加. 同样, 可使 x 增大 y 减小, 直至 y 也变为 $0, x$ 变为 1. 所以,
$$\sum \frac{20}{15 - 9x^2} \leqslant \frac{20}{15 - 9} + \frac{20}{15} + \frac{20}{15} = 6.$$

最大值 6 在 $x = 1, y = z = 0$ 时取得.

因为 $\sum \dfrac{20}{15 - 9x^2} \leqslant 6$, 所以, 在 $9 \sum x^2 \geqslant \dfrac{33}{7} = 6 - \dfrac{9}{7}$ 时, 所证不等式成立.

设 $9 \sum x^2 < \dfrac{33}{7} (< 5)$.

不妨设 $x \geqslant \dfrac{1}{3} \geqslant z$. 固定 y,则 $z = 1 - y - x$.

$$函数 F(x) = \sum \left(\frac{20}{15 - 9x^2} - 9x^2 \right) 递减$$

$$\Leftrightarrow F'(x) < 0$$

$$\Leftrightarrow \frac{20x}{(15 - 9x^2)^2} - x - \frac{20z}{(15 - 9z^2)^2} + z < 0$$

$$\Leftarrow \left(\frac{20x}{(15 - 9x^2)^2} - x \right)' < 0$$

$$\Leftrightarrow 20(15 + 27x^2) - (15 - 9x^2)^3 < 0.$$

因为 $15 - 9x^2 > 15 - 5 = 10$,所以,

$$(15 - 9x^2)^3 - 20(15 + 27x^2) > 100(15 - 9x^2) - 20(15 + 27x^2)$$

$$= 20(60 - 72x^2) > 20(60 - 8 \times 5) > 0.$$

于是,$F(x)$ 递减. 可调小 x 增大 z,直至 x 或 z 成为 $\dfrac{1}{3}$. 在此过程中,$F(x)$ 一直增加.

不妨设 $z = \dfrac{1}{3}$,又设 $x \geqslant \dfrac{1}{3} \geqslant y$. 继续采用上面的做法,便知所证不等式成立,其中等号仅在 $x = y = z = \dfrac{1}{3}$ 时成立.

本例不适合用琴生不等式证明. 因为函数 $g(x) = \dfrac{20}{15 - 9x^2} - 9x^2$ 并非凸函数,它的二阶导数与上面的 $20(15 + 27x^2) - (15 - 9x^2)^3$ 只差一个正因子. 而 $20(15 + 27x^2) - (15 - 9x^2)^3$ 并不恒负,例如,$x = 1$ 或接近 1 时,即取正值.

例 9 给定正整数 n. 求最小的正数 λ,使对任何 $\theta_i \in \left(0, \dfrac{\pi}{2} \right) (i = 1, 2, \cdots, n)$,只要

$$\tan\theta_1 \cdot \tan\theta_2 \cdot \cdots \cdot \tan\theta_n = 2^{\frac{n}{2}}, \tag{17}$$

就有

$$\cos\theta_1 + \cos\theta_2 + \cdots + \cos\theta_n \leqslant \lambda. \tag{18}$$

(2003 年 CMO 试题,黄玉民提供)

解 当 $n = 1$ 时,$\cos\theta_1 = (1 + \tan^2\theta_1)^{-\frac{1}{2}} = \dfrac{\sqrt{3}}{3}$,$\lambda = \dfrac{\sqrt{3}}{3}$.

设 $n \geqslant 2$. 令 $x_i = \tan^2\theta_i (1 \leqslant i \leqslant n)$,则题设条件变为

$$x_1 x_2 \cdots x_n = 2^n. \tag{19}$$

单　墫
解 题 研 究
丛　　书

数学竞赛研究教程

要求最小的 λ，使 $\sum \dfrac{1}{\sqrt{1+x_i}} \leqslant \lambda$.

不妨设 $x_1, x_2, \cdots, x_n$ 中 x_1 最大，则由式(19)有 $x_1 \geqslant 2$.

若 $x_2 \geqslant 2$，则与例 7 中 $y \geqslant 2$ 的情况完全一样(x 即 x_1，y 即 x_2)，可以得出 $\sum \dfrac{1}{\sqrt{1+x_i}} = \varphi(x_2)$ 递减. 从而，可调小 x_2 直至 $x_2 = 2$，这时，$\varphi(x_2)$ 一直增加. 因此，可设 $x_2 \leqslant 2$，同样，可设 $x_3 \leqslant 2, x_4 \leqslant 2, \cdots, x_n \leqslant 2$. 再由例 7 中 $y \leqslant 2$ 的情况，可逐步调整，使得 $x_2, x_3, \cdots, x_n$ 都调成 $\left(\dfrac{2^n}{x_1}\right)^{\frac{1}{n-1}}$. 于是，只须求最小的 λ，使

$$g(y) = \frac{1}{\sqrt{1+x}} + \frac{n-1}{\sqrt{1+y}} \leqslant \lambda,$$

其中 $x \geqslant 2 \geqslant y$，$xy^{n-1} = 2^n$.

$$g'(y) = \frac{-(n-1)}{2(1+y)^{\frac{3}{2}}} + \frac{1}{2(1+x)^{\frac{3}{2}}} \cdot \frac{(n-1)2^n}{y^n}$$

$$= \frac{n-1}{2y}\left[\frac{x}{\sqrt{(1+x)^3}} - \frac{y}{\sqrt{(1+y)^3}}\right].$$

$$g(y) \text{ 递增} \Leftrightarrow g'(y) \geqslant 0$$

$$\Leftrightarrow \frac{x^2}{(1+x)^3} \geqslant \frac{y^2}{(1+y)^3}$$

$$\Leftrightarrow x^2(1+y)^3 - y^2(1+x)^3 \geqslant 0.$$

当 $n = 2$ 时，$xy = 2^2$，

$$y^2\left[x^2(1+y)^3 - y^2(1+x)^3\right]$$

$$= 4^2(1+y)^3 - y(y+4)^3$$

$$= (2+y)(2-y)^3$$

$$\geqslant 0.$$

所以，$g(y)$ 递增.

因此，最大值为 $g(2) = \dfrac{2}{\sqrt{3}}$，即 $\lambda = \dfrac{2}{\sqrt{3}}$.

当 $n \geqslant 3$ 时，$xy^{n-1} = 2^n$，

$$y^{3n-5}\left[x^2(1+y)^3 - y^2(1+x)^3\right]$$

$$= 2^{2n}y^{n-3}(1+y)^3 - (y^{n-1}+2^n)^3$$

$$= (2^n - y^n)(y^{2n-3} + 2^n y^{n-3} + 3 \cdot 2^n y^{n-2} - 2^{2n})$$

$$\leqslant (2^n - y^n)(2^{2n-3} + 2^{2n-3} + 3 \cdot 2^{2n-2} - 2^{2n})$$

$$= 0.$$

所以,$g(y)$ 递减.

当 $y\to 0$ 时,$g(y)\to n-1$,即 $\lambda = n-1$.

例 10 设 $a,b \in (0,1)$. 证明:

$$a^a + b^b \geqslant a^b + b^a. \tag{20}$$

解 指数是实数,而不是整数,通常"初等方法"难以奏效,也就是必须利用导数.

不妨设 $a \geqslant b$,考虑函数 $f(x) = x^b - x^a$.(20)即

$$b^b - b^a \geqslant a^b - a^a, \tag{21}$$

因此,我们希望 $f(x) = x^b - x^a$ 在 $x \geqslant b$ 时是减函数(从而由 $a \geqslant b$,(21)成立). 求导

$$f'(x) = (x^b - x^a)' = bx^{b-1} - ax^{a-1} = ax^{b-1}\left(\frac{b}{a} - x^{a-b}\right). \tag{22}$$

在 $x \geqslant \left(\dfrac{b}{a}\right)^{\frac{1}{a-b}}$ 时,$f'(x) \leqslant 0$,函数 $f(x) = x^b - x^a$ 递减$\left(\text{在 } x = \left(\dfrac{b}{a}\right)^{\frac{1}{a-b}} \text{ 时,函数}\right.$

取最大值$\Big)$.

因此,只需证明

$$b \geqslant \left(\frac{b}{a}\right)^{\frac{1}{a-b}}. \tag{23}$$

$$(23) \Leftrightarrow \frac{b}{a} \leqslant b^{a-b}$$

$$\Leftrightarrow b \leqslant a^{\frac{1}{1-a+b}}. \tag{24}$$

而由贝努里不等式

$$a^{\frac{1}{1-a+b}} = [1-(1-a)]^{\frac{1}{1-a+b}}$$

$$\geqslant 1-(1-a) \cdot \frac{1}{1-a+b}, \tag{25}$$

因此

$$(24) \Leftarrow 1-(1-a) \cdot \frac{1}{1-a+b} \geqslant b$$

$$\Leftrightarrow (1-b)(1+b-a) \geqslant 1-a \tag{26}$$

$$\Leftrightarrow 1-b^2-a+ab \geqslant 1-a$$

$$\Leftrightarrow a \geqslant b. \tag{27}$$

最后一个不等式显然成立,因此本题结论成立.

我们用 $x^b - x^a$ 而不用 $b^x - a^x$,因为前者的导数较为简单,后者将产生对

单墫

解题研究
丛书

数学竞赛研究教程

数函数等超越函数,难以处理.

习 题 21

1. 证明:在区间 $[0,+\infty)$ 上,函数 $x-(1+x)\ln(1+x)$ 递减.

2. 证明:实数 $m\geqslant 2$ 时,$\left(1+\dfrac{1}{m}\right)^m\geqslant\dfrac{9}{4}$.

3. m,n 为实数. 证明:$m\geqslant 2$ 并且 $m\geqslant n\geqslant 1$ 时,$1-\dfrac{n}{m+1}<\left(\dfrac{2}{3}\right)^{\frac{2n}{m}}$.

4. 利用上题(m,n 意义同上)证明例 4 中的(10).

5. 已知 a,b 是正数,自然数 $n\geqslant 2$.求证:

$$\frac{a^n+a^{n-1}b+a^{n-2}b^2+\cdots+ab^{n-1}+b^n}{n+1}\geqslant\left(\frac{a+b}{2}\right)^n.$$

6. 设 a,b,c 是正实数,且 $a+b+c=3$.证明:

$$\frac{1}{a^2}+\frac{1}{b^2}+\frac{1}{c^2}\geqslant a^2+b^2+c^2.$$

7. 已知 $a\geqslant b\geqslant c\geqslant 0$,且 $a+b+c=3$. 求证:$ab^2+bc^2+ca^2\leqslant\dfrac{27}{8}$.

8. 已知 $x,y,z\in\mathbf{R}^+\cup\{0\}$,且 $x+y+z=\dfrac{1}{2}$.求 $\dfrac{\sqrt{x}}{4x+1}+\dfrac{\sqrt{y}}{4y+1}+\dfrac{\sqrt{z}}{4z+1}$ 的最大值与最小值.

9. 设 $x+y+z=1$,其余条件不变,解上题.

10. 已知 $x,y,z\in\mathbf{R}^+$,$x+y+z=1$. 求证:$\displaystyle\sum\frac{1}{1+x^2}\leqslant\frac{27}{10}$.

11. 设正实数 a,b,c 满足 $abc=1$. 求证:对于实数 $k\geqslant 2$,

$$\frac{a^k}{a+b}+\frac{b^k}{b+c}+\frac{c^k}{c+a}\geqslant\frac{3}{2}.$$

12. a,b,c 为正实数. 求证:

(a) $0<\lambda\leqslant\dfrac{5}{4}$ 时,$\dfrac{a}{\sqrt{a^2+\lambda b^2}}+\dfrac{b}{\sqrt{b^2+\lambda c^2}}+\dfrac{c}{\sqrt{c^2+\lambda a^2}}\leqslant\dfrac{3}{\sqrt{1+\lambda}}$.

(b) $\lambda>\dfrac{5}{4}$ 时,$\dfrac{a}{\sqrt{a^2+\lambda b^2}}+\dfrac{b}{\sqrt{b^2+\lambda c^2}}+\dfrac{c}{\sqrt{c^2+\lambda a^2}}<2$.

中学数学介绍了等差数列与等比数列的通项公式与求和公式,数学竞赛中的数列问题稍有变化,但大多数仍是求通项、求和.

例 1   求斐波纳奇数列
$$u_0 = 0, u_1 = 1, u_2 = 1, u_{n+1} = u_n + u_{n-1} \quad (n = 2, 3, \cdots) \tag{1}$$
的通项公式.

解 $u_{n+1} - \alpha u_n = \beta(u_n - \alpha u_{n-1})$,这里 α, β 满足
$$\alpha + \beta = 1, \alpha\beta = -1,$$
即 α, β 是方程
$$\lambda^2 - \lambda - 1 = 0 \tag{2}$$
的两个根 $\dfrac{1 \pm \sqrt{5}}{2}$.

$u_{n+1} - \alpha u_n$ 组成公比为 β 的等比数列,所以
$$u_n - \alpha u_{n-1} = \beta^{n-1}(u_1 - \alpha u_0) = \beta^{n-1}. \tag{3}$$
将 n 换成 $n-1, n-2, \cdots, 1$,得
$$u_{n-1} - \alpha u_{n-2} = \beta^{n-2},$$
$$\cdots\cdots$$
$$u_1 = \beta^0 = 1.$$
将这 $n-1$ 个等式分别乘以 $\alpha, \alpha^2, \cdots, a^{n-1}$,再与(3)相加得
$$u_n = \frac{\alpha^n - \beta^n}{\alpha - \beta} = \frac{1}{\sqrt{5}}\left[\left(\frac{1+\sqrt{5}}{2}\right)^n - \left(\frac{1-\sqrt{5}}{2}\right)^n\right]. \tag{4}$$

(2)称为数列(1)的特征方程. 一般的线性递推数列
$$a_{n+k} = c_1 a_{n+k-1} + c_2 a_{n+k-2} + \cdots + c_k a_n \quad (n = 1, 2, \cdots)$$
可用特征方程 $\lambda^k - c_1 \lambda^{k-1} - \cdots - c_k = 0$
及初始值 $a_1, a_2, \cdots, a_k$ 定出它的通项公式. 这套理论与常系数线性微分方程类似(递推关系实际上是一个差分方程),很多书上可以查到,这里不再重复. 实际上,在数学竞赛中很少出现阶数 k 大于 2 的递推数列,而阶数等于 2 的递推数列可以用例 1 的方法处理.

例 2   求卢卡斯(E. Lucas, 1842—1891)数列
$$v_1 = 1, v_2 = 3, v_{n+1} = v_n + v_{n-1} \quad (n = 2, 3, \cdots) \tag{5}$$

单墫
解 题 研 究
丛   书

数学竞赛研究教程

的通项公式.

解 可以沿用例 1 的解法,也可以利用特征方程.这里介绍后一种方法的梗概.

(5)的特征方程仍然是(2)(因为它的递推公式与(1)完全相同),从(2)得出特征根 α,β.由一般的理论,有 $v_n=l_1\alpha^n+l_2\beta^n$,其中 l_1,l_2 是待定系数.

由 $v_1=1,v_2=3$ 得

$$\begin{cases} 1=l_1\alpha+l_2\beta, \\ 3=l_1\alpha^2+l_2\beta^2. \end{cases} \tag{6}$$

解方程组(6)得 $l_1=l_2=1$,所以(5)的通项公式为

$$v_n=\alpha^n+\beta^n. \tag{7}$$

注 如果定义 $v_0=2$,将(6)的第二个方程换成 $2=l_1+l_2$,则(6)可更加方便地解出.

(4),(7)也可以作为 u_n 与 v_n 的定义,并且 n 也可以取负整数值.

$\{u_n\}$ 与 $\{v_n\}$ 有众多的性质,例如:

$$u_{-n}=-(\alpha\beta)^{-n}u_n=(-1)^{n-1}u_n,v_{-n}=(-1)^n v_n. \tag{8}$$

$$2u_{m+n}=u_m v_n+u_n v_m. \tag{9}$$

$$v_n^2-5u_n^2=(-1)^n \cdot 4. \tag{10}$$

$$u_n^2-u_{n-1}u_{n+1}=(-1)^{n-1}. \tag{11}$$

$$v_n^2-v_{n-1}v_{n+1}=(-1)^n \cdot 5. \tag{12}$$

$$(u_n,u_{n+1})=1,(v_n,v_{n+1})=1. \tag{13}$$

u_n 与 v_n 的奇偶性相同,并且 $(u_n,v_n)|2$. $\tag{14}$

$$u_{m+n}=u_m u_{n+1}+u_{m-1}u_n,v_{m+n}=v_m v_n+(-1)^{n+1}v_{m-n}. \tag{15}$$

证明的方法无非三种:利用(4)或(1)直接推导,利用数学归纳法及递推关系,利用已经获得的性质.(8)~(12),(15)可用前两种方法,(13)可用第二种,(14)可用第三种及(10).

例 3 设 d 为 m,n 的最大公约数,则 u_m,u_n 的最大公约数为 u_d,即

$$(u_m,u_n)=u_{(m,n)}. \tag{16}$$

解 不妨设 $m>n$.由(15)

$$u_m=u_{m-n}u_{n+1}+u_{m-n-1}u_n, \tag{17}$$

所以 $(u_{m-n},u_n)|u_m,(u_{m-n},u_n)|(u_m,u_n)$.

又由于 $(u_{n+1},u_n)=1$,所以(17)导出 $(u_m,u_n)|u_{m-n},(u_m,u_n)|(u_{m-n},u_n)$.于是 $(u_m,u_n)=(u_{m-n},u_n)$,而 $(m-n,n)=(m,n)$.这样逐步递降(或等价

地,用数学归纳法)即得(16).

例 4 实数 a,b,x,y 满足方程组

$$\begin{cases} ax+by=3, \\ ax^2+by^2=7, \\ ax^3+by^3=16, \\ ax^4+by^4=42. \end{cases} \tag{18}$$

求 ax^5+by^5.

解 上面介绍了二阶线性递推数列的通项为 $a_n=ax^n+by^n$. 反过来 $\{ax^n+by^n\}$ 是二阶递推数列. 递推关系为

$$a_{n+1}=ca_n+da_{n-1}(c=x+y,d=-xy).$$

于是,我们有

$$\begin{cases} 16=7c+3d, \\ 42=16c+7d, \\ a_5=42c+16d. \end{cases} \tag{19}$$

解这方程组得 $a_5=20$.

注 （ⅰ）从任一个二阶线性递推数列均可构造出(18)这样的方程组. 如果有兴趣的话,还可以用三阶线性递推数列来构造.

（ⅱ）$(1,c,d)$ 可以看作(19)的非零解,所以

$$\begin{vmatrix} 16 & 7 & 3 \\ 42 & 16 & 7 \\ a_5 & 42 & 16 \end{vmatrix}=0.$$

这样消去 c,d 是较好的方法.

例 5 证明 $a_n=\sum\limits_{k=0}^{n}C_{2n+1}^{2k+1}\cdot 2^{3k}$ 不被 5 整除.

解 易知 $a_0=1,a_1=11$,

$$a_n=\frac{(2\sqrt{2}+1)^{2n+1}+(2\sqrt{2}-1)^{2n+1}}{4\sqrt{2}}$$

$$=\frac{(2\sqrt{2}+1)(9+4\sqrt{2})^n+(2\sqrt{2}-1)(9-4\sqrt{2})^n}{4\sqrt{2}},$$

$$(9+4\sqrt{2})+(9-4\sqrt{2})=18,$$

$$(9+4\sqrt{2})(9-4\sqrt{2})=49.$$

所以 $\{a_n\}$ 是二阶递推数列,递推关系为 $a_{n+1}=18a_n-49a_{n-1}\equiv 3a_n+a_{n-1}$

单 墫
解题研究
丛 书

数学竞赛研究教程

$(\bmod\ 5)$. 由此不难算出 $a_0,a_1,\cdots$ 除以 5 的余数为 $1,1,4,3,3,2,4,4,1,2,2,3$, $1,1,\cdots$. 这些余数形成一个周期数列(周期为 12)$a_{n+12}\equiv a_n(\bmod\ 5)$. 由于前面 12 项中没有被 5 整除的,所以 $\{a_n\}$ 中没有被 5 整除的.

在例 5 中,数列 $\{a_n\}\ \bmod\ 5$ 后成为周期数列,这并非偶然的现象.

例 6　任一满足线性递推关系

$$a_{n+k}=c_1a_{n+k-1}+c_2a_{n+k-2}+\cdots+c_ka_n \quad (n=1,2,\cdots) \tag{20}$$

的 k 阶线性递推数列各项除以任一自然数 m,所得的余数形成周期数列.

解　考虑 k 元有序数组

$$(a'_n,a'_{n+1},\cdots,a'_{n+k-1}),n=1,2,\cdots, \tag{21}$$

其中 $a'_i\equiv a_i(\bmod\ m)$,并且 $a'_i\in\{0,1,2,\cdots,m-1\},i=1,2,\cdots$.

这样的 k 元数组至多有 m^k 种,所以在(21)中(实际上在任意 m^k+1 个数组中)必有两个数组相同. 设 $(a'_{n_0},a'_{n_0+1},\cdots,a'_{n_0+k-1})=(a'_{n_0+l},a'_{n_0+l+1},\cdots,a'_{n_0+l+k-1})$,则由递推关系(20),有 $a'_{n_0+k}=a'_{n_0+l+k},a'_{n_0+k+l}=a'_{n_0+l+k+1},\cdots$,即 $\{a'_n\}$ 是以 l 为周期的周期数列.

不难看出在 c_k 与 m 互质时,这个周期数列是纯周期数列,即 n_0 可以取 1.

有些数列表面的结构颇为复杂,但稍加分析就可以发现实质上还是二阶线性递推数列.

例 7　$a_1=0,a_{n+1}=5a_n+\sqrt{24a_n^2+1}$. 证明 a_n 都是整数.

解　已知的递推关系可改写成

$$a_{n+1}^2-10a_na_{n+1}+a_n^2=1, \tag{22}$$

将 n 换为 $n-1$,得 $\qquad a_n^2-10a_na_{n-1}+a_{n-1}^2=1.$ $\tag{23}$

从(22),(23)可以看出 a_{n-1},a_{n+1} 都是方程

$$x^2-10a_nx+a_n^2-1=0 \tag{24}$$

的根,而由已知的递推关系易知 $a_n\geqslant0$ 并且严格递增,所以 $a_{n-1}\ne a_{n+1}$. 从而由韦达定理,得 $\qquad a_{n-1}+a_{n+1}=10a_n,$ $\tag{25}$

即 $\qquad a_{n+1}=10a_n-a_{n-1}.$ $\tag{26}$

这是一个二阶线性递推数列. 由于(26)中系数全为整数,所以一切 a_n 为整数.

例 8　$a_1=a_2=1,a_n=\dfrac{a_{n-1}^2+2}{a_{n-2}}(n\geqslant3)$. 求通项公式.

解　由 $a_n=\dfrac{a_{n-1}^2+2}{a_{n-2}}$,可得 $a_3=3$ 及

$$a_na_{n-2}=a_{n-1}^2+2. \tag{27}$$

将 n 换为 $n+1$,得 $\qquad a_{n+1}a_{n-1}=a_n^2+2.$ $\tag{28}$

(27),(28)相减(消去常数项)得 $a_{n+1}a_{n-1}-a_na_{n-2}=a_n^2-a_{n-1}^2$,即

$$\frac{a_{n+1}+a_{n-1}}{a_n+a_{n-2}}=\frac{a_n}{a_{n-1}}. \tag{29}$$

将 n 换为 $n-1,n-2,\cdots,3$,得 $\dfrac{a_n+a_{n-2}}{a_{n-1}+a_{n-3}}=\dfrac{a_{n-1}}{a_{n-2}}$,

$$\cdots\cdots$$

$$\frac{a_4+a_2}{a_3+a_1}=\frac{a_3}{a_2}.$$

将这些式子与(29)相乘,得 $\quad\dfrac{a_{n+1}+a_{n-1}}{a_3+a_1}=\dfrac{a_n}{a_2}.$

从而 $\quad\quad\quad\quad\quad a_{n+1}+a_{n-1}=\dfrac{a_3+a_1}{a_2}a_n=4a_n.$

用前面(例 1 或例 2)的方法易得,

$$a_n=\frac{(\sqrt{3}-1)(2+\sqrt{3})^{n-1}+(\sqrt{3}+1)(2-\sqrt{3})^{n-1}}{2\sqrt{3}}.$$

注 （ⅰ）本题可能是由(11),(12)的启发而编制的.

（ⅱ）类似的手法可处理由 $a_n=\dfrac{a_{n-1}^2+ab^n}{a_{n-2}}$ 产生的数列 $\{a_n\}$,其中 a,b 为常数. 参见习题 22 第 5 题和第 6 题.

例 9 数列 $\{a_n\}$ 的递推公式为

$$a_{n+1}=\frac{\alpha a_n+\beta}{a_n+\gamma}\quad((\gamma-\alpha)^2+4\beta\neq 0), \tag{30}$$

求它的通项公式.

解 先求出分式线性函数 $\dfrac{\alpha x+\beta}{x+\gamma}$ 的不动点,即由

$$x=\frac{\alpha x+\beta}{x+\gamma}, \tag{31}$$

得出不动点

$$x_{1,2}=\frac{\alpha-\gamma\pm\sqrt{(\gamma-\alpha)^2+4\beta}}{2}. \tag{32}$$

由于 x_1,x_2 满足(31),所以

$$a_{n+1}-x_1=\frac{\alpha a_n+\beta}{a_n+\gamma}-x_1=\frac{\alpha a_n+\beta}{a_n+\gamma}-\frac{\alpha x_1+\beta}{x_1+\gamma}$$

单墫
解题研究
丛书

数学竞赛研究教程

$$= \frac{(a_n - x_1)(\alpha\gamma - \beta)}{(a_n + \gamma)(x_1 + \gamma)},$$

$$a_{n+1} - x_2 = \frac{(a_n - x_2)(\alpha\gamma - \beta)}{(a_n + \gamma)(x_2 + \gamma)}.$$

所以

$$\frac{a_{n+1} - x_1}{a_{n+1} - x_2} = \frac{x_2 + \gamma}{x_1 + \gamma} \cdot \frac{a_n - x_1}{a_n - x_2}.$$

即 $\dfrac{a_n - x_1}{a_n - x_2}$ 是公比为 $q = \dfrac{x_2 + \gamma}{x_1 + \gamma}$ 的等比数列. 从而

$$\frac{a_{n+1} - x_1}{a_{n+1} - x_2} = \left(\frac{x_2 + \gamma}{x_1 + \gamma}\right)^n \cdot \frac{a_1 - x_1}{a_1 - x_2}. \tag{33}$$

由此不难得出 $\{a_n\}$ 的通项公式,但我们宁愿停在形式整齐、比较容易记忆的公式(33).

若 $(\gamma - \alpha)^2 + 4\beta = 0$,则 x_1, x_2 取相同的值 x,且 $\alpha\gamma - \beta = (x + \gamma)^2$. 因此

$$\frac{1}{a_{n+1} - x} = \frac{a_n + \gamma}{(a_n - x)(x + \gamma)} = \frac{1}{a_n - x} + \frac{1}{x + \gamma} = \cdots$$

$$= \frac{1}{a_1 - x} + \frac{n}{x + \gamma}.$$

求数列通项公式并无一般的方法,往往需要根据数列本身的特点分析、发现规律. 如果能作为已知的类型(等差数列、等比数列、线性递推数列或例 9 中的数列),当然最为理想.

例 10 f 为 **N** 上的函数,满足 $f(1) = 1$,

$$f(m + n) = f(m) + f(n) + mn \quad (\forall\, m, n \in \mathbf{N}). \tag{34}$$

求 $f(n)$.

解 **N** 上的函数就是数列,所以这个函数方程实质上就是求数列 $\{f(n)\}$ 的通项公式.

在(34)中令 $m = 1$,立即得到

$$f(n + 1) = f(n) + (n + 1). \tag{35}$$

从而
$$f(n) = n + (n - 1) + \cdots + 2 + 1 = \frac{n(n + 1)}{2}.$$

数列的应用问题往往需要建立递推关系.

例 11 设 d 为正整数,求方程 $x_1 + x_2 + \cdots + x_n \equiv 0 \pmod{d}, 0 < x_i < d$ $(1 \leqslant i \leqslant n)$ 的解 $(x_1, x_2, \cdots, x_n)$ 的个数.

解 设所求个数为 a_n. 对于集合 $A = \{(x_1, x_2, \cdots, x_{n-1}) \mid 0 < x_i < d, i = 1,$

$2,\cdots,n-1\}$ 中每一个 $(x_1,x_2,\cdots,x_{n-1})$，均有唯一的 $x_n\in\{0,1,\cdots,d-1\}$ 满足

$$x_n\equiv-(x_1+x_2+\cdots+x_{n-1})(\bmod\ d).$$

其中 $x_n=0$ 的个数为 a_{n-1}，而 $|A|=(d-1)^{n-1}$，所以

$$a_n=(d-1)^{n-1}-a_{n-1}. \tag{36}$$

将 n 换为 $n-1,n-2,\cdots,2$，得

$$a_{n-1}=(d-1)^{n-2}-a_{n-2},$$

$$a_{n-2}=(d-1)^{n-3}-a_{n-3},$$

$$\cdots\cdots$$

$$a_2=(d-1)\quad(a_1=0).$$

将这些式子交错地乘以 $-1,+1$，并与(36)相加得

$$a_n=(d-1)^{n-1}-(d-1)^{n-2}+\cdots+(-1)^n(d-1)$$

$$=\frac{d-1}{d}\left[(d-1)^{n-1}-(-1)^{n-1}\right].$$

例 12 已知正数数列 $\{a_n\}$ 满足 $a_0=1$，

$$a_n=a_{n+1}+a_{n+2}\quad(\forall n\in\mathbf{N}). \tag{37}$$

试确定 a_1.

解 这是"逆推的斐波那奇数列"（由后向前推）. 将(37)改成顺推的形式

$$a_{n+2}=-a_{n+1}+a_n, \tag{38}$$

容易导出（用数学归纳法）$n\geqslant2$ 时，

$$a_n=(-1)^{n-1}(u_n\cdot a_1-u_{n-1}), \tag{39}$$

其中 $\{u_n\}$ 为例 1 中的斐波那奇数列.

为了使 $a_n>0(\forall n\in\mathbf{N})$，必须有

$$a_1<\frac{u_{n-1}}{u_n},n\ \text{为正偶数}, \tag{40}$$

$$a_1>\frac{u_{n-1}}{u_n},n\ \text{为大于 1 的奇数}. \tag{41}$$

由(4)及 $\left(\dfrac{\sqrt5-1}{2}\right)^n\to0(n\to+\infty)$，得 $\dfrac{u_n}{u_{n-1}}\to\dfrac{1+\sqrt5}{2}$. 从而由(40),(41)得

$$a_1=\frac{2}{1+\sqrt5}=\frac{\sqrt5-1}{2}. \tag{42}$$

反过来，当 $a_1=\dfrac{\sqrt5-1}{2}$ 时，(40)$\Leftrightarrow\left(\dfrac{\sqrt5-1}{2}\right)^{n+1}<\left(\dfrac{\sqrt5-1}{2}\right)^{n-1}$ 显然成立. 同样 (41)也成立. 因此(42)是本题的答案.

例 13 等差数列 $\{a+bn \mid n=1,2,\cdots\}$ 中包含一个无穷的等比数列,求复数 $a,b(a,b\neq 0)$ 所需满足的充分必要条件.

解 设有自然数 $n_1<n_2<\cdots$ 使 $a+bn_1,a+bn_2,\cdots$ 成等比数列,那么

$$\frac{a+bn_1}{a+bn_2}=\frac{a+bn_2}{a+bn_3}.$$

由比的性质得

$$\frac{a+bn_2}{a+bn_3}=\frac{n_1-n_2}{n_2-n_3}(=k).$$

从而

$$\frac{a}{b}=\frac{kn_3-n_2}{k-1}\in \mathbf{Q}.$$

反过来,如果 $\frac{a}{b}\in\mathbf{Q}$,不妨设 $a,b\in\mathbf{Z}$,并且 $b>0$. 取自然数 n_0,使

$$c=a+bn_0>0.$$

令

$$q=b+1,$$
$$n_{k+1}=n_k+cq^k,$$

则由归纳法易知

$$a+bn_k=cq^k,$$

即子列 $\{a+bn_k\mid k=0,1,2,\cdots\}$ 成等比数列.

因此,$\frac{a}{b}\in\mathbf{Q}$ 就是所求的充分必要条件.

例 14 设有一个两端无限的实数数列

$$\cdots,a_{-n},\cdots,a_{-1},a_0,a_1,\cdots,a_n,\cdots, \tag{43}$$

其中每一项都等于它的两个相邻的项(左、右各一个)的和的 $\frac{1}{4}$. 证明如果数列中有某两项(不一定是相邻的项)相等,那么其中必有无穷对项两两相等.

解 设 $a,b,c,\cdots,d,e,f$ 是(43)中若干相邻的项,并且 $a=f$.

我们证明 $b=e$. 如果 $b\neq e$,不妨设 $b>e$. 将 $a,b,c,\cdots,d,e,f$ 与 $f,e,d,\cdots,c,b,a$ 的对应项相减得数列

$$0,x,y,z,w,\cdots,-x,0, \tag{44}$$

其中 $x=b-e>0$. (44)的每一项(首、尾两项除外)仍等于两个相邻的项的和的 $\frac{1}{4}$. 并且

$$y=4x>x>0,z=4y-x>y>0,\cdots,$$

所以(44)是严格递增的. 这与最后出现负项($-x$)矛盾.

于是 $b=e$. 由此立即导出 a 前面的第 $1,2,\cdots$ 项与 f 后面的第 $1,2,\cdots$ 项对

应相等.

习 题 22

1. 已知 $a_1=2, a_{n+1}=\dfrac{2a_n+6}{a_n+1}(n=1,2,\cdots)$，求通项公式.

2. 已知 $a_0=0, a_{n+1}=k(a_n+1)+(k+1)a_n+2\sqrt{k(k+1)a_n(a_n+1)}$ $(n=0,1,$ $2,\cdots)$. 证明：对任意的正整数 $k, a_n(n\geqslant1)$ 为正整数.

3. 已知 $x_n=\dfrac{1}{2}\left[(3+2\sqrt{2})^n+(3-2\sqrt{2})^n\right]$，求 x_{1991} 的个位数字.

4. 已知 $a_0=1, a_{n+1}=\dfrac{\sqrt{1+a_n^2}-1}{a_n}(n=0,1,2,\cdots)$. 求证：$a_n>\dfrac{\pi}{2^{n+2}}$.

5. 已知 $a_1=\sqrt{2}, a_2=2, a_{n+2}=\dfrac{a_{n+1}^2+2^{n+2}}{a_n}(n=1,2,\cdots)$，求 $\{a_n\}$ 的通项公式.

6. 已知 $a_1=1, a_2=-5, a_{n+2}=\dfrac{a_{n+1}^2-16\times3^n}{a_n}(n=1,2,\cdots)$，求 $\{a_n\}$ 的通项公式.

7. 已知 $a_1=1, a_n=a_{n-1}+\dfrac{1}{4n^2-1}(n\geqslant2)$，求通项公式.

8. 已知数列 $\{a_n\}$ 的和 $S_n=n^2a_n, a_1=1$，求通项公式.

9. 已知 $a_1=2, a_{n+1}=a_n^2-a_n+1$. 证明：$a_n$ 都是整数并且数列中任两项互质.

10. 已知 $a_0=1, a_1=5, a_n=\dfrac{2a_{n-1}^2-3a_{n-1}-9}{2a_{n-2}}(n=2,3,\cdots)$，证明 a_n 都是整数.

11. $\{a_n\}$ 满足递推关系 $a_n+pa_{n-1}+qa_{n-2}=0$. 证明：存在常数 c，使
$$a_{n+1}^2+pa_{n+1}a_n+qa_n^2+cq^n=0.$$

12. a_n 为大于或等于 n 的最小整数幂 $4^k, b_n=a_1+a_2+\cdots+a_n-\dfrac{1}{5}$.

(a) 用 $\dfrac{a_n}{n}$ 表示 $\dfrac{b_n}{n^2}$.

(b) 证明对任意实数 $d\in\left[\dfrac{4}{5},\dfrac{5}{4}\right]$，有一个自然数数列 $n_k\to\infty$，使得
$$\lim_{k\to\infty}\dfrac{b_{n_k}}{(n_k)^2}=d.$$

13. 茹可夫斯基(H. E. Жуковский, 1847—1921)机翼函数满足递推式 $x_{n+1}=\dfrac{x_n^2+c}{2x_n}$. 若 $|x_1-\sqrt{c}|<1$，证明 $x_n\to\sqrt{c}$（c 与 x_1 均为正数）.

14. 对例 1、例 2 中的 $\{u_n\}$，$\{v_n\}$，证明：

(a) $u_{2n} = \sum\limits_{k=0}^{n} C_n^k u_k$，$u_{3n} = \sum\limits_{k=0}^{n} C_n^k 2^k u_k$.

(b) $v_n = u_{n-1} + u_{n+1}$.

(c) $u_1^2 + u_2^2 + \cdots + u_n^2 = u_n u_{n+1}$，$v_0^2 + v_1^2 + \cdots + v_n^2 = v_n v_{n+1} - 2$.

(d) $u_{n+1}^2 = 4 u_n u_{n-1} + u_{n-2}^2$，$u_{2n-1}^2 + 1 = u_{2n+1} u_{2n-3}$.

(e) $u_{m+n} + (-1)^{n+1} u_{m-n} = u_n v_m$.

(f) $\{u_n\}$ 中任意 $4n$ 个连续的项，和被 u_{2n} 整除.

(g) $v_n \mid u_m \Leftrightarrow \dfrac{m}{n}$ 为偶数，$v_n \mid v_m \Leftrightarrow \dfrac{m}{n}$ 为奇数.

(h) v_{2p} 的个位数字为 3，p 为任意大于 3 的质数.

(i) 在 n^k 与 n^{k+1} 之间的 $\{u_n\}$ 的项不多于 n (n, k 为任意自然数) 个.

15. 数列 $\{a_n\}$ 定义如下：$a_1 = 0$，$a_2 = 1$，

$$a_n = \frac{1}{2} n a_{n-1} + \frac{1}{2} n(n-1) a_{n-2} + (-1)^n \left(1 - \frac{n}{2}\right), n \geq 3.$$

试求 $S_n = a_n + 2C_n^1 a_{n-1} + 3C_n^2 a_{n-2} + \cdots + n C_n^{n-1} a_1$ 的最简表达式.

第 23 讲   函数方程

数学竞赛中,函数很少用显式给出.通常是给出函数的一些性质,证明它具有另一些性质,求出这个函数,或证明满足已给性质的函数不存在或不唯一(甚至无穷多个).

函数的迭代也是常见的问题.我们约定

$$f^{(k)}(x)=\underbrace{f(f(\cdots f}_{k\text{个}f}(x)\cdots)),f^{(0)}(x)=x.$$

例 1 $f:\mathbf{R}\to\mathbf{R}$ 是不减的,并且

$$f(x+1)=f(x)+1, \tag{1}$$
$$\varphi(x)=f^{(n)}(x)-x.$$

证明:对一切 $x,y\in\mathbf{R}$,恒有 $|\varphi(x)-\varphi(y)|<1$. \tag{2}

解   由(1)容易看出 $f^{(n)}(x+1)=f^{(n)}(x)+1$,所以 $\varphi(x+1)=\varphi(x)$,即 $\varphi(x)$ 是以 1 为周期的周期函数.因此,我们只需在区间 $[0,1]$ 上证明(2)成立.

不妨设 $x>y,x,y\in[0,1]$.这时

$$\varphi(x)-\varphi(y)=f^{(n)}(x)-f^{(n)}(y)-x+y. \tag{3}$$

由于 $f(x)$ 不减,所以 $f^{(n)}(x)$ 不减,$f^{(n)}(x)-f^{(n)}(y)\geqslant 0$,

$$\varphi(x)-\varphi(y)\geqslant -x+y>-1. \tag{4}$$

另一方面,

$$\varphi(x)-\varphi(y)<f^{(n)}(x)-f^{(n)}(y)\leqslant f^{(n)}(1)-f^{(n)}(0)=1. \tag{5}$$

结合(4),(5)即得(2).

例 2 $f:\mathbf{N}\to\mathbf{N}$,满足

$$f(1)=1, \tag{6}$$
$$f(2n+1)=f(2n)+1, \tag{7}$$
$$f(2n)=3f(n), \tag{8}$$

求 f 的值集.

解   由(8)立即得出 $f(2^k)=3^k$.这就启发我们采用二进制与三进制.设

$$n=a_s\cdot 2^s+a_{s-1}\cdot 2^{s-1}+\cdots+a_1\cdot 2+a_0 \quad (a_i\in\{0,1\},0\leqslant i\leqslant s).$$

如果 $a_0=0$,那么由(8)得

$$f(n)=3f(a_s\cdot 2^{s-1}+a_{s-1}\cdot 2^{s-2}+\cdots+a_1).$$

如果 $a_0=1$,那么由(7)得

$$f(n)=f(n-1)+1=f(a_s\cdot 2^s+\cdots+a_1\cdot 2)+a_0.$$

单墫
解题研究
丛书

数学竞赛研究教程

于是，由归纳法立即得出 $f(n)=a_s \cdot 3^s + a_{s-1} \cdot 3^{s-1} + \cdots + a_1 \cdot 3 + a_0$. 即 f 的值集由三进制表示中不含数字 2 的那些数组成.

例 3 a 为已知实数, $0 < a < 1$. f 为 $[0,1]$ 上的函数, 满足 $f(0)=0, f(1)=1$ 及对所有 $0 \leqslant x \leqslant y \leqslant 1$,

$$f\left(\frac{x+y}{2}\right) = (1-a)f(x) + af(y). \tag{9}$$

求 $f\left(\dfrac{1}{7}\right)$.

解 这类问题的基本解法是选一些适当的值代入给定的函数方程中, 以导出有用的关系.

由 (9), 取 $x=0, y=1$, 得 $\qquad f\left(\dfrac{1}{2}\right) = a.$ \hfill (10)

又有
$$f\left(\frac{1}{4}\right) = f\left(\frac{0+\frac{1}{2}}{2}\right) = af\left(\frac{1}{2}\right) = a^2, \tag{11}$$

$$f\left(\frac{3}{4}\right) = f\left(\frac{\frac{1}{2}+1}{2}\right) = (1-a)a + a. \tag{12}$$

(11), (12) 给出 $f\left(\dfrac{1}{2}\right)$ 的另一个表达式 (这是解决本题的关键), 即

$$f\left(\frac{1}{2}\right) = f\left(\frac{\frac{1}{4}+\frac{3}{4}}{2}\right) = (1-a)a^2 + a[a + a(1-a)]. \tag{13}$$

由 (10), (13) 得 $\qquad a = (1-a)a^2 + a[a + a(1-a)].$ \hfill (14)

由于 $a \neq 0, 1$, 所以由 (14) 得出 $a = \dfrac{1}{2}$. 从而 (9) 即

$$f\left(\frac{x+y}{2}\right) = \frac{f(x)+f(y)}{2}. \tag{15}$$

设 $f\left(\dfrac{1}{7}\right) = b$, 则 $b = f\left(\dfrac{0+\frac{2}{7}}{2}\right) = \dfrac{1}{2}f\left(\dfrac{2}{7}\right)$. 所以 $f\left(\dfrac{2}{7}\right) = 2b$. 由 $f\left(\dfrac{1}{7}\right)$, $f\left(\dfrac{2}{7}\right)$ 又可推出 $f\left(\dfrac{3}{7}\right) = 3b$. 依此类推直至 $f(1) = 7b$. 所以 $f\left(\dfrac{1}{7}\right) = b = \dfrac{1}{7}$.

注 （i）本题若不先定出 a, 则多走弯路而无效果.

（ii）用上面的方法易得 $f\left(\dfrac{m}{n}\right) = \dfrac{m}{n}$, 对任一有理数 $\dfrac{m}{n} \in [0,1]$ 成立. 但若

不增加连续性,则本题的解 $f(x)$ 有无数多个,$f(x)=x$ 仅是一个显然的解.

例 4 设 $F(x)$ 定义在 **R**\{0,1} 上,并且

$$F(x) + F\left(\frac{x-1}{x}\right) = 1 + x. \tag{16}$$

求 $F(x)$.

解 我们希望用适当的值代入(16)以消去 $F\left(\frac{x-1}{x}\right)$. 为此,令 $y = \frac{x-1}{x}$,
则 $\frac{y-1}{y} = \frac{1}{1-x}$. 由(16)得

$$F\left(\frac{x-1}{x}\right) + F\left(\frac{x}{1-x}\right) = 1 + \frac{x-1}{x}. \tag{17}$$

(16),(17)虽可消去 $F\left(\frac{x-1}{x}\right)$,但又多出了 $F\left(\frac{1}{1-x}\right)$. 为消去 $F\left(\frac{1}{1-x}\right)$,我们

令 $y = \frac{1}{1-x}$,则 $\frac{y-1}{y} = x$. 由(16)得

$$F\left(\frac{1}{1-x}\right) + F(x) = 1 + \frac{1}{1-x}. \tag{18}$$

(16)+(18)-(17)得 $\qquad 2F(x) = \frac{1+x^2-x^3}{x(1-x)}.$

所以 $F(x) = \frac{1+x^2-x^3}{2x(1-x)}$,不难验证它的确满足(16).

注 设 $f(x) = 1 - \frac{1}{x}$,则 $f^{(2)}(x) = \frac{1}{1-x}$,$f^{(3)}(x) = x$. 上面的解法就是从
三个方程中消去 $F(f(x))$,$F(f^{(2)}(x))$. 如果有 $f(x)$ 满足 $f^{(k)}(x) = x$,那么同
样的解法可以处理形如 $F(x) + F(f(x)) = \varphi(x)$($\varphi$ 为已知函数)的函数方程.

例 5 求满足函数方程

$$\frac{f(x) + f(y)}{f(x) - f(y)} = f\left(\frac{x+y}{x-y}\right) \quad (x \neq y) \tag{19}$$

的所有连续函数 $f(x)$.

解 $f(x) = x$ 显然是解. 我们要证明只有这一个解.

在(19)中令 $y = kx$ 得

$$\frac{f(x) + f(kx)}{f(x) - f(kx)} = f\left(\frac{x+kx}{x-kx}\right) = f\left(\frac{1+k}{1-k}\right) = \frac{f(1) + f(k)}{f(1) - f(k)}. \tag{20}$$

从而 $\qquad\qquad f(kx) = \frac{f(x)}{f(1)} f(k). \tag{21}$

令 $k=0$ 得 $f(0) \cdot \left(1-\dfrac{f(x)}{f(1)}\right)=0$. 由于 $f(x)$ 不恒等于 $f(1)$,所以 $f(0)=0$.

在(19)中令 $y=0$ 得 $\qquad\qquad 1=f(1).$ $\qquad\qquad$ (22)

从而 $\qquad\qquad\qquad\qquad f(kx)=f(k)f(x).$ $\qquad\qquad$ (23)

我们希望证明对于 $n\in\mathbf{N}$, $\qquad f(n)=n.$ $\qquad\qquad$ (24)

关键的一步是证明 $f(2)=2$.

由(23)得,

$$f(4)=f^2(2).$$ $\qquad\qquad$ (25)

由(19),(23)得

$$\frac{f(2)+1}{f(2)-1}=f(3),$$ $\qquad\qquad$ (26)

$$\frac{f(4)+1}{f(4)-1}=f\left(\frac{5}{3}\right)=\frac{f(5)}{f(3)},$$ $\qquad\qquad$ (27)

$$\frac{f(3)+f(2)}{f(3)-f(2)}=f(5).$$ $\qquad\qquad$ (28)

从(25),(26),(27),(28)中消去 $f(3),f(4),f(5)$ 得

$$\frac{f^2(2)+1}{f^2(2)-1}=\frac{(f^2(2)+1)(f(2)-1)}{(f(2)+1)(1+2f(2)-f^2(2))}.$$

即 $\qquad\qquad\qquad\qquad f^2(2)=2f(2).$

从而 $f(2)=2\Big($根据(21),$f(2)=0$ 导出 $f\left(2\times\dfrac{1}{2}\right)=0$,与(22)矛盾$\Big)$.

如果(24)对 $n<2m$ 成立,那么 $f(2m)=f(2)f(m)=2f(m)=2m$,

$$f(2m+1)=\frac{f(m+1)+f(m)}{f(m+1)-f(m)}=\frac{m+1+m}{m+1-m}=2m+1.$$

因此(24)对一切自然数 n 成立.

在(19)中令 $y=-x$,得 $f(x)+f(-x)=0$,即

$$f(-x)=-f(x).$$ $\qquad\qquad$ (29)

因此(24)对一切整数成立.

由(23),$f\left(\dfrac{p}{q}\right)=\dfrac{f(p)}{f(q)}=\dfrac{p}{q}$. 即(24)对一切有理数 $\dfrac{p}{q}$ 成立.

最后由连续性得 $f(x)=x$,$\forall\, x\in\mathbf{R}$.

注 （ⅰ）两个有实质不同的、与 $f(5)$ 有关的等式(27)、(28)是导出 $f(2)=2$ 的关键.

（ⅱ）逐步证明(24)对于 $\mathbf{N}$、$\mathbf{Z}$、$\mathbf{Q}$、$\mathbf{R}$ 成立(最后一步常常要用连续性),这种

方法称为柯西方法. 请参看习题 23 第 10 题.

（ⅲ）仅由(23)就可导出 $f(x)=x^c$，c 为常数. 参见习题 23 第 11 题. 但 c 仍需利用(21)确定.

（ⅳ）连续性往往可以用单调性(递增或递减)来代替，更适合于中学竞赛.

例 6 $f(n)$ 定义在 $\mathbf{N}$ 上，满足

（ⅰ）$f(f(n))=4n+9$，$\forall n \in \mathbf{N}$；$\qquad\qquad\qquad\qquad\qquad$ (30)

（ⅱ）$f(2^k)=2^{k+1}+3$，$\forall k \in \mathbf{N} \bigcup \{0\}$. $\qquad\qquad\qquad\qquad$ (31)

求 $f(1\,789)$.

解 注意 $f^{(3)}(n)$ 有两种算法：
$$f^{(3)}(n)=f^{(2)}(f(n))=4f(n)+9,$$
$$f^{(3)}(n)=f(f^{(2)}(n))=f(4n+9).$$

所以
$$f(4n+9)=4f(n)+9. \qquad\qquad\qquad\qquad (32)$$

由于 $1\,789=9+4\times9+4^2\times9+4^3\times9+4^4\times2^2$，所以反复用(32)得

$$f(1\,789)=9+4f(9+4\times9+4^2\times9+4^3\times2^2)$$
$$=9+4\times9+4^2 f(9+4\times9+4^2\times2^2)$$
$$=9+4\times9+4^2\times9+4^3\times f(9+4\times2^2)$$
$$=9+4\times9+4^2\times9+4^3\times9+4^4 f(4)$$
$$=9+4\times9+4^2\times9+4^3\times9+4^4\times(2^3+3) \quad \text{(利用(31))}$$
$$=3\,581.$$

注 $3\,581=2\times1\,789+3$. 似乎 $f(n)=2n+3$. 这一猜测并不正确，参见第 24 讲例 2.

例 7 求出满足以下要求的所有 $\mathbf{R} \to \mathbf{R}$ 的函数 f,g,h：
$$f(x)-g(y)=(x-y)h(x+y) \quad (\forall x,y \in \mathbf{R}). \qquad (33)$$

解 令 $x=y$ 得 $f(x)-g(x)=0$，因此 $f(x)=g(x)$. (33)可改写成
$$f(x)-f(y)=(x-y)h(x+y). \qquad\qquad\qquad (34)$$

当 $f(x)$ 满足(34)时，$f(x)-f(0)$ 也满足(34). 因此可假定 $f(0)=0$. 在(34)中令 $y=0$ 得
$$f(x)=xh(x), \qquad\qquad\qquad\qquad (35)$$

代入(34)得
$$xh(x)-yh(y)=(x-y)h(x+y). \qquad\qquad\qquad (36)$$

当 $h(x)$ 满足(36)时，$h(x)-h(0)$ 也满足(36). 我们假定 $h(0)=0$. 在(36)中令 $y=-x$ 得 $xh(x)+xh(-x)=0$，即 $h(x)$ 为奇函数. 于是在(36)中将 y 换为

单墫
解题研究
丛书

数学竞赛研究教程

$-y$ 得

$$xh(x) - yh(y) = (x+y)h(x-y).\qquad(37)$$

由(36),(37)得

$$(x-y)h(x+y) = (x+y)h(x-y).\qquad(38)$$

改记 $x-y=s$, $x+y=t$, 则(38)即 $\dfrac{h(s)}{s} = \dfrac{h(t)}{t}$. 因而

$$\frac{h(x)}{x} = \text{常数 } c,$$

$$h(x) = cx, \quad f(x) = cx^2 = g(x).$$

本题的全部解为

$$h(x) = cx + a, \quad f(x) = g(x) = cx^2 + ax + b.$$

其中 $c, a = h(0), b = f(0)$ 均为任意常数.

注 本例有两点技巧值得注意. 一是设 $f(0), h(0)$ 为 0, 将问题简化. 二是注意对称, 导出(38)这样的式子, 从而 $\dfrac{h(s)}{s}$ 与 s 无关, 为一常数. 此外, 本题未假定各函数可导, 若轻率地使用导数是不妥当的.

多元函数的方程, 解法与一元类似.

例8 设 $f(x,y)$ 为 x,y 的多项式, 且满足条件:

(ⅰ) $f(1,2) = 2$; $\qquad(39)$

(ⅱ) $yf(x, f(x,y)) = xf(f(x,y), y) = (f(x,y))^2$. $\qquad(40)$

试确定所有这样的 $f(x,y)$.

解 由(40), x, y 都是 $f(x,y)$ 的因式, 所以

$$f(x,y) = xyF(x,y),\qquad(41)$$

F 为 x,y 的多项式. (40)可写成

$$y \cdot xf(x,y)F(x, f(x,y)) = x \cdot f(x,y) \cdot yF(f(x,y), y) = x^2 y^2 f^2(x,y).$$

即

$$F(x, xyF(x,y)) = F(xyF(x,y), y) = F(x,y).\qquad(42)$$

若 $F(x,y)$ 中最高次项为 $cx^m y^n$, 则 $x^m(xyF(x,y))^n$ 与 $(xyF(x,y))^m y^n$ 的最高次项的次数小于等于 $m+n$. 从而 $m=n=0$, $F(x,y) = $ 常数 c. 于是

$$f(x,y) = cxy.$$

再由(39)得 $c=1$. 所以 $f(x,y) = xy$.

注 因为 f 是多项式, 问题比较简单. 次数是多项式的一个重要的量, 考虑它是理所当然的.

例9 α 为实数,变量取非负整数值的函数 f 定义如下:

$$f(0,0)=1,f(m,0)=f(0,n)=1, \tag{43}$$

$$f(m,n)=\alpha f(m,n-1)+(1-\alpha)f(m-1,n-1), \tag{44}$$

其中 m,n 均为正整数.

(a) 求满足

$$|f(m,n)|\leqslant 1\ 989,\forall m,n\in\mathbf{N} \tag{45}$$

的 α.

(b) 求 $f(m,n)$ 的显表达式.

解 (a) 用归纳法易知

$$f(m,n)=0 \quad (n<m), \tag{46}$$

$$f(1,n)=\alpha^{n-1}(1-\alpha), \tag{47}$$

及(利用(46)可得)

$$f(m,m)=(1-\alpha)^m. \tag{48}$$

于是,当 $\alpha>1$ 时,$f(1,n)\to-\infty$,当 $\alpha<0$ 时,$f(m,m)\to+\infty$. (45)均不恒成立.

对于 $\alpha\in[0,1]$,

$$|f(m,n)|\leqslant[\alpha+(1-\alpha)]\max(|f(m,n-1)|,|f(m-1,n-1)|)$$
$$=\max(|f(m,n-1)|,|f(m-1,n-1)|).$$

由此易知对一切 $m,n\in\mathbf{N}$,$|f(m,n)|\leqslant 1<1\ 989$.

(b) 用归纳法易证 $f(m,n)=\mathrm{C}_{n-1}^{m-1}\alpha^{n-m}(1-\alpha)^m$.

例10 设 $a<b<c$ 为已知自然数. $f:\mathbf{N}\to\mathbf{N}$,满足

$$\begin{cases} f(n)=n-a,\text{若 } n>c; \tag{49}\\ f(n)=f(f(n+b)),\text{若 } n\leqslant c. \tag{50} \end{cases}$$

(a) 证明 f 唯一确定.

(b) 找出 f 有不动点(即满足 $f(x)=x$ 的 x)的充分必要条件.

(c) 用 a,b,c 来表达上述不动点.

解 设 $q(b-a)\leqslant c<(q+1)(b-a),q\in\mathbf{N}$.

我们可以逐步求出 f 的表达式(当然是一个分段函数).

在 $n>c$ 时,$f(n)=n-a$.

在 $c\geqslant n>c-(b-a)$ 时,

$$f(n)=f(f(n+b))=f(n+b-a)=n+(b-a)-a.$$

在 $c-(b-a)\geqslant n>c-2(b-a)$ 时,

$$f(n)=f(f(n+b))=f(n+2(b-a))=n+2(b-a)-a.$$

......

单墫
解题研究
丛书

数学竞赛研究教程

一般地,在 $c-k(b-a) \geqslant n > c-(k+1)(b-a)$ 时,

$$f(n) = n + (k+1)(b-a) - a \quad (k = 0, 1, \cdots, q).$$

若 f 有不动点 n,即 $n = n + k(b-a) - a$,则 $a = k(b-a)$,即

$$(b-a) \mid a. \tag{51}$$

(51)不仅是必要条件,而且也是充分条件. 事实上,在这一条件成立时,设 $a = h(b-a)$,则满足 $c-(h-1)(b-a) \geqslant n > c-h(b-a)$ 的 n 都是不动点,即区间 $(c-a, c+b-2a]$ 中的自然数 n 都是不动点.

不动点有很多用处,例如第 22 讲例 9. 下面的例 11 说明它在函数迭代中的作用.

例 11 已知 $f(x) = \dfrac{x+6}{x+2}$,求 $f^{(n)}(x)$.

解 希望能找到分式线性函数 $\varphi(x) = \dfrac{\alpha x + \beta}{x + \gamma}$ 及线性齐次函数 $g(x) = ax$,满足

$$f(x) = \varphi^{-1}(g(\varphi(x))), \tag{52}$$

其中 φ^{-1} 表示 φ 的反函数.

注意 $\dfrac{x+6}{x+2} = x$ 的根是 $x = 2$ 或 -3,即 $2, -3$ 是 $f(x)$ 的不动点. 而 $g(x) = ax$ 的不动点是 0 与 ∞(这里约定符号 ∞ 满足 $a \cdot \infty = \infty$). 因此,我们希望 $g(x)$ 将 $2, -3$ 变为 $0, \infty$. 即令

$$\varphi(x) = \frac{x-2}{x+3}. \tag{53}$$

这时 $g(\varphi(x))$ 即以 $2, -3$ 为不动点,因而 $\varphi^{-1}(g(\varphi(x)))$ 也以它们为不动点.

(53)的反函数是 $\varphi^{-1}(x) = \dfrac{3x+2}{1-x}$. 于是 $g(x) = \varphi(f(\varphi^{-1}(x))) = -\dfrac{x}{4}$.

从而

$$f^{(n)}(x) = \varphi^{-1}(g^{(n)}(\varphi(x))) = \varphi^{-1}\left(\left(-\frac{1}{4}\right)^n \cdot \frac{x-2}{x+3}\right)$$

$$= \frac{3 \cdot \left(-\dfrac{1}{4}\right)^n \cdot \dfrac{x-2}{x+3} + 2}{1 - \left(-\dfrac{1}{4}\right)^n \cdot \dfrac{x-2}{x+3}}$$

$$= \frac{[2 \cdot (-4)^n + 3]x + 6[(-4)^n - 1]}{[(-4)^n - 1]x + [3 \cdot (-4)^n + 2]}.$$

注 本题也可以用递推数列来解.

例 12 证明存在一个唯一的函数 $f: \mathbf{N} \to \mathbf{N}$，对所有 $m, n \in \mathbf{N}$，

$$f(m + f(n)) = n + f(m + 95). \tag{54}$$

解 $f(n) = n + 95$ 显然满足要求. 下面证明唯一性.

设 f 满足要求. 采用例 6 中曾用过的方法，再加一层"f"，即对任意自然数 l, m, n，

$$f(l + f(m + f(n))) = f(l + n + f(m + 95)). \tag{55}$$

两边分别应用已知恒等式得

$$m + f(n) + f(l + 95) = m + 95 + f(l + n + 95). \tag{56}$$

从而

$$f(l + n + 95) + 95 = f(n) + f(l + 95). \tag{57}$$

在(57)中将 l, n 分别换成 $l+1, n-1$ 得

$$f(l + n + 95) + 95 = f(n - 1) + f(l + 96). \tag{58}$$

比较(57),(58)得

$$f(n) - f(n - 1) = f(l + 96) - f(l + 95). \tag{59}$$

固定 l，可见 $\{f(n)\}$ 是一等差数列，公差为整数，

$$d = f(l + 96) - f(l + 95),$$

于是 $f(n) = f(1) + (n - 1)d$.

由于 $\{f(n)\}$ 是正整数的数列，所以 $d \geqslant 0$.

已知恒等式成为 $f(1) + [m + f(n) - 1]d = n + f(1) + (m + 95 - 1)d$，即

$$[f(n) - 1]d = n + (95 - 1)d. \tag{60}$$

由(60)得 $d > 0$ 并且 d 整除 n. 由 n 的任意性得 $d = 1$. (60)化为 $f(n) = n + 95$.

注 （ⅰ）由已知恒等式得 n 不同时，$f(n)$ 不同，即 f 为单射. 再由

$$f(f(a) + f(b)) = b + f(f(a) + 95) = a + b + f(190) \tag{61}$$

得 $\qquad f(f(a-1) + f(b+1)) = a + b + f(190) = f(f(a) + f(b)). \tag{62}$

根据 f 是单射，

$$f(a - 1) + f(b + 1) = f(a) + f(b). \tag{63}$$

所以 $f(b+1) - f(b) = f(a) - f(a-1)$，即 $\{f(n)\}$ 成等差数列. 这是另一种解法. 前一种，加上一层"f"再剥去两层"f". 现在利用单射，直接剥去一层"f". 两种做法，殊途同归.

（ⅱ）发现(59)(或(63))后，应注意加以诠释，得出 $\{f(n)\}$ 为等差数列. 不要一味地导出许多式子，而不注意式子的意义. 那样做，常常形成"帽子已经戴在头上还在找帽子"，浪费很多时间.

单墫
解题研究
丛书

数学竞赛研究教程

（ⅲ）有人令 $n=m+95$，得出
$$f(m+f(m+95))=m+f(m+95)+95,$$
从而对于 $x=m+f(m+95)$，有
$$f(x)=x+95. \tag{64}$$
但这并不能证明对所有 x，均有(64)，而只是对某种特殊形式的 x，(64)成立.除非能够证明，每个 $x\in\mathbf{N}$（或至少充分大的 $x\in\mathbf{N}$）都能表示成 $m+f(m+95)$ 的形式.上面的做法有助于猜出答案是(64)，但不是证明.

习 题 23

1. 函数 $f:\mathbf{R}\to\mathbf{R}$，满足条件 $f(x)f(y)=f\left(\dfrac{1+xy}{x+y}\right)(x+y\neq0)$. 求证：

 (a) $f\left(\dfrac{1}{x}\right)$ 恒等于 $f(x)$ 或恒等于 $-f(x)$；

 (b) 这样的 f 有无穷多个.

2. 已知 k 为自然数. 如果有一个函数 $f:\mathbf{N}\to\mathbf{N}$，严格递增，且对每个 $n\in\mathbf{N}$，均有 $f(f(n))=kn$. 求证：对每一个 n 都有 $\dfrac{2k}{k+1}n\leqslant f(n)\leqslant\dfrac{k+1}{2}n$.

3. 设函数 $f(x)$ 对 $x\geqslant0$ 有意义，满足条件：

 （ⅰ）对 $\forall x,y\geqslant0,f(x)f(y)\leqslant y^2f\left(\dfrac{x}{2}\right)+x^2f\left(\dfrac{y}{2}\right)$；

 （ⅱ）存在常数 $M>0$，当 $0\leqslant x\leqslant1$ 时，$|f(x)|\leqslant M$.
 求证：$f(x)\leqslant x^2$.

4. 证明：存在一个唯一的函数 $f:\mathbf{R}^+\to\mathbf{R}^+$，满足 $f(f(x))=6x-f(x)(\forall x>0)$.

5. 求出正方形 $\{(x,y)\mid0\leqslant x\leqslant1,0\leqslant y\leqslant1\}$ 到 $[0,1]$ 的二元函数 $f(x,y)$，满足以下条件：

 （ⅰ）$f(f(x,y),z)=f(x,f(y,z))$；

 （ⅱ）$f(x,1)=x,f(1,y)=y$；

 （ⅲ）$f(zx,zy)=z^kf(x,y)$，其中 k 是与 x,y 无关的正数.

6. 求出所有 $\mathbf{N}\to\mathbf{N}$ 的函数 f，满足 $f(f(n))+f(n)=2n+6$.

7. 是否存在函数 $f(n)$，将自然数集 $\mathbf{N}$ 映射为自身，且对每个 $n>1$，
$$f(n)=f(f(n-1))+f(f(n+1))?$$

8. 求 $\mathbf{R}\to\mathbf{R}$ 的函数 f，满足 $x^2f(x)+f(1-x)=2x-x^4$.

9. 设 $f:\mathbf{R}^+\to\mathbf{R}^+$ 严格递减，对所有 $x,y\in\mathbf{R}^+$，

$$f(x+y)+f(f(x)+f(y))=f(f(x+f(y))+f(y+f(x))).$$

求证：$f(f(x))=x$.

10. 求所有 $f:\mathbf{R}\to\mathbf{R}$，满足

$$f(x+y)=f(x)+f(y),\forall x,y\in\mathbf{R},$$

并且 f 递增或递减.

11. 求所有 $f:\mathbf{R}^+\to\mathbf{R}^+$，满足 $f(xy)=f(x)f(y)$，并且 f 递增或递减.

12. 求所有满足下列条件的函数对 $f,g:\mathbf{R}\to\mathbf{R}$，

（ⅰ）若 $x<y$，则 $f(x)<f(y)$；

（ⅱ）对所有 $x,y\in\mathbf{R},f(xy)=g(y)f(x)+f(y)$.

13. 求出所有单调函数 $f:\mathbf{R}^+\to\mathbf{R}^+$，使得 $f(x^2+y^2)=f(x^2-y^2)+f(2xy)$.

14. 求出所有函数 $f:\mathbf{Z}\to\mathbf{Z}$，满足 $f(m+f(n))=f(m)+n,\forall m,n\in\mathbf{Z}$.

单墫
解题研究
丛　书

数学竞赛研究教程

第 24 讲 对 应

对应,是一个极基本的概念.

各种各样的函数,都是对应的例子.中学生见到的函数大多用公式给出,在数学竞赛里却常常遇到"非标准"的函数.

例1 是否存在函数 $f:\mathbf{N}\rightarrow\mathbf{N}$,使得对每一个 $n\in\mathbf{N}$,都有

$$f^{(1989)}(n)=2n? \tag{1}$$

其中 $f^{(k)}(n)=f(f^{(k-1)}(n)),f^{(1)}(n)=f(n).$

解 如果设 $$f(n)=an, \tag{2}$$

那么 $$f^{(1989)}(n)=a^{1989}n. \tag{3}$$

但 $a^{1989}=2$ 导出 a 为无理数 $\sqrt[1989]{2}$,不符合要求.

形如(2)的函数不满足要求,并不能断定满足要求的函数不存在.恰恰相反,满足要求的函数不仅存在,而且有无穷多个.

为了作出这样的函数,任取一个奇数 j,从 j 出发可以得到一条"链":

$$j\rightarrow 2j\rightarrow 4j\rightarrow 8j\rightarrow\cdots. \tag{4}$$

这样的链有无穷多条($j=1,3,5,7,9,11,\cdots$).

将每 1989 条链组成一条新链:

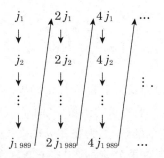

这时每一个自然数 n 恰在一条新链中出现.

令 $f(n)$ 为与 n 在同一条新链中、n 后面的那个数.显然 f 满足要求.

由于新链组成的任意性(任 1989 条链组合在一起),合乎要求的 f 有无穷多个.

解决例1的关键是从常见的公式法中跳出来(不要一见 $2n$ 就只想到线性函数),转而考虑远为一般的对应.

我们将自变量 n 与其函数值 $f(n)$ 用一条线连接起来,这种表示方式有不

少优点. 上面的链(4)中，每一项 n 的后一项恰好是 $f^{(1\,989)}(n)$，所以这样的链就表示了函数 $f^{(1\,989)}$(的对应关系). 同样，新链表示函数 f，它是利用 $f^{(1\,989)}$ 的链作成的(虽然从定义来说，是先有 f，后有 $f^{(1\,989)}$，但在构造时，恰恰将这个顺序反过来. 这有些像"分析法").

例 2　$f(n)$ 定义在自然数集 $\mathbf{N}$ 上，并且

（ⅰ）对所有 $n\in\mathbf{N}$，$f(f(n))=4n+9$；

（ⅱ）对所有 $k\in\mathbf{N}$，$f(2^{k-1})=2^k+3$.

问是否一定有 $f(n)=2n+3$.

解　$f(n)=2n+3$ 显然满足(ⅰ)，(ⅱ). 但满足(ⅰ)，(ⅱ)的函数并非只有一个. 为了说明这一点，我们必须构造出一个满足(ⅰ)，(ⅱ)并且不同于 $2n+3$ 的函数.

为此，在 $3\nmid n$ 时，令 $f(n)=2n+3$. 在 $3\mid n$ 时，仿照例 1 编链. 首先作链(每项为前一项的 4 倍加 9)：

$$3\times1\rightarrow3\times(4\times1+3)\rightarrow3\times(4^2+15)\rightarrow\cdots.$$

设已作了 m 条链. 在这些链外还有形如 $3k\,(k\in\mathbf{N})$ 的数(事实上，有无穷多个 $k\equiv0(\bmod\ 4)$ 的正整数 $3k$，而每条链中只有链首可能是这种数)，取最小的 $3k$，作链(规律同前)$3k\rightarrow3(4k+3)\rightarrow3(16k+15)\rightarrow\cdots$. 这样，每一个被 3 整除的 n 均在且仅在一条链中出现. 将每两条链 $\{a_i\}$，$\{a'_i\}$ 编成一个新链：

$$
\begin{array}{ccccc}
a_1 & a_2 & a_3 & \cdots \\
\downarrow\!\nearrow & \downarrow\!\nearrow & \downarrow\!\nearrow & \ddots \\
a'_1 & a'_2 & a'_3 & \cdots
\end{array}
$$

对每个 $n\,(n=3k)$，令 $f(n)$ 为新链上紧接着 n 的项，则 $f(f(n))=4n+9$.

这样就得出无穷多个合乎要求的函数 f，而 $f(n)=2n+3$ 并不恒成立.

上面得出的 f 还不是全部解，因为在 $3\nmid n$ 时，$f(n)=2n+3$ 也未必恒成立.

为了得到全部解，首先对每个 $n=2^{k-1}\,(k\in\mathbf{N})$，作链(每一项是前一项的 2 倍加 3)

$$2^{k-1}\rightarrow2^k+3\rightarrow2^{k+1}+9\rightarrow\cdots.$$

设集 $\mathbf{N}$ 中剩下的数组成集 M. 又设 a 为 M 中最小的数，作链 A_a，链首为 a，每一项等于前一项的 4 倍加 9. 若已作 m 条链，M 中必有数不在这些链中(形如 $12k$ 的数有无穷多个)，取其中最小的为 a，再作链 A_a. 这样继续下去，得出无穷条链 A_a，M 中的每一个数都恰在一条链上出现.

将每两条链编织起来就得满足要求的 f.

单墫
解 题 研 究
丛　　书

数学竞赛研究教程

例 3 已知函数 $\varphi:\mathbf{N}\to\mathbf{N}$. 是否有 $\mathbf{N}$ 上的函数 f,对所有 $x\in\mathbf{N}$,$f(x)>f(\varphi(x))$,分别满足:(ⅰ)f 的值域是 $\mathbf{N}$ 的子集?(ⅱ)f 的值域是 $\mathbf{Z}$ 的子集?

解 (ⅰ)不存在. 如果 f 满足所说条件,那么

$$f(1)>f(\varphi(1))>f(\varphi(\varphi(1)))>\cdots>f(\varphi^{(k)}(1))>\cdots.$$

而一个严格递减的自然数的数列只能有有限多项.

(ⅱ)如果 $\varphi^{(k)}$ 有不动点,即有 x_0 使 $\varphi^{(k)}(x_0)=x_0$,那么 $f(\varphi^{(k)}(x_0))=f(x_0)$ 对任一函数 f 成立. 所以 $\varphi^{(k)}(k=1,2,\cdots)$ 无不动点是所述函数 f 存在的必要条件.

这一条件也是充分的. 事实上,自然数集 $\mathbf{N}$ 可以分拆为若干条 φ 的"轨道":

当且仅当 $m=\varphi^{(k)}(n)$ 或 $n=\varphi^{(k)}(m)$ 时,m,n 属于同一轨道,这里 k 为任一自然数.

对每一条轨道,任取一个数 n_0,定义

$$f(n_0)=0,$$
$$f(\varphi^{(k)}(n_0))=-k,k\in\mathbf{Z}$$

(这里 $\varphi^{(-1)}(n_0)$ 即满足 $\varphi(m)=n_0$ 的任一个 m).

这样定义的 f 显然满足条件:对所有 x,$f(x)>f(\varphi(x))(=f(x)-1)$.

注 前面的链是最简单的轨道.

例 4 求证:存在 $f:\mathbf{N}\to\mathbf{N}$,满足

$$f^{(k)}(n)=n+a,n\in\mathbf{N} \tag{5}$$

的充分必要条件是 a 为自然数或零,并且

$$k\mid a. \tag{6}$$

解 条件是充分的,令"

$$f(n)=n+\frac{a}{k} \tag{7}$$

(这一次,线性函数符合要求. 我们应先想到它,但不能仅想到它. 在它不符合要求时,应考虑其他的候选者),则 $f^{(k)}(n)=n+\underbrace{\frac{a}{k}+\frac{a}{k}+\cdots+\frac{a}{k}}_{k\text{个}}=n+a.$

条件也是必要的. 由于 $f:\mathbf{N}\to\mathbf{N}$,所以 a 为整数. 由于 $f^{(k)}(1)=1+a\in\mathbf{N}$,所以 a 为自然数或零. 为了证明(6)式成立,首先注意 f 是单射,即对于不同的(自然数)n,函数值 $f(n)$ 也互不相同. 事实上,若 $f(n_1)=f(n_2)$,则由(5)式 $n_1+a=f^{(k)}(n_1)=f^{(k)}(n_2)=n_2+a$,导出 $n_1=n_2$.

自然数集 $\mathbf{N}$ 可以分为若干条(f 的)轨道,轨道中每一项 n 的后面是 $f(n)$.

由于 f 是单射,每两条轨道不相交. 每条轨道的前 k 项

$$b,f(b),f^{(2)}(b),\cdots,f^{(k-1)}(b)$$

均小于等于 a(否则,在该项前面至少有 k 项,并且这项减去 a 就是它的前面的第 k 项),其余的项均大于 a(等于前 k 项加 a),因此,$1,2,\cdots,a$ 分配在 l 条轨道中,每条含 k 个这样的数,所以 $kl=a$,即(6)式成立.

在某些问题中,需要研究映射(函数)的性质.

例 5 在某树林中有 $n\geqslant3$ 个凤巢,彼此之间距离不等,每个巢中各有一只凤. 如果清晨,一些凤离开自己的巢飞到别的巢中,并且清晨前每一对距离小于另一对的凤,清晨后,前一对的距离反而大于后一对(两对中可以有一只凤相同). 问 n 可以取哪些值?

解 设凤 m 原来在巢 m 中,清晨飞到巢 $f(m)$ 中,$1\leqslant m\leqslant n$,则 f 是
$$\{1,2,\cdots,n\}\rightarrow\{1,2,\cdots,n\}\tag{8}$$
的映射(函数).

f 是单射,即没有两只凤飞入同一个巢中,否则第三只凤 A 到它们的距离 AB,AC 的大小顺序不是变为相反,而是变为相等,与已知不合.

由(8)及 f 为单射,f 必为一一对应.

设想各只凤再按映射 f 飞一次(即第 m 个巢中的凤飞入巢 $f(m)$ 中),那么各个距离(共 C_n^2 个)又恢复到原来的顺序. 所以每只凤必定回到自己的巢中,即
$$f(f(m))=m\tag{9}$$
(其中包括 $f(m)=m$,即这只凤留在巢中,没有飞出).

满足(9)的映射,通常称为对合. 它表明凤 m 飞入凤 $f(m)$ 的巢中,而凤 $f(m)$ 则飞入 $m(=f(f(m)))$ 的巢中,这一对凤彼此交换位置(包括 $f(m)=m$,即这一对凤"退化"为孤凤的情形).

设 $n\geqslant4$. 如果恒有 $f(m)=m$,那么各对凤之间距离的大小顺序没有改变,与已知不符. 设凤 m_1 变为 $f(m_1)\neq m_1$,则 $f(m_1)$ 变为 m_1. 如果其他凤均在原地不动,则在变换后(即清晨后),其中任两只的距离与 $m_1,f(m_1)$ 这两只的距离的大小关系没有改变,与已知不符. 如果又有凤 m_2 变为 $f(m_2)\neq m_2$,则 $f(m_2)$ 变为 m_2. 凤 $m_2,f(m_2)$ 的距离与 $m_1,f(m_1)$ 的距离的大小顺序在变换后不变,仍与已知矛盾. 从而只能 $n=3$.

$n=3$ 是可能的. 如图 24-1,3 只凤 A,B,C 原来距离 $AB>BC>CA$. 清晨 A 不动,B,C 交换位置,则距离顺序变为 $CA>BC>AB$.

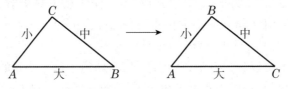

图 24-1

单墫
解题研究
丛书

数学竞赛研究教程

"凤换巢"这样的问题,显然是从"高等数学""下放"到数学竞赛中的. 这反映了数学的普及,高等向初等的渗透. 这种情况很多,例如连续函数的介值定理,可以表述成初等的、"离散的"形式:

如果函数 f 取整数值并满足 $f(n+1)=f(n)\pm1(n\in\mathbf{Z})$,$a\leqslant b$ 为整数,那么对于 $f(a)$,$f(b)$ 之间的任一整数 d,必有整数 c 在区间 $[a,b]$ 中,使得 $f(c)=d$.

例6 将多项式

$$x^2+10x+20 \tag{10}$$

的常数项或一次项系数增加或减少 1(每次只能变动一项),若干次后得到多项式

$$x^2+20x+10. \tag{11}$$

问在这过程中,是否一定出现有整数根的二次多项式?

解 考虑这些多项式在 $x=-1$ 处的值,这些值全是整数(因为多项式的系数均为整数).

我们得到一个从 $\{1,2,\cdots,n\}$ 到 $\mathbf{Z}$ 的函数 f,这里 $1,2,\cdots,n$ 是各多项式的编号(第 1 个是(10),第 n 个是(11)).

由于 $f(1)=(-1)^2+10\times(-1)+20=11$,

$f(n)=(-1)^2+20\times(-1)+10=-9$,

并且 f 的值每次增加或减少 1,所以根据介值定理,存在 j,$1\leqslant j\leqslant n$,满足 $f(j)=0$,即第 j 个多项式有整数根 -1.

如果集 M 上的映射 f 的象集是单元素集,那么 f 称为 M 的不变量.

不变量(如果存在的话),往往是解决问题的关键.

例7 数列 $\qquad 1,0,1,0,1,0,3,\cdots \qquad\qquad$ (12)

中,每一项等于它前面 6 项的和的末位数字. 证明在这数列中没有连续的 6 项构成 $0,1,0,1,0,1$.

解 考虑函数

$f(x,y,z,u,v,w)=2x+4y+6z+8u+10v+12w$ 的个位数字,这里 x,y,z,u,v,w 为(7)中连续 6 项.

设 w 后面的一项为 t,则 $t\equiv x+y+z+u+v+w(\bmod\ 10)$,

所以 $\qquad f(y,z,u,v,w,t)-f(x,y,z,u,v,w)$

$\qquad\qquad\equiv(2y+4z+6u+8v+2t)-(2x+4y+6z+8u+2w)$

$\qquad\qquad\equiv0(\bmod\ 10)$.

即对任意连续 6 项,f 的值相同,从而恒同于 $f(1,0,1,0,1,0)=8$. 而 $f(0,1,0,$

$1,0,1)=4$. 所以 $0,1,0,1,0,1$ 不是(7)中连续 6 项.

构造辅助函数(如例 7 中的 f)是解决问题的捷径. 虽然所作的函数不一定是不变量,但只要具有较好的性质,特别是单调性,也极有帮助. 这种函数可以称为"准不变量".

例 8 某森林里住着 12 名矮子,他们的房子涂着红色或黑色. 第 j 名矮子在 j 月份出访他的所有朋友(这 12 名矮子中的一些人). 如果他发现大多数朋友的房子的颜色与他不同,他就改变自己的房子的颜色,以与他的朋友保持一致. 证明经过一段岁月后,每名矮子都不再改变房子的颜色.

解 将每名矮子与他的朋友连上一条线,如果两人房子同色,这线为黄色,否则为蓝色.

考虑黄线的条数 s.

s 是有界的(显然不大于 C_{12}^2).

当一名矮子改变房子颜色时,从他引出的黄线的条数严格增加,s 也严格增加.

由于 s 有上界,s 取整数,所以经过若干次增加后,s 不再继续增加. 这就是所要证明的结论.

注 s 是状态的函数. 房子颜色从一种状态变为另一种时,s 严格递增.

在建立映射时也常常采用归纳定义.

例 9 证明在整数 $k \geqslant 4$ 时,有无穷多个严格递增的函数 $f: \mathbf{N} \rightarrow \mathbf{N}$,满足
$$f(f(n)) = kn. \tag{13}$$

解 对每个不被 k 整除的自然数 m,作链
$$m \rightarrow km \rightarrow k^2 m \rightarrow \cdots. \tag{14}$$
然后将这些链两两组合起来,项与项交错构成一条新链,在新链上,数 n 的后一项是 $f(n)$. 例如将 $m=1$ 与 $m=2$ 的链接成
$$1 \rightarrow 2 \rightarrow k \rightarrow 2k \rightarrow k^2 \rightarrow 2k^2 \rightarrow \cdots. \tag{15}$$

其他的 m 如何连接,下面用归纳法逐步给出.

假定所有小于等于 n 的自然数均已在新链上,并且对于在这些业已接成的新链中出现的任两个数 $a < b(a, b$ 可以在不同的新链上)均有
$$f(b) - f(a) \geqslant b - a \tag{16}$$
((16)比递增的要求 $f(b) > f(a)$ 稍强).

考虑 $x = n+1$(它是一条链(14)的"头" m,否则已在上面的新链中出现). 在小于等于 n 的数中必有 d 使 $f(d) = c > x$. 设 c 是满足这一要求的最小的数. 定义 $f(x)$ 为任一整数,满足不等式:

单 墫
解题研究
丛 书

数学竞赛研究教程

$$\max\left(f(n)+1,\frac{2k}{k+1}x\right)\leqslant f(x)\leqslant \min\left(f(c)-c+x,\frac{k+1}{2}x\right) \qquad (17)$$

$\Big($其中$\dfrac{2k}{k+1}x,\dfrac{k+1}{2}x$ 两个数是由方程(13)及递增性导得的必要条件(习题23

第2题)，$f(c)-c+x\geqslant f(x)$ 是(16)的要求$\Big)$. 满足(17)的整数 $f(x)$ 一定存在，

这一细节放在习题24第9题中补证，以免干扰证明的主线.

由 c 的最小性，$f(d-1)\leqslant n$，从而

$$k(d-1)=f(f(d-1))\leqslant f(n). \qquad (18)$$

利用(18)得

$$0<kd-f(x)=f(c)-f(x)<f(c)-f(n)\leqslant kd-k(d-1)=k. \quad (19)$$

因此 $k \nmid f(x)$，$f(x)$ 也是形如(14)的链的"头". 将 $m=x$ 与 $m=f(x)$ 的两条链
编织在一起，项与项交错得到一条新链 S.

在这条新链上，每个数 y 的后一项是 $f(y)$，并且满足函数方程(13). 由
$\dfrac{2k}{k+1}x\leqslant f(x)\leqslant\dfrac{k+1}{2}x$ 易得

$$f(f(f(x)))-f(f(x))\geqslant f(f(x))-f(x)\geqslant f(x)-x. \qquad (20)$$

从(20)立即得出当 $a<b$ 均在这条新链上时，$f(b)-b\geqslant f(a)-a$，即(16)成
立. 又由(19)得

$$f(f(c))-f(f(x))=kc-kx\geqslant k>f(c)-f(x)\geqslant c-x, \qquad (21)$$

$$f(f(x))-f(f(n))=k(x-n)=k$$
$$\geqslant f(c)-f(n)>f(x)-f(n)\geqslant 1=x-n. \qquad (22)$$

(21)表明当 a 在 S 上，$b(b>a)$ 在其他(已作好的)新链上时，

$$f(b)-b>f(a)-a. \qquad (23)$$

(22)表明 b 在 S 上，$a(a<b)$ 在其他新链上时(23)成立. 因此添入新链 S 后，
(16)仍然成立.

每一个自然数均可编入新链中，即 $f(n)$ 对一切 $n\in\mathbf{N}$ 均有定义，且符合
(13),(16).

最后，由于构成新链时有种种不同的选择，所以 f 的个数为无穷. 事实上，
对于 $x=3$，有 $c=f(2)=k$，$f(3)$ 可取 $k+1,k+2,k+3$ 三者之一(均满足
(17)). 我们取 $f(3)=k+2$. 一般地，设已取定 $f(2k^{t-1}+1)=k^t+2(t\in\mathbf{N})$，则
$x=k^t+1$ 不与小于等于 k^t 的数在同一条新链上，此时 $f(c)=f(k^t+2)=2k^t$
$+k$，从而 $f(k^t+1)$ 可取 $2k^t+1(=f(k^t)+1)$ 至 $2k^t+k-1$ 中的任一数. 不取

$f(k^t+1)=2k+1$,则 $2k+1$ 不与小于等于 $2k^t$ 的数在同一条新链上,此时总可取 $f(2k^t+1)=k^{t+1}+2$. 这样对每个 t,$f(k^t+1)$ 有 $k-2>1$,即 $k>3$ 种选择.

习 题 24

1. $\mathbf{Q}^+$ 是全体正有理数所成的集合. 试作一个函数 $f:\mathbf{Q}^+\to\mathbf{Q}^+$,使得对任意的 $x,y\in\mathbf{Q}^+$,均有 $f(xf(y))=\dfrac{f(x)}{y}$.

2. 求出全部函数 $f:\mathbf{Q}\to\mathbf{Q}$,满足 $f(x+f(y))=f(x)f(y)$.

3. 一个多面体的棱数为偶数. 证明:可在它的每条棱上标上箭头,使得每个顶点均有偶数个箭头指向它.

4. k 为正奇数. 证明:存在一个严格递增的函数 $f:\mathbf{N}\to\mathbf{N}$,满足 $f(f(n))=kn$.

5. m 个人,满足条件:(ⅰ)每个人均有不认识的人;(ⅱ)每三个人中,至少有两个人互不相识;(ⅲ)每两个互不相识的人恰有一个公共朋友. 证明:每两个人的朋友数相等(约定甲认识乙,则乙也认识甲).

6. g 为 $\mathbf{N}\to\mathbf{N}$ 的一一对应,a 为正奇数. 证明:不存在函数 f,使得 $f(f(n))=g(n)+a$. 当 a 为 0 或正偶数呢?

7. 证明:存在函数 $f:\mathbf{N}\to\mathbf{N}$,满足 $f(f(n))=n^2$.

8. 证明:$k=1,3$ 时,第 4 题中的函数是唯一的. 而在 $k=2$ 时,满足同样要求的函数不存在.

9. 证明:满足(17)的函数 $f(x)$ 一定存在.

10. 给定实数 a,b,c,d,作出 ab,bc,cd,da,称为一次变换. 对所得的数再作变换,如此继续下去. 证明:除非 $a=b=c=d=1$ 或 0,否则不会出现原来的四元数组 (a,b,c,d).

11. $p=4k+1$ 为质数,集 $S=\{(x,y,z)\in\mathbf{N}^3,x^2+4yz=p\}$. 证明:

(a) $f:(x,y,z)\to\begin{cases}(x+2z,z,y-x-z),\text{若 }x<y-z,\\(zy-x,y,x-y+z),\text{若 }y-z<x<2y,\\(x-2y,x-y+z,y),\text{若 }x>2y,\end{cases}$

是 $S\to S$ 的映射,恰有一个不动点.

(b) S 为有限集并且 $|S|$ 为奇数.

(c) 存在 $(x,y)\in\mathbf{N}^2$,使 $x^2+4y^2=p$.

12. 1991 名男生与 1991 名女生围成一圈. 证明:圈上必有连续的 1991 个人,其中男生恰比女生多 1 人.

单墫

解题研究
丛书

数学竞赛研究教程

13. 在正整数集上定义一个函数 $f(n)$：$f(n)=\begin{cases}\dfrac{n}{2}, & \text{若 } n \text{ 为偶数;}\\ n+3, & \text{若 } n \text{ 为奇数.}\end{cases}$

(a) 证明：对任意一个整数 m，数列 $a_0=m$，$a_1=f(a_0)$，$\cdots$，$a_n=f(a_{n-1})$，$\cdots$ 中总有一项为 1 或 3.

(b) 在全部正整数中，哪些 m 使上述数列必然出现 3？哪些 m 使上述数列必然出现 1？

14. 对什么样的 α，有非零函数 $f:\mathbf{R}\to\mathbf{R}$，使得 $f(\alpha(x+y))=f(x)+f(y)$？

15. a 为有理数，b,c,d 为实数. 函数 $f:\mathbf{R}\to[-1,1]$，对所有 $x\in\mathbf{R}$ 满足 $f(x+a+b)-f(x+b)=c[x+2a+[x]-2[x+a]-[b]]+d$. 证明 f 是周期函数.

16. 求正整数 k，使得存在函数 $f:\mathbf{N}\to\mathbf{Z}$ 满足

（ⅰ）$f(2\,000)=2\,001$；

（ⅱ）$f(ab)=f(a)+f(b)+kf((a,b))$，$\forall\, a,b\in\mathbf{N}$.

其中 (a,b) 表示 a,b 的最大公约数.

17. 求 $f:\mathbf{Q}^{+}\to\mathbf{Q}^{+}$，满足：

（ⅰ）$f(x+1)=f(x)+1$；

（ⅱ）$f(x^2)=(f(x))^2$.

18. 求所有函数 $f:\mathbf{R}\to\mathbf{R}$，对任意实数 x,y，$f(f(x)+y)=f(x^2-y)+4f(x)y$.

习题提示与解答(上)

习 题 1

1. 先确定 $b_1, b_2, \cdots, b_n$(比如说,令 $b_i = 2i, i = 1, 2, \cdots, n-1$. 再用解中所说方法定出 b_n). 令 $a_i = (2q)^i, i = 1, 2, \cdots, n-1$. q 远大于 b_n. 再用解中所说方法定出 a_n, 这时表中的数 $a_i b_j$ 互不相等.

2. 假设 11 排不能安排 m 名学生坐下,我们证明 $m \geqslant 1\,900$(从而 1 899 名学生一定能坐下). 将学校按照人数多少排队,从多到少,依次入座. 每排先排 5 所学校,11 排共排 55 所学校, 再将其他学校尽可能地加到各排中,使加进去的人数达到最大. 这时每一排的人数与剩下未坐进去的任一所学校的人数之和大于等于 200. 如果 11 排中仅有一排人数小于等于 169,那么总人数 $m \geqslant 170 \times 10 + 200 = 1\,900$. 如果至少有两排人数小于等于 169,设这两排为第 i 排与第 j 排,$i < j$,那么第 i 排先排定的 5 所学校中,人数最少的一所学校小于等于 33 人. 从而第 j 排每所学校的人数小于等于 33,因而第 j 排至少坐 6 所学校($33 \times 6 < 199$). 剩下未坐进去的每所学校,人数大于等于 $200 - 169 = 31$. 于是第 j 排的人数大于等于 $31 \times 6 > 169$,矛盾! 所以这种情况不可能发生. 类似地,可以得出在同样条件下,12 排最多可坐 2 069 人.

更一般地,设每所学校的人数小于等于 n,每排有 g 个座位,$kn \leqslant g < (k+1)n$,则 a 排最多可坐 $k(a-1)t + g$ 名学生(每所学校的学生在同一排),其中 t 是不小于 $\dfrac{g}{k+1}$ 的最小整数,即 $\left\lceil \dfrac{g}{k+1} \right\rceil$.

3. 最简单的情况是一个立方体,显然可经过转动使黑面朝上. 如果只有一列,可先将第一个转至黑面朝上,再转至黑面朝前. 然后再转第二个,也使它黑面朝前(在行转动中第一个的黑面不受影响). 如此下去,直至第 m 个黑面朝前. 最后将列转动,使黑面全部朝上. 对于一般情况,先将第一列转至黑面全朝上,再转至全朝左. 这样行的转动对这些黑面毫无影响. 同样处理其他列. 最后再逐列将黑面转为朝上.

4. "实数解"三字道破天机:方程可配成平方和(否则将是一条有无数个点的曲线). 我们有 $(y^2 + 2x - 6)^2 + (y + 2x - 4)^2 = 0$,从而解为 $(1, 2)$,$\left(\dfrac{5}{2}, -1 \right)$.

5. 在 P 与 B 重合时,Q 与 A 重合,由这极端情况猜出 $\angle PCQ = 45°$,即 $\angle PCQ = \angle BCP + \angle QCD$. 这一等式的证法很多,例如注意 $\triangle APQ$ 的旁切圆分别切 AB, AD 于 B, D,所以 C 就是旁心. 结论由此即得出.

6. 在每两个熟人间连一条线. 所有可能的分组中,组间连线最多的一种即为所求. 如果这时 A

单墫
解题研究
丛书

数学竞赛研究教程

在同组的熟人数 d 多于在另一组的熟人数 d'，将 A 换到另一组，组间增加 $d-d'$ 条线，与假定组间连线最多矛盾.

7. 如果选出的数是 $1,2,\cdots,n+1$，结论显然. 一般情况仍可假定取出的数中有 1(否则将每个数都作同样的"平移"，使最小的成为 1，而每两个的差保持不变). 这时区间 $[n+1,2n+1]$ 中没有取出的数(否则结论已经成立)，区间 $[2n+2,3n]$ 中必有取出的数，并且每个取出的数与 $[1,n]$ 中的数至少相差 $n+2$. 因此，只需考虑 $[1,n]$ 中被取出的最大的数 a 与 $[2n+2,3n]$ 中被取出的最小的数 b，希望 $b-a\leqslant 2n$. 注意 $a+(3n-b+1)\geqslant n+1$，所以 $b-a\leqslant 2n$.

8. 正三角形 OAB 的三个顶点构成 $n=3$ 的祖冲之集. 将 $\triangle OAB$ 绕 O 旋转，并有 k 次停留，停留的位置为 $\triangle OA_iB_i(i=1,2,\cdots,k)$. 如果这些点均不相同，便产生 $2k+1$ 个点的祖冲之集. 如果这些点中有两个相同(譬如 $B_1=A_2$)，便产生 $2k$ 个点的祖冲之集. 停留的位置可随意确定，所以对任意 $n\geqslant 3$，均有 n 个点的祖冲之集.

9. 显然四边形 $ABCD$ 为平行四边形，P 为其中心时，(a) 成立. 但如果认为只有这种可能就不对了(有些人坚持证明这一错误的猜测，当然是缘木求鱼，毫无所得). 考虑满足 $S_{\triangle ABP}=S_{\triangle ADP}$ 的点 P，P 点应在直线 AM(M 为 BD 中点)或 BD 的平行线 AN 上. P 可能是 AM 与 CM 的交点 M. 由 $S_{\triangle ABP}=S_{\triangle CBP}$ 可得 BD 平分四边形 $ABCD$ 的面积. AM 与 CM 是同一条直线时 AC 平分四边形 $ABCD$ 的面积，P 为 AC 中点. P 也可能是 AN 与 CM 的交点，这时 AC 的平行线 DL（或 BL）也过点 P，从而 $S_{ABCD}=S_{PABCD}-S_{\triangle PAD}=S_{\triangle PAB}+S_{\triangle PBC}+S_{\triangle PCD}-S_{\triangle PAD}=2S_{\triangle PAD}=2S_{\triangle AQD}$，$Q$ 为对角线 AC,BD 的交点. 这些情况不会同时发生，所以满足 (a) 的 P 点至多一个.

习 题 2

1. 参见第 23 讲例 1.

2. 设方程的根为 $\alpha\geqslant\beta$. 所述不等式即 $|(n-\alpha)(n-\beta)|\leqslant\max\left(\dfrac{1}{4},\dfrac{1}{2}(\alpha-\beta)\right)$. 由于两数之差在"平移"时不变，不妨设 $0\leqslant\beta<1$. 若 $\beta=0$，取 $n=0$ 即可. $\beta\neq 0$ 时，0 或 1 是 n 的比较合适的候选者. 由于不能断定 0 与 1 哪个更合适，我们取平均值 $\sqrt{\alpha\beta|1-\alpha|(1-\beta)}$. 若 $\alpha\leqslant 1$，则上式 $=\sqrt{\alpha(1-\alpha)\beta(1-\beta)}\leqslant\dfrac{1}{4}$. 若 $\alpha>1$，则上式 $\leqslant\dfrac{\alpha(1-\beta)+(\alpha-1)\beta}{2}=\dfrac{1}{2}(\alpha-\beta)$.

3. 将 A 分成若干条"龙"，每条龙是一个尽可能长的等差数列 $a,a+m,\cdots,a+km$. 显然 $k\leqslant 1989$. 龙的首项不能充当 x(因为 $(a-m)\notin A$)，所以在每条龙中解 x 的个数 $=\dfrac{k(k+1)}{k+1}\leqslant\dfrac{1989}{1990}(k+1)$，从而在 A 中解 x 的个数 $\leqslant\dfrac{1989}{1990}|A|$(解 y 由 x 唯一确定).

4. 平行四边形显然满足要求，并且 O 是它的对称中心. 更一般地，以 O 为对称中心的凸多边形均合要求. 反过来，设 A 为多边形边上一点，AO 交多边形的边于 A'，对于与 A 在同一条边上的 B(与 A 充分接近)，相应的 B'，A' 在同一条边上. 由面积可知 $OA\cdot OB$ 与带撇号的相应的量相等，令 $B\to A$ 导出 $OA=OA'$，即 A，A' 关于 O 中心对称. 由于 A 为多边形边上任意一点,所以 O 是多边形的对称中心.

5. 设 x_1 最大,则 $(x_2+x_3+\cdots+x_n)^2=2\sum_{2\leqslant i<j}x_ix_j+\sum_{i=2}^{n}x_i^2\leqslant 2\sum_{2\leqslant i<j}x_ix_j+x_1(x_2+\cdots+$

$x_n)\leqslant 2\sum_{i<j}x_ix_j=2.$

6. $(x_1+x_2+\cdots+x_n)^2=x_1^2+x_2^2+\cdots+x_n^2+2\geqslant\dfrac{1}{n}(x_1+x_2+\cdots+x_n)^2+2$,所以 $(x_1+x_2$

$+\cdots+x_n)^2\geqslant\dfrac{2n}{n-1}$. 在 $x_1=x_2=\cdots=x_n=\sqrt{\dfrac{2}{n(n-1)}}$ 时,$x_1+x_2+\cdots+x_n$ 取最小

值 $\sqrt{\dfrac{2n}{n-1}}$.

7. 不妨设 a,b,c,d,e,f,g,h 中 a 最大.由于 $a=\dfrac{1}{3}(b+d+e)$,所以必有 $b=d=e=a$.同理

$f=g=h=c=a$.即 8 个数都相等,所求的差为 0.

8. 设公差为 d,则 $\dfrac{a+5d}{a+2d}=\dfrac{a+2d}{a+d}$. 若 $d=0$,则公比 q(即上式的值)为 1. 若 $d\neq0$,由比例的性

质得 $q=\dfrac{(a+5d)-(a+2d)}{(a+2d)-(a+d)}=3$.

9. 对 A 中的点 $\left(\dfrac{a}{b},\dfrac{c}{d}\right)$,在 $\dfrac{c}{d}$ 一定时,$\dfrac{a}{b}$ 只有有限多个,因而 a,b 均只有有限多个

$\left(\text{我们假定}\dfrac{a}{b}\text{是既约分数}\right)$. 如果 ab 有界,就可以实现这一要求. 所以令 $A=$

$\left\{\left(\dfrac{a}{b},\dfrac{c}{d}\right),|ab|\leqslant|cd|\right\},B=\left\{\left(\dfrac{a}{b},\dfrac{c}{d}\right),|ab|>|cd|\right\}.$

10. $17^2=289,17^3=4\,913,17^4=83\,521$. 所以在 17^{n+4} 首位数字为 2 时,除以 17 后首位为 1;为

3,4 时,除以 17^2;为 5,6,7,8 时,除以 17^3;为 9 时,除以 17^4,首位数字即成为 1.

习 题 3

1. 含有 2 的两个面有三种情况:(ⅰ)一面以 3,3 为边,另一面以 5,5 为边;(ⅱ)一面以 3,3

为边,另一面以 4,5 为边;(ⅲ)一面以 5,5 为边,另一面以 3,4 为边. 相应地,四面体亦有

三种,其最大的体积为 $\dfrac{8}{3}\sqrt{2}$.

2. 在 $x\leqslant\dfrac{1}{3}$ 时,$(1-x)^2\geqslant\dfrac{4}{9}$. 在 $x\geqslant\dfrac{2}{3}$ 时,$x^2\geqslant\dfrac{4}{9}$. 在 $\dfrac{1}{3}\leqslant x\leqslant\dfrac{2}{3}$ 时,$1-x^2-(1-x)^2=$

$2x(1-x)\geqslant\dfrac{4}{9}\left(\text{在 }x=\dfrac{1}{3}\text{ 或 }\dfrac{2}{3}\text{ 时等号成立}\right).$

3.(ⅰ)若 $0\geqslant q_0\geqslant p_0$,则 $p_1\leqslant0\leqslant q_1,p_1+q_1=-p_0\geqslant0$,从而 $q_1\geqslant-p_1$. 当 $x=-1$ 时,x^2+

$p_0x+q_0=1-p_0+q_0>0$,所以 $p_1>-1$. 于是 $p_1^2\leqslant q_1\cdot1<4q_1,x^2+p_1x+q_1=0$ 无实

根.(ⅱ)若 $0\geqslant q_0\geqslant p_0$ 不成立. 1° 若 $q_1\leqslant0$,则 $x^2+p_2x+q_2=0$ 无实根. 2° 若 $q_1>0$,

(1) $p_1\geqslant0$,则 $p_2\leqslant q_2\leqslant0,x^2+p_3x+q_3=0$ 无实根.(2) $p_1<0$,则 $q_2\geqslant p_2\geqslant0$,由(1),

$x^2 + p_4 x + q_4 = 0$ 无实根.

4. 数字只能为 $1, 3, 7, 9$. 若 M 是绝对质数,有四个不同数字.不妨设 $M = M_1 = 10^4 \cdot n + K_1$,其中 n 是自然数,$K_1 = 1\,379$. 这时 $M_i = 10^4 \cdot n + K_i$ ($2 \leqslant i \leqslant 7$, $K_2 = 1\,793$, $K_3 = 3\,719$,$K_4 = 7\,913$, $K_5 = 7\,319$, $K_6 = 9\,371$, $K_7 = 7\,139$)也都是质数.但 $K_1, K_2, \cdots, K_7$ 除以 7,所得余数各不相同,所以 $M_1, M_2, \cdots, M_7$ 中必有一个被 7 整除,矛盾.所以绝对质数至多有三个不同数字.

5. 若 n 为奇数,则 $d_1, d_2, \cdots$ 全为奇数.但四个奇数的平方和为偶数,矛盾.因此 n 为偶数,$d_2 = 2$.若 $4 | n$,则 $4 \in \{d_3, d_4\}$.前四个因数的平方中,一个为 1,两个被 4 整除,剩下的一个除以 4 余 1 或 0,所以它们的和不被 4 整除,矛盾.因此,$n = 2m, m$ 为奇数.d_3 是 m 的最小质因数.由于 $1^2 + 2^2 + d_3^2 + d_4^2 =$ 偶数,所以 d_4 为偶数,$d_4 = 2d_3$, $n = 1^2 + 2^2 + d_3^2 + 4d_3^2$,导出 $5 | n$,从而 $d_3 = 5, d_4 = 10, n = 1^2 + 2^2 + 5^2 + 10^2 = 130$.

6. 可以.将砝码分为 A, B, C, D 四组,每组 500 枚.先称 A, B.若 $A = B$,称 C 与 D,又有 $C = D$ 与 $C > D$ 两种情况.前者表明两枚假币与两枚真币质量相等.后一种情况,假币在 C 与 D 中,比较 $A + B$ 与 $C + D$ 即可.若 $A > B$,称 C 与 D.$C = D$ 的情况与前面相同.$C > D$ 时,假币在 A 与 D 中,或者在 B 与 C 中.称 A 与 D,若 $A = D$,则假币在 B 与 C 中,若 $A \neq D$,则假币在 A 与 D 中.最后称 $A + D$ 与 $B + C$.

7. $d_6 | n$,所以 $d_6 | (d_7^2 - 1)$,从而 $(d_6, d_7) = 1$.可设 $n = m d_6 d_7$,易知 $m > 1$.经过多次枚举可得本题只有两个解 $n = 1\,984$ 与 144.

8. 如果 $n \geqslant 100$,那么 $n = a_k \times 10^k + \cdots + a_1 \times 10 + a_0$,其中 $k \geqslant 2$, $a_k, \cdots, a_1, a_0$ 是数字,而且 $a_k \neq 0$. 这时 $n_1 = a_k^2 + \cdots + a_1^2 + a_0^2 \leqslant 9a_k + \cdots + 9a_1 + 9a_0 \leqslant -91 + 10^k \times a_k + 10^{k-1} \times a_{k-1} + \cdots + 10 \times a_1 + a_0 + 8a_0 \leqslant n - 91 + 8 \times 9 < n$. 因此经过有限多次取数字的平方和后,$n$ 变为两位数.直接对两位数进行验证,可知最后结果为 1 或 4.

关于数字的更高次的幂和,也有类似的结果.

习 题 4

1. 设 $\dfrac{p}{q}$ 为有理根,整数 p, q 中至少有一个为奇数.如果 a, b, c 均为奇数,那么 $ap^2 + bpq + cq^2$ 中有一项或三项为奇数,所以这和也为奇数,不会等于 0.

2. 设恒有 $u_1 + \cdots + u_n \leqslant 1\,991$,则 $u_n \geqslant \dfrac{1}{1\,991^2}$ ($n = 1, 2, \cdots$),$u_1 + u_2 + \cdots + u_n \geqslant \dfrac{n}{1\,991^2}$.取 $n = 1\,991^3 + 1$,则 $u_1 + \cdots + u_n > 1\,991$,矛盾.

3. 设 $n^2 \leqslant a < b < c < d \leqslant (n+1)^2$, $ad = bc$,则令 $a_1 = (a, b)$ 可得 $a = a_1 a_2, b = a_1 d_2, c = a_2 d_1, d = d_1 d_2$,其中字母都是自然数,$d_2 > a_2, d_1 > a_1$. 从而 $d = d_1 d_2 \geqslant (a_1 + 1)(a_2 + 1) = a + a_1 + a_2 + 1 \geqslant a + 2\sqrt{a} + 1 \geqslant n^2 + 2n + 1 = (n+1)^2$. 等号仅在 $a_1 = a_2 = n, d_1 = d_2 = n + 1$ 时成立,但这时 $b = c$,矛盾!

4. $\displaystyle\sum_{k=n}^{2n-1}\frac{1}{k+1}\leqslant\frac{\frac{n+1}{2}}{n+1}+\frac{\frac{n-1}{2}}{n+\frac{n+1}{2}}\leqslant\frac{1}{2}+\frac{1}{3}=\frac{5}{6}$. 如果有 $b_{i_2}\geqslant0$, 那么由 $b_{i_2}<\displaystyle\sum_{k=i_2}^{2i_2-1}\frac{b_k}{k+1}$ 可知 $b_{i_3}<$

$\dfrac{5}{6}b_{i_2}$, 其中 $b_{i_2}=\max(b_{i_2},b_{i_2+1},\cdots,b_{2i_2})>0$. 同样, 有 $b_{i_3}>\sqrt{\dfrac{6}{5}}b_{i_2},\cdots,b_{i_t}>\left(\sqrt{\dfrac{6}{5}}\right)^{t-2}b_{i_2},\cdots,$

与 $\{b_n\}$ 有界矛盾.

5. $m=999$. 一方面 $\{2\,001,2\,000,\cdots,1\,025\}\bigcup\{46,45,\cdots,33\}\bigcup\{17\}\bigcup\{14,13,\cdots,9\}$ 是 998 元集, 其中每两个数的和都不是 2 的幂. 另一方面, 998 个数对 $(2\,001,47),\cdots,(1\,025,1\,023)$, $(46,18),\cdots,(33,31),(17,15),(14,2),\cdots,(9,7)$ 中, 如果有一个数对的两个数都属于 W, W 即满足要求.

6. 设 $a>b$, $P(a)=P(b)=5$, 则 $5-P(x)=(x-a)(x-b)Q(x)$, 其中 $Q(x)$ 为整系数多项式. 设 $P(u)=1,P(v)=2,P(w)=3$, 则 $4=(u-a)\cdot(u-b)Q(u)$, $3=(v-a)(v-b)$ $Q(v)$, $2=(w-a)(w-b)Q(w)$. 由中间一式得 $a-b=2$ 或 4, 最后一式得 $a-b$ 必须为 2, 并且 $w-a$, $w-b$ 为 -1 与 $+1$. 但第一式中 $u-a$, $u-b$ 也都为 -1 与 $+1$. 从而 $u=v$, 这是不可能的.

7. 如果 A,B,C,D 不成凸四边形, 那么或者 A,B,C,D 四点共线, 这时最大距离 $\geqslant1+1+1$ $=3>\sqrt{3}$; 或者有一点, 设为 D, 在其他三点所成三角形内, 这时 $\angle ADB$, $\angle BDC$, $\angle CDA$ 中至少有一个大于等于 $120°$. 由余弦定理, 它对的边 $\geqslant\sqrt{1^2+1^2+2\times\dfrac{1}{2}\times1\times1}=\sqrt{3}$. 与已知矛盾.

8. 如果结论不成立, 那么必有 $t_1,t_2\in T$, $t_1t_2\in M$; 又有 $m_1,m_2\in M$, $m_1m_2\in T$. 从而 $(m_1m_2)t_1t_2\in T$, 并且 $m_1m_2(t_1t_2)\in M$. 矛盾.

9. 假设有这样的函数 f, 则 $f(2)=f\left(1+\dfrac{1}{1^2}\right)=f(1)+(f(1))^2=1+1=2$. 设已有 x, 使 $f(x)\geqslant k$, 这里 k 为大于等于 2 的自然数. 若 $\left|f\left(\dfrac{1}{x}\right)\right|\geqslant1$, 则 $f\left(x+\dfrac{1}{x^2}\right)=f(x)+\left(f\left(\dfrac{1}{x}\right)\right)^2\geqslant k+1$. 若 $\left|f\left(\dfrac{1}{x}\right)\right|<1$, 则 $f\left(\dfrac{1}{x}+x^2\right)=f\left(\dfrac{1}{x}\right)+(f(x))^2\geqslant-1+k^2\geqslant k+1$. 因此, 总有 y 使得 $f(y)\geqslant k+1$, 从而 f 无上界. 这表明满足要求的函数不存在.

习 题 5

1. 考虑曲边三角形 OAB 内纵坐标大于 0 的整点及曲边三角形 OBC 内横坐标大于 0 的整点.

2. 先将 120 个五位数分为 24 组, 每组五个数的形式为 $\overline{abcde}$, $\overline{bcdea}$, $\overline{cdeab}$, $\overline{deabc}$, $\overline{eabcd}$. 注意每个数的"反序数" $\overline{edcba}$, $\overline{aedcb}$, $\overline{baedc}$, $\overline{cbaed}$, $\overline{dcbae}$ 所成的组与原来的组平方和相等. 将 12 个小组并为一组, 它们的反序数并为另一组即可.

3. 将 n 个直角三角形连成如图所示折线, $A_0A_1\cdots A_n\geqslant A_0A_n$.

单 墫
解题研究
丛 书

数学竞赛研究教程

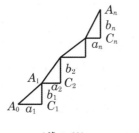

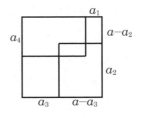

（第 3 题）　　　　　　　　　（第 4 题）

4. (a) 即 $a_1(a-a_2)+a_2(a-a_3)+a_3(a-a_4)+a_4(a-a_1)\leqslant 2a^2$. 如图所示,矩形 $a_1\cdot(a-a_2)$, $a_2\cdot(a-a_3)$ 不相重叠;$a_3\cdot(a-a_4)$,$a_4\cdot(a-a_1)$ 不相重叠. 至多将正方形 $a\times a$ 覆盖两次. (b) 类似(a). 6 个矩形至多将正方形 $a\times a$ 覆盖三次.

5. 图中三个矩形的面积之和小于半圆面积.

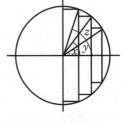

6. 设 $a_1+a_2+a_3\leqslant 100$,则 $100^2\leqslant a_1^2+a_2^2+\cdots+a_{100}^2\leqslant a_1^2+a_1a_2+a_1a_3+a_3(a_4+a_5+\cdots+a_{100})=a_1^2+a_1a_2+a_1a_3+a_3(300-a_1-a_2-a_3)\leqslant a_1^2+a_1a_2+a_1a_3+100a_3+100a_2+a_1(100-a_1-a_2-a_3)\leqslant 100(a_1+a_2+a_3)\leqslant 100^2$. 从而上式中,所有等号成立. 而这导致 $a_1=a_2=\cdots=a_{100}$,与已知的(3),(4)矛盾.

（第 5 题）

7. 任取自然数 a_1. 设已有自然数 $a_1,\cdots,a_n$,它们两两互质,并且任意 $k(2\leqslant k\leqslant n)$ 个的和为合数. 取 2^n-1 个与 $a_1a_2\cdots a_n$ 互质的质数 $p_j(1\leqslant j\leqslant 2^n-1)$. 由中国剩余定理,方程组 $a_1a_2\cdots a_nx+1+S_j\equiv 0(\bmod\ p_j^2)$,$(1\leqslant j\leqslant 2^n-1)$,有正整数解 x,这里 S_j 是 $\{a_1,\cdots,a_n\}$ 的非空子集中元素之和(恰好 2^n-1 个). 令 a_{n+1} 为 $a_1a_2\cdots a_nx+1$,则 $a_1,a_2,\cdots,a_{n+1}$ 两两互质,并且任 $k(2\leqslant k\leqslant n)$ 个的和为合数. 这样,我们就可以找到合乎要求的集合 S.

8. 考虑正四面体 $ABCD$ 的伴随正方体(见第 39 讲),它以 A,B,C,D 为不相邻的顶点. 显然平面 ABC' 与 ACD' 垂直.

9. 数论中用 $\omega(n)$ 表示自然数 n 的不同质因数的个数,即 $\omega(1)=0$,$\omega(p_1^{\alpha_1}p_2^{\alpha_2}\cdots p_k^{\alpha_k})=k$,其中 $p_1,p_2,\cdots,p_k$ 是不同质数,$\alpha_1,\alpha_2,\cdots,\alpha_k$ 是正整数. 它显然满足所有条件.

习 题 6

1. 实数 $0<a_2<a_3<\cdots a_{1991}$ 中,每两个数的和至少有 3 979 个互不相同,$a_2<a_3<\cdots<a_{1991}<a_{1991}+a_2<\cdots<a_{1991}+a_{1990}$. 并且在 $a_j=j-1(j=2,\cdots,1991)$ 时,也只有 3 979 个互不相同的和. 设 1 991 个点中最左的为原点,将中点坐标放大至 2 倍即化为上面的问题.

2. 若 $T\geqslant k$,则 $a_T=a_{2T}$. 若 $T<k$,由于 $a_n=a_{n+T}=a_{n+2T}=\cdots=a_{n+hT}$,当 h 足够大时,便有 $hT\geqslant k$. hT 仍为 $\{a_n\}$ 的周期,这就化为上面的情况.

3. $K=\min\left(\dfrac{b}{a},\dfrac{c}{b}\right)\geqslant 1$. 令 $\dfrac{b}{a}=x$,则 $K\leqslant\min\left(x,1+\dfrac{1}{x}\right)$. 对 $x\geqslant 1$,$\min\left(x,1+\dfrac{1}{x}\right)$ 在 $x=1$

$+\dfrac{1}{x}$，即 $x=\dfrac{1+\sqrt{5}}{2}$ 时取得最大值，从而 $K\in\left[1,\dfrac{1+\sqrt{5}}{2}\right)$.

4. 设 $\triangle MBT$，$\triangle ATC$ 的内切圆分别切 BC 于 P,Q，它们的另一条外公切线分别切两圆于 P'，Q'，$P'Q'$ 交 MT 于 E，交 AT 于 E'. 问题即证明 $P'Q'$ 与 $\triangle AMT$ 的内切圆相切. 又转化为四边形 $AMEE'$ 有内切圆. 从而只需证明 $AM+EE'-ME'-AE'=0$. 利用圆外一点向圆所引两条切线相等及 $P'Q'=PQ$，可将上式左边化为 $\triangle ABC$ 的边上一些线段 PQ,AM 等的代数和，由此不难得出结论.

5. 过折线的每一顶点作水平线. 我们只考虑这些水平线与折线的交点. 称每一在同一水平线上的有序点对为一个位置. 甲、乙每次由一个位置移到另一个位置，若甲、乙可由位置 a 移到 b，就在 a,b 之间连一条线. 每一位置可引 2 条线或 4 条线，只有初始位置 (A,B) 及 (B,A) 引 1 条线. 由简单图论即知这些位置及连线构成的图可从 (A,B) 到 (B,A).

6. $2n+1$ 个数的和的奇偶性与取出的任一数相同，因而所有数的奇偶性相同. 在全为偶数时，都除以 2. 在全为奇数时，先加 1 再除以 2. 所得的 $2n+1$ 个数仍具有性质 P. 经过有限多次这样的处理，最后得到 $2n+1$ 个 1. 从而原先的 $2n+1$ 个数必定相等.

7. n 个数为自然数的情况见第 7 讲例 13. 然后用例 5 的方法推广.

8. 实数的情况见第 22 讲例 14. 将实部、虚部分开即知结论对复数也成立.

9. 若 $\angle BAD\geqslant120°$，则 $AB^2+AD^2+AB\cdot AD\leqslant BD^2=1$，从而 AB,AD 中较小的小于等于 $\dfrac{\sqrt{3}}{3}$. 因此，我们设四边形 $ABCD$ 的内角均小于 $120°$. 由于 $\angle OCD+\angle ODC=60°$，不妨设 $\angle OCD\leqslant30°$. 若四边形 $ABCD$ 的内角均大于等于 $60°$，则在 $\triangle ACD$ 中，由正弦定理，$AD\leqslant\dfrac{1\cdot\sin30°}{\sin60°}=\dfrac{\sqrt{3}}{3}$. 若四边形 $ABCD$ 有内角小于 $60°$，则由于 $2\times60°+2\times120°=360°$，所以至多有一个内角小于 $60°$. 设 $\angle ADC<60°$，则其他内角大于等于 $60°$. 而 $\angle OAB$ 或 $\angle OBA\leqslant30°$. 同样用正弦定理即得结论.

10. 若 $n=3$ 满足条件，自然数集 $\mathbf{N}$ 被分拆成三个非空子集 A_1,A_2,A_3. 可设 A_1 中有一个奇数 $a=2h-1$，A_2 中有一个偶数 $b=2k$. 根据题中条件可得 $a+b\in A_3$，$a+2b\in A_1$，$a+3b\in A_3$，$a+4b\in A_1$，$\cdots$. 又 $b+a\in A_3$，$b+2a\in A_2$，$b+3a\in A_3$，$b+4a\in A_2$，$\cdots$. 于是 $a+2hb\in A_1$，$b+(2k+1)a\in A_3$，但 $a+2hb=b+(2k+1)a$，与分拆的定义不符，所以 $n=3$ 不满足条件. 若 $n>3$ 满足条件，$\mathbf{N}$ 被分拆成 $A_1,A_2,\cdots,A_n$. 不妨设 A_1 中有一个元 a 与 A_2 中一个元 b 的奇偶性不同. 从 $A_4,\cdots,A_n$ 中各取一个数作成和 s. 令 $a'=a+s$，$b'=b+s$，$A_i'=\{x+s:x\in A_i\}$ $(i=1,2,3)$. 显然 a'，b' 奇偶性不同并且分别属于 A_1'，A_2' 中. 对任意的 $x\in A_i'$，$y\in A_j'$ $(1\leqslant i<j\leqslant3)$，$x+y=(x-s)+(y-s)+s+s\in A_k'$，$k$ 是 1，2，3 中不同于 i,j 的那个数. 根据上面对 $n=3$ 的证明，A_1'，A_2'，A_3' 中有两个集的交集非空（注意在 $n=3$ 的证明并没有用到 A_1,A_2,A_3 的并集是 $\mathbf{N}$），从而 A_1,A_2,A_3 的交集非空，因此，没有满足要求的 n.

单墫

解题研究

丛书

数学竞赛研究教程

习 题 7

1. (1) 在 $n=1,2$ 时显然成立. 设 $v_{n-1}=u_{n-1}+2u_{n-2}, v_n=u_n+2u_{n-1}$, 相加得 $v_{n+1}=u_{n+1}+2u_n$. (2) 在 $n=1$ 时成立. 设 (2) 成立, 则 $u_{n+m}u_{n+1}-u_{n+m+1}u_n=(u_{n+m}u_n+u_{n+m}u_{n-1})-(u_{n+m}u_n+u_{n+m-1}u_n)=-(u_{n+m-1}u_n-u_{n+m}u_{n-1})=(-1)^n u_m$.

2. 设 $\{1,2,\cdots,n\}$ 的子集可排成合乎要求的链 $A_1,A_2,\cdots,A_m$. 则 $\{1,2,\cdots,n+1\}$ 的子集可排成 $A_1,A_2,\cdots,A_m,A_m\bigcup\{n+1\},A_{m-1}\bigcup\{n+1\},\cdots,A_2\bigcup\{n+1\},A_1\bigcup\{n+1\}$.

3. $x_1^{n+1}+x_2^{n+1}=-q(x_1^n+x_2^n)+(x_1^{n-1}+x_2^{n-1})$. 若 $x_1^n+x_2^n$ 与 $x_1^{n-1}+x_2^{n-1}$ 为互质整数, 则 $x_1^{n+1}+x_2^{n+1}$ 为整数且与 $x_1^n+x_2^n$ 互质.

4. $\max S(n)=\left[\dfrac{n^2}{4}\right]$. $n=2$ 时结论显然. 设命题对 $2m$ 个点成立. 考虑 $2m+1$ 个点 $x_1\leqslant x_2\leqslant\cdots\leqslant x_{2m+1}$. 其中含 x_{m+1} 的项 $\displaystyle\sum_{i\neq m+1}|x_{m+1}-x_i|=\sum_{i>m+1}x_i-\sum_{i\leqslant m}x_i\leqslant m$, 所以 $S(2m+1)\leqslant m+\left[\dfrac{(2m)^2}{4}\right]=\left[\dfrac{(2m+1)^2}{4}\right]$. 对于 $2m+2$ 个点同样有 $S(2m+2)\leqslant\left[\dfrac{(2m+1)^2}{4}\right]+\displaystyle\sum_{i>m}x_i-\sum_{i\leqslant m}x_i\leqslant\left[\dfrac{(2m+1)^2}{4}\right]+m+1=\left[\dfrac{(2m+2)^2}{4}\right]$.

5. 本题虽可用归纳法, 但用 $\omega=\dfrac{-1+\sqrt{3}\,\mathrm{i}}{2}$ 代替 n 即知, 作为 n 的多项式, $((n+1)+1)\mid(n^{m+2}+(n+1)^{2m+1})$. 由于 $n(n+1)+1$ 的首项系数为 1, 所以商也为整系数多项式, 这就表明数 $(n(n+1)+1)\mid(n^{m+2}+(n+1)^{2m+1})$.

6. 设命题在小于 n 时成立. 对于 n, 有一条弦 a 将圆周分为两部分, 一部分 n_1 个点; 另一部分 n_2 个点(a 的端点既属第一部分, 也属第二部分), $n_1,n_2<n$, 并且 $n_1+n_2=n+2$. 于是至多可连 $\dfrac{3n_1-4}{2}+\dfrac{3n_2-4}{2}-1=\dfrac{3n-4}{2}$ 条符合要求的弦.

7. $n=4$ 时, A 与 B, C 与 D, A 与 C, B 与 D 依次通话即可. 设命题对 n 成立. 第 $n+1$ 个人 A_{n+1} 先与 A_1 通话, 然后 $A_1,\cdots,A_n$ 间通 $2n-4$ 次电话, 最后 A_1 再与 A_{n+1} 通一次电话.

8. $n=2$ 时, 取两个连续的自然数即可. 设命题对 n 成立, 这 n 个数是 $a_1,a_2,\cdots,a_n$. 又设 M 是 $a_1,a_2,\cdots,a_n$ 的公倍数, 则 $n+1$ 个数 $M,M+a_1,M+a_2,\cdots,M+a_n$ 满足要求.

9. 设 $n=a_k\times 2^{k-1}+a_{k-1}\times 2^{k-2}+\cdots+a_1$, 其中 $a_i(1\leqslant i\leqslant k)$ 是 0 或 1, $a_k=1$, 即 n 在二进制中为 $(a_k a_{k-1}\cdots a_1)_2$. 我们证明 $x_n=p_1^{a_1}p_2^{a_2}\cdots p_k^{a_k}$, 其中 p_i 是质数数列 $2,3,5,7,11,\cdots$ 中的第 i 个数. 奠基显然. 假设命题对 n 成立. 若 $a_1,a_2,\cdots,a_k$ 中第一个为 0 的是 a_t, 则 $p(x_n)=p_t, q(x_n)=p_1 p_2\cdots p_{t-1}, x_{n+1}=p_t^{a_{t+1}}\cdots p_k^{a_k}$, 而 $n+1=(a_k a_{k-1}\cdots a_{t+1}10\cdots 0)_2$. 若 $a_1,a_2,\cdots,a_k$ 全不为 0, 则 $p(x_n)=p_{k+1}, q(x_n)=x_n, x_{n+1}=p_{k+1}$, 而 $n+1=2^k$. 因此命题对一切 n 成立. 特别地, $2\,001=3\times 23\times 29$, 所以 $n=2+2^8+2^9=770$.

习 题 8

1. 显然 $(2^{mn}+1,2^{mn}-1)=(2,2^{mn}-1)=1$. 而 $(2^n-1)\mid(2^{mn}-1)$, 在 n 为奇数时, $(2^m+1)\mid$

$(2^{mn}+1)$. 所以结论成立.

2. $1,2,\cdots,n$ 中奇数比偶数多 1 个，$a_1,\cdots,a_n$ 中也是如此. 所以 $1,2,\cdots,n$ 中必有一个奇数 j，相应的 a_j 也是奇数. a_j-j 为偶数. 故结论成立.

3. n 与 3 互质. 因而有 $u,v\in\mathbf{N},u\cdot n-3v=1$. 从而 $\dfrac{60°}{n}=u\cdot60°-\dfrac{180°}{n}\cdot v$，即先作角为 $u\cdot60°$，再减去 $v\cdot\dfrac{180°}{n}$，就得到 $\dfrac{180°}{n}$ 的 $\dfrac{1}{3}$.

4. $n(n+1)(n+2)(n+3)=(n^2+3n+1)^2-1$.

5. 所取 $n+1$ 个数中必有两个连续自然数.

6. $p\mid(2p-1-l)\cdots(p+1)p,(p-l)!\mid(2p-1-l)\cdots(p+1)p$. 所以 $p\cdot(p-l)!\mid(2p-1-l)\cdots(p+1)p$，即 $p\mid\mathrm{C}_{2p-1-l}^{p-1-l}$.

7. $\dfrac{2n+1}{n+1}\mathrm{C}_{2n}^n=\mathrm{C}_{2n+1}^n$ 为整数，而 $2n+1$ 与 $n+1$ 互质，所以 $\dfrac{1}{n+1}\mathrm{C}_{2n}^n$ 是整数(它就是第 27 讲中的卡塔兰数).

8. n 是平方数，所以 $d(n)$ 是奇数 $2k-1$. 若 $2k-1>1$，则由于 n 有 $k-1$ 个因数小于 $2k-1$(也有 $k-1$ 个因数大于 $2k-1$)，所以 $1,3,\cdots,2k-3$ 都是它的因数. 由 $(2k-3)\mid(2k-1)^2$ 推出 $(2k-3)\mid2^2$，从而 $2k-3=1,2k-1=3$. 所以 $n=1$ 或 9.

9. 设最重的砝码重为 k，重为 1 的砝码有 m 个，如果 $k\geqslant m+1$，这 $m+1$ 个砝码的总重量 $\geqslant2m+1$，而其他砝码的重量均不小于 2，所以 $n+1$ 个砝码的总重量 $\geqslant2n+1$，矛盾! 因此 $m\geqslant k$. 天平两边重量之差始终小于等于 k. 在放重量为 1 的砝码之前也是如此. 将重为 1 的砝码逐一放上去，显然可以实现平衡.

10. 易知 $\dfrac{1}{2^n}\in M$，$\dfrac{1}{2}+\dfrac{1}{2^n}=\dfrac{1}{2}\left(1+\dfrac{1}{2^{n-1}}\right)\in M$. $1-\dfrac{1}{2^n}=\dfrac{1}{2}\left(1+\left(1-\dfrac{1}{2^{n-1}}\right)\right)$，$\dfrac{1}{2}-\dfrac{1}{2^n}=\dfrac{1}{2}\left(0+\left(1-\dfrac{1}{2^{n-1}}\right)\right)$ 也都属于 M. 当 $m\leqslant\dfrac{n}{2}$ 时，令 $h=2m-1$，则 $\dfrac{m}{n}=\dfrac{1}{n}\left(\left(\dfrac{1}{2}+\dfrac{1}{2^2}\right)+\cdots+\left(\dfrac{1}{2}+\dfrac{1}{2^h}\right)+\dfrac{1}{2^{h+1}}+\cdots+\dfrac{1}{2^n}+\left(\dfrac{1}{2}+\dfrac{1}{2^n}\right)\right)$. 当 $m>\dfrac{n}{2}$ 时，令 $h=2(n-m)-1$，并将前一种情况中每个数 t 都换成 $1-t$ 即可.

11. (a) 对质数 p，设 $p^r\leqslant n<p^{r+1}$. 若 $p^{r+1}\leqslant2n$，则 $\left[\dfrac{2n}{p^{r+1}}\right]-\left[\dfrac{n}{p^{r+1}}\right]-\left[\dfrac{n}{p^{r+1}}\right]=1$，从而 $p\mid\mathrm{C}_{2n}^n,p^{r+1}\mid n\mathrm{C}_{2n}^n,p$ 在 $f(n)\mathrm{C}_{2n}^n$ 中的幂指数不低于 p 在 $f(2n)$ 中的幂指数 $r+1$.

(b) 与 (a) 类似.

(c) 设在 $n<2k$ 时结论成立. 则 $f(2k)\leqslant f(k)\mathrm{C}_{2k}^k\leqslant f(k)\cdot2^{2k}<4^{2k}$，$f(2k+1)\leqslant f(k+1)\mathrm{C}_{2k+1}^{k+1}\leqslant f(k+1)\cdot\dfrac{1}{2}(1+1)^{2k+1}<4^{k+1}\cdot2^{2k}=4^{2k+1}$.

(d) 由例 11，$(2n+1)\mathrm{C}_{2n}^n\mid f(2n+1),n\mathrm{C}_{2n}^n=2n\mathrm{C}_{2n-1}^n\mid f(2n)$. 由于 $n,2n+1$ 互质，所以 $n(2n+1)\mathrm{C}_{2n}^n\mid f(2n+1)$，从而 $f(2n+1)>n(1+1)^{2n}=n\cdot2^{2n}$.

(e) $f(2n)\geqslant f(2n-1)>(n-1)\cdot2^{2(n-1)}\geqslant2^{2n}(n\geqslant5)$.

12. $2,2^2 \cdot 3,\cdots,2^2 \cdot 3^2 \cdots p_{n-1}^2 \cdot p_n,\cdots$ 即合乎要求.

13. (a) 设 n 除以 d 所得余数为 r, 则只需证明 $d \nmid f(r)$. 不难列表逐一加以验证.

(b) 在 $m < 40$ 时, 不难逐一验证. 在 $m > 40$ 时, $f(m)$ 在平方数 m^2 与 $(m+1)^2$ 之间, 因而不是平方数.

(c) 令 $k = f(0)f(1)\cdots f(39)$. $f(k+r)-f(r)$ 被 k 整除, 因而对于 $r=0,1,\cdots,39$, $f(k+r)$ 被 $f(r)$ 整除, 即 $f(x)$ 在 $x=k,k+1,\cdots,k+39$ 都是合数.

14. 设 $(a,b)=d, a=a_1d, b=b_1d, (a_1,b_1)=1$. 由已知可得 $a_1b_1 \mid (a_1^2+b_1^2)$. 从而 $a_1 \mid b_1^2$. 但 a_1,b_1 互质, 所以 $a_1=1$. 同理 $b_1=1$. 所以 $a=b$. 另一种解法见习题 15 第 12 题.

15. 可仿照上题. 或对 m 的任一质因数 p, 考虑 p 在 m 的质因数分解中出现的次数 $v(m)$. 如果 $2v(n)>v(m)$, 那么 $v(m^2+n^2+m)=v(m)<v(m)+v(n)=v(mn)$, 与已知矛盾. 如果 $2v(n)<v(m)$, 那么 $v(m^2+n^2+m)=v(n^2)=2v(n)<v(mn)$, 仍与已知矛盾. 所以 $v(m)=2v(n)$. m 是平方数.

16. 设 a 与 n 互质, 则 $n-a$ 也与 n 互质. 而且 $a=n-a$ 导致 $a=\dfrac{n}{2}$, 或者 a 不是整数, 或者 a 是整数而不与 n 互质. 所以 $a \neq n-a$. 对于每对 $a, n-a, a^3+(n-a)^3$ 被 n 整除, 所以结论成立.

17. (a) 对 n 归纳. 奠基显然. 设对 $n-1$ 阶法雷数列结论成立. 考虑 n 阶法雷数列的连续三项 $\dfrac{b}{a}<\dfrac{d}{c}<\dfrac{h}{g}$. 如果 a,c,g 都小于 n, 不必证. 如果 $c=n$, 那么有正整数 m,l, 使 $ln-md=1$, 并且可使 $m<n$, 从而 $\dfrac{d}{n}<\dfrac{l}{m}$, 并且 $\dfrac{d+1}{n}-\dfrac{l}{m}=\dfrac{m-1}{mn}\geqslant 0$, 所以 $g \neq n$. 同样 $a \neq n$. 而 $\dfrac{b}{a}<\dfrac{b+h}{a+g}<\dfrac{h}{g}$, 所以必有 $a+g \geqslant n$, $\dfrac{1}{ag}=\dfrac{h}{g}-\dfrac{b}{a}=\left(\dfrac{h}{g}-\dfrac{d}{n}\right)+\left(\dfrac{d}{n}-\dfrac{b}{a}\right)\geqslant \dfrac{1}{gn}+\dfrac{1}{an}=\dfrac{a+g}{agn}\geqslant \dfrac{1}{ag}$. 从而 $a+g=n$, 并且 $ad-bn=1, hn-gd=1, (a+g)d=(b+h)n, d=b+h$. 如果 $c<n$, 那么根据归纳假设或上面所证, $da-bc=1, ch-dg=1$. 从而相减得 $(a+g)d=c(b+h), \dfrac{d}{c}=\dfrac{b+h}{a+g}$.

(b) 根据 (a), 可先写出一阶法雷数列 $\dfrac{0}{1},\dfrac{1}{1}$. 然后写出二阶法雷数列, 即在 $\dfrac{0}{1},\dfrac{1}{1}$ 之间插入 $\dfrac{0+1}{1+1}=\dfrac{1}{2}$. 一般地, 已有 n 阶法雷数列, 在相邻分数 $\dfrac{b}{a},\dfrac{d}{c}$ 中间插入 $\dfrac{b+d}{a+c}$ (如果 $a+c \leqslant n+1$), 或不插 (如果 $a+c>n+1$). 这样就得出 $n+1$ 阶法雷数列. 10 阶法雷数列是:

$\dfrac{0}{1},\dfrac{1}{10},\dfrac{1}{9},\dfrac{1}{8},\dfrac{1}{7},\dfrac{1}{6},\dfrac{1}{5},\dfrac{2}{9},\dfrac{1}{4},\dfrac{2}{7},\dfrac{3}{10},\dfrac{1}{3},\dfrac{3}{8},\dfrac{2}{5},\dfrac{3}{7},\dfrac{4}{9},\dfrac{1}{2},\dfrac{5}{9},\dfrac{4}{7},\dfrac{3}{5},\dfrac{5}{8},\dfrac{2}{3},$

$\dfrac{7}{10},\dfrac{5}{7},\dfrac{3}{4},\dfrac{7}{9},\dfrac{4}{5},\dfrac{5}{6},\dfrac{6}{7},\dfrac{7}{8},\dfrac{8}{9},\dfrac{9}{10},\dfrac{1}{1}.$

18. 定义 $u_1=a+b$. 设已有 $u_1,\cdots,u_k$ 两两互质, 并且均与 b 互质, 令 $u_{k+1}=b+au_1u_2\cdots u_k$. 这样得到的数列 $\{u_k\}$ 即满足要求.

习 题 9

1. 设 $x=\dfrac{p}{q}$ 为既约分数,满足 $\dfrac{p}{q}+\dfrac{p^2}{q^2}=n\in\mathbf{Z}$,则 $p^2+pq-nq^2=0$,从而 $q\mid p,q=1$,即 x 为整数. 但在 x 为整数时 $\{x\}+\{x^2\}=0$. 或者由 $x+x^2=n$ 解出 $x=\dfrac{-1\pm\sqrt{1+4n}}{2}$. $x\in\mathbf{Q}$ 导出 $1+4n=m^2,m$ 为奇数. 从而 $x\in\mathbf{Z}$.

2. 由 $\sqrt{3n}+\dfrac{1}{2}<k\leqslant\sqrt{3(n+1)}+\dfrac{1}{2}$ 得 $n+k=\left[\dfrac{k^2+2k}{3}\right]$.

3. 设 $n=q^2+r,0\leqslant r\leqslant 2q$,则 $[\sqrt{n}]=q$. 从而 $q\mid r,r=0,q,2q$. $n=q^2,q^2+q,q^2+2q(q\in\mathbf{N})$.

4. 见第 12 题.

5. 不妨设 $\dfrac{k-1}{n}\leqslant x<\dfrac{k}{n}(k\leqslant n)$,等式两边均等于 $k-1$.

6. $n=2k$ 时,等式两边均为 k^2. $n=2k+1$ 时,均为 $k(k+1)$. 将 n 换为正实数,等式未必成立,例如 $x=\dfrac{9}{2}$.

7. 方程等价于 $\{x\}^2+[x]\{x\}-[x]^2=0$,从而 $\{x\}=\dfrac{\sqrt{5}-1}{2}[x]$,$\{x\}=\dfrac{\sqrt{5}-1}{2}$,$[x]=1,x=\dfrac{\sqrt{5}+1}{2}$.

8. $\dfrac{[x]}{n}$ 与 $\left[\dfrac{[x]}{n}\right]+1$ 至少相差 $\dfrac{1}{n}$,所以 $\left[\dfrac{[x]}{n}\right]\leqslant\left[\dfrac{x}{n}\right]=\left[\dfrac{[x]}{n}+\dfrac{\{x\}}{n}\right]=\left[\dfrac{[x]}{n}\right]$.

9. $\beta=\alpha^2=\alpha+1$,所以 $\beta n=\alpha n+n$,从而 $\{\beta n\}=\{\alpha n\}$. $\alpha[\beta n]-[\beta n]=(\alpha-1)(\beta n-\{\beta n\})=\alpha n-(\alpha-1)\{\alpha n\}=[\alpha n]+(2-\alpha)\{\alpha_n\}$ 在 $[\alpha n]$ 与 $[\alpha n]+1$ 之间,所以 $[\alpha[\beta n]]=[\alpha n]+[\beta n]$.

10. 设 $\{\gamma n\}=\varepsilon$,则 $[\gamma[\gamma n]+\gamma]+[\gamma(n+1)]=[\gamma^2 n-\gamma\varepsilon+\gamma]+[\gamma n]+[\varepsilon+\gamma]=[(1-\gamma)n-\gamma\varepsilon+\gamma]+[\gamma n]+[\varepsilon+\gamma]=n+[-\varepsilon-\gamma\varepsilon+\gamma]+[\varepsilon+\gamma]=n+\left[\dfrac{1}{\gamma}(1-\gamma-\varepsilon)\right]+[\varepsilon+\gamma]$. 如果 $2>\varepsilon+\gamma>1$,则后两项的值为 $-1+1$. 如果 $\varepsilon+\gamma<1$,则为 $0+0$. 总之,三项之和为 $n(\varepsilon+\gamma\neq 1$,否则 $\gamma(n+1)=[n\gamma]+1$,与 γ 为无理数矛盾).

11. $G(n)=[\gamma(n+1)]$. 利用第 10 题并仿照例 14(易知 $0\leqslant G(n)\leqslant n$,所以 $G(n)$ 由递推关系唯一确定).

12. α 是方程 $x^2-(2k+1)x+k=0$ 的较大的根. 设另一根为 β. 令 $u_n=\alpha^n+\beta^n$,则 $u_0=1+1=2,u_1=\alpha+\beta=2k+1$ 都是整数,并且 u_1-1 被 k 整除. 由原方程可得 $\alpha^n-(2k+1)\alpha^{n-1}+k\alpha^{n-2}=0,\beta^n-(2k+1)\beta^{n-1}+k\beta^{n-2}=0$,所以 $u_n=(2k+1)u_{n-1}-ku_{n-2}$. 由这递推关系可知一切 u_n 为整数,并且由归纳法及递推关系 $u_n-1=2ku_{n-1}-ku_{n-2}+(u_{n-1}-1)$ 可知在 $n\geqslant 1$ 时,u_n-1 被 k 整除. 易知 β 是小于 1 的正数,所以 $[\alpha^n]=u_n-1$,从而结论成立.

13. 显然,如果 $a=0$,那么 b 可为任意实数;如果 $b=0$,那么 a 可为任意实数. 设 a,b 都不是 0. 令 $n=1$ 得 $a[b]=b[a]$. 设 a,b 的分数部分分别为 $\{a\},\{b\}$,则 $a(n[b]+[n\{b\}])=$

数学竞赛研究教程

$b(n[a]+[n\{a\}])$. 从而 $a[n\{b\}]=b[n\{a\}]$. 设 $\{a\}<\dfrac{1}{k},k\in\mathbf{N}$, 令 $n=k$ 得 $a[k\{b\}]=0$, 从

而 $\{b\}<\dfrac{1}{k}$. 同理, 若 $\{b\}<\dfrac{1}{k}$, 则 $\{a\}<\dfrac{1}{k}$. 当 a,b 都不是整数时, 有自然数 k 使 $\dfrac{1}{k+1}\leqslant$

$\{a\},\{b\}<\dfrac{1}{k}$. 令 $n=k+1$, 则 $1\leqslant n\{a\}<\dfrac{k+1}{k}<2,[n\{a\}]=1$. 同样 $[n\{b\}]=1$. 于是 $a=$

b. 在 a 或 b 为非零整数时, 另一个也为非零整数. 所以本题的解是 $(0,a),(a,0),(a,a)$,

a 为任意实数, 及 $(a,b),a,b$ 均为整数.

习 题 10

1. 证明 $\{a_i+\lambda m\mid 1\leqslant i\leqslant m,0\leqslant\lambda\leqslant t-1\}$ 中的每两个数模 n 不同余.

2. 矩阵中的每一元素有一对"坐标", 即所在的行数与列数. 每条"对角线"上 n 个元素的坐标的总和为 $(1+2+\cdots+n)\times2=n(n+1)\equiv0(\bmod\ n)$. 另一方面, 由矩阵的特点, 第 k 行的元素 i_k 的坐标和为 $1+i_k(\bmod\ n)$. 如果 $\{i_1,i_2,\cdots,i_n\}=\{1,2,\cdots,n\}$, 那么坐标总和为

$$\sum(1+i_k)\equiv1+2+\cdots+n=\frac{n(n+1)}{2}\not\equiv0(\bmod\ n).$$ 矛盾.

3. 座位的号码依顺时针次序记为 $1,2,\cdots,n$. 每个人有一对坐标 (i,j), 其中 i,j 分别为他休息前后的座号. 显然 i,j 都跑遍模 n 的完系 $1,2,\cdots,n$. 如果每两个人的坐标 $(i_1,j_1),(i_2,j_2)$ 满足 $j_2-j_1\not\equiv i_2-i_1(\bmod\ n)$, 那么 $j_2-i_2\not\equiv j_1-i_1(\bmod\ n)$. 即坐标差 $j-i$ 也跑遍模 n 的完系 (与例 8 类似), 这是不可能的.

4. 由例 4, 存在 $11\cdots1\,100\cdots0$ 被 m 整除. 已知 m 与 10 互质. 所以 $11\cdots11$ 被 m 整除.

5. 不能. 因为 11×7 的长方形不能用 3×3 或 3×1 的长方形填满.

6. 设质数 $p\neq11,p^\alpha\parallel k,p^\beta\parallel h$. 由例 11, 存在 m, 使 $11m-1\equiv0(\bmod\ p^\alpha)$, 所以 $p^\alpha=(11m-1,k)=(11m-1,h),\alpha\leqslant\beta$. 同样 $\beta\leqslant\alpha$. 所以 $\alpha=\beta$. k 与 h 除去 11 的幂外, 其他质因数的指数完全相同.

7. 由于 $a+2d$ 为奇质数, 所以首项 a 为奇质数, d 为偶数. 若 $a<n$, 则 $a+ad$ 被 a 整除, 因此 $a\geqslant n$. 设 p 为小于 n 的奇质数, 则 $a,a+d,\cdots,a+(p-1)d$ 均大于 p, 因而均不为 p 的倍数. 其中必有两个 $\bmod\ p$ 同余, 差 kd 被 p 整除, $p\mid d$.

8. 用归纳法. 设 $a^{m_k}-1=h\cdot n^k,n\nmid h$. 则 $a^{nm_k}=(1+h\cdot n^k)^n\equiv1+h\cdot n^{k+1}(\bmod\ n^{k+2})$. 取 $m_{k+1}=nm_k$, 即有 $n^{k+1}\parallel(a^{m_{k+1}}-1)$.

9. $97^{97}\equiv(-2)^{97}\equiv(-2)^{3\times32+1}\equiv-2(\bmod\ 9)$. 而 $n\equiv0,1,2,3,4,5,6,7,8(\bmod\ 9)$ 时, $n^3\equiv0,$ $1,-1,0,1,-1,0,1,-1$. 从而若干连续自然数的立方和 $\equiv0,1,-1\not\equiv-2(\bmod\ 9)$.

$1\,997^{17}\equiv2^{17}\equiv2^{3\times5+2}\equiv4(\bmod\ 7)$. 而 $n\equiv0,1,2,3,4,5,6(\bmod\ 7)$ 时, $n^3\equiv0,1,1,-1,1,$ $-1,-1$. 从而若干连续自然数的立方和 $\equiv0,\pm1,\pm2\not\equiv4(\bmod\ 7)$.

10. $2x^2+2x+C\equiv C(\bmod\ 4)$.

若 A 为奇, 则 $x^2+Ax\equiv x^2+x\equiv0(\bmod\ 2)$, 即 $y^2+Ay+B(\bmod\ 4)$ 仅有两类.

若 A 为偶, 则 x 为偶数时, $x^2+Ax\equiv0(\bmod\ 4)$; x 为奇数时, $x^2+Ax\equiv1+A(\bmod\ 4)$. 即

$x^2+Ax+B\pmod 4$ 仍仅有两类.

因此可取 C 不属于以上两类$\pmod 4$,这时 M_1,M_2 无公共元.

11. $a_2=2,a_3=3,a_4=5,a_5=7$. 设有 a_k 是 7 的倍数. 记 $a_{2k-1}=a$,则 $a_{2k}\equiv a,a_{2k+1}\equiv a\pmod 7$,$a_{4k-2}\equiv a_{4k-3}+a,a_{4k-1}\equiv a_{4k-3}+2a,a_{4k}\equiv a_{4k-3}+3a,a_{4k+1}\equiv a_{4k-3}+4a,a_{4k+2}\equiv a_{4k-3}+5a,a_{4k+3}\equiv a_{4k-3}+6a\pmod 7$. 因此 $a_{4k-3},a_{4k-2},a_{4k-1},a_{4k},a_{4k+1},a_{4k+2},a_{4k+3}$ 中必有一个数是 7 的倍数,从而序列中有无穷多项是 7 的倍数.

12. 如果 p_1,p_2,p_3 都不是 3,那么 $p\equiv 1+1+1\equiv 0\pmod 3$,即 p 是 3 的倍数. 显然 $p>3$. 这与 p 为质数矛盾.

13. 在 $p=5$ 时,2^p+3^p 不是质数. 在 $p\neq 5$ 时,$2^p+3^p\equiv 2^p+(-2)^p\equiv 0\pmod 5$,同时 $2^p+3^p=2^p+(5-2)^p=5^p-p\times 5^{p-1}\times 2+\cdots+p\times 5\times 2^{p-1}$ 是 5 的倍数,但不是 5^2 的倍数. 所以 2^p+3^p 不是平方数.

14. 不妨设 $a\geqslant b$. $a^3<a^3+6ab+1\leqslant(a+1)^3$,所以 $a^3+6ab+1=(a+1)^3,2b=a+1$. $b^3<b^3+6ab+1=b^3+12b^2-6b+1<(b+4)^3$,所以 $b^3+6ab+1=(b+1)^3,(b+2)^3$ 或 $(b+3)^3$. 由 $b^3+6ab+1=(b+1)^3$ 得 $2a=b+1$,从而 $a=b=1$. $b^3+6ab+1=(b+2)^3$ 导致 $b^3+1\equiv b^3\pmod 2$,无解. $b^3+6ab+1=(b+3)^3$ 导致 $b^3+1\equiv b^3\pmod 3$,无解.

习 题 11

1. $n=2^a\cdot y,a\in\mathbf{N},6\nmid y$.

2. 取 rk 个质数 $p_{ij},1\leqslant i\leqslant r,1\leqslant j\leqslant k$,每一个都大于 r. 令 $m_i=p_{i1}p_{i2}\cdots p_{ik}$. 由例 10,存在 r 个连续数,第 i 个可被 m_i 整除. 由于 $j\neq i$ 时,$0<|(x+j)-(x+i)|<r<p_{it}$,所以 $p_{it}\nmid(x+j)$.

3. 在例 10 中,令 $m_i=p_i^2$.

4. 设 $n=p_1^{a_1}p_2^{a_2}\cdots p_k^{a_k}$,其中 α_i 满足 $\alpha_i\equiv 1\pmod{p_i}$,$\alpha_i\equiv 0\pmod{p_j}$,$j\neq i$.

5. 如果 $n!+j$ 有一个质因数 $p\geqslant n$,那么在 $i\neq j,2\leqslant i\leqslant n$ 时,$n!+i=(n!+j)+(i-j)$ 不被 p 整除. 如果 $n!+j$ 的所有质因数均小于 n,那么 $\dfrac{n!}{j}+1$ 的质因数 $p<n$ 并且 $p\nmid\dfrac{n!}{j}$,所以对于 $i\neq j,2\leqslant i\leqslant n,p\nmid i$,从而 $p\nmid(n!+i)$.

6. 设 $n\mid(2^n-1)$. 令 p 为 n 的最小质因数,b 为满足 $2^b\equiv 1\pmod p$ 的最小正数,$n=qb+r$,$0\leqslant r<b$,则 $2^r=2^{n-qb}\equiv 1\pmod p$. 由 b 的最小性,$r=0,b\mid n$. 但由费马小定理 $b\leqslant p-1$. 这与 p 为 n 的最小质因数矛盾.

7. $f(0)=1,f(1)=0$. 若 $n\neq 0,1$,则 $(n-1)f(n)=(p-1)n^{p-1}-\dfrac{n^{p-1}-1}{n-1}\equiv p-1\pmod p$,$f(n)\equiv-(n-1)^{-1}\pmod p$ 互不相同.

8. $p\mid n$ 时,取 x 为 p 的倍数. $p\nmid n$ 时,取 $x\equiv n\pmod p$,$x\equiv 1\pmod{(p-1)}$. 从而 $x^x\equiv 1\pmod{(p-1)}$,$x^{x^x}\equiv x\equiv n\pmod p$.

9. 将 m 的质因数分解式分成两部分,前一部分中的质数均整除 a,后一部分中的质数不整除

a. 两部分的积分别为 $m_1,m_2(m_1,m_2$ 可能为 $1)$. $a+bm_2$ 与 m 互质,因为 m 的质因数 p 恰整除 a,bm_2 中的一个. 于是 $a+b(m_2+km)$ 与 m 互质.

10. 对于 $k\in\{1,2,\cdots,p-1\}$,有唯一的 $h\in\{1,2,\cdots,p-1\}$ 满足 $kh\equiv1(\bmod\ p)$,并且 k 不同时 h 也互不相同. $(p-1)!\cdot h\equiv\dfrac{(p-1)!}{k}\cdot kh\equiv\dfrac{(p-1)!}{k}(\bmod\ p)$,所以 $\dfrac{((p-1)!)^2a}{b}$

$\equiv\sum\dfrac{((p-1)!)^2}{k^2}\equiv((p-1)!)^2\sum h^2=((p-1)!)^2\cdot\dfrac{p(p-1)(2p-1)}{6}\equiv0(\bmod$

$p)$,从而 $p\mid a\left(\text{直接将}\ \dfrac{1}{k}\ \text{写成}\ h,\text{不乘}(p-1)!,\text{也是正确的证法}\right)$.

11. 设 $n=qb+r,0\leqslant r<b$,则 $a^r=a^{n-q\phi}\equiv1(\bmod\ m)$. 由 b 的最小性,$r=0$.

12. 设 d 为满足 $2^d\equiv1(\bmod\ p)$ 的最小自然数,则 $d\mid n,d\mid(p-1)$. 由于 $p^2\nmid(2^n-1)$,所以 $p^2\nmid(2^d-1)$. 设 $p-1=dm,1\leqslant m<p,2^d-1=pk,p\nmid k$. 则有 $2^{p-1}-1=(1+pk)^m-1\equiv pkm\not\equiv0(\bmod\ p^2)$.

13. $n=9$.

一方面,任意 9 个不同整数,如果其中有四个数 a,b,c,d 满足 $a\equiv c,b\equiv d(\bmod\ 20)$,那么 $a+b-c-d$ 被 20 整除. 因此可以设 $\bmod\ 20$ 后,这 9 个数至少属于 7 个不同的剩余类. 考虑这 7 个互不同余的数,它们两两的和共有 $C_7^2=\dfrac{7\times6}{2}=21$ 个,因而必有两个和同余$(\bmod$ $20)$. 但由于 7 个数互不同余,所以 $a+b\not\equiv a+c(\bmod\ 20)$,从而只能是 $a+b\equiv c+d(\bmod$ $20)$,即有不同的数 a,b,c,d,使得 $a+b-c-d$ 被 20 整除.

另一方面,8 个数 $0,20,40,1,2,4,7,12$ 中任四个数 a,b,c,d,都不能使 $a+b-c-d$ 被 20 整除.

14. $a_1=1$,易知 $a_2=3,a_3=4,a_4=7,a_5=10$.

设 $1,2,\cdots,9n$ 中恰有 $\{a_n\}$ 的前 $4n$ 项,它们是 $\bmod\ 9$ 余数为 $1,3,4,7$ 的那些数,则 $9n+1$ 添入这个数列作为 a_{4n+1} 后,$a_i+a_j\equiv1,2,4,5,6,7,8(\bmod\ 9)$,$3a_k\equiv0,3(\bmod\ 9)$,$a_i+a_j\not\equiv3a_k$. 因为 $(9n+2)+1=3(3n+1)$,而 $3n+1\equiv1,4,7(\bmod\ 9)\in\{a_n\}$,所以 $9n+2\notin\{a_n\}$.

同理可证 $9n+3,9n+4,9n+7\in\{a_n\}$,而 $(9n+5)+7=3(3n+4),(9n+6)+(9n+6)=3(6n+4),(9n+8)+4=3(3n+4),(9n+9)+3=3(3n+4),3n+4,6n+4\in\{a_n\}$,所以 $9n+5,9n+6,9n+8,9n+9\notin\{a_n\}$.

于是 $\{a_n\}$ 由自然数中 $\bmod\ 9$ 余 $1,3,4,7$ 的数组成.

因为 $1\,998=499\times4+2$,所以 $a_{1\,998}=499\times9+3=4\,494$.

15. $n=2^k$,k 为非负整数.

一方面,如果 n 有奇因数 $s>1$,那么 2^s-1 是 $2^n-1=(2^s)^{\frac{n}{s}}-1$ 的因数. 如果 2^n-1 是 m^2+9 的因数,那么 2^s-1 是 m^2+9 的因数. 因为 $3\nmid(2^s-1)$,并且 $2^s-1\equiv-1(\bmod\ 4)$,所以 2^s-1 必有一个质因数 $p>3$ 并且 $p\equiv-1(\bmod\ 4)$,从而 $m^2\equiv-9(\bmod\ p)$两边 $\dfrac{p-1}{2}$

次方得 $m^{p-1}\equiv-3^{p-1}\pmod{p}$. 由费马小定理得 $1\equiv-1$ 或 $0\equiv-1\pmod{p}$, 矛盾.

另一方面, $2^{2^t}-1=(2^{2^{t-1}}+1)(2^{2^{t-1}}-1)=\cdots=(2^{2^{t-1}}+1)(2^{2^{t-2}}+1)\cdots(2^2+1)(2+1)$. 同余方程 $x^2\equiv-1\pmod{(2^{2^t}+1)}$ 有解 $x\equiv2^{2^{t-1}}\pmod{(2^{2^t}+1)}$. 而 $j>i$ 时, $(2^{2^j}+1,2^{2^i}+1)=(2^{2^{i+1}}-1,2^{2^i}+1)=\cdots=(2^{2^i}-1,2^{2^i}+1)=1$, 所以根据中国剩余定理, 同余方程组 $x\equiv2^{2^{j-1}}\pmod{(2^{2^j}+1)}(j=1,2,\cdots,k-1)$ 有解 x_0.

令 $m=3x_0$, 则 $m^2+9=9(x_0^2+1)$ 被 $2^{2^k}-1$ 整除.

16. 首先取 n 个平方数 $a_1^2,a_2^2,\cdots,a_n^2$. 可以假定 $n!\,|\,a_i(1\leqslant i\leqslant n)$, 否则用 $n!\,a_i$ 代替原来的 a_i. 令

$$r_i=a_i^2\prod_{1<k\leqslant n}\prod_{\substack{j_1,j_2,\cdots,j_k\text{为}1,2,\cdots,\\n\text{的任一}k\text{元组合}}}\left(\frac{a_{j_1}^2+a_{j_2}^2+\cdots+a_{j_k}^2}{k}\right)^{2\beta_{j_1,\cdots,j_k}},$$

其中 $\beta_{j_1,\cdots,j_k}$ 是自然数, 将在下面确定, $i=1,2,\cdots,n$.

$A=\{r_1,r_2,\cdots,r_n\}$, 则 (ⅰ), (ⅱ) 显然满足 (r_i 都是平方数).

取一串奇质数 $p_{j_1,j_2,\cdots,j_k}$, $j_1,j_2,\cdots,j_k$ 是 $1,2,\cdots,n$ 的 k 元组合, $2\leqslant k\leqslant n$.

由中国剩余定理, 存在 $\beta_{j_1,\cdots,j_k}$ 满足

$$2\beta_{j_1,j_2,\cdots,j_k}\equiv-1\pmod{p_{j_1,\cdots,j_k}},\ \beta_{j_1,j_2,\cdots,j_k}\equiv0\pmod{p'_{j_1,\cdots,j_k}},$$

其中 $p'_{j_1,\cdots,j_k}=\dfrac{P}{p_{j_1,\cdots,j_k}}$, P 是所取的所有质数的积. 对这样的 $\beta_{j_1,\cdots,j_k}$, $\dfrac{r_{j_1}+r_{j_2}+\cdots+r_{j_k}}{k}$ 是 $p_{j_1,\cdots,j_k}$ 次幂.

17. 如果 n 为质数, 由第 11 讲例 8, 结论成立. 设在 n 的因数个数少于 s 时结论成立, 考虑有 $s>2$ 个因数的 n. 这时 $n=ab,a,b$ 均为它的真因数. 由归纳假设, 从 $2n-1$ 个已知数中可以选出 $m_1^{(1)},m_1^{(2)},\cdots,m_1^{(a)}$, 它们的和被 a 整除. 再从剩下的 $2n-1-a$ 个数中选出 $m_2^{(1)}$, $m_2^{(2)},\cdots,m_2^{(a)}$, 它们的和被 a 整除. 依此类推, 直至从最后的 $2a-1(=2n-1-(2b-2)a)$ 个数中选出 $m_{2b-1}^{(1)},m_{2b-1}^{(2)},\cdots,m_{2b-1}^{(a)}$, 它们的和被 a 整除. 设各个和除以 a 所得的商为 m_1, $m_2,\cdots,m_{2b-1}$. 则从这些商中 (根据归纳假设) 可以选出 b 个数, 它们的和被 b 整除. 不妨设

$$m_1+m_2+\cdots+m_b=kb,k\in\mathbf{Z}(\text{整数集}).$$

则

$$(m_1^{(1)}+\cdots+m_1^{(a)})+\cdots+(m_b^{(1)}+\cdots+m_b^{(a)})=a(m_1+\cdots+m_b)=kab,$$

即 n 个数 $m_1^{(1)},\cdots,m_1^{(a)},\cdots,m_b^{(1)},\cdots,m_b^{(a)}$ 满足要求.

18. $a-1\geqslant2$. 设 p 为 $a-1$ 的质因数. 取 $b_1=1$. 显然 $a^{b_1}-1$ 被 b_1 整除. 设已有 $b_1,b_2,\cdots,b_n$ 满足要求. 令 $b_{n+1}=pb_n$, 则

$$a^{b_{n+1}}-1=a^{pb_n}-1=(a^{b_n}-1)(a^{(p-1)b_n}+a^{(p-2)b_n}+\cdots+1).$$

由于 $a-1$ 被 p 整除, 所以 $a^{(p-1)b_n},a^{(p-2)b_n},\cdots,1$ 除以 p 时余数均为 1, 从而这 p 个数的和被 p 整除.

由归纳假设, $b_n\,|\,(a^{b_n}-1)$. 因此

$$pb_n\,|\,(a^{b_n}-1)(a^{(p-1)b_n}+a^{(p-2)b_n}+\cdots+1).$$

即 $b_{n+1}\,|\,(a^{b_{n+1}}-1)$. 这样得到的数列 $b_1,b_2,\cdots$ 满足要求 (易算出 $b_{n+1}=p^n$).

对于 $a=2$ 命题不成立, 参见习题 11 第 6 题.

习题 12

1. 两堆棋子个数之差是一个偶数 $2m$. 将 m 表示为例 3 中的 $a_0 + a_1 \times 3 + \cdots + a_k \times 3^k$, $a_i \in \{0, \pm 1\}$, a_i 为正, 表示将 3^{i-1} 枚棋子从多的一堆移向少的一堆, a_i 为负, 表示相反的移动. 经若干次后, 多的一堆减少了 m 枚棋子, 这时两堆棋子数相同.

2. $A_n B_{n-1} - A_{n-1} B_n = (x_n a^{n-1} + A_{n-1}) B_{n-1} - (x_n b^{n-1} + B_{n-1}) A_{n-1} = x_n (a^{n-1} B_{n-1} - b^{n-1} A_{n-1}) = \cdots = x_n (x_{n-1}(a^{n-1} b^{n-2} - a^{n-2} b^{n-1}) + \cdots + x_0 (a^{n-1} - b^{n-1}))$.

3. 对 k 用归纳法易证 $5^k \parallel (2^{2 \times 5^{k-1}} + 1)$. 如果 $2^d \equiv 1 \pmod{5^k}$ 且 d 为最小正数, 则 $d \mid \varphi(5^k)$, 从而 $d = \varphi(5^k)$ 或 $d \mid 4 \times 5^{k-2}$, 但 $2^{4 \times 5^{k-2}} - 1 = (2^{2 \times 5^{k-2}} + 1)(2^{2 \times 5^{k-2}} - 1)$ 被 5^{k-1} 整除, 不被 5^k 整除, 所以 $d \nmid 4 \times 5^{k-2}$.

4. 由于 $p \mid C_p^i (1 \leqslant i \leqslant p-1)$, 所以 $(1+x)^p \equiv 1 + x^p \pmod{p}$. 从而 $(1+x)^a \equiv (1+x^p)^{a_i} \cdots (1+x^p)^{a_1} (1+x)^{a_1} \pmod{p}$. 比较两边 x^b 的系数即得.

5. 未必. 设 x_1, x_2, x_3 的二进制 (小数) 表示 $0. a_{i1} a_{i2} a_{i3} \cdots (i = 1, 2, 3)$ 中, $a_{1j}, a_{2j}, a_{3j} (j = 1, 2, \cdots)$ 恰有一个为 1, 则无论调整多少次, 总有大于 $\dfrac{1}{2}$ 的 x_i. 由于 1 可以随心所欲地分配给 a_{1j}, a_{2j}, a_{3j} 中的任意一个, 当然可使 x_1, x_2, x_3 均为无理数.

6. 由例 11, 前 2^{10} 个魔数之和为 $2^9 (2^{11} - 1)$. 前 $1\,991 = 2^{10} + 2^9 + 2^8 + 2^7 + 2^6 + 2^2 + 2 + 1$ 个魔数之和为

$2^9 (2^{11} - 1) + (2^{11} \times 2^9 + 2^8 (2^{10} - 1)) + ((2^{11} + 2^{10}) \times 2^8 + 2^7 \times (2^9 - 1)) + ((2^{11} + 2^{10} + 2^9) \times 2^7 + 2^6 \times (2^8 - 1)) + ((2^{11} + 2^{10} + 2^9 + 2^8) \times 2^6 + 2^5 \times (2^7 - 1)) + ((2^{11} + 2^{10} + 2^9 + 2^8 + 2^7) \times 2^2 + 2 \times (2^3 - 1)) + ((2^{11} + 2^{10} + 2^9 + 2^8 + 2^7 + 2^3) \times 2 + (2^2 - 1)) + ((2^{11} + 2^{10} + 2^9 + 2^8 + 2^7 + 2^3 + 2^2) \times 1 + 1) = 2^{31} + 2^{20} + 2^{19} + 2^{18} + 2^{14} + 2^{13} + 2^{12} + 2^{11} + 2^7 + 2^6 + 2^3 + 2^2 + 2 = 3\,963\,086$.

7. (a) 易知 $f(A) \leqslant A$, $10^n f(A) \equiv A \pmod{19}$. (b) 中 $A_k = 19$.

8. 有. 令 $a_1 = 99990999809997 \cdots 0000100000$, $d = 10000100001 \cdots 00001$ (d 比 a_1 少 3 位). 这样作成的等差数列各项严格递增. 对于 $k < 9\,999$, a_1 的第 n 段 (自右起每 5 个数为 1 段) 与 k 的和的数字和即 a_1 的第 $n-1$ 段与 $k+1$ 的和的数字和. 因此数字和 $S(a_1 + (k+1)d)$ 与 $S(a_1 + kd)$ 的差即 $S(k+1+9\,999) - S(k) = 1 + S(k) - S(k) = 1$, 从而 $a_1, a_2, \cdots, a_{10\,000}$ 这 10\,000 项, 每项的数字和比前一项的数字和大 1.

9. 设公差为 d, d 的末尾如果有 0, 可将 0 删去 (每一项也删去同样长的尾巴), 不影响结论. d 的末尾如果为偶数, 用 $5d$ 代替 d, 并删去末尾的 0. 因此可设 d 与 10 互质, 从而存在 d 的倍数, 数字全为 1 (参见第 10 讲例 4). 于是可设 $d = 11 \cdots 1$. 进一步可设 $d = 99 \cdots 9 = 10^n - 1$. 于是 $a + d$ 即 a 的 n 位上加 1, 个位上减 1, 从而仅在 a 的个位为 0 时, $a + d$ 的数字和才可能比 a 的数字和大, 但这时 $a + 2d$ 的数字和不大于 $a + d$ 的数字和. 因此所求的无穷数列不存在.

10. 考虑三进制中, 不含数字 2 并且位数小于等于 11 的数所成的集 M. $|M| = 2^{11} - 1 > 2\,000$. M 中的数 $\leqslant 3^{10} + 3^9 + \cdots + 1 = \dfrac{1}{2}(3^{11} - 1) < 10^5$. 如果 $x, y, z \in M$, 并且 $x + z = 2y$,

则由于 $2y$ 的各位数字为 0 或 2,所以 $x+z$ 也是如此. 从而 x,z 在同一位上的数字同为 0 或同为 1,即 $x=z$. 因此,M 中任三个不同的数不成等差数列.

11. 可以用归纳法证明更一般的结论:

对于任意自然数 m,存在由 1 与 0 组成的自然数 n,它的数字和 $S(n)=m$,并且 $S(n^2)=m^2$. $m=1$ 时,取 $n=1$ 即可.

设对于 m,数 n 满足要求,令 $n_1=n\times 10^{k+1}+1$,其中 k 为 n 的位数,则 n_1 由数字 0,1 组成,并且 $S(n_1)=S(n)+1=m+1$,$S(n_1^2)=S(n^2\times 10^{2k+2}+2n\times 10^{k+1}+1)=S(n^2)+2S(n)+1=m^2+2m+1=(m+1)^2$.

12. 对自然数 n,令 $a_n=(5\times 10^{n-1}-1)^2$,$b_n=(10^n-1)^2$,则 a_n,b_n 都是 $2n$ 位,且 $a_n\times 10^{2n}+b_n=(5\times 10^{2n-1}-10^n)^2+(10^n-1)^2=(5\times 10^{2n-1})^2-10^{3n}+2\times 10^{2n}-2\times 10^n+1=(5\times 10^{2n-1}-10^n+1)^2$.

13. 采用二进制. 先用归纳法证明:n 个数中必恰有 3 个或 4 个数的末尾 j 位完全相同(其余的与它们不同),这里 j 为一非负整数. 当 $n=3,4$ 时,取 $j=0$. $n\geqslant 5$ 时,考虑 n 个数的(右数)第一次数字不全相同处,数字为 0 与为 1 的两类中,必有一类的个数不小于 3,同时又必小于 n,援引归纳假设即得. 对于原来问题,取 2^j 为公差,上述相同的末 j 位所成的数为首项即可.

习 题 13

1. 最小值为 $7=12^1-5^1$. 首先 $|12^m-5^n|$ 一定是奇数. 由于 $|12^m-5^n|$ 不被 3,5 整除,所以 $|12^m-5^n|$ 不等于 3,5. 如果 $|12^m-5^n|=1$,mod 13,左边 $\equiv 5\pm 1,1\pm 1$,矛盾.

2. 设 $\triangle ABE$ 的边长为 a,b,c,s 为 $\frac{1}{2}(a+b+c)$,则 $\sqrt{s(s-a)(s-b)(s-c)}=2s$. 可化为 $xyz=4(x+y+z)$,其中令 $a=y+z$,$b=z+x$,$c=x+y$. 于是由第 3 题得

a	12	8	25	15	10
b	5	6	6	7	9
c	13	10	29	20	17

$\triangle BEC$,$\triangle CED$ 的边长也由上表给出. 由于它们面积互不相同,表中每组解至多出现一次. 又因为 EB,EC 必须出现两次,所以当取表中 2,3,5 列为解,并且 $\triangle BEC$ 的边为 6,8,10,$BC=8$. 由此不难得出 $\triangle ADE$ 的面积为 90.

3. 不妨设 $x\geqslant y\geqslant z$. 于是 $4x<xyz\leqslant 12x$,$4<yz\leqslant 12$. 枚举 y,z 的各种可能,得出解为

x	10	6	24	14	9
y	3	4	5	6	8
z	2	2	1	1	1

4. 任取 x,令 $y=x!-1$,$z=x!$.

5. $2^x-3^y=1$ 有解 $(2,1)$. mod 3 得 x 为偶数,mod 4 得 y 为奇数 $2k+1$. 若 $x\geqslant 3$,mod 8 得 -3

数学竞赛研究教程

$\equiv 1$,矛盾. $3^y - 2^x = 1$ 有解 $(1,1),(3,2)$. 设 $x > 1$,mod 4 得 y 为偶数 $2k$,从而 $(3^k + 1)$ $(3^k - 1) = 2^x$. 由于 $(3^k + 1, 3^k - 1) = 2$,所以 $3^k - 1 = 2, k = 1, x = 3$.

6. $m(m+1) = p^{2l} n(n+1)$. 若 $m = p^{2l} x$,则 $n^2 + n = p^{2l} x^2 + x, n - x = p^{2l} x^2 - n^2 = (p^l x - n)(p^l x + n) \geqslant p^l x + n$,矛盾. 若 $m + 1 = p^{2l} x$,则 $n^2 + n = p^{2l} x^2 - x, n + x = p^{2l} x^2 - n^2 \geqslant p^l x + n$,矛盾.

7. $x^2 + (x+1)^2 = z^2$ 可化为 $(2x+1)^2 - 2z^2 = -1$. 它的解为 $x = \dfrac{1}{4}((1+\sqrt{2})^{2n+1} + (1-\sqrt{2})^{2n+1} - 2), z = \dfrac{1}{2\sqrt{2}}((1+\sqrt{2})^{2n+1} - (1-\sqrt{2})^{2n+1})$. 递推公式为 $x_n = 6x_{n-1} - x_{n-2} + 2$, $z_n = 6z_{n-1} - z_{n-2}$. $\{x_n\} = 3, 20, 119, 696, 4\,095, \cdots$. $\{z_n\} = 5, 29, 169, 985, 5\,741, \cdots$.

8. 不妨设 $(x_1, x_2, x_3, x_4) = 1$. mod 8,由于 x^2 与 $0, 1, 4$ 同余,并且 x_1, x_2, x_3, x_4 中至少有一个为奇数,所以 $x_1^2 + x_2^2 + x_3^2 + x_4^2 \not\equiv (\bmod 8)$.

9. $\dfrac{1}{2} kn(n+1) = 26n$,从而 $k(n+1) = 52$. (n,k) 为 $(3,13),(12,4)$ 或 $(25,2)$.

10. 令 $m = 2^{2n}$,$(2^{2n-k-1} + 2^{k-1}, 2, 2^{2n-k-1} - 2^{k-1}, 2)(k = 1, 2, \cdots, n)$ 就是 n 个解.

11. 对任意自然数 n,将 $[0,1]$ 分为 n 等分. 由于 $m\sqrt{d} - [m\sqrt{d}](m = 0, 1, \cdots, n)$ 均落入 $[0,1]$ 中,必有两个在同一等分中,其差 $|t\sqrt{d} - s| < \dfrac{1}{n} \leqslant \dfrac{1}{t}$.

12. 令 $y = tx$,则 $x = t^2 - 1, y = t(t^2 - 1)(t \in \mathbf{Q})$ 为曲线上的有理点.

13. x, y 的奇偶性一定相同,因而 $x \geqslant y + 2, 5y \cdot 2^{2n} \geqslant yz = \dfrac{x^{2n+1} - y^{2n+1} - 2^{2n+1}}{x} \geqslant$

$$\dfrac{(y+z)^{2n+1} - y^{2n+1} - 2^{2n+1}}{y+z} = \dfrac{\sum\limits_{k=1}^{2n} C_{2n+1}^k y^{2n+1-k} 2^k}{y+2} = \dfrac{1}{y+2} \sum\limits_{k=1}^{n} C_{2n+1}^k (y^{2n+1-k} 2^k + y^k 2^{2n+1-k}) \geqslant$$

$$\sum\limits_{k=1}^{n} C_{2n+1}^k y^n 2^n = y^n \cdot 2^n (2^{2n} - 1),$$

所以 $5 \geqslant y^{n-1}\left(2^n - \dfrac{1}{2^n}\right)$,从而 $n = 2, y = 1$. $80 \geqslant z = \dfrac{x^5 - 2^5 - 1}{x}$ 导出 $x \leqslant 4$,从而 $x = 3, z = 70$.

14. 由原方程及 y^2, z^3, xyz 均被 z^2 整除得出 $z^2 | x$. 设 $x = az^2, y = bz$,则 $a + b^2 + z = abz^2$,从而 $b | (a+z)$. 如果 $z \geqslant 3$,那么 $abz^2 \geqslant 3az \geqslant 2az + 3 \geqslant 2(a+z) + 1 > a + b^2 + z^2$. 所以 $z = 1$ 或 2,并且在 $z = 2$ 时,$b = 1$ 或 $a = 1$,从而 $a = 1, x = 4, y = 2$;或 $b = 3, x = 4, y = 6$. 在 $z = 1$ 时,方程成为 $a + b^2 + 1 = ab$,即 $(a-b)(b-1) = (b-1) + 2, (b-1) | 2, b = 2$ 或 $3, a = 5, x = 5, y = 2$ 或 3. 本题共有四组解:$(x,y) = (4,2), (4,6), (5,2), (5,3)$.

15. $(10, 10, 0, -1)$ 是一组解. 由 $(10+n)^3 + (10-n)^3 + z^3 = 2\,000$ 化简得 $60n^2 = (-z)^3$. 因此 $n = 60s^3, z = -60s^2$. 即本题有无穷组解 $x = 10 + 60s^3, y = 10 - 60s^3, z = -60s^2, t = -1$,其中 s 为任一整数.

16. $(x-y)(x^2 + xy + y^2) = z^2$. 由于 $(x-y, x^2 + xy + y^2) = (x-y, 3y^2)$,而 $(3y^2, z^2) = 1$,所以 $(x-y, x^2 + xy + y^2) = 1$. 从而 $x - y = s^2, x^2 + xy + y^2 = t^2$. 由后一方程得 $t^2 - x^2 = $

$y(x+y).$ 因为 $t^2 < (x+y)^2, t-x < y,$ 从而 $t-x$ 不被 y 整除, $t+x$ 被 y 整除. 令 $t+x=ky,$ 则 $k(t-x)=x+y.$ 由 $x-ky-t=0, (1+k)x+y-kt=0$ 解得 $x=\dfrac{k^2-1}{k^2+k+1}t, y=$

$\dfrac{2k+1}{k^2+k+1}t. (2k+1, k^2+k+1)=(2k+1, k+2)=(2k+1, 3)\,|\,3,$ 所以 $t=k^2+k+1, x=$

$k^2-1, y=2k+1;$ 或 $t=\dfrac{k^2+k+1}{3}, x=\dfrac{k^2-1}{3}, y=\dfrac{2k+1}{3}.$ 前一种情况, $x-y=k^2-1-$

$(2k+1)=(k-1)^2-3=s^2,$ 从而 $k-1=2, s=1, k=3, x=8, y=7, z=13.$ 后一种情况, 因为 t 为整数, $k=3h+1, x=3h^2+2h, y=2h+1, x-y=3h^2-1=s^2, \bmod 3$ 即知无解. 所以本题只有一组解 $x=8, y=7, z=13.$

17. $y \geqslant 0$ 时, $y^3 < x^3 < y^3+2y^2+1 \leqslant (y+1)^3,$ 所以 $y=0, x=1.$ $y<0$ 时, 令 $u=-y, v=-x,$ 则 $v^3=u^3-2u^2-1 < u^3.$ $u > 3$ 时, $(u-1)^3 < u^3-2u^2-1.$ 所以 $u \leqslant 3.$ $u=3$ 时, $v=2, x=-2, y=-3.$ $u=2$ 时, $v=-1, x=1, y=-2.$ $u=1$ 时无解.

18. $x=y$ 时, $x=y=1.$ 设 $y>x.$ 对所有质数 p, p 在 y 中的次数与 p 在 x 中的次数之比 $=\dfrac{y+x}{y-x}>1,$ 因此 $x\,|\,y.$ 设 $y=tx,$ 则 $x^{(t+1)x}=(tx)^{(t-1)x},$ 即 $t^{t-1}=x^2.$ 如果 t 为奇数, 则 $x=t^{\frac{t-1}{2}}, y=t^{\frac{t+1}{2}}.$ 如果 t 为偶数, 则 $t=s^2, x=s^{s^2-1}, y=s^{s^2+1}.$

习 题 14

1. x 与 z 互质, 所以公式 $(9)\sim(11)$ 中 $d=1,$ 并且 z 为奇数, x 为偶数. 由 $u^2+v^2=2uv+1,$ 得 $u-v=1.$ 从而 $x=2v(v+1), y=2v+1, z=2v^2+2v+1.$

2. $x=2ab, y=|4a^4-b^4|, z=4a^4+b^4, (a, b)=1, b$ 为奇数.

3. $\bmod 4$ 知 x, y, z 中至少有两个为偶数. 设 $y=2l, z=2m.$ 则 $(w+x)(w-x)=4l^2+4m^2.$ 令 n 为 l^2+m^2 的因数, 并且 $n<\sqrt{l^2+m^2}, \dfrac{w-x}{2}=n, \dfrac{w+x}{2}=\dfrac{l^2+m^2}{n}.$ 从而 $x=\dfrac{l^2+m^2-n^2}{n}, w=\dfrac{l^2+m^2+n^2}{n}.$

4. $x^2=u^2-v^2, y^2=uv, z=u^2+v^2, (u, v)=1,$ 并且 v 为偶数. 从而 $u=s^2, v=t^2, u+v=c^2, u-v=d^2.$ 由例 4, 这是不可能的.

5. 如果 $ab=2n^2, a^2+b^2=c^2,$ 则可得 $a=2s^2, b=t^2.$ 从而 $4s^4+t^4=c^2.$ 所以本题的答案是否定的.

6. $(2x)^n=(2z)^{n-1},$ 从而 $2x=k^{n-1}, 2z=k^n.$

7. $2^n=2^{n-1}+2^{n-2}+\cdots+2^6+2^5+1^4+3^3+2^2 (n \geqslant 6),$ 又 $2^5=1^4+3^3+2^2, 4^3=8^2, (3^2)^4=(3^2 \times 2)^3+(3^3)^2.$

8. (t, t, t^2) 是解.

9. x, y 必须为奇数, 从而 $4\,|\,z.$ 令 $z=4t,$ 则 $x^2+y^2+2=4xyt.$ 易知 $x \neq y.$ 不妨设 $x>y.$ 在

(x,y) 为解时，$(y,4yt-x)$ 也是解. 易知 $4yt>x$，并且 $4yt-x=\dfrac{y^2+2}{x}<y$，除非 $y=1$，$x=$ 3，$t=1$. 所以由无穷递降法，$t>1$ 时无解. $t=1$ 时，有无穷多组解：$(1,1)$，$(3,1)$，$(11,3)$，$(41,11)$，…. 一般地 $x_n=4x_{n-1}-y_{n-1}$，$y_n=x_{n-1}(n=1,2,\cdots)$，$t=1$，$z=4$.

10. 有解，如 $x_1=\cdots=x_{1985}=y=1\,985$，$z=1\,985^2$.

11. $(1,1,\cdots,1)$ 显然是解. 若 $(x_1,x_2,\cdots,x_{1991})$ 是解，则 $(x_1+t)^2+x_2^2+\cdots+x_{1991}^2=t^2+2x_1t$ $+1\,991x_1x_2\cdots x_{1991}=1\,991(x_1+t)x_2\cdots x_{1991}+t(2x_1+t-1\,991x_2x_3\cdots x_{1991})$. 取 $t=$ $1\,991x_2x_3\cdots x_{1991}-2x_1$，便有 $(x_1+t)^2+x_2^2+\cdots+x_{1991}^2=1\,991(x_1+t)x_2\cdots x_{1991}$. 于是，若 x_1 是 $x_1,x_2,\cdots,x_{1991}$ 中最小的，总可以用上面的方法使它增大（即用 $x_1+t=$ $1\,991x_2\cdots x_{1991}-x_1$ 代替 x_1），从而可得出无穷多组解.

12. $3(4x-3)^2-2(6y+1)^2=1$. 令 $u=3(4x-3)-2(6y+1)=12x-12y-11$，$v=-(4x-3)+(6y+1)=-4x+6y+4$，得沛尔方程 $u^2-6v^2=1$. $(u_0,v_0)=(1,0)$，$(u_1,v_1)=(5,2)$，$(u_n,v_n)=10(u_{n-1},v_{n-1})-(u_{n-2},v_{n-2})$. $x_n=\dfrac{u_{2n}+v_{2n}+3}{4}$，$y_n=\dfrac{u_{2n}+3v_{2n}-1}{6}$ 是原方程的整数解，$(x_0,y_0)=(1,0)$，$(x_1,y_1)=(28,18)$，$x_n=98x_{n-1}-x_{n-2}-72$，$y_n=98y_{n-1}-y_{n-2}+16$.

13. 由齐次性可设 x,y,z 均为整数，考虑 x,y,z 中 3 的幂，易知 $x=y=z=0$.

14. mod 3. 由于 $(x-y)^2\not\equiv 2(\bmod\ 3)$，所以方程无整数解.

15. 两边 mod 11. 左边同余于 $1,3,4,5,9$. 而右边同余于 $6,8$.

16. 显然 $n>m$，又有 $x^n<x^n+y^n=(x+y)^m<(2x)^m$，即 $x^{n-m}<2^m$. 从而 $n-m<m$，$n<2m\cdots①$. 如果 $m=2$，那么 $n=3$，$x^3+y^3=(x+y)^2$，分解并化简得 $x^2-xy+y^2=x+y$. 由于 $x^2-xy+y^2=x(x-y)+y^2\geqslant x+y$，所以 $x-y=1$，$y^2=y$，即 $x=2$，$y=1$. 显然 $x=2$，$y=1$，$m=2$，$n=3$ 是一组解.

以下证明 $m\geqslant 3$ 时无解. 假设这时有解，先设 x,y 互质. 令 p 为 x^n+y^n 的一个质因数，则 $p\mid(x+y)^m$，从而 $p\mid(x+y)$. 设 $x+y=p^\delta\cdot t$，其中 $p\nmid t$. 由于 x,y 互质，所以 $p\nmid y$. 而 $x^n+y^n=(p^\delta t-y)^n+y^n=t^np^{\delta n}-\cdots\pm ntp^\delta+(-1)^ny^n+y^n\cdots②$. 被 p 整除. 如果 n 为偶数，那么 p 必须为 2. 从而 $x^n+y^n=2^k$（k 为正整数）. 但这时 x^n，y^n 均除以 4 余 1（x,y 必同为奇数），所以 $x^n+y^n=2$ 这显然不成立. 因此 n 为奇数.

如果 $m=3$，那么 $n=5$. 由①，$x^2=x^{n-m}<2^m=8$，从而 $x=2$，$y=1$. 但 $2^5+1^5\neq(2+1)^3$，所以 $m\neq 3$.

设 n 的质因数分解式中 p 的次数为 α. 当 $j\geqslant 3$ 时，$C_n^jp^{\delta j}=\dfrac{n}{j}C_{n-1}^{j-1}P^{\delta j}$ 中，p 的次数 $\geqslant\delta j+\alpha-v_{(j)}$（$v_{(j)}$ 表示 p 在 j 的分解式中的次数）$\geqslant\delta+\alpha+j-1-v_{(j)}>\delta+\alpha$（在 $v_{(j)}>1$ 时，$j\geqslant 2^{v_{(j)}}=(1+1)^{v_{(j)}}>1+v_{(j)}$. 而在 $v_{(j)}=0$ 或 1 时，显然 $j>1+v_{(j)}$）. 当 $j=2$ 时，亦有 $C_n^2p^{2\delta}=np^{2\delta}\cdot\dfrac{n-1}{2}$ 中 p 的次数 $\geqslant\alpha+2\delta>\alpha+\delta$. 所以由②，$x^n+y^n$ 中 p 的次数即 $\alpha+\delta$. 而 $(x+y)^m$ 中 p 的次数是 $m\delta$. 所以 $\alpha+\delta=m\delta$，即 $\alpha=(m-1)\delta$. 但 $m\geqslant 4$ 时，$\alpha<\log_2 n$

$\leqslant \log_2(2m-1)\leqslant m-1\leqslant (m-1)\delta$. 与上式矛盾.

现在考虑一般情况,设 d 为 x,y 的最大公约数,$x=dx_1,y=dy_1,x_1,y_1$ 互质. 代入原方程并化简得 $d^{n-m}(x_1^n+y_1^n)=(x_1+y_1)^m$. 与前面完全相同,考虑 $x_1^n+y_1^n$ 的质因数可得 n 为奇数,$m\geqslant 4$ 及 $x_1^n+y_1^n$ 中 p 的次数为 $\alpha+\delta$. 设 d 中 p 的次数为 β,则有 $(n-m)\beta+\alpha+\delta=m\delta$,即 $(n-m)\beta+\alpha=(m-1)\delta\cdots$③. 对 $x_1^n+y_1^n$ 的每一个质因数 p,均有一个形如③的等式(不同的 p,对应的 α,β,δ 当然不一定相同),相加得 $(n-m)\sum\beta+\sum\alpha=(m-1)\sum\delta$. 又由①,$d^{n-m}\leqslant x^{n-m}<2^m$,所以 $(n-m)\sum\beta\leqslant(m-1)$. 从而 $\sum\alpha\geqslant(m-1)(\sum\delta-1)$.

另一方面,在 $m\geqslant 4$ 时,$\sum\alpha<\log_2 n\leqslant m-1$. 从而必有 $\sum\delta=1$,即 $x_1+y_1=$ 质数 p,$d=p^\beta,x_1^n+y_1^n=(x_1+y_1)^{m-(n-m)\beta}$. 根据上面所证必有 $x_1=2,y_1=1,n=3,m=2$. 于是,本题只有唯一解 $x=2,y=1,n=3,m=2$.

17. $(y+1)(y-1)=2x^4$,从而 y 为奇数,x 为偶数,$y\pm1=2a^4$,$y\mp1=16b^4$,$x=2ab$,a 为奇数. 于是 $a^4\pm1=8b^4$. mod 4 可知应为 $a^4-1=8b^4$. 从而 $a^2+1=2c^4$,$a^2-1=4d^4$,$c^4-2d^4=1$. 这样就由原来的一组解 (x,y) 产生一组新的解 (d,c). 而显然 $d<x$,于是由无穷递降可知方程无解.

习 题 15

1. $x=0,1,\cdots,25$ 都是 $P(x)$ 的根,所以 $P(x)=x(x-1)\cdots(x-25)Q(x)$,而 $Q(x)=Q(x-1)$. 若 $Q(x)$ 的次数 $n>0$,则它有 n 个复根 $x_1,\cdots,x_n$,而 $x_1+1,\cdots,x_n+1$ 也是它的 n 个根,两者之和不等,矛盾! 所以 $P(x)=ax(x-1)\cdots(x-25)$.

2. $x^2\equiv 1(\bmod\ (x^2-1))$,所以 $x^{19}+x^{17}+x^{13}+x^{11}+x^7+x^5+x^3\equiv 7x(\bmod\ (x^2-1))$.

3. 若 $x^3+bx^2+cx+d=(x+p)(x^2+qx+r),p,q,r\in\mathbf{Z}$,则由已知 $b+c,d=pr$ 为奇数,p 为奇数. 但令 $x=1$,x^3+bx^2+cx+d 为奇数,$x+p$ 却为偶数,矛盾.

4. $f(x)$ 除以 $x-b$ 的余数 $pb+l=qb+m$. 即 $p+\dfrac{l}{b}=q+\dfrac{m}{b}$. 从而 $\sum\left(\dfrac{l}{b}-\dfrac{m}{b}\right)=\sum(q-p)=0$,即 $\sum l\left(\dfrac{1}{a}-\dfrac{1}{b}\right)=0$.

5. $P(a)-P(b)=b-c,\cdots$,从而 a,b,c 中只要有两个相等,则 $a=b=c$. 若 a,b,c 互不相等,则 $(a-b)|(b-c),\cdots$,从而 $|a-b|\leqslant|b-c|\leqslant|c-a|\leqslant|a-b|,|a-b|=|b-c|=|c-a|$,$a=b=c$.

6. 只需证必要性. 设 $P(a)=a_2,P(a_2)=a_3,\cdots,P(a_{1990})=a_{1991}$,则 $P(a_{1991})=a$. 与上题类似,$a_2=a$.

7. 由 $u_1^n+u_2^n=u_3^n$,得 $a_1^n+a_2^n=a_3^n$,$\lambda_1 a_1^n+\lambda_2 a_2^n=\lambda_3 a_3^n$,$\lambda_1^2 a_1^n+\lambda_2^2 a_2^n=\lambda_3^2 a_3^n$,其中 $\lambda_i=\dfrac{b_i}{a_i}(i=1,$ $2,3)$. 从而 $\lambda_1=\lambda_2=\lambda_3$,结论成立. 以上假定 a_1,a_2,a_3 均非零,有零的情况更为简单(可以

认为包含在前面的情况中).

8. $xy+yz+zx=-\dfrac{1}{2}$, $xyz=\dfrac{1}{6}$, $x^4+y^4+z^4=\dfrac{25}{6}$.

9. 设 $\omega=\mathrm{e}^{\frac{2\pi i}{5}}$, 则令 $x=\omega,\omega^2,\omega^3,\omega^4$ 得出含有 $P(1),Q(1),R(1)$ 的方程, 解得 $P(1)=Q(1)=R(1)=0$. 于是令 $x=1$ 便有 $S(1)=0$.

10. 如果 n 为 $f(x)$ 的整根, 那么 $f(x)$ 的因式 $x-n$ 在 $x=1,2,\cdots,k$ 时跑遍 $\bmod k$ 的完系, 因而有 $j-n$ 被 k 整除, 更有 $k\mid f(j)$.

11. 各根均负, 设为 $-a_i$, 则 $\prod a_i=1$. 由 A-G 不等式, $a_k\geqslant C_n^k$, $f(2)\geqslant(2+1)^n=3^n$.

12. 设 $a^3+b^3=ka^2b$, k 为正整数, 则 $\dfrac{a}{b}$ 是方程 $x^3-kx^2+1=0$ 的正有理根. 而这方程的正有理根只有 1, 所以 $\dfrac{a}{b}=1$, $a=b$.

13. 设 $f(x)=g(x)h(x)$, g,h 为整系数多项式, 不是常数, 首项系数为 1, 则 $x^n\equiv g(x)h(x)$ $(\bmod 2)$. 因此可设 $g(x)=x^r+2(b_{r-1}x^{r-1}+\cdots+b_0)$, $h(x)=x^{n-r}+2(c_{n-r-1}x^{n-r-1}+\cdots+c_0)$, $1\leqslant r<n$. 比较常数项可得 $b_0=c_0=\pm 1$. $x^r\cdot 2(c_{n-r-1}x^{n-r-1}+\cdots+c_0)+x^{n-r}\cdot 2(b_{r-1}x^{r-1}+\cdots+b_0)\equiv 0(\bmod 4)$. 比较最低次项系数可知 $r=n-r$, 即 $n=2r$. 从而 $(c_{r-1}+b_{r-1})x^{r-1}+\cdots+(b_1+c_1)x\equiv 0(\bmod 2)$, $b_1+c_1\equiv 0(\bmod 2)$. $g(x)h(x)$ 的一次项系数为 $4(b_1c_0+c_1b_0)=4c_0(b_1+c_1)\equiv 0(\bmod 8)$, 与 f 的一次项系数为 4 矛盾.

习 题 16

1. 已知 $|f(i)|\leqslant 1$. 若 $f(x)=\prod(x-\alpha_j)$, α_j 全为实数, 则 $|f(i)|=\prod|i-\alpha_j|=\prod(1+\alpha_j^2)^{1/2}\geqslant 1$, 等号仅在所有 $\alpha_j=0$ 时成立. 而由 $a_n\neq 0$ 得 $\alpha_j\neq 0$.

2. 设 z 的实部 $R(z)\geqslant 4$, 则 $|z|\geqslant 4$, $R\left(\dfrac{1}{z}\right)>0$, $\left|\dfrac{f(z)}{z^n}\right|\geqslant\left|a_0+\dfrac{a_1}{z}\right|-\dfrac{a_2}{|z|^2}-\cdots-\dfrac{a_n}{|z|^n}>R\left(a_0+\dfrac{a_1}{z}\right)-\dfrac{9}{|z|^2}-\cdots-\dfrac{9}{|z|^n}\geqslant 1-\dfrac{9}{|z|^2-|z|}>0$, 所以 $f(z)$ 的根的实部小于 4.

3. 设 $f(x)=g(x)h(x)$, $\alpha_1,\alpha_2,\cdots,\alpha_k$ 为 $g(x)$ 的根, 则由上题, $R(\alpha_j)<4$. 从而 $g(4)\neq 0$, 在 g 为整系数多项式时, $|g(4)|\geqslant 1$. 同时 $|10-\alpha_j|>|4-\alpha_j|$, 所以 $|g(10)|=\prod|10-\alpha_j|>\prod|4-\alpha_j|=|g(4)|\geqslant 1$. 同理, $|h(10)|>1$. 但质数 $f(10)$ 不能分解为两个大于 1 的整数 $|g(10)|$, $|h(10)|$ 的积.

4. 记正 n 边形的顶点为 $\mathrm{e}^{\frac{2\pi i}{n}h}$, $h=0,1,\cdots,n-1$. 若 k 种颜色的顶点分别组成正 $s_1,s_2,\cdots,s_k$ 边形, $s_1+s_2+\cdots+s_k=n$, 而 $s_1<s_2<\cdots<s_k$, 则正 s_t 边形的顶点为 $\mathrm{e}^{\frac{2\pi i}{s_t}\cdot h_t+\theta_t}$ $(h_t=0,1,\cdots,s_t-1,t=1,2,\cdots,k)$, 而 $\displaystyle\sum_{t=1}^{k}\sum_{h_t=0}^{s_t-1}(\mathrm{e}^{\frac{2\pi i}{s_t}\cdot h_t+\theta_t})^{s_1}=s_1$ ($t=1$ 的部分, 和为 s_1. $t>1$ 的部分, 和为 0). 而这和也是 $\displaystyle\sum_{h=0}^{n-1}(\mathrm{e}^{\frac{2\pi i}{n}h})^{s_1}=0$. 矛盾.

5. 设 $u=(z_1-z_2)(z_3-z_4)$，$v=(z_1+z_4)(z_3-z_2)$，$w=z_1(z_2-z_3)+z_3(z_2-z_1)+z_4(z_1-z_3)$，则 $u+v=-w$，$u\bar{v}+\bar{u}v=0$（因为 $\bar{z}_j=\dfrac{1}{z_j}$），所以 $|w|^2=(u+v)(\bar{u}+\bar{v})=|u|^2+|v|^2$.

6. 以 B 为原点. 设 A,C 的复数表示分别为 a,c，则 $2M$ 为 $a+c$，$2P,2Q$ 分别为 $a\,\mathrm{e}^{-\frac{\mathrm{i}\pi}{3}}$，$c\,\mathrm{e}^{-\frac{\mathrm{i}\pi}{3}}$. 不难验证 $a\,\mathrm{e}^{-\frac{\mathrm{i}\pi}{3}}-a-c=\mathrm{e}^{\frac{\mathrm{i}\pi}{3}}(c\,\mathrm{e}^{-\frac{\mathrm{i}\pi}{3}}-a-c)$.

7. 以 M 为原点. C,A,B 分别为 $1,\mathrm{e}^{\frac{2\mathrm{i}\pi}{3}},\mathrm{e}^{\frac{4\mathrm{i}\pi}{3}}$，$D,E$ 分别为 $\lambda+\mu\mathrm{e}^{\mathrm{i}\cdot\frac{\mathrm{i}\pi}{3}}$，$\lambda+\mu\mathrm{e}^{\mathrm{i}\cdot\frac{\mathrm{i}\pi}{3}}$，$\lambda+\mu=1$. F 为 $D+B$. 注意 $\mathrm{e}^{\mathrm{i}\pi}=-1$，不难验证 $E=\mathrm{e}^{\frac{\mathrm{i}\pi}{3}}\cdot F$.

8. 在第 15 讲(12)中，令 $f(x)=1,n=2,\alpha_1,\alpha_2,\alpha_3$ 为点 A,B,C 的复数表示，取模即得.

9. 令 $\zeta=\mathrm{e}^{\frac{2\pi\mathrm{i}}{n}}$. $|a_n\zeta^{nk}+a_{n-1}\zeta^{(n-1)k}+\cdots+a_0|\leqslant M$，所以 $nM\geqslant\sum\limits_{k=1}^{n}|\zeta^{-jk}|\cdot|a_n\zeta^{nk}+\cdots+a_0|\geqslant$

$\left|\sum\limits_{k=1}^{n}(a_n\zeta^{(n-j)k}+\cdots+a_0\zeta^{-jk})\right|=n|a_j|$. $M\geqslant|a_j|$.

10. 在第 15 讲的拉格朗日恒等式中，取 $f(x)$ 为 1，然后再取模.

习 题 17

1. $t^4-t+\dfrac{1}{2}=\left(t^2-\dfrac{1}{2}\right)^2+\left(t-\dfrac{1}{2}\right)^2>0$.

2. 两边平方并注意 $(a+b)(b+c)(c+a)=ab(a+b)+bc(b+c)+ca(c+a)+2abc$，原不等式等价于 $b\sqrt{ac(a+b)(b+c)}+c\sqrt{ab(a+c)(b+c)}+a\sqrt{bc(a+b)(a+c)}>abc$. 由于 $\sqrt{ac(a+b)(b+c)}>\sqrt{ac\cdot a\cdot c}=ac$ 等，上式成立.

3. 原不等式等价于 $\dfrac{x_1-1}{(1+x_1^2)(1+x_1)}+\cdots+\dfrac{x_n-1}{(1+x_n^2)(1+x_n)}\leqslant 0$. 易知 $\dfrac{x_k-1}{(1+x_k^2)(1+x_k)}\leqslant$

$\dfrac{x_k-1}{4}$（当 $x_k>1(<1)$ 时，$(1+x_k^2)(1+x_k)\geqslant 4(\leqslant 4)$），所以

$$\frac{x_1-1}{(1+x_1^2)(1+x_1)}+\cdots+\frac{x_n-1}{(1+x_n^2)(1+x_n)}\leqslant\frac{(x_1-1)+\cdots+(x_n-1)}{4}=0.$$

4. $f=\dfrac{2am-m^2+n^2}{n}-(m+n)$ 是整数. 由(ⅱ)，m,n 奇偶性相同，且 $\dfrac{2am-m^2+n^2}{n}$ 是偶数，所以 f 也是偶数. (ⅲ) 即 $n^2+2mn\leqslant 2an-m(2a-m)<2an$，于是 $n+2m<2a$. 于是 f 为正数，$f\geqslant 2$. 取 $m=2,n=2\,000$，则(ⅰ)、(ⅱ)、(ⅲ)均成立，$f=2$，所以 $\min f=2$. 由(ⅲ) $2mn\leqslant(n-m)$ $(2a-n-m)$，所以 $n>m$. 设 $m=n-2t$. (ⅲ)即 $2t(a+t)\geqslant n^2$. $f=\dfrac{(n-2t)(2a-2n+2t)}{n}=$

$2a-2n-\dfrac{2t(2a-3n+2t)}{n}$. $t=1$ 时，$f=2a+6-2\left(n+\dfrac{2(a+1)}{n}\right)$. $n\,|\,2(a+1)=4\times 7\times 11\times$ 13，且 $n^2\leqslant 2(a+1)$，$n\leqslant 64$. 所以 $n\leqslant 52$，$f\leqslant 2a+6-2(52+77)=3\,750$. $t\geqslant 2$ 时，$f\leqslant 2a-$

$2n-\dfrac{4(2a-3n+4)}{n}=2a+12-2\left(n+\dfrac{4(a+2)}{n}\right)\leqslant 2a+12-4\sqrt{4(a+2)}<3\,750$. 在 $m=50$，

$n=52$ 时,(i),(ii),(iii)均成立,$f=3\,750$,所以 $\max f=3\,750$.

5. 设 $A\geqslant B\geqslant C$. (a) $\cos A+\cos B+\cos C\leqslant\cos 60°+\cos(A+C-60°)+\cos B\leqslant\cos 60°+2\cos 60°=\dfrac{3}{2}$.

(b) $\sin\dfrac{A}{2}\sin\dfrac{B}{2}\sin\dfrac{C}{2}\leqslant\sin\dfrac{60°}{2}\sin\dfrac{A+C-60°}{2}\sin\dfrac{B}{2}\leqslant\left(\sin\dfrac{60°}{2}\right)^3=\dfrac{1}{8}$.

6. $\sin A+\sin B+\sin C>\sin 90°+\sin(A+C-90°)+\sin B=1+\cos B+\sin B>2$.

7.
$$\sin A+\sin C-\cos A-\cos C=2\cos\dfrac{A-C}{2}\left(\sin\dfrac{A+C}{2}-\cos\dfrac{A+C}{2}\right)$$
$$\leqslant 2\cos\dfrac{A+C-120°}{2}\left(\sin\dfrac{A+C}{2}-\cos\dfrac{A+C}{2}\right)$$
$$=\sin 60°+\sin(A+C-60°)-\cos 60°-\cos(A+C-60°).$$
$$\sin B+\sin(120°-B)-\cos B-\cos(120°-B)=2(\sin 60°-\cos 60°)\cos(B-60°)$$
$$\leqslant 2(\sin 60°-\cos 60°).$$

当 $\triangle ABC$ 为锐角三角形时,

$\sin A+\sin C-\cos A-\cos C\geqslant\sin 90°+\sin(A+C-90°)-\cos 90°-\cos(A+C-90°)$,

$\sin B+\sin(A+C-90°)-\cos B-\cos(A+C-90°)=0$.

8. 在 $\dfrac{x}{k_1},\dfrac{y}{k_2},\dfrac{z}{k_3}$ 中不妨设 $\dfrac{x}{k_1}$ 最大. 若 $\dfrac{y}{k_2}\geqslant\dfrac{z}{k_3}$,令 $a=\dfrac{x}{k_1}-\dfrac{y}{k_2},b=\dfrac{y}{k_2}-\dfrac{z}{k_3}$,原不等式等价于 $(1-2k_3-2k_1k_2)a^2+(1-2k_1-2k_2k_3)b^2+(1-2k_2-2k_1k_3)(a+b)^2=2(k_1a-k_3b)^2+2ab(1-2k_2)\geqslant 0$. 若 $\dfrac{y}{k_2}<\dfrac{z}{k_3}$,令 $a=\dfrac{z}{k_3}-\dfrac{y}{k_2},b=\dfrac{x}{k_1}-\dfrac{z}{k_3}$,原不等式等价于 $(1-2k_3-2k_1k_2)(a+b)^2+(1-2k_1-2k_2k_3)a^2+(1-2k_2-2k_1k_3)b^2\geqslant 0$. 或将 k_1,k_2,k_3 作为三角形的三条边,则原不等式即例 8.

9. 可设 $0=x_1\leqslant x_2\leqslant x_3\leqslant x_4\leqslant 1$,并且非负数 $u=x_2,v=x_3-x_2,w=x_4-x_3$ 均 $\leqslant 1-x_4=t=1-u-v-w$. 要求出 $\sigma=u^2+v^2+w^2+(u+v)^2+(v+w)^2+(u+v+w)^2$ 的最大值. σ 是 u 的二次函数,系数均 $\geqslant 0$,所以 σ 随 u 递增,在 $u=t=\dfrac{1-v-w}{2}$ 时最大,即 $\sigma\leqslant\sigma_1=\left(\dfrac{1-v-w}{2}\right)^2+v^2+w^2+\left(\dfrac{1+v-w}{2}\right)^2+(v+w)^2+\left(\dfrac{1+v+w}{2}\right)^2$. 同样 σ_1 在 $v=t=\dfrac{1-w}{3}$ 时最大,这时 $u=v=t=\dfrac{1-w}{3}$,$\sigma\leqslant\sigma_2=6t^2+(1-3t)^2+(1-2t)^2+(1-t)^2$. 显然 $t\leqslant\dfrac{1}{3}$,并且 $1-t=u+v+w\leqslant 3t$,所以 $t\geqslant\dfrac{1}{4}$. σ_2 在 $t=\dfrac{1}{4}$ 时取得最大值 $\dfrac{5}{4}$. 所以 $\sigma\leqslant\dfrac{5}{4}$,在 $u=v=w=t=\dfrac{1}{4}$ 的取得,即 a 的最小值为 $\dfrac{5}{4}$.

10. $2\left(\sum a^3b^3-3a^2b^2c^2\right)=(ab+bc+ca)((a-c)^2b^2+(b-a)^2c^2+(c-b)^2a^2)\geqslant(a+b+c)((a-c)^2+(b-a)^2+(c-a)^2)=2(a^3+b^3+c^3-3abc)$.

11. $\sin2x+\sin2y+\sin2z-2\sin x\cos y-2\sin y\cos z\leqslant\sin(x+y)\cdot\cos(x-y)+\sin(y+z)$

$\cos(y-z)+\sin(z+x)\cos(z-x)-2\sin x\cdot\cos y\cos(x-y)-2\sin y\cos z\cos(y-z)=$

$\sin(y-x)\cos(x-y)+\sin(z-y)\cos(y-z)+\sin(z+x)\cos(z-x)\leqslant\dfrac{1}{2}\left[\sin2(y-x)+\right.$

$\sin2(z-y)]+\cos(z-x)\leqslant\sin(z-x)+\cos(z-x)\leqslant\sqrt{2}$.

12. 不妨设 $x\geqslant y\geqslant z$. 原式左边 $\geqslant x(x-y)(x-z)+y(y-x)(y-z)\geqslant y(x-y)(x-z)-$

$y(x-y)(y-z)=y(x-y)^2\geqslant0$.

13. (a) 在上题中令 $x=\dfrac{b+c-a}{2},y=\dfrac{c+a-b}{2},z=\dfrac{b+c-a}{2}$ 即可. (b) 即 $(a+b-c)(b+c-$

$a)(c+a-b)>0$.

习 题 18

1. $(x+y)(x+z)=(x^2+xy+xz)+yz\geqslant2\sqrt{(x^2+xy+xz)yz}=2$. 最小值为 2.

2. 不妨设 $a+b+c+d=1$. $(b+c)(d+a)\leqslant\left(\dfrac{(b+c)+(d+a)}{2}\right)^2=\dfrac{1}{4}$, 所以 $\dfrac{a}{b+c}+\dfrac{c}{d+a}=$

$\dfrac{a^2+ad+c^2+bc}{(b+c)(d+a)}\geqslant4(a^2+c^2+ad+bc)$. 同理 $\dfrac{b}{c+d}+\dfrac{d}{a+b}\geqslant4(b^2+d^2+ab+cd)$. 相加即得

结果. 这不等式属于 Shapiro.

3. 上题 $d=0$ 的特例. 或由 $\dfrac{c}{a}+\dfrac{a}{b+c}+\dfrac{b+c}{c}\geqslant3$ 得出结果.

4. 两边加上 n 化为等价不等式 $\sum\dfrac{1}{1-a_i}\geqslant\dfrac{n^2}{n-S}$. 而

$$(n-S)\sum\dfrac{1}{1-a_i}=\sum(1-a_i)\cdot\sum\dfrac{1}{1-a_i}\geqslant n^2.$$

5. $\dfrac{1}{n}(S_n+n)=\dfrac{1}{n}\sum\dfrac{k+1}{k}\geqslant\left(\prod\dfrac{k+1}{k}\right)^{\frac{1}{n}}=(n+1)^{\frac{1}{n}}$.

$n-S_n=\sum\dfrac{k-1}{k}\geqslant(n-1)\left(\prod\dfrac{k-1}{k}\right)^{\frac{1}{n-1}}=(n-1)n^{-\frac{1}{n-1}}$.

6. 即第 17 讲例 1. 或设 a,b,c,A,B,C 中 a 为最大,则左边 $<a(B+b)+aA<ak+kA=$

k^2. 或考虑以 $a+A$ 为边的正三角形,利用面积来证.

7. 化为等价的不等式 $a^3+b^3\geqslant a^2b+b^2a$. 对数列 a^2,b^2 及 a,b 用排序不等式即得.

8. 设 $s_i=\dfrac{a_i+b_i+c_i}{2},t_i=s_i-a_i,u_i=s_i-b_i,v_i=s_i-c_i$,则 $\sqrt{\triangle_1}+\sqrt{\triangle_2}=\sqrt[4]{s_1t_1u_1v_1}+\sqrt[4]{s_2t_2u_2v_2}$

$\leqslant\sqrt{(\sqrt{s_1t_1}+\sqrt{s_2t_2})(\sqrt{u_1v_1}+\sqrt{u_2v_2})}\leqslant\sqrt{\sqrt{(s_1+s_2)(t_1+t_2)}\sqrt{(u_1+u_2)(v_1+v_2)}}=\sqrt{\triangle}$.

9. 不妨设 $a+b+c=1$,否则用 $\dfrac{a}{a+b+c}$ 代替 a,$\cdots$. $3\sum\dfrac{a^n}{b+c}\geqslant(a^n+b^n+c^n)\sum\dfrac{1}{b+c}$ (排序

不等式),$2\sum\dfrac{1}{b+c}=\sum\dfrac{1}{b+c}\cdot\sum(b+c)\geqslant3^2$,$\dfrac{1}{3}\sum a^n\geqslant\left(\dfrac{a+b+c}{3}\right)^n=\left(\dfrac{1}{3}\right)^n$ (幂

平均不等式). 由以上诸式不难得出结论.

10. $2x_i x_{i+1} - x_i - x_{i+1} \geqslant x_i x_{i+1} - 1$. 对 i 求和即得结论.

11. $(4m_b m_c)^2 - (2a^2 - 4b^2 - 4c^2 + 9bc)^2 = 18(b-c)^2(a^2 - (b-c)^2)$.

12. 只需证明 $\dfrac{x}{1-x^2} \geqslant \dfrac{3\sqrt{3}}{2}x^2$, 即 $2x^2(1-x^2)^2 \leqslant \dfrac{8}{27}$, 由算术-几何平均不等式得

$$2x^2 \cdot (1-x^2)^2 \leqslant \left(\frac{2x^2 + 1 - x^2 + 1 - x^2}{3}\right)^3 = \frac{8}{27}.$$

13. 如果 $a - 1 + \dfrac{1}{b}, b - 1 + \dfrac{1}{c}, c - 1 + \dfrac{1}{a}$ 中有负数, 不妨设 $a - 1 + \dfrac{1}{b} < 0$, 那么有 $a < 1, b > 1$, 从而另两个式子都是正的, 三个式子的积为负, 显然小于 1. 如果三个式子都是非负的, 设它们的积为 A, 那么

$$A = a\left(1 - \frac{1}{a} + c\right) \cdot b\left(1 - \frac{1}{b} + a\right) \cdot c\left(1 - \frac{1}{c} + b\right)$$

$$= \left(1 - \frac{1}{a} + c\right)\left(1 - \frac{1}{b} + a\right)\left(1 - \frac{1}{c} + b\right)$$

$$= \left(\frac{1}{c} - b + 1\right)\left(\frac{1}{a} - c + 1\right)\left(\frac{1}{b} - a + 1\right),$$

$$A^2 = \left(1 - \frac{1}{a} + c\right)\left(1 - \frac{1}{b} + a\right)\left(1 - \frac{1}{c} + b\right) \cdot \left(\frac{1}{c} - b + 1\right)\left(\frac{1}{a} - c + 1\right)\left(\frac{1}{b} - a + 1\right)$$

$$\leqslant \left(\frac{1 + 1 + 1 + 1 + 1 + 1}{6}\right)^6 = 1. \text{ 从而 } A \leqslant 1.$$

或者将不等式展开化为 $\sum a + \sum \dfrac{1}{a} \leqslant 3 + \dfrac{b}{a} + \dfrac{c}{b} + \dfrac{a}{c}$. 可设 a, b, c 中仅有 $a \geqslant 1$（否则用 $\dfrac{1}{a}, \dfrac{1}{b}, \dfrac{1}{c}$ 代替 c, b, a）. $1 - b + \dfrac{b}{a} - \dfrac{1}{a} = \dfrac{1}{a}(1-b)(a-1) > 0, 2 - c - \dfrac{1}{c} + \dfrac{c}{b}$ $+ \dfrac{a}{c} - a - \dfrac{1}{b} = -(1-c)\left(\dfrac{1}{c} - 1\right) + \dfrac{1-c}{bc}(ab - c) > (1-c)\left(\dfrac{1}{c} - 1\right)(a-1) > 0.$ 相加即得.

14. $a_1 + a_2 - 2 - \dfrac{a_1^2 + a_2^2 - a_3^2}{a_1 + a_2 - a_3}$

$$= \frac{a_3^2 + (2 - a_1 - a_2)a_3 + 2a_1 a_2 - 2a_1 - 2a_2}{a_1 + a_2 - a_3}$$

$$= \frac{(a_3 - 2)(a_3 + 4 - a_1 - a_2) + 2(a_1 - 2)(a_2 - 2)}{a_1 + a_2 - a_3} \geqslant 0. \text{ 将 } n \text{ 个这样的式子相加即得.}$$

习 题 19

1. (a) $cd + ab \geqslant \min(b,d) \cdot (a+c) = \min(b,d) > bd$.

  (b) $c^2 + a^2 + ac > \max(a,c) \cdot (a+c) = \max(a,c) \cdot (b+d) > bc + ad$.

  (c) 原式等价于 $mn(c^2 + a^2 + ac - bc - ad) + m^2(cd + ab - bd) > 0$, 利用（ⅰ）,（ⅱ）即得.

2. 仿例 12, $a=2f(1)+2f(0)-4f\left(\dfrac{1}{2}\right)$, $b=4f\left(\dfrac{1}{2}\right)-f(1)-3f(0)$, $c=f(0)$. 因此 $|a|\leqslant 8$, $|b|\leqslant 8$, $|c|\leqslant 1$, $|a|+|b|+|c|\leqslant 17$, 二次式 $8x^2-8x+1$ 使 $|a|+|b|+|c|$ 达到最大值 17.

3. (a) $0\leqslant c\leqslant 1$, $|b|\leqslant 2\sqrt{ac}$. 若 $a\leqslant 1$, 则 $a+|b|+|c|\leqslant 4$. 若 $a>1$, 则 $1\geqslant a+b+c\geqslant a+c-2\sqrt{ac}=(\sqrt{a}-\sqrt{c})^2\geqslant(\sqrt{a}-1)^2$, $2\geqslant\sqrt{a}$, $a+|b|+|c|=a-b+c\leqslant a+c+2\sqrt{ac}=(\sqrt{a}+\sqrt{c})^2\leqslant 9$. $4x^2-4x+1$ 使最大值实现.

(b) $-b\geqslant 2a$. $-1\leqslant a+b+c$ 及 $c\leqslant 1$ 导出 $2\geqslant -a-b\geqslant -a+2a=a$, $a+|b|+|c|\leqslant -a-b-c+2a+2|c|\leqslant 1+4+2=7$. $2x^2-4x+1$ 使最大值实现.

(c) $a+|b|+|c|=a+b+|c|\leqslant a+b+c+2|c|\leqslant 1+2=3$. x^2+x-1 使最大值实现.

(d) $8x^2-8x+1$ 使最大值实现, 参见第 2 题.

(e) $\dfrac{b^2-4ac}{4a}\leqslant 1$, 所以 $b^2\leqslant 4a(1+c)$. $1\geqslant a+b+c\geqslant a-2\sqrt{a(c+1)}+c=(\sqrt{a}-\sqrt{c+1})^2-1$, 从而 $\sqrt{2}\geqslant\sqrt{a}-\sqrt{c+1}$. $a+|b|+|c|=a-b-c\leqslant a+2\sqrt{a(c+1)}-c=(\sqrt{a}+\sqrt{c+1})^2-1-2c\leqslant(\sqrt{2}+2\sqrt{c+1})^2-1-2c=5+2c+4\sqrt{2(c+1)}\leqslant 5+4\sqrt{2}$. $(1+\sqrt{2})^2x^2-2(1+\sqrt{2})x$ 使最大值实现.

4. 设 $|a-h|=\langle a\rangle$, 则 a 到其他数的距离分别 $\geqslant\dfrac{1}{2},\dfrac{3}{2},\dfrac{5}{2},\cdots$ 及 $\dfrac{2}{2},\dfrac{4}{2},\dfrac{6}{2},\cdots$. 结论由此立即得出.

5. 由习题 17 第 11 题 Schur 不等式, $\sum x^3-\sum x^2(y+z)+3xyz\geqslant 0$, 即 $\left(\sum x\right)^3-4\sum x\cdot\sum yz+9xyz\geqslant 0$, 从而 $\sum yz-2xyz\leqslant\dfrac{1}{4}+\dfrac{1}{4}xyz\leqslant\dfrac{1}{4}+\dfrac{1}{4}\left(\dfrac{1}{3}\right)^3=\dfrac{7}{27}$. 另一方面, x,y,z 均 $\leqslant 1$, 所以 $\sum xy-2xyz\geqslant\sum xy-yz-xy\geqslant 0$.

6. 考虑圆 C,C_i,C_{i+1} 的圆心所成三角形 OO_iO_{i+1}. 设 $\angle O_iOO_{i+1}=2\alpha_i$, 内切圆半径为 r, 则

$$\tan\alpha_i=\frac{r}{R}=\frac{\sqrt{Rr_ir_{i+1}}}{R\sqrt{R+r_i+r_{i+1}}}.$$ 由 $\tan x$ 在 $\left(0,\dfrac{\pi}{2}\right)$ 上下凸, 得 $\dfrac{\sqrt{3}}{3}=\tan\dfrac{\pi}{6}=\tan\dfrac{\sum\alpha_i}{6}\leqslant\dfrac{1}{6}\sum\tan\alpha_i$. 结合上式及 $\dfrac{3\sqrt{3}\sqrt{Rr_ir_{i+1}}}{\sqrt{R+r_i+r_{i+1}}}\leqslant R+r_i+r_{i+1}$ (A-G 不等式), 得 $6R\leqslant\dfrac{1}{3}\sum(R+r_i+r_{i+1})$, 即 $R\leqslant\dfrac{1}{6}\sum r_i$. 同样, $\sqrt{3}=\cot\dfrac{\pi}{6}\leqslant\dfrac{1}{6}\sum\dfrac{R\sqrt{R+r_i+r_{i+1}}}{\sqrt{Rr_ir_{i+1}}}$, 因而 $\dfrac{6\sqrt{3}}{R}\leqslant\sum\sqrt{\dfrac{1}{r_ir_{i+1}}+\dfrac{1}{R}\left(\dfrac{1}{r_i}+\dfrac{1}{r_{i+1}}\right)}\leqslant\sum\sqrt{\dfrac{1}{3}\left(\dfrac{1}{r_i}+\dfrac{1}{r_{i+1}}+\dfrac{1}{R}\right)^2}=\dfrac{1}{\sqrt{3}}\sum\left(\dfrac{1}{r_i}+\dfrac{1}{r_{i+1}}+\dfrac{1}{R}\right)$.

7. $\sum\dfrac{x_i^2}{x_i+x_{i+1}}-\sum\dfrac{x_{i+1}^2}{x_i+x_{i+1}}=\sum(x_i-x_{i+1})=0$, 所以 $\sum\dfrac{x_i^2}{x_i+x_{i+1}}=\dfrac{1}{2}\sum\dfrac{x_i^2+x_{i+1}^2}{x_i+x_{i+1}}\geqslant\dfrac{1}{4}\sum(x_i+x_{i+1})=\dfrac{1}{2}$.

单墫
解题研究
丛书

数学竞赛研究教程

8. $Q \sum x_k B_k \geqslant (\sum x_k)^2 = \sum x_k^2 + 2\sum_{i \neq j} x_i x_j > \sum x_k B_k$，所以 $Q > 1$. 由于 $Q(x_1, x_2, \cdots,$
$x_n) + Q(x_n, x_{n-1}, \cdots, x_1) = n$，所以 $Q < n-1$. $Q(1, t, t^2, \cdots, t^{n-1})$ 在 $t \to \infty$ 时趋于 1，所以
$1, n-1$ 均为最佳.

9. 当 $n \geqslant 4$ 时，$(\sum a_i)^2 - (a_1 - a_2 + \cdots \pm a_n)^2 \geqslant 4\sum a_i a_{i+1} = 4$，所以 $\sum a_i \geqslant 2$，在 $a_n = $
$a_{n-1} = 1$，其余为 0 时取得最小值 2. $n = 2$ 的情况也是如此. $n = 3$ 时，$\sum a_i \geqslant \sqrt{3} \cdot$
$\sqrt{\sum a_i a_{i+1}} = \sqrt{3}$. 在 $a_1 = a_2 = a_3 = \dfrac{1}{\sqrt{3}}$ 时取得最小值 $\sqrt{3}$.

10. $\dfrac{a}{2a+b+c} \leqslant \dfrac{a}{2\sqrt{(a+b)(a+c)}}$，等等. 令 $\dfrac{x}{\sqrt{b+c}} = x'$，等等，则原不等式可由 $\sum a y' z' \leqslant$
$\dfrac{1}{2} \sum (b+c) x'^2$ 推出. 而这一不等式即 $\sum a(y' - z')^2 \geqslant 0$.

11. 可设 $x + y + z = 1, x \geqslant y \geqslant z$. $\sum \dfrac{4yz}{x(y+z)^2} = \sum \dfrac{(y+z)^2 - (y-z)^2}{x(y+z)^2} = \sum \dfrac{1}{x} -$
$\sum \dfrac{(y-z)^2}{x(y+z)^2} = \sum \dfrac{1}{x} \cdot \sum x - \sum \dfrac{(y-z)^2}{x(y+z)^2} = 9 + \sum \left(\sqrt{\dfrac{z}{y}} - \sqrt{\dfrac{y}{z}} \right)^2 -$
$\sum \dfrac{(y-z)^2}{x(y+z)^2} = 9 + \sum \left(\dfrac{(y-z)^2}{yz} - \dfrac{(y-z)^2}{x(y+z)^2} \right) = 9 + Q.$

其中 $\qquad\qquad\qquad Q = \sum (y-z)^2 \left(\dfrac{1}{yz} - \dfrac{1}{x(y+z)^2} \right).$

由于 $x > \dfrac{1}{4}$，所以 $\dfrac{1}{yz} \geqslant \dfrac{4}{(y+z)^2} > \dfrac{1}{x(y+z)^2}$. 又 $\dfrac{1}{xz} - \dfrac{1}{y(x+z)^2} \geqslant 0, y(x+z)^2 \geqslant$
$xz(x+y+z), x^2(y-z) + xz(y-z) + yz^2 \geqslant 0$. 因此
$Q \geqslant (x-y)^2 \left(\dfrac{1}{xz} - \dfrac{1}{y(x+z)^2} + \dfrac{1}{xy} - \dfrac{1}{z(x+y)^2} \right)$. 而后一因式 $= \dfrac{(x+z)^2 - x}{xy(x+z)^2} + \dfrac{(x+y)^2 - x}{xz(x+y)^2} \geqslant$
$\dfrac{(x+y)^2 - x + (x+z)^2 - x}{xy(x+z)^2} = \dfrac{2x^2 + 2xy + 2xz + y^2 + z^2 - 2x(x+y+z)}{xy(x+z)^2} \geqslant 0.$

12. $\dfrac{G^n}{H} = \dfrac{a_1 a_2 \cdots a_n (a_1^{-1} + \cdots + a_n^{-1})}{n} = \dfrac{1}{n} \sigma_{n-1} \leqslant A^{n-1}$（马克劳林不等式）.

所以 $\dfrac{A}{H} \leqslant \left(\dfrac{A}{G} \right)^n \leqslant \left(\dfrac{A}{G} \right)^n + \dfrac{n-2}{n} \left(\left(\dfrac{A}{G} \right)^n - 1 \right) = -\dfrac{n-2}{n} + \dfrac{2(n-1)}{n} \left(\dfrac{A}{G} \right)^n.$

13. 令 $S = \sum \left(\dfrac{x_i}{x_{i+1}} \right)^n$. 因为 $\dfrac{1}{n+1} \sum \dfrac{x_i}{x_{i+1}} \geqslant \sqrt[n+1]{\prod \dfrac{x_i}{x_{i+1}}} = 1$，所以 $\dfrac{S}{n+1} \geqslant$
$\left(\dfrac{1}{n+1} \sum \dfrac{x_i}{x_{i+1}} \right)^n$（幂平均不等式）$> \dfrac{1}{n+1} \sum \dfrac{x_i}{x_{i+1}}$，即 $S \geqslant \sum \dfrac{x_i}{x_{i+1}}$. 又 $\dfrac{S - \left(\dfrac{x_i}{x_{i+1}} \right)^n}{n} \geqslant$
$\dfrac{x_{i+1}}{x_i}$（算术-几何平均不等式），求和即得 $S \geqslant \sum \dfrac{x_{i+1}}{x_i}$.

习 题 20

1. 当 $n=1$ 时,取 $S=a_1$. 设适当选择正负号可使 $S'=\pm a_2\pm a_3\pm\cdots\pm a_n$ 满足 $0\leqslant S'\leqslant a_2$. 若 $a_1\leqslant S'$,取 $S=S'-a_1$. 若 $S'\leqslant a_1$,取 $S=a_1-S'$.

2. 易证 $a_n>n$.

3. $k=1$ 显然. 设 $\dfrac{a_2}{(a_1'+a_2)^{n+1}}+\cdots+\dfrac{a_k}{(a_1'+a_2+\cdots+a_k)^{n+1}}<\dfrac{1}{a_1'^n}$,其中 $a_1'=a_0+a_1$. 由 $\dfrac{1}{a_0^n}-\dfrac{1}{a_1'^n}=\dfrac{(a_0+a_1)^n-a_0^n}{a_0^n a_1'^n}>\dfrac{a_0^{n-1}a_1}{a_0^n a_1'^n}>\dfrac{a_1}{(a_0+a_1)^{n+1}}$,结合上式便得.

4. $D_n-C_n=D_{n-1}-C_{n-1}+(n-1)(b_n-b_{n-1})^2, D_n-2C_n=D_{n-1}-2C_{n-1}-\dfrac{n-2}{n-1}(a_n-b_n)^2$.

5. 设 $(n-1)(a_1+\cdots+a_{2n-1})\geqslant n(a_2+\cdots+a_{2n})$. 要证命题对 n 成立只需证 $a_1+\cdots+a_{2n-1}+na_{2n+2}\geqslant a_2+\cdots+a_{2n-2}+(n+1)a_{2n}$,即 $n(a_{2n+1}-a_{2n})\geqslant(a_2-a_1)+\cdots+(a_{2n}-a_{2n-1})$. 由于 $a_{i+2}-a_{i+1}\geqslant a_{i+1}-a_i$,所以 $a_{i+1}-a_i$ 递增,上面的不等式成立.

6. 用归纳法证明 $\displaystyle\sum_{k=1}^n\frac{1}{a_k}=a_n+a_{n+1}-2a_1$,从而不等式成立.

7. $a_1+a_2-a_1a_2-1=-(1-a_1)(1-a_2)<0$. 从 n 进到 $n+1$ 的证明与 $n=2$ 的证明相同.

8. 不妨设 $a_k\leqslant\dfrac{1}{2}(k=1,2,\cdots,n+1)$. 利用对 n 的归纳假设及 $\displaystyle\prod_{k=1}^n a_k<\prod_{k=1}^n(1-a_k)$,得

$$a_{n+1}\prod_{k=1}^n a_k+(1-a_{n+1})\prod_{k=1}^n(1-a_k)\geqslant\frac{1}{2}\prod_{k=1}^n a_k+\frac{1}{2}\prod_{k=1}^n(1-a_k)\geqslant\frac{1}{2}\cdot\frac{1}{2^{n-1}}=\frac{1}{2^n}.$$

9. (a) $n=2$ 时,不等式等价于 $(a_1-a_2)^2(1-a_1-a_2)\geqslant 0$. 设命题对 2^m 成立,则对于 $n=2^{m+1}$ 有

$$\frac{\sum a_k}{\sum(1-a_k)}=\frac{\displaystyle\sum_{k=1}^{n/2}\frac{a_{2k-1}+a_{2k}}{2}}{\displaystyle\sum_{k=1}^{n/2}\left(1-\frac{a_{2k-1}+a_{2k}}{2}\right)}\geqslant\left(\prod_{k=1}^{n/2}\frac{\dfrac{a_{2k-1}+a_{2k}}{2}}{1-\dfrac{a_{2k-1}+a_{2k}}{2}}\right)^{n/2}=$$

$$\left(\prod_{k=1}^{n/2}\frac{a_{2k-1}+a_{2k}}{(1-a_{2k-1})+(1-a_{2k})}\right)^{n/2}\geqslant\left(\prod_{k=1}^{n/2}\left(\frac{a_{2k-1}a_{2k}}{(1-a_{2k-1})(1-a_{2k})}\right)^{1/2}\right)^{2/n}=\left(\prod_{k=1}^n\frac{a_k}{1-a_k}\right)^{1/n}.$$ 采用向前的归纳法,即假定命题对 n 成立,证明命题对 $n-1$ 成立. 这只需令 $a_n=\dfrac{a_1+\cdots+a_{n-1}}{n-1}$,代入归纳假设得 $\dfrac{\displaystyle\sum_{k=1}^{n-1}a_k}{\displaystyle\sum_{k=1}^{n-1}(1-a_k)}\geqslant\left(\prod_{k=1}^{n-1}\frac{a_k}{1-a_k}\right)^{1/n}\cdot\left(\dfrac{\displaystyle\sum_{k=1}^{n-1}a_k}{\displaystyle\sum_{k=1}^{n-1}(1-a_k)}\right)^{1/n}$,再化简即可.

(b) 在(a)中将 a_k 换为 $1-a_k$ 即可.

10. $\dfrac{1}{a_{k-1}}-\dfrac{1}{a_k}=\dfrac{1}{n+a_{k-1}}$. 所以 $a_n>a_{n-1}>\cdots>a_1>a_0=\dfrac{1}{2},\dfrac{1}{a_{k-1}}-\dfrac{1}{a_k}<\dfrac{1}{n}$. 令 $k=1,2,\cdots,n$,并将所得不等式相加得 $\dfrac{1}{a_0}-\dfrac{1}{a_n}<n\cdot\dfrac{1}{n}=1$. 所以 $\dfrac{1}{a_n}>\dfrac{1}{a_0}-1=1$,即 $a_n<1$. 于是 $\dfrac{1}{a_{k-1}}-$

单墫
解题研究
丛书

数学竞赛研究教程

$\frac{1}{a_k}>\frac{1}{n+1}$. 再令 $k=1,2,\cdots,n$, 相加得 $\frac{1}{a_0}-\frac{1}{a_n}>\frac{n}{n+1}$. 于是 $\frac{1}{a_n}<\frac{1}{a_0}-\frac{n}{n+1}=\frac{n+2}{n+1}$, $a_n>\frac{n+1}{n+2}>1-\frac{1}{n}$.

11. $n=3$ 时, 左边－右边＝$(x_3-x_2)(x_2-x_1)>0$, 由此可猜想对一般的 n, 左边与右边之差, 这个二次式应当是若干个形如 $(x_3-x_2)(x_2-x_1)$ 的和. 事实上, $\sum\limits_{k<h}\sum\limits_{i<j}(x_k-x_i)(x_h-x_j)=\sum\limits_{k<h}(C_n^2x_kx_h-x_h\sum\limits_{i<j}x_i-x_k\sum\limits_{i<j}x_j+\sum\limits_{i<j}x_ix_j)=2C_n^2\sum\limits_{i<j}x_ix_j-2\sum\limits_{h}(h-1)x_h\sum\limits_{i}(n-i)x_i$, 恰好是原不等式左边减右边所得差的 2 倍. 和 $\sum\limits_{k<h}\sum\limits_{i<j}(x_k-x_i)(x_h-x_j)$ 的项 $(x_k-x_i)(x_h-x_j)$ 记为 (h,k,j,i), 其中负项的下标满足 $h>j>i>k$ 或 $j>h>k>i$, 它与 (h,i,j,k), 即 $(x_i-x_k)(x_h-x_j)$ 相抵消, 和中正项 $(x_k-x_i)(x_h-x_k)$ ($h>k>i$) 显然不与任何负项抵消. 因此和 $\sum\limits_{k<h}\sum\limits_{i<j}(x_k-x_i)(x_h-x_j)>0$, 即原不等式成立.

本题也可用归纳法证明.

12. 本题只需证明对 n,t, 存在实数 $\lambda>1$, 并且 λ 充分接近 1, 使 $\frac{1}{2}\lambda^n+\frac{1}{2}<[t\lambda+(1-t)]^n$ (再取 $b\in(1\,999,2\,000)$, $a=\lambda b$). 而 $[t\lambda+(1-t)]^n=[t(\lambda-1)+1]^n>1+nt(\lambda-1)$, $\frac{1}{2}\lambda^n-\frac{1}{2}=\frac{1}{2}(\lambda-1)(\lambda^{n-1}+\lambda^{n-2}+\cdots+1)$, 只需证明存在充分接近 1 且大于 1 的 λ, 使 $2nt>\lambda^{n-1}+\lambda^{n-2}+\cdots+1$. 即 $(2t-1)n>(\lambda^{n-1}-1)+(\lambda^{n-2}-1)+\cdots+(\lambda-1)=(\lambda-1)[(\lambda^{n-2}+\lambda^{n-3}+\cdots+1)+(\lambda^{n-3}+\lambda^{n-4}+\cdots+1)+\cdots+1]$. $(\lambda^{n-2}+\lambda^{n-3}+\cdots+1)+(\lambda^{n-3}+\lambda^{n-4}+\cdots+1)+\cdots+1<2^{n-1}+2^{n-2}+\cdots+2<2^n$. 因此当 $1<\lambda<\frac{(2t-1)n}{2^n}+1$ 时即满足要求.

习 题 21

1. $(x-(1+x)\ln(1+x))'=1-(1+x)\cdot\frac{1}{1+x}-\ln(1+x)=-\ln(1+x)<0$.

2. $((1+x)^{\frac{1}{x}})'=-\frac{1}{x^2}(1+x)^{\frac{1}{x}}\ln(1+x)+\frac{1}{x}(1+x)^{\frac{1}{x}-1}=\frac{1}{x^2}(1+x)^{\frac{1}{x}-1}(x-(1+x)\ln(1+x))$. 由第 1 题, $x-(1+x)\ln(1+x)$ 在 $x=0$ 时最大, 即 $x-(1+x)\ln(1+x)\leqslant0$, 所以 $(1+x)^{\frac{1}{x}}$ 在 $(0,+\infty)$ 上递减. $\left(1+\frac{1}{x}\right)^x$ 在 $(0,+\infty)$ 上递增.

3. 由贝努里不等式, $1-\frac{n}{m+1}<\left(1-\frac{1}{m+1}\right)^n=\frac{1}{\left(1+\frac{1}{m}\right)^n}$. 利用上题, $\left(1-\frac{n}{m+1}\right)^m<\frac{1}{\left(1+\frac{1}{m}\right)^{mn}}<\left(\frac{4}{9}\right)^n$.

4. （10） 即 $\left(1-\dfrac{n}{m+1}\right)\left(\dfrac{3}{2}\right)^{\frac{n}{m}}\left[m-\left(\dfrac{2}{3}\right)^{\frac{n(m-1)}{m}}\right]<m-1.$ 由上题，只需证 $\left(\dfrac{2}{3}\right)^{\frac{n}{m}}$

$\left[m-\left(\dfrac{2}{3}\right)^{\frac{n(m-1)}{m}}\right]<m-1.$ 即 $1-t^m<m(1-t)$，其中 $t=\left(\dfrac{2}{3}\right)^{\frac{n}{m}}$。由于 $0<t<1$，$\dfrac{1-t^m}{1-t}=1+t$

$+t^2+\cdots+t^{m-1}<m.$

5. 可设 $a+b=2$$\left(否则用\dfrac{2a}{a+b},\dfrac{2b}{a+b}代替a,b\right)$，原不等式化为

$$a^n+a^{n-1}b+a^{n-2}b^2+\cdots+ab^{n-1}+b^n\geqslant n+1. \qquad (1)$$

在 $a=b=1$ 时，(1)显然成立。设 $a>1>b$。(1)等价于

$$a^{n+1}-b^{n+1}\geqslant(n+1)(a-b). \qquad (2)$$

记(2)的左边为 $f(a)$，右边为 $g(a)(b=2-a)$。对 a 求导$(b=2-a)$，由例 5

$$(n+1)(a^n+b^n)\geqslant(n+1)\cdot2.$$

所以

$$f'(a)\geqslant g'(a).$$

而

$$f(1)=g(1).$$

所以 $f(a)\geqslant g(a)$，即原不等式成立。

6. 由对称性，不妨设 $a\geqslant b\geqslant c$。当然 $a\geqslant1$，从而

$$b+c\leqslant2,bc\leqslant\left(\dfrac{b+c}{2}\right)^2\leqslant1.$$

固定 a，考虑 b 的函数

$$f(b)=\dfrac{1}{b^2}+\dfrac{1}{c^2}-b^2-c^2，其中\,c=3-a-b.$$

$$f'(b)=-\dfrac{2}{b^3}+\dfrac{2}{c^3}-2b+2c=\dfrac{2(b-c)(b^2+bc+c^2-b^3c^3)}{b^3c^3}>0.$$

所以 $f(b)$ 递增，于是

$\dfrac{1}{a^2}+\dfrac{1}{b^2}+\dfrac{1}{c^2}-(a^2+b^2+c^2)\geqslant\dfrac{1}{a^2}+\dfrac{1}{c^2}+\dfrac{1}{c^2}-(a^2+c^2+c^2)=\dfrac{1}{a^2}+\dfrac{2}{c^2}-(a^2+2c^2)=$

$g(a)$，其中 $a+2c=3$。$g'(a)=-\dfrac{2}{a^3}+\dfrac{4}{c^3}-2a+4c.$ $g'(a)>0\Leftrightarrow a+\dfrac{1}{a^3}<2\left(c+\dfrac{1}{c^3}\right)\Leftarrow$

$c^3\left(a+\dfrac{1}{a^3}\right)<2\Leftarrow c^3a<1\Leftarrow c^2a<1\Leftarrow c^2a<\left(\dfrac{c+c+a}{3}\right)^3=1.$

因此，$g(a)$ 递增。$g(a)\geqslant g(1)=0.$ $\dfrac{1}{a^2}+\dfrac{1}{b^2}+\dfrac{1}{c^2}-(a^2+b^2+c^2)\geqslant0.$

7. 在 $a=b=\dfrac{3}{2},c=0$ 时，欲证不等式的等号成立。固定 b，则 $c=3-b-a$。考虑函数 $f(a)=$

$ab^2+bc^2+ca^2.$ $f'(a)=b^2-2bc-a^2+2ac=(b-a)(a+b-2c)\leqslant0.$ 所以 $f(a)$ 递减。可以

使 a 减小至 b 或 c 增加至 $b(a+c$ 保持不变)，而 $f(a)$ 一直增加到 $b^3+bc^2+cb^2$ 或 ab^2+b^3

$+ba^2$. 考虑函数 $\varphi(b)=b^3+bc^2+cb^2$，$c=3-2b$．$\varphi'(b)=3b^2+c^2-4bc+2bc-2b^2=(b-c)^2\geqslant 0$，所以 $\varphi(b)$ 递增，$\varphi(b)\leqslant\varphi\left(\dfrac{3}{2}\right)=\dfrac{27}{8}$．因此所证不等式成立．

8. 设 $f(x)=\dfrac{\sqrt{x}}{4x+1}$，$0\leqslant x\leqslant\dfrac{1}{2}$．$f'(x)=\dfrac{1-4x}{2\sqrt{x}\,(4x+1)^2}$．

$$f''(x)=\frac{-4\sqrt{x}\,(4x+1)-(1-4x)\left(\dfrac{1}{2\sqrt{x}}(4x+1)+8\sqrt{x}\right)}{2x(4x+1)^3}=\frac{24x(2x-1)-1}{4x\sqrt{x}\,(4x+1)^3}<0.\ \text{所以}$$

$f(x)$ 是凹函数．

$$\frac{\sqrt{x}}{4x+1}+\frac{\sqrt{y}}{4y+1}+\frac{\sqrt{z}}{4z+1}\leqslant 3\times\frac{\sqrt{\dfrac{1}{6}}}{4\times\dfrac{1}{6}+1}=\frac{3\sqrt{6}}{10}.$$

即最大值为 $\dfrac{3\sqrt{6}}{10}$．

对于凹函数 $f(x)$，$f'(x)$ 单调递减，令 $t>0$，$F(t)=f(x_1-t)+f(x_2+t)-f(x_1)-f(x_2)$，$x_1-t<x_1<x_2<x_2+t$，则 $F'(t)=f'(x_2+t)-f'(x_1-t)<0$．所以 $F(t)$ 递减．$F(t)<F(0)=0$，即 $f(x_1)+f(x_2)\geqslant f(x_1-t)+f(x_2+t)$．对本题的 $f(x)$，$f(x)+f(y)+f(z)\geqslant f(0)+f(x+y)+f(z)\geqslant 2f(0)+f(x+y+z)=2f(0)+f\left(\dfrac{1}{2}\right)=\dfrac{1}{3}\sqrt{\dfrac{1}{2}}$．即所求最小值为 $\dfrac{1}{3}\sqrt{\dfrac{1}{2}}$．或类似下题，$z\leqslant\dfrac{1}{4}$ 时 $g(x)$ 递减，可在 $x\leqslant\dfrac{1}{4}$ 时，将 x 调至 $\dfrac{1}{4}$，而在 $x\geqslant\dfrac{1}{4}$ 时，$f(x)$ 递减，$f(x)\geqslant f\left(\dfrac{1}{2}\right)=\dfrac{1}{3}\sqrt{\dfrac{1}{2}}$．

9. 现在 $f(x)$ 不是凹函数．不妨设 z 最小．如果 $z\leqslant\dfrac{1}{4}$，固定 y，令 $g(x)=\dfrac{\sqrt{x}}{4x+1}+\dfrac{\sqrt{z}}{4z+1}$，$z=1-y-x$，则 $g'(x)=\dfrac{1-4x}{\sqrt{x}\,(4x+1)^2}-\dfrac{1-4z}{\sqrt{z}\,(4z+1)^2}<0$．所以 $g(x)$ 递减，可将 x 调小，z 调大，直至 $z=\dfrac{1}{4}$．于是，可设 $x\geqslant y\geqslant\dfrac{1}{4}$，$z\geqslant\dfrac{1}{4}$．这时 $x\leqslant\dfrac{1}{2}$．而 $f(x)$ 在 $\left[0,\dfrac{1}{2}\right]$ 上是凹函数，所以仍在 $x=y=z$ 时，$\dfrac{\sqrt{x}}{4x+1}+\dfrac{\sqrt{y}}{4y+1}+\dfrac{\sqrt{z}}{4z+1}$ 取得最大值，最大值为 $\dfrac{3\sqrt{\dfrac{1}{3}}}{4\times\dfrac{1}{3}+1}=\dfrac{3\sqrt{3}}{7}$．在 $x=1,y=z=0$ 时，取得最小值 $\dfrac{1}{5}$（在 $x\geqslant\dfrac{1}{4}$ 时，$f'(x)\leqslant 0$，$f(x)$ 递减，$f(x)\geqslant f(1)=\dfrac{1}{5}$）．

10. $\dfrac{1}{1+x^2}$ 不是凸函数，不能直接用琴生不等式．本题可建立一个不等式 $\dfrac{1}{1+x^2}\leqslant ax+b$，即 $(ax+b)(1+x^2)\geqslant 1(0\leqslant x\leqslant 1)$，而且左边的函数在 $x=\dfrac{1}{3}$ 时，正好为 1，取得最小值．因此，

左边函数的导数在 $x = \dfrac{1}{3}$ 时为 0, 即 $a \cdot \dfrac{10}{9} + 2 \cdot \dfrac{1}{3} \left(a \cdot \dfrac{1}{3} + b \right) = 0$, 又 $\left(a \cdot \dfrac{1}{3} + b \right) \cdot \dfrac{10}{9}$

$= 1$. 解得 $a = -\dfrac{27}{50}, b = \dfrac{27}{25}$. $\sum \dfrac{1}{1+x^2} \leqslant \sum (ax + b) = a + 3b = \dfrac{27}{10}$.

11. 不妨设 a, b, c 中 a 最大. 先证不等式左边是 k 的增函数, 即导数 $\sum \dfrac{a^k \ln a}{a+b} \geqslant 0$. 由于 $x >$

0 时, $x^k \ln x \geqslant x^2 \ln x$, 所以 $\sum \dfrac{a^k \ln a}{a+b} \geqslant \sum \dfrac{a^2 \ln a}{a+b}$. 由于 $\dfrac{a^2}{a+b} \geqslant \dfrac{c^2}{a+c} \Leftrightarrow a^3 + a^2 c \geqslant ac^2 +$

$bc^2 = ac^2 + \dfrac{c}{a}$, 所以 $\dfrac{a^2}{a+b} \geqslant \dfrac{c^2}{a+c}$. 又 $b < 1$ 时, $\dfrac{a^2}{a+b} \geqslant \dfrac{b^2}{b+c} \Leftrightarrow a^2 b + a^2 c \geqslant ab^2 + b^3$, 而

$a^2 c = \dfrac{a}{b} \geqslant a > b^3$, 所以 $\dfrac{a^2}{a+b} \geqslant \dfrac{b^2}{b+c}$. 因此, $b < 1$ 时, $\sum \dfrac{a^2 \ln a}{a+b} \geqslant \dfrac{a^2}{a+b} \sum \ln a = 0$. $b \geqslant 1$

时, $\dfrac{b^2}{b+c} \geqslant \dfrac{c^2}{a+c}$, $\sum \dfrac{a^2 \ln a}{a+b} \geqslant \dfrac{a^2}{a+b} \sum \ln a = 0$. 于是, 只需证 $\dfrac{a^2}{a+b} + \dfrac{b^2}{b+c} + \dfrac{c^2}{c+a} \geqslant \dfrac{3}{2}$. 这

可由 $\dfrac{a^2}{a+b} + \dfrac{b^2}{b+c} + \dfrac{c^2}{c+a} + \dfrac{1}{4}(a+b) + \dfrac{1}{4}(b+c) + \dfrac{1}{4}(c+a) \geqslant a+b+c$ 推出.

12. 令 $p = \dfrac{b^2}{a^2}, q = \dfrac{c^2}{b^2}, r = \dfrac{a^2}{c^2}$, 则 p, q, r 为正实数, 且 $pqr = 1$. 问题即求证:

在 $0 < \lambda \leqslant \dfrac{5}{4}$ 时, $\dfrac{1}{\sqrt{1+\lambda p}} + \dfrac{1}{\sqrt{1+\lambda q}} + \dfrac{1}{\sqrt{1+\lambda r}} \leqslant \dfrac{3}{\sqrt{1+\lambda}}$; 在 $\dfrac{5}{4} < \lambda$ 时, $\dfrac{1}{\sqrt{1+\lambda p}} +$

$\dfrac{1}{\sqrt{1+\lambda q}} + \dfrac{1}{\sqrt{1+\lambda r}} < 2$. 不妨设 $p \geqslant q \geqslant r$, 若 $q < \dfrac{2}{\lambda}$, 固定 p, 令 $f(q) = \dfrac{1}{\sqrt{1+\lambda q}} +$

$\dfrac{1}{\sqrt{1+\lambda r}}$, 其中 $r = \dfrac{1}{pq}$. $f'(q) < 0 \Leftrightarrow -\dfrac{1}{(1+\lambda q)^{\frac{3}{2}}} + \dfrac{1}{q^2 p(1+\lambda r)^{\frac{3}{2}}} < 0 \Leftrightarrow \dfrac{r^2}{(1+\lambda r)^3} <$

$\dfrac{q^2}{(1+\lambda q)^3} \Leftarrow \left(\dfrac{x^2}{(1+\lambda x)^3} \right)' > 0 \left(x < \dfrac{2}{\lambda} \right) \Leftrightarrow 2x(1+\lambda x)^3 - 3(1+\lambda x)^2 \cdot \lambda x^2 > 0 \left(x < \dfrac{2}{\lambda} \right)$. 最

后的不等式即 $2 > \lambda x$. 于是可使 q 减少, r 增加, 而 $f(q)$ 增加, 直至 $q = r$. 同样, 若 $q \geqslant \dfrac{2}{\lambda}$,

固定 $r, \varphi(q) = \dfrac{1}{\sqrt{1+\lambda q}} + \dfrac{1}{\sqrt{1+\lambda p}} \left(p = \dfrac{1}{rq} \right)$ 递增, 可使 $q = p$. 因此只需考虑 $h(q) =$

$\dfrac{2}{\sqrt{1+\lambda q}} + \dfrac{1}{\sqrt{1+\lambda t}}, t = \dfrac{1}{q^2}$.

$h'(q) = -\dfrac{\lambda}{(1+\lambda q)^{\frac{3}{2}}} + \dfrac{\lambda}{(1+\lambda t)^{\frac{3}{2}}} \cdot \dfrac{1}{q^3}$

$= -\dfrac{\lambda((1+\lambda q) + \sqrt{(1+\lambda q)(q^2+\lambda)} + (q^2+\lambda))}{(1+\lambda q)^{\frac{3}{2}}(q^2+\lambda)^{\frac{3}{2}}} \cdot \dfrac{q^2 - \lambda q + (\lambda-1)}{(1+\lambda q)^{\frac{1}{2}} + (q^2+\lambda)^{\frac{1}{2}}}$.

$q^2 - \lambda q + (\lambda-1) = (q-1)(q+1-\lambda)$.

在 $0 < \lambda \leqslant 1$ 时, $h'(q)$ 仅有一个零点 $q = 1$. 在 q 由 0 增至 1 时, $h'(q) > 0$, $h(q)$ 由 2 递增至

$\dfrac{3}{\sqrt{1+\lambda}}$. 在 q 由 1 增至 $+\infty$ 时, $h'(q) < 0$, $h(q)$ 由 $\dfrac{3}{\sqrt{1+\lambda}}$ 递减至 1.

单墫
解题研究
丛书
数学竞赛研究教程

在 $1<\lambda<2$ 时,$h'(q)$ 有两个零点 $\lambda-1$ 及 $1,\lambda-1<1$. 在 q 由 0 增至 $\lambda-1$ 时,$h'(q)<0$,$h(q)$ 由 2 递减至 $\dfrac{2}{\sqrt{1+\lambda(\lambda-1)}}+\dfrac{1}{\sqrt{1+\dfrac{\lambda}{(\lambda-1)^2}}}=\dfrac{\lambda+1}{\sqrt{\lambda^2-\lambda+1}}$,这是 $h(q)$ 的极小值. 在 q

由 $\lambda-1$ 增至 1 时,$h'(q)>0$,$h(q)$ 由 $\dfrac{\lambda+1}{\sqrt{\lambda^2-\lambda+1}}$ 增至 $\dfrac{3}{\sqrt{1+\lambda}}$,这是 $h(q)$ 的极大值. 在 q

由 1 增至 $+\infty$ 时,$h'(q)<0$,$h(q)$ 由 $\dfrac{3}{\sqrt{1+\lambda}}$ 递减至 1.

在 $2<\lambda$ 时,$h'(q)$ 有两个零点 1 及 $\lambda-1,1<\lambda-1$. 在 q 由 0 增至 1 时,$h'(q)<0$,$h(q)$ 由 2

递减至 $\dfrac{3}{\sqrt{1+\lambda}}$. 在 q 由 1 增至 $\lambda-1$ 时,$h'(q)>0$,$h(q)$ 由 $\dfrac{3}{\sqrt{1+\lambda}}$ 增至 $\dfrac{\lambda+1}{\sqrt{\lambda^2-\lambda+1}}$,这是

$h(q)$ 的极大值$\left(\text{但不是最大值,因为}\dfrac{\lambda+1}{\sqrt{\lambda^2-\lambda+1}}<2\right)$. q 由 $\lambda-1$ 趋向于 $+\infty$ 时,$h'(q)<0$,

$h(q)$ 由 $\dfrac{\lambda+1}{\sqrt{\lambda^2-\lambda+1}}$ 递减至 1. 在 $\lambda=2$ 时,$h'(q)$ 仅有一个零点 1,所以 $h(q)$ 递减.

综合以上所述,在 $0<\lambda\leqslant\dfrac{5}{4}$ 时,$h(q)$ 的最大值为 $\dfrac{3}{\sqrt{1+\lambda}}(\geqslant2)$. 在 $\dfrac{5}{4}<\lambda$ 时,$h(q)<2$,即

所欲证的结论成立.

习 题 22

1. 由例 9,$\dfrac{a_{n+1}+2}{a_{n+1}-3}=(-4)^{n+1}$,所以 $a_n=\dfrac{3(-4)^n+2}{(-4)^n-1}$.

2. $(a_{n+1}-2ka_n-k-a_n)^2=4k(k+1)a_n(a_n+1)$,化简得 $a_{n+1}^2+a_n^2+k^2-2(2k+1)a_na_{n+1}-2ka_{n+1}-2ka_n=0$. 左边关于 a_{n+1},a_n 对称. 因此,将 a_{n+1},a_n 换为 a_n,a_{n-1},上式仍然成立. 从而 a_{n+1},a_{n-1} 是方程 $u^2-(2(2k+1)a_n+2k)u+a_n^2+k^2-2ka_n=0$ 的两个根. 由韦达定理(易知 $\{a_n\}$ 严格递增)$a_{n+1}+a_{n-1}=2k+2(2k+1)a_n$,从而结论成立.

3. x_n 是正整数,并且满足 $x_{n+1}=6x_n-x_{n-1}$. $x_0=0,x_1=3$ 均为奇数,所以 x_n 是奇数. 将 $\{x_n\}$ 各项 $\bmod 5$ 得 $3,2,4,2,3,1,3,2,\cdots$ 是周期为 6 的数列,所以 $x_{1991}\equiv x_5\equiv3\pmod 5$. 从而 x_{1991} 的个位数字为 3.

4. 用归纳法易知 $a_n=\tan\dfrac{\pi}{2^{n+2}}$.

5. 令 $b_n=\dfrac{a_n}{(\sqrt{2})^n}$,则 $b_nb_{n+2}=b_{n+1}^2+2$. 由例 8 得

$$a_n=2^{\frac{n}{2}}b_n=2^{\frac{n-2}{n}}\cdot\dfrac{(\sqrt{3}-1)(2+\sqrt{3})^{n-1}+(\sqrt{3}+1)(2-\sqrt{3})^{n-1}}{\sqrt{3}}.$$

6. 除上题做法外,还可以直接导出 $a_n(a_{n+2}+3a_n)=a_{n+1}(a_{n+1}+3a_{n-1})$,一切仿照例 8 或稍作变更:在上式两边同减 ka_na_{n+1} 得 $a_n(a_{n+2}-ka_{n+1}+3a_n)=a_{n+1}(a_{n+1}-ka_n+3a_{n-1})$. 由

此即知取 $k=\dfrac{3a_1+a_3}{a_2}=4$,则恒有 $a_{n+1}+3a_{n-1}=ka_n\,(n=2,3,\cdots)$. 于是 $a_{n+1}-a_n=3(a_n-a_{n-1})$. 不难进一步导出 $a_n=4-3^n$.

7. $2(a_n-a_{n-1})=\dfrac{1}{2n-1}-\dfrac{1}{2n+1}$,从而 $a_n=1+\dfrac{1}{6}-\dfrac{1}{2(2n+1)}$.

8. $a_{n+1}=S_{n+1}-S_n=(n+1)^2a_{n+1}-n^2a_n$,从而 $\dfrac{a_{n+1}}{a_n}=\dfrac{n}{n+2}$. 令 $n=1,2,\cdots,n$,将所得的 n 个式子相乘可得 $a_n=\dfrac{2}{n(n+1)}$.

9. a_n 显然是整数. 已知 $\prod\limits_{k=1}^{n}a_n=a_{n+1}-1$,所以在 $m<n$ 时,a_m 是 a_n-1 的因数,$(a_m,a_n)=1$.

10. 仿第 6 题可得 $a_{n+1}-ka_n+a_{n-1}-\dfrac{3}{2}=0$,其中 $k=\dfrac{a_3+a_1-\dfrac{3}{2}}{5}=\dfrac{5}{2}$. 所以 $a_{n+1}-2a_n-3=\dfrac{1}{2}(a_n-2a_{n-1}-3)$,从而 $a_{n+1}=2a_n+3$.

11. $a_{n+1}^2+pa_{n+1}a_n+qa_n^2=-qa_{n+1}a_{n-1}+qa_n^2=q(a_n^2+pa_na_{n-1}+qa_{n-1}^2)$.

12. (a) $b_n=1+(4-1)\times4+(4^2-1)\times4^2+\cdots+(4^{k-1}-4^{k-2})\times4^{k-1}+(n-4^{k-1})\times4^k-\dfrac{1}{5}(a_n=4^k\geqslant n>4^{k-1})=\dfrac{1-(-4)^{2k}}{1-(-4)}+n\times4^k-\dfrac{1}{5}=na_n-\dfrac{a_n^2}{5}$.

(b) $y-\dfrac{1}{5}y^2\,(1\leqslant y\leqslant4)$ 的值域为 $\left[\dfrac{4}{5},\dfrac{5}{4}\right]$,只需证明对每一个 $y\in[1,4]$,存在 n_k,使 $\dfrac{a_{n_k}}{n_k}\to y$. 由于 $4,\dfrac{4^k}{4^{k-1}+1},\dfrac{4^k}{4^{k-1}+2},\cdots,\dfrac{4^k}{4^k-1},1$ 中每相邻两个的差 $<\dfrac{4^k}{4^{2(k-1)}}$,所以必有一个形如 $\dfrac{4^k}{4^{k-1}+a}\,(1\leqslant a<4^{k-1}\times3)$ 的数与 y 的距离 $<\dfrac{1}{4^{k-2}}$. 令这数的分母为 n_k 即可.

13. $\dfrac{x_n-\sqrt{c}}{x_n+\sqrt{c}}=\left(\dfrac{x_{n-1}-\sqrt{c}}{x_{n-1}+\sqrt{c}}\right)^2=\cdots=\left(\dfrac{x_1-\sqrt{c}}{x_1+\sqrt{c}}\right)^{2n-1}\to0$.

14. (a) $\sum\limits_{k=0}^{n}C_n^ku_k=\sum\limits_{k=0}^{n}C_n^k\cdot\dfrac{\alpha^k-\beta^k}{\alpha-\beta}=\dfrac{1}{\alpha-\beta}\left[(1+\alpha)^n-(1+\beta)^n\right]=\dfrac{1}{\alpha-\beta}(\alpha^{2n}-\beta^{2n})=u_{2n}$. 同样由 $1+2\alpha=\alpha^2+\alpha=\alpha^3$ 得后一结论.

(b) 用归纳法. $v_{n+2}=v_{n+1}+v_n=u_n+u_{n+2}+u_{n-1}+u_{n+1}=u_{n+1}+u_{n+3}$.

(c) $u_nu_{n+1}-u_n^2=u_nu_{n-1}$,再用归纳法.

(d) $u_{n+1}^2=(u_n+u_{n-1})^2=(u_n-u_{n-1})^2+4u_nu_{n-1}$. 后一结论可用归纳法. 注意由 $u_{2n+1}=u_{2n}+u_{2n-1}$,$u_{2n}=u_{2n-1}+u_{2n-2}$,$u_{2n-1}=u_{2n-2}+u_{2n-3}$ 消去 u_{2n},u_{2n-2}(前两式相加再减去第三式)得 $u_{2n+1}=3u_{2n-1}-u_{2n-3}$. 所以 $u_{2n+1}u_{2n-3}-u_{2n-1}^2=3u_{2n-1}u_{2n-3}-u_{2n-1}^2-u_{2n-3}^2=u_{2n-1}u_{2n-5}-u_{2n-3}^2$.

(e) $u_{m-n}=u_mu_{-n+1}+u_{m-1}u_{-n}=(-1)^n(u_mu_{n-1}-u_{m-1}u_n)$. $u_{m+n}+(-1)^{n+1}u_{m-n}=u_m(u_{n+1}-u_{n-1})+2u_{m-1}u_n=u_mu_n+2u_{m-1}u_n=u_n(u_{m-1}+u_{m+1})=u_nv_m$.

单墫
解题研究
丛书

数学竞赛研究教程

(f) 设 $u_{a+1}+u_{a+2}+\cdots+u_{a+4n}=S$，则 $S=(u_{a+2}-u_a)+(u_{a+3}-u_{a+1})+\cdots+(u_{a+4n+1}-u_{a+4n-1})=(S+u_{a+4n+1}-u_{a+1})-(S-u_{a+4n}-u_a)=u_{a+4n+2}-u_{a+2}=u_{2n}v_{a+2n+2}$（利用上一小题）.

(g) 由第 22 讲 (9)，$u_{2n}=u_nv_n$（或由第 (5) 小题）. 而 $(u_m,u_{2n})=u_{(m,2n)}$. 所以在 $2n\mid m$ 时，$v_n\mid u_m$. 在 $2n\nmid m$ 时，$u_{(m,2n)}\leqslant u_n<v_n$，$u_m$ 不被 v_n 整除. 又由第 22 讲 (15)，$v_m\equiv(-1)^{n+1}v_{m-2n}\pmod{v_n}$. 从而结论成立.

(h) 易知 $2p^4=12m+2$. 而 v_n 的个位数字为 $1,3,4,7,1,8,9,7,6,3,9,2$，以 12 为周期.

(i) 设 $u_{r+1}>n^k$，则 $\displaystyle\sum_{k=1}^{n-1}u_{r+k}+u_{r+2}=u_{r+n+1}$. 所以 $u_{r+n+1}>n\cdot n^k=n^{k+1}$.

15. $a_n-na_{n-1}-(-1)^n=-\dfrac{1}{2}n(a_{n-1}-(n-1)a_{n-2}-(-1)^{n-1})$. 令 $b_n=a_n-na_{n-1}-(-1)^n$，则 $b_n=-\dfrac{1}{2}nb_{n-1}$，$b_2=a_2-1=0$，所以 $b_n=0$，$a_n-na_{n-1}=(-1)^n$. $\dfrac{a_n}{n!}-\dfrac{a_{n-1}}{(n-1)!}$

$=\dfrac{(-1)^n}{n!}$，$\cdots$，$\dfrac{a_2}{2!}=\dfrac{1}{2!}$. 相加得 $\dfrac{a_n}{n!}=\displaystyle\sum_{j=0}^{n}\dfrac{(-1)^j}{j!}$.

$\dfrac{S_n}{n!}=\displaystyle\sum_{k=0}^{n-1}\dfrac{k+1}{k!}\cdot\dfrac{a_{n-k}}{(n-k)!}=\sum_{k=0}^{n-1}\dfrac{k+1}{k!}\sum_{j=0}^{n-k}\dfrac{(-1)^j}{j!}=\sum_{k=0}^{n-1}\sum_{j=0}^{n-k}\dfrac{(-1)^j}{j!}\left(\dfrac{1}{k!}+\dfrac{1}{(k-1)!}\right)$（约

定含 $(-1)!$ 的项自动消失）$=\displaystyle\sum_{k=0}^{n}\sum_{j=0}^{n-k}\dfrac{(-1)^j}{j!\,k!}+\sum_{k=1}^{n}\sum_{j=0}^{n-k}\dfrac{(-1)^j}{j!\,(k-1)!}-\dfrac{1}{n!}-\dfrac{1}{(n-1)!}$

$=\displaystyle\sum_{t=0}^{n}\sum_{j=0}^{t}\dfrac{(-1)^j}{j!\,(t-j)!}+\sum_{t=0}^{n-1}\sum_{j=0}^{t}\dfrac{(-1)^j}{j!\,(t-j)!}-\dfrac{1}{n!}-\dfrac{1}{(n-1)!}=\sum_{t=0}^{n}\dfrac{1}{t!}\sum_{j=0}^{t}$

$\dfrac{(-1)^j\,t!}{j!\,(t-j)!}+\displaystyle\sum_{t=0}^{n-1}\dfrac{1}{t!}\sum_{j=0}^{t}\dfrac{(-1)^j\,t!}{j!\,(t-j)!}-\dfrac{1}{n!}-\dfrac{1}{(n-1)!}$. 第一个内和仅在 $t=0$ 时为

1，对其余的 t，值为 $(1-1)^t=0$，第二个内和亦如此. 所以 $\dfrac{S_n}{n!}=2-\dfrac{1}{n!}-\dfrac{1}{(n-1)!}$，$S_n$

$=2\cdot n!-(n+1)$.

习 题 23

1. (a) $f\left(\dfrac{1}{x}\right)f\left(\dfrac{1}{y}\right)=f\left(\dfrac{1+x^{-1}y^{-1}}{x^{-1}+y^{-1}}\right)=f\left(\dfrac{1+xy}{x+y}\right)=f(x)f(y)$. 特别地，$f^2\left(\dfrac{1}{x}\right)=$

$f^2(x)$，$f\left(\dfrac{1}{x}\right)=\pm f(x)$. 若存在 $f\left(\dfrac{1}{x}\right)=-f(x)$，即对所有 y，$f\left(\dfrac{1}{y}\right)=-f(y)$. 因此

$f\left(\dfrac{1}{x}\right)$ 恒等于 $f(x)$ 或恒等于 $-f(x)$.

(b) 设 n 为任一自然数，则 $f(x)=\begin{cases}\left(\dfrac{x+1}{x-1}\right)^n, & x\neq1 \\ 0, & x=1\end{cases}$ 即为所求.

2. 因为 $f:\mathbf{N}\rightarrow\mathbf{N}$，严格递增，所以对任意自然数 $b>a$，$f(b)-f(a)\geqslant b-a$. 从而 $f(f(f(n)))-f(f(n))\geqslant f(f(n))-f(n)\geqslant f(n)-n$. 即 $kf(n)-kn\geqslant kn-f(n)\geqslant f(n)-n$. 由此立得

结论.

3. 令 $x=y=0$. 得 $f(0)=0$. 令 $y=x$,得 $f^2(x)\leqslant 2x^2 f\left(\dfrac{x}{2}\right)$. 于是在 $x\neq 0$ 时,$\dfrac{f^2(x)}{\frac{1}{4}x^4}\leqslant$

$$\left[\dfrac{f^2\left(\frac{x}{2}\right)}{\frac{1}{4}\left(\frac{x}{2}\right)^4}\right]^{\frac{1}{2}}\leqslant\left[\dfrac{f^2\left(\frac{x}{4}\right)}{\frac{1}{4}\left(\frac{x}{4}\right)^4}\right]^{\frac{1}{4}}\leqslant\cdots\leqslant\left[\dfrac{f^2\left(\frac{x}{2^n}\right)}{\frac{1}{4}\left(\frac{x}{2^n}\right)^4}\right]^{\frac{1}{2^n}}\leqslant\dfrac{M^{\frac{1}{2^{n-1}}}2^{\frac{2n-1}{2^{n-1}}}}{x^{\frac{1}{2^{n-2}}}}<4(n\text{ 充分大}).$$

4. 设 $f^{(n)}(x)=a_n x-b_n f(x)$,则 $a_{n+1}x-b_{n+1}f(x)=f^{(n)}(f(x))=a_n f(x)-b_n f(f(x))$. 从

而 $a_{n+1}=-6b_n$,$b_{n+1}=-(a_n+b_n)$;$a_{n+2}=6(a_n+b_n)$,$b_{n+2}=a_n+7b_n$. 易证 $\dfrac{a_{2n}}{b_{2n}}\downarrow 2$,$\dfrac{a_{2n+1}}{b_{2n+1}}$

$\uparrow 2$. 所以,$f(x)\leqslant\dfrac{a_n}{b_n}x\rightarrow 2x$,$2f(x)\geqslant 6x-f(x)$,$f(x)=2x$.

5. 在(ⅲ)中令 $x=1$,得 $f(z,zy)=z^k y$. 令 $zy=t(t\leqslant z)$,得 $f(z,t)=z^{k-1}t$. 同样 $f(z,t)=$

$zt^{k-1}(t\geqslant z)$. 取 $x\geqslant y$,z 很小,则(ⅰ)导出 $(x^{k-1}y)^{k-1}z=x^{k-1}(y^{k-1}z)$,从而 $k=1$ 或 2.

$k=2$ 时,$f(x,y)=xy$;$k=1$ 时,$f(x,y)=\min(x,y)$,它们都满足要求.

6. 若 $f(n)=n+2$,则 $f(n+2)+n+2=3n+6$,$f(n+2)=n+4$. 易知 $f(n)\neq n$,$f(f(n))\neq n$

(若 $f(f(n))=n$,则 $n+f(n)=2f(n)+6$,从而 $n=f(n)$),f 是单射(若 $f(n)=f(m)$,则

$2n+6=2m+6$,$n=m$). 若 $f(1)=2$,则 $f(2)=6$,$f(6)=4$,$f(4)=14$,$f(14)=0$,矛盾. 同

样 $f(1)\neq 4,5,6,7$. 于是 $f(1)=3$,$f(2n+1)=2n+3$. $f(2)$ 必为偶数,同样 $f(2)\neq 6$,于是

$f(2)=4$. 对一切 n,$f(n)=n+2$.

7. 设 $n\geqslant 2$ 时,f 的最小值为 $f(n_0)$,由于 $f(n_0)=f(f(n_0-1))+f(f(n_0+1))$,所以

$f(n_0)\geqslant 2$. $f(n_0+1)\geqslant f(n_0)\geqslant 2$,$f(n_0)=f(f(n_0-1))+f(f(n_0+1))\geqslant 1+f(n_0)$,矛

盾! 所述函数不存在.

8. $(1-x)^2 f(1-x)+f(x)=2(1-x)-(1-x)^4$ 与原方程消去 $f(1-x)$ 得 $(1+x-x^2)(1-$

$x+x^2)(f(x)+x^2-1)=0$. 所以 $f(x)=1-x^2\left(x\neq\dfrac{1\pm\sqrt{5}}{2}\right)$,$f\left(\dfrac{1+\sqrt{5}}{2}\right)$ 为任意值 a,

$$f\left(\dfrac{1-\sqrt{5}}{2}\right)=\dfrac{-5-\sqrt{5}}{2}-\dfrac{3+\sqrt{5}}{2}a.$$

9. 令 $y=x$ 得 $f(2x)+f(2f(x))=f(2f(x+f(x)))$. 将 x 换成 $f(x)$,$f(2f(x))+$

$f(2f(f(x)))=f(2f(f(x)+f(f(x))))$,与上式相减得 $f(2f(f(x)))-f(2x)=$

$f(2f(f(x)+f(f(x))))-f(2f(x+f(x)))$. 若 $f(f(x))>x$,则左边为负,而右边为

正. 矛盾. 同样,若 $f(f(x))<x$ 也导致矛盾. 所以 $f(f(x))=x$.

10. 设 $f(1)=c$. 用归纳法易证 $f(n)=cn$,对 $\forall n\in\mathbf{N}$ 成立. 又 $f(0)=f(1)-f(1)=0$,再由

$f(k-1)=f(k)-f(1)$ 即知 $f(n)=cn$ 对 $\forall n\in\mathbf{Z}$ 成立. 对有理数 $\dfrac{p}{q}$,因为 $f\left(q\cdot\dfrac{p}{q}\right)=$

$qf\left(\dfrac{p}{q}\right)$,所以 $f\left(\dfrac{p}{q}\right)=\dfrac{1}{q}f(p)=c\cdot\dfrac{p}{q}$,即 $f(x)=cx$ 对 $\forall x\in\mathbf{Q}$ 成立. 设 $f(x)$ 递增,则

单墫
解题研究
丛书

数学竞赛研究教程

$c>0$. 对任一实数 x, 存在有理数 $r_1<x<r_2$, $f(r_1) \leqslant f(x) \leqslant f(r_2)$, 即 $cr_1 \leqslant f(x) \leqslant cr_2$. 由于 r_1, r_2 可以任意接近 x, 所以必有 $f(x)=cx$. 在 $f(x)$ 递减时, 同样如此 $(c<0)$. 所以 $f(x)=cx$, 不难验证它满足要求.

11. 令 $h(x)=\log_a f(a^x)$, 其中 a 为任一大于 1 的常数. 则 $h(x)$ 单调, 并且 $h(x+y)=\log_a f(a^x \cdot a^y)=\log_a f(a^x) f(a^y)=h(x)+h(y)$. 因此由上题, $h(x)=cx$, $f(x)=x^c$.

12. 在 (ii) 中令 $x=0$ 得 $f(0)=f(0)g(y)+f(y)$, 所以 $f(y)=t[1-g(y)]$, 其中 $t=f(0)$. 因为 f 严格递增, $t \neq 0$, 代入 (2) 得 $t(1-g(xy))=g(y)t[1-g(x)]+t[1-g(y)]$, 即 $g(xy)=g(x)g(y)$. 从而 $g(0)=g(0)g(y)$. 又 $g(y)=1-\dfrac{f(y)}{t}$ 严格单调, 所以 $g(0)=0$, $g(1) \neq 0$, 而 $g(1)=g^2(1)$, 所以 $g(1)=1$, 并且 $g(y)$ 严格递增, $t<0$. 由上题, 在 $x>0$ 时, $g(x)=x^c$, $c>0$, 又 $g^2(-1)=g(1)=1$, 所以 $g(-1)=-1$, $g(-x)=g(-1) \cdot g(x)=-g(x)$. 因此 $g(x)=\begin{cases} x^c, & x \geqslant 0, \\ -|x|^c, & x<0, \end{cases}$ $f(x)=t[1-g(x)]$, 其中 $c>0$, $t<0$ 为任意常数.

不难验证上述 $f(x)$, $g(x)$ 满足要求.

13. 对任意正数 a, b, 方程组 $x^2-y^2=a$, $2xy=b$ 有正实数解 $x=\sqrt{\dfrac{a+\sqrt{a^2+b^2}}{2}}$, $y=\sqrt{\dfrac{-a+\sqrt{a^2+b^2}}{2}}$. 因此有 $f(a)+f(b)=f(\sqrt{a^2+b^2})$. 令 $g(x)=f(\sqrt{x})$, 则 $g(x)+g(y)=g(x+y)$. 由第 10 题, 可知 $g(x)=cx$, $c>0$. 从而 $f(x)=cx^2$.

14. 若 $f(0)=0$, 令 $m=0$ 得 $f(f(n))=n$. 因此将原条件中 n 换成 $f(n)$ 得 $f(m+n)=f(m)+f(n)$. 由第 10 题, $f(n)=cn$, 并且 $c^2n=n$, 所以 $c=\pm 1$. 若 $f(0) \neq 0$, 则令 $n=0$ 得 $f(m+f(0))=f(m)$, 于是 $f(m)$ 为周期函数, 因而有界. 设 $f(M) \geqslant \forall f(n)$. 但 $f(M+f(1))=f(M)+1>f(M)$. 矛盾. 不难验证 $f(n)=\pm n$ 是解.

习 题 24

1. 设 $\dfrac{a}{b}$ 为 $\mathbf{Q}^+$ 中既约分数, $\dfrac{a}{b}=p_1^{a_1} p_2^{a_2} \cdots p_{2n}^{a_{2n}}$, 这里 $p_1=2$, $p_2=3$, $\cdots$ 为质数数列, $a_i \in \mathbf{Z}$, $i=1, \cdots, 2n$. 令 $f\left(\dfrac{a}{b}\right)=p_1^{a_2} p_2^{-a_1} \cdots p_{2n-1}^{a_{2n}} p_{2n}^{-a_{2n-1}}$, 则 $f(f(y))=\dfrac{1}{y}$, $f(xy)=f(x)f(y)$, $f(xf(y))=f(x)(f(y))=\dfrac{f(x)}{y}$.

2. 若有 $f(y)=0$, 则 $f(x)=f(x+f(y))=f(x)f(y)=0$, 即 f 恒等于 0. 若 f 不恒等于 0, 则 f 恒不为 0. 设 $f(0)=a \neq 0$, 令 $x=-a$, $y=0$ 得 $f(0)=f(-a)f(0)$, 从而 $f(-a)=1$, $f(x+1)=f(x+f(-a))=f(x)$, 因此 $f(x)$ 以 1 为周期. 若 $f(y)=b$, 则 $f(x+b)=bf(x)$. 由于 $b \in \mathbf{Q}$, 存在 $k \in \mathbf{N}$, 使 $kb \in \mathbf{Z}$. 易知 $f(x+kb)=b^k f(x)$. 从而 $b^k=1$, $b=\pm 1$. 因为 $f(x-1)=f(x)$, 所以 $b \neq -1$. 本题只有 $f=0$, $f=1$ 这两个解.

3. 先随意标上箭头,对每一种标法,令 f 为"奇顶点"的个数,这里奇顶点指有奇数个箭头指向它的顶点.由棱数为偶数立得 f 为偶数.对每两个奇顶点 A,B,可以沿棱从 A 走到 B,将这些棱的箭头方向改为相反的方向,则 A,B 变为偶顶点,其余顶点的奇偶性不变.这样调整一次,f 减少 2.经有限次调整后 $f=0$.

4. $f(n)=\begin{cases} n+\dfrac{k-1}{2}\cdot k^{i-1},\text{若 } k^{i-1}\leqslant n<\dfrac{(1+k)k^{i-1}}{2}, \\ nk-\dfrac{k-1}{2}k^i,\text{若 } \dfrac{(k+1)k^{i-1}}{2}\leqslant n<k^i \end{cases}$ $(i=1,2,\cdots)$ 满足要求.

5. 若 x,y 互不相识,z 是他们的公共朋友,x 还认识 $x_1,x_2\cdots,x_k$,y 还认识 $y_1,y_2,\cdots,y_h$.由（iii）,$x_i\neq y_j(1\leqslant i\leqslant k,1\leqslant j\leqslant h)$,由（ii）$x_i\neq y$,并且 x_i 不认识 $z(1\leqslant i\leqslant k)$.由（iii）,$x_i$ 与 y 恰有一个公共的熟人,记为 $f(x_i)$.则 f 是 $\{x_i|i=1,2,\cdots,k\}$ 到 $\{y_j|j=1,2,\cdots,h\}$ 的映射.$x_{i_1},x_{i_2}(i_1\neq i_2)$ 只有一个公共的熟人 x,所以 $f(x_{i_1})\neq f(x_{i_2})$,即 f 为单射,$k\leqslant h$.同样,$h\leqslant k$.所以 $k=h$.若 x 与 z 相识,由（i）,存在 y 与 x 不相识,x_1 与 z 不相识.在 $y=x_1$ 时,x 认识的人数与 y 相同,z 也是如此.在 $y\neq x_1$ 时,y 与 z 相识,x_1 与 x 相识.由（iii）,x_1 与 y 不相识.x 认识的人数与 y 相等,y 认识的人数与 x_1 相等,x_1 认识的人数与 z 相等,所以仍有 x 认识的人数与 z 相等.

6. a 为奇数的证明参见例 4.a 为正偶数时,f 存在.先作链,n 的后面为 $g(n)+a$.再将每两条链编为一条,链首为 $1,2,\cdots,a$ 的编成 $\dfrac{a}{2}$ 条.a 为 0 时,f 可能存在,例如 $g(n)=n$,$f(n)=n$.也可能不存在,例如 $g(1)=2,g(2)=1,g(n)=n(n>2)$,若 $f(1)=2$,则 $f(2)=g(1)=2$;若 $f(1)=k>2$,则 $f(k)=2,f(2)=k$.均与 f 为单射矛盾.

7. 用编链的方法不难解决.

8. 由习题 23 第 2 题,$k=1$ 时,必须 $f(n)=n$.$k=2$ 时 $\dfrac{4}{3}\leqslant f(1)\leqslant\dfrac{3}{2}$,这样的整数 $f(1)$ 不存在.$k=3$ 时,$\dfrac{3}{2}n\leqslant f(n)\leqslant 2n$,所以 $f(1)=2$.从而有 $f(2)=3,f(3)=6$.设对于 $\leqslant 3n$ 的数 a（及 $f(a),f^{(2)}(a),\cdots$）f 均已唯一确定,且满足 $f(f(a))=3a$ 及 $f(a+1)-f(a)=1$ 或 3,那么由于 $f(f(n))=3n,f(f(n+1))=3n+3$,在 $f(n+1)-f(n)=1$ 时,$f(3n+3)-f(3n)=3$,从而 $f(3n+1)=f(3n)+1,f(3n+2)=f(3n)+2$.在 $f(n+1)-f(n)=3$ 时,$f(3n+1)=f(f(f(n)+1))=3(f(n)+1)=f(3n)+3,f(3n+2)=f(f(f(n)+2))=f(3n)+6,f(3n+3)=3f(n+1)=3f(n)+9=f(3n)+9$.即对小于等于 $3(n+1)$ 的数,f 均已唯一确定,且满足上述条件.因此 f 唯一确定.

9. 由（16）,对链上的 $n,\dfrac{2k}{k+1}n\leqslant f(n)\leqslant\dfrac{k+1}{2}n$.因此 $f(c)-c+x-\dfrac{2k}{k+1}x\geqslant\dfrac{2k}{k+1}c-c+x-\dfrac{2k}{k+1}x=\dfrac{k-1}{k+1}(c-x)>0,\dfrac{k+1}{2}x-(f(n)+1)\geqslant\dfrac{k+1}{2}x-\dfrac{k+1}{2}n-1=\dfrac{k-1}{2}>1,f(c)-c+x-(f(n)+1)=f(c)-c-(f(n)-n)\geqslant 0,\dfrac{k+1}{2}x-\dfrac{2k}{k+1}x=\dfrac{k^2-2k+1}{2(k+1)}x>1$.满足

(17)的整数 $f(x)$ 存在.

10. 每次操作后,积 $abcd$ 变为 $(abcd)^2$. 若 n 次后重复,则 $(abcd)^{2^n}=abcd$,所以 $abcd=0$ 或 1. 若 a,b,c,d 中有一个为 0,则经两次操作后全变为 0,从而 $a=b=c=d=0$. 若 $abcd=1$,我们从第二次开始,并将每两次操作看作一次"大操作". 这时可假定 $ac=bd=1$. 若 a 为最大数,则大操作后变为 a^2,从而 $a=1$(否则最大数严格递增,不会出现开始的数组). 同样最小数也为 1. 由此 $a=b=c=d=1$.

11. (a) 易知 f 是对合,恰有一个不动点 $(1,1,k)$.

(b) 由(a)立即得出.

(c) $(x,y,z)\to(x,z,y)$ 也是 $S\to S$ 的对合,因而有一不动点,它满足 $x^2+4y^2=p$.

12. 考虑 A_j 至 A_{j+1990} 中男生人数 f_j, $j=1,2,\cdots,1991\times2$,约定 $A_{k+1991\times2}=A_k$. 当 j 增加 1 时,f_j 可能不变,可能增加或减少 1. 若 $f_1>1$,则 $f_{1991}<1$,从而必有 $1<j<1992$,使 $f_j=1$.

13. (a) 若 $a_i>6$,则在 a_i 为奇数时,$a_{i+2}=\dfrac{a_i+3}{2}<a_i$;在 a_i 为偶数时,$a_{i+2}=\dfrac{a_i}{2}+3$ 或 $\dfrac{a_i}{4}$ 也都小于 a_i. 因此,若一切 $a_i>6$,则 $a_0,a_2,a_4,\cdots$ 严格递减. 但这过程不可能无限继续下去,所以必有某个 $a_i\leqslant6$. 不难验证 $a_i=2,4,5$ 时,数列中出现 1. $a_i=6$ 时,数列中出现 3.

(b) $3\mid a_i\Leftrightarrow3\mid a_{i+1}$. 因此如果 $3\mid m$,那么一切 a_i 被 3 整除,数列中不出现 1,出现 3. 如果 $3\nmid m$,那么一切 a_i 不被 3 整除. 这时数列中不出现 3,出现 1.

14. $\alpha\neq1$ 时,令 $y=\dfrac{\alpha x}{1-\alpha}$ 得 $f(y)=f(x)+f(y)$,从而 $f(x)=0$ 恒成立. 因此 $\alpha=1$. 此时可取 $f(x)=x$.

15. 显然 $f(x+k+a+b)-f(x+k+b)=f(x+a+b)-f(x+b),k\in\mathbf{Z}$. 即 $f(x+k+a)-f(x+a)=f(x+k)-f(x)$,从而 $f(x+k+ja)-f(x+ja)=f(x+k)-f(x),k$, $j\in\mathbf{Z}$. 取正整数 m,使 ma 为整数,则对 $k\in\mathbf{N}$,$f(x+kma)-f(x)=\sum\limits_{i=1}^{k}(f(x+ma+$ $(i-1)ma)-f(x+(i-1)ma))=\sum\limits_{i=1}^{k}(f(x+ma)-f(x))=k(f(x+ma)-f(x))$. 由于 f 有界,所以 $f(x+kma)-f(x)$ 有界. 因此必有 $f(x+ma)=f(x)$,即 f 为周期函数.

16. 令 $b=a$ 得 $f(a^2)=(k+2)f(a)$. 从而 $f(a^4)=(k+2)f(a^2)=(k+2)^2\cdot f(a)$. 又 $f(a^4)=f(a)+f(a^3)+kf(a)=(2+k)f(a)+f(a^2)+kf(a)=(3k+4)f(a)$. 取 $a=2000$ 即得 $(k+2)^2=3k+4$,所以 $k=0$ 或 -1. 对 $k=0$,令 $f(n)=667\alpha$,其中 α 为 5 在 n 的质因数分解式中出现的次数. 对 $k=-1$,若 n 为偶数,令 $f(n)=2001$;否则 $f(n)=0$.

17. 由(i)$f(x+n)=f(x)+n,n\in\mathbf{N}$. 所以 $\left(f\left(\dfrac{p}{q}+q\right)\right)^2=\left(f\left(\dfrac{p}{q}\right)+q\right)^2=f^2\left(\dfrac{p}{q}\right)+$ $2qf\left(\dfrac{p}{q}\right)+q^2$. 又 $\left(f\left(\dfrac{p}{q}+q\right)\right)^2=f\left(\left(\dfrac{p}{q}+q\right)^2\right)=f\left(\dfrac{p^2}{q^2}+2p+q^2\right)=q^2+2p+$

$f^2\left(\dfrac{p}{q}\right)$. 比较得 $f\left(\dfrac{p}{q}\right)=\dfrac{p}{q}$. 即 $f(x)=x$.

18. 令 $y=\dfrac{x^2-f(x)}{2}$, 代入原条件中可得 $f(x)(f(x)-x^2)=0$. 于是 $f(0)=0$. 若有 $a\neq0$ 使 $f(a)\neq a^2$, 则 $f(a)=0$. 在原条件中令 $x=0,x=a$, 分别得出 $f(y)=f(-y)$ 及 $f(y)=f(a^2-y)$, 所以 $f(y)=f(-y)=f(a^2+y)$, 即 a^2 为 $f(x)$ 的周期. 原条件中令 $y=a^2$, 得 $f(f(x))=f(f(x)+a^2)=f(x^2-a^2)+4a^2f(x)=f(x^2)+4a^2f(x)$. 而令 $y=0$, 得 $f(f(x))=f(x^2)$. 所以 $4a^2f(x)=0,f(x)=0$.

即本题的解是 $f(x)=x^2$ 或者 $f(x)$ 为常数 0.